ハヤカワ文庫 NF
〈NF347〉

〈数理を愉しむ〉シリーズ

素粒子物理学をつくった人びと

〔上〕

ロバート・P・クリース＆チャールズ・C・マン
鎮目恭夫・林一・小原洋二・岡村浩訳

早川書房
6466

THE SECOND CREATION

Makers of the Revolution in Twentieth-Century Physics

by

Robert P. Crease and Charles C. Mann

Translated by
Yasuo Shizume, Hajime Hayashi,
Youji Kohara, Hiroshi Okamura
Published 2009 in Japan by
HAYAKAWA PUBLISHING, INC.
This book is published in Japan by
direct arrangement with
THE BALKIN AGENCY, INC.

サッシャ、ニューエルへ、愛をこめて――――C・C・マン

私の人生を変えてくれたインディアに捧げる――R・P・クリース

目次

III 弱い力

目次（下巻）

素粒子物理学をつくった人びと

〔上〕

序

全世界で理論物理学者たちは、途方もない企てに取り組んでいる。それは、もっぱら理性の力で、一部の人が半ば冗談にだが万物の理論と呼んでいるものを構築しようとする企てである。もっと正式には統一理論と呼ばれているが、万物の理論とは、物質と空間と時間の基礎の完全な記述、宇宙の全元素を含む一組の相互関連した方程式を作ることに他ならない。物理学者は今までつねに、自然の統一像を望み、ときおり何人かが実際にそれを追求してきた。今日(こんにち)のその追求で注目すべきことは、現世代の研究者の最上層の人たちが全体として一致して、統一の機は恐らく熟したとみていることであり、五〇年前には狂人に任されていた課題がいまや科学界全体を夢中にさせている。『素粒子物理学をつくった人びと』は、この大躍進がどのようにしてやってきたのかの物語である。

本書の表題(原題 *The Second Creation*)は、統一の追求が意味するものの一つに由来する。今からみれば、新しい諸理論は、宇宙の始まりをなす恐ろしい瞬時の爆発であるビッグバンと、それ以来のあらゆることの説明を約束している。過去には、科学はこんな大問題に取り組んだことはなかった。人間の頭脳が成し遂げたことに歓喜を覚える人びとにとっては、答がみつかるという見通しは胸をときめかすものである。

あいにく、科学者でない人びとからみれば、物理学の進歩は、ますます抽象と数学的表現に依存しながら進んできた。そのため、この最も人間的な創造事業にみなぎっている演技のスタイルや俳優の人がらや思考の織りなす熱演が見えにくくされている。『素粒子物理学をつくった人びと』は、今世紀の一つの科学史ではあるが、人びとの物語であり、陽子などの物語ではない——それらの小さな一団の才能ある人びとの研究の集積が、ノーベル賞受賞者スティーヴン・ワインバーグの言葉を借りれば、空はなぜ青いのかとか、原子核の内部はどうなっているのかというような「やさしい質問」のすべてに答を与えたのである。

今まで、一冊の本が誰かただ一人の人間によって書かれたためしはない。『素粒子物理学をつくった人びと』が書かれた歩みは、この言葉の客観的な正しさの一例を示すものだった。本書は、専門の物理学者たちの多大な助けなしには不可能であった。われわれ二人は幸いにも、多くの物理学者の助けを得ることができた。とくに、ジェラルド・ファインバーグ、マレー・ゲルマン、シェルドン・グラショウ、アブダス・サラム、ロバート・サーバー、スティーヴン・ワインバーグは、何度もインタビューに応じて下さり、本書の多くの部分を読み、われわれにゆきとどいた助けと批判を与えて下さった。これらの方々は、われわれの再訪を恐れるようになったにちがいない。本書は、これらの方々のご親切のおかげで誕生した――そのご親切のため、これらの方々はご自分の仕事を何時間も犠牲にされたのである。

「知的負債は奇妙なものだ。ためるには骨が折れるが、お礼を言うのは楽しい」。われわれは負債をたくさん背負いこんだ。仕事を進めてゆくなかで、われわれは約一二五名の物理学者にインタビューした。その多くを二回以上訪問し、たいていは長時間のインタビューだった。それらの方々の名は巻末の註にあげた。すべての方に感謝する。インタビューした科学者の多くは、あれこれの章の初期の原稿を読み、しばしばたくさんの注意を与えて下さった。とくに次の方々である――ニール・バジェット、ウルリッヒ・ベッカー、ハンス・ベーテ、ジェームズ・ビョルケン、ロバート・ブラウト、ミン・チェン、デヴィッド・クライン、マルティン・ドイッチュ、サミュエル・デヴォンズ、リチャード・ファインマン、ハワード・ジョージャイ、ガーソン・ゴールドハーバー、モーリス・ゴールドハーバー、ジェフリー・ゴールドストン、ヘラルト・トホーフト、ジョン・イリオポロス、ウィリアム・カーク、ウィリス・ラム、リチャード・ラーナー、レオン・レダーマン、ルチャーノ・マイアーニ、ロバート・マルシャック、M・G・K・メノン、ロバート・ミルズ、故ポール・ミュセ、南部陽一郎、V・S・ナラシムハム、ユーヴァル・ネーマン、エイブラハム・パイス、ロバート・パーマー、フランシス・ピプキン、デヴィッド・ポリツァー、チャールズ・プレスコット、I・I・ラービ、バートン・リヒター、ジョージ・ロチェスター、カルロ・ルビア、ニコラス・サミオス、メル・シュワルツ、ジョン・シュワルツ、ジュリアン・シュウィンガー、ローレンス・スラク、リチャード・テイラー、サミュエル・ティン、マルティヌス・フェルトマン、ヴィクター・ワイスコップ、フランク・ウィルツェク、ロブリ・ウィリアムズ、フランク・ヤン（楊振寧）。幾多の物理学者は、私的な書類をわれわれに見せて下さった――ゲイリー・ファインバーグ、マレー・ゲルマン、シェルドン・グラショウ、ガーソン・ゴールドハーバー、リチャード・イムレイ、ポール・ミュセ、ロバート・パーマー、アブダス・サラム、ニコラス・サミオス、メル・シュワルツ、ローレンス・スラク、サミュエル・ティン。さらにまた何人もの科学史家は、自分たちの領分に侵入する者に対して学者がふつう示す敵意を抑えて、われわれに示唆を与えたり質問に答えて、われわれがアイディアを盗みとるのを許して下さった――マラ・ベラー、スティーヴン・ブラッシュ、J・L・ハイルブロン、アンドルー・ピカリング、シルヴァン・シュウェーバーの諸氏である。われわれは、これらの方々の著作から数えきれないほど多くのものを得た。このような多くの優れた助けにもかかわらず本書に誤りが含まれているとしたら、それはまったくわれわれの責任である。われわれはまたホレース・フリーランド・ジャドソンに特に負うところがある——一度もお目にかかったことはないが、その著書『創造の第八日』はわれわれに、科学の本を一般読者向けに書く際には何が可能かを感知させてくれた。このパラグラフの最初の文は同書からの引用である。

われわれはまた、キャロル・アッシャー、マリー・リー・グリサンティ、デール・マッカドー、ピーター・メンツェル、マーク・プラマー、ヴィクトリー・ポメランツ、デビー・トライアント、ソフィア・ヤンコポロスから多くの個人的好意を得た。本書は一団の有能な編集者バリー・リップマン、デビー・マッギル、ウィリアム・ホイットワースの練達した鋏のあとを無限に留めている。リチャード・ボールキンは、すばらしい代理人として契約に関する危機を沈着に乗りきった。

われわれはまた次の諸機関のお世話になった——アメリカ物理学会、チャーチル・カレッジ文書館、アメリカ国会図書館原稿部のオッペンハイマー文書、国立公文書館、CERNのパウリ文庫、ニューヨーク市のアメリカ物理学会量子物理学史文庫（ここでスペンサー・ウィアートの協力を得た）、コロンビア大学の科学図書館と物理学図書館、ニューヨーク公共図書館、IMB社の協力（特にダン・シンクレアとラリー・スラクに感謝する）、ブルックヘヴン国立研究所（特にニール・バジェットとアン・バイティンガー）、エンリコ・フェルミ国立加速器研究所（ディック・カリガンのお世話になった）、スタンフォード線型加速器施設（ウィリアム・カークとウィリアム・アッシュ）、ヨーロッパ原子核研究機構（ロジェ・アントワーヌおよび特にグウェンドリン・コルダ）、ボーア研究所（エリック・リューディンガー）、ボンベイのタタ研究所（B・V・スレーカンタン）、トリエステの国際理論物理学センター（サラム博士が接待してくれた）。われわれの一方（R・P・クリース）はコロンビア大学哲学部が論文提出のおくれを許容して下さったことに感謝する。

最後に、われわれ両者は互いに他に対し、ときおり挫けそうになったが常に魅力的だった本書の執筆に、心から打ちこんでくれたことを感謝する。

I

波と粒子

1　くり返す始めと終わり

ロングアイランド海峡から吹き込んでくる冷たい風が、われわれの頭上に立ち並ぶクレーンや建築足場でヒュウヒュウうなっていた。夜が明けたばかりで、数日前に積もった雪が溶けて再氷結してガラス状になり、夜明けの光にギラギラ輝いていた。われわれが立っている所から二〇フィートほど先に、一〇人余りの人が巨大な結婚指輪みたいなリング状の金属物体を取り囲んで立っていた。銀色の物体で直径が五〇フィートほどあった。その人たちはみなヘルメットと手袋と長靴で身を固め、何人かは腰のベルトに工具の七つ道具を差していた。彼らの唇とコーヒーカップから白い蒸気がただよっていた。ひどく寒いのに、彼らは注意深くゆっくり作業していた。彼らの足下にきらきら輝いているリングの内側には、日本の研究所から借りてきた高精密のケーブルが一巻き置かれていた。それは直径が一〇〇〇分の一インチの精度で調整されているそうで、それを運搬のさいに狂わせてはならないのである。リングから五〇フィートほど離れた所に、それを格納する金属製の小屋が立っていた。その小屋の平凡な灰色の壁の内側で、これまで多数の物理学者たちが、物質の心髄へ人類未踏の深さまで立ち入ろうとして、一〇年近くの歳月と何百万ドルもの政府予算を費やしてきたのであった。

ゲリー・バンスという名の素粒子物理学者が、その現場でわれわれに会ってくれた。やせぎすで愛想のいい人で、われわれに対しとりとめもない口調で、お天気の話とか、夜明け前に起きる習慣だとか、研究所を建てるのには近所にスキー場の設備のない平坦な島がいいとか話しかけてくれた。昼間の寒さは程々で、われわれの周囲の光景は工場かなんかの廃墟のようなものだった。大きな円筒形のガスタンクがいくつか、変色したアルミや錆びたスチールのパイプや梯子や梁や桁が数々、風雨に晒されたセメントの塊で人体より大きいさまざまな大きさのものが多数、黒い被覆をもつ電線を何百ヤードも束ねたもの等々である。これらのスクラップはすべて、バンスのような物理学者たちがほとんど半世紀にわたってしてきた実験からの廃棄物であり、バンスがこの小屋で現在やっている研究の多くも、これらの廃棄物を増やすことになるにちがいない。

その朝の仕事は、五〇フィートのリングを地上の現在の位置から建物の内部の据付予定位置まで移すことだった。すでにそこの空間の床面積の大部分を占めているもっと大きいリングの内側に、そのリングをはめこむのが目的である。この作業は意外に難しかった。

建物の入口は普通のドアで、幅が三フィートしかなかった。ところが作業員たちは、その繊細なリングを移動させる際に絶対にゆがませてはならなかった。物理学者たちは、多くの協議のあげく、入口を作るため小屋の一方の壁の底部を一〇フィート切り取ることを決めた。そのため彼らはたくさんの道具をかき集めた――大型のクレーンを二基（一つは小屋の外で、一つは小屋の内で使う）、巨大な車輪状のフレームを一基、鉄道の作業車にやや似た形の即製のカートを一台、そのカートを載せるためのレールを一組である。計画ではリングをその巨大なフレームに結びつけ、このリング・フレーム結合体を一方のクレーンで吊り上げてカートに載せ、そのカートをレールに載せて小屋の壁が切り取られた入口から中へ運ぶ。そうしてから、そのリング・フレーム結合体を室内の第二のクレーンで吊り上げて所定の位置に据える。

　バンスが着ていたスキー用のパーカ（フードの付いたジャケット）のジッパーには、最近の休暇の記念品であるスキー場のリフトのチケットが貼り付けてあった。彼の左腕は三角布で包まれていた――休暇のもう一つの記念品だ。「これで十分だけど、工事の監督や作業員たちが、僕が手伝おうとすると、やきもきするんだ」と、彼は自分の使えない腕を指しながら言った。彼は事実上の総監督として、クレーンがこっちへ近付いてくるとわれわれを安全な位置へ押し出した。巨大なドーナツ形のフレームが雪の塊をゆっくり砕いてゆく。クレーンのアームがスチールのフックをぶらさげて移動した。作業員がそのフックを黄色いフレームの中心に固定させた。ヘルメットをかぶった人たちが——工事監督も作業員たちも研究者たちもみんなが手を貸して、すぐにそのリングをフレームの上の定位置にのせ、それからフレームの上によじ登って、二フィートもある長いボルトを使ってフレームとリングを結び付けた。

「一フィート上げろ」と工事監督が叫んだ。フレームとリングが脛の高さまで引き上げられ、巨大な王冠が空中に浮かんでいるかのように、ゆっくり揺れていた。この思いがけない見事な光景に見とれて、そこにいた誰もが一瞬釘付けになった。次の瞬間、クレーンの運転手がそのリングをカートの上まで運び、ゆっくりそこに下ろした。どなるような命令の一声で一同の注意はリング／フレーム結合体の所へ戻った。人びとがそれをボルトでカートに取り付けてゆき、再びレンチがカタカタと音を立てた。

「よし、よし」とバンスがつぶやいた。朝が早いとか苦情をもらしたにもかかわらず、彼はこの場面に居合わせたことを大変喜んでいた。バンスはこれまでこのロングアイランドのアプトンのブルックヘヴン国立研究所で、ほぼ二〇年も働いてきた。しかし彼は自分が取り組んできた主題への飽くなき熱狂を失ったことはなかった。それは立派な科学者であることの刻印である。彼は、自分の足を冷やさないために足踏みをしている時にも、はしゃいで踊ってもいるのだと思わされるような人であった。

彼が研究者になって最初に取り組んだのは、「発見」型の実験だった。「発見型の」とは、既知の量をいっそう精密に測定する型の実験ではなく、ある未知の現象が本当に存在するか否かを判定する型の実験を指す。どちらの型の実験も科学にとって不可欠だが、以前には、発見型の人のほうが主張が強くて目立ちやすいという傾向があった。しかし昨今では、過去一世紀にわたる科学の未曾有（みぞう）の成長の後を受けて、発見と測定の区別が崩れてしまい、バンスのような科学者は既知の量を格段に精密に測定することによって新しい真理の発見を目指すということになった。すでによく知られた量を従来より格段に精密に調べることによって新しい世界の姿が見えてくる、という見込みが出てきたのである。

上述の実験での測定対象は、原子を構成する要素のなかでも特別の種類であるミュー粒子（またはミューオン）と呼ばれる粒子である。普通の物質の構成要素は電子と陽子と中性子だが、ミュー粒子は何か別のものだ。ミュー粒子は、爆発中の恒星のような特殊な状況の中でのみ生み出されるもので、なんらかの原子の一部分をなすものではなく、生まれるとすぐ消滅してしまう孤独な存在だ。しかし、それらは決してとるにたりない存在ではなく、それらの一時的にのみ存在する粒子の振舞いは自然界の最奥の法則を知る手掛かりになる。

過去数十年にわたり物理学者たちは、そういう束の間しか存在しない物質片を注意深く観察して、それらの粒子はどんな振舞いをするかの見当をつけてきた。彼ら物理学者は、それらの原子構成粒子でない粒子は微小なビー玉のようなものではなく、奇妙な蜂の巣のような群衆活動をする存在だということを知った。それが存在する短い時間の間――一〇〇万分の一秒の約二・二倍の時間――、各々のミュー粒子は、それ自身が絶えず放出したり再吸収していっそう短命な粒子たちからなる後光の輪に包まれている。しかも、それらの二次的な粒子はまた、さらに短命な三次粒子の群れを生み出したり吸収したりしており、こうして全体が一個の物凄く活発な、ほぼ物質的な雲を形成している。この雲は決してミュー粒子の外に存在するものではなく、そのミュー粒子の電磁気力を担っている。そればかりでなく、ミュー粒子の雲の中で起こっている相互作用の妙技は大変複雑で奥深いものであり、そこには物質にとって可能なあらゆる素形態が含まれている。

どこにあるどんな粒子もそのような雲に囲まれているのだが、バンスと彼の研究チームの仲間たちは、ミュー粒子を調べることを選んだ。なぜなら、この粒子の振舞いを計算するのに使える理論――量子電磁力学（英語では quantum electrodynamics）、または略してＱＥＤと呼ばれる――は異常に精密な理論であることがわかっているからだ。ＱＥＤによれば、宇宙にある物質のあらゆる粒子は、あたかも一個の独楽として自転しているかのような振舞いをする。そこで今かりに、自転しているミュー粒子を完全に円形の軌道に載せ、しかもその自転軸を粒子の運動方向に向けたとしよう。これは、かりに地球がミュー粒子だとすれば、地球をその北極を先頭にして太陽の周りを軌道運動させようとすることである。ところがＱＥＤによって計算すると、ミュー粒子の持つ雲の内部で起こる混乱が、そのミュー粒子の自転軸を揺るがしてしまい、自転軸がもはや軌道運動の運動方向とぴったり一致はしなくなってしまうはずである。

QEDによる計算は、そのズレがどれほどかをも正確に示してくれる。ズレは微小であり、軌道を一回りした後には、自転軸の向きがほんの少しだけ内側に向く。いわば地球の北極が太陽の方向へ少しだけ傾くかのようなズレが生じる。軌道を何回も周回すると、北極の向きのズレが積み重なってゆき、一五回の周回後には北極と南極が逆転してしまい、自転軸の向きが軌道運動の方向と正反対になる。三〇回も周回すると、QEDによれば、自転（スピン）の軸が最初と同じになり、軌道運動の方向と一致するはずである。

普通はそういう物体がそういう精密な条件におかれた時の振舞いを正確に予言するに必要な計算は極度に複雑であり、最新式のコンピュータを使っても何年もかかる。野球の鋭い打球に生じる運動量がボールの縫い目一つによってどれほど違うかを予言することや、大型トラックの運転手が窓からリンゴを一つ放り投げた時にトラックの速度がどれほど加速されるかを算定することや、地球の軌道が飛行機一機の離陸によってどれだけ変化するかの計算などより、いっそう難しいだろう。しかし、QEDの問題の場合は、それができる。

この理論の精密さは、実はそれをさらに上回る。一個の粒子がもつ雲全体の効果を、その粒子に含まれる各タイプの粒子のそれぞれがもたらす効果の合計で説明できる。だから物理学者たちは、各々のミュー粒子の周りの雲によって引き起こされるズレを測定すれば、素粒子物理学の主要な目標の一つ——全宇宙の基本的構成要素の総目録の作成——を達成できると悟った。自転の増減についての予測値は既知のあらゆるタイプの物質のもたらす効果の明細を表わすから、その予測値と測定値との差——予測されるズレと実際のズレの差——は、何か未知のタイプの物質の存在を示しているはずだ。雲がQEDの示す通りの働きをしていなければ、何か未知の新しいタイプの物質が関与しているに違いない。

この測定の遂行は、どえらく困難な仕事だった。ブルックヘヴン研究のチームは、大きさが最も細い針の先端の一〇〇万分の一程度しかない小さなミュー粒子を、その雲の働きのもっと小さな効果を測定できるほど精密に制御せねばならないばかりか、その効果を、その一〇〇万分の一程度の大きさの上記のようなズレを見出すことができるほど精密に測定しなければならなかった。これは、前述の類比的な例えを使えば、地球の軌道に旅客機一機の離陸によって引き起こされる変化を、その飛行機に乗っていた乗客の人数を判定できるほど精密に測定せねばならない、ということになる。そのような精密さは、特殊な条件の下でのみ可能なはずだった。その条件とは、たとえばバンスが、自分とその共同研究者たちがロングアイランドに建設中の五〇フィートの磁気リングの中でなら達成できると思ったような条件である。

「あの連中なら、一分でできるでしょう」。バンスは線路上のカートにリング・フレーム結合体をボルトで固定しようとしている仲間たちを指さしながら言った。「あなた方には、粒子が入ってくる入口をお見せしましょう」。バンスは最近負傷のため固定された腕をなんら苦にしないような身振りで、アスファルト舗装の場所をすたすた越えて、その向こうにボーッと見えた雪におおわれた土の平地まで行った。そこは粒子を光速に近い速度まで加速する機械である粒子加速器の上に土を積み上げてできたものである。その蔭に巨大な雨樋のような八フィートの金属管を積み上げた山があり、その周りに巨人の子どもが捨てたおもちゃのようなコンクリートの一〇トン・ブロックを積み重ねたものが立ち並んでいた。バンスはアスファルトの溜まった所を注意深く調べて、「ここだ」と声を上げた。われわれはポカンとして彼の顔を見た。彼はなんの特徴もないように見える場所に立っていた。「粒子が加速器から出てきて、ここにある標的にぶつかるんです」とわれわれに説明してくれた。彼は周囲を見回し、からだの向きを変えて、「いや、待てよ」と言い、その平らな地面に六インチほど近付き、「ここだ」と叫んだ。

飛んで来たそれらの粒子が標的にぶつかると、原子の断片が飛び散る。物理学者たちは強い磁石を使ってそれらの断片をタイプ別に分別し、それぞれの経路へ導く。この場合、微小だが猛烈な衝撃によって結局はミュー粒子が生まれ出る。「彼らはこっちへ飛んで行くんで」とバンスは言い、あたかもミュー粒子の進路を道案内するかのようにどんどん歩いて行った。彼はわれわれに、自分の後についてくるようにと手招きして、巨大な排気管のようなトンネルへ入っていった。それは長さが六〇フィートもあるらしいトンネルだった。バンスの姿が見えなくなった時、アーク溶接機の閃光が中に入った彼の姿をパッと浮き出させた。われわれはすぐに彼の後を追った。

バンスは歩みを遅くし足もとに気をつけながら進み、「済まん、済まん」と言いながら五六名の整備員のそばを通り過ぎた。彼らは、ミュー粒子がいくつかの測量用トランシットの接眼レンズを透過して進むための真空管を調整しているのである。近くで溶接工が複雑な電磁石を包むお棺のような形の金属箱を溶接する時の火花が飛んでいた。オゾンの独特の悪臭が漂っていた。波形の壁を持つトンネルの向こう側の口には金属製の壁があり、そこから小さなパイプが突き出ていた。それは単なる配管のように目立たないものだったが、その付近にある器具のうちで最も重要なものの一つだった。それは、この実験の核心部分がその中で行なわれる灰色の空間へミュー粒子を導く器具だった。

再びトンネルの外に出ると、作業員たちがすでにクレーンのフックからリングとフレームの結合体を取り外してボルトでカートに固定させる作業を済ませていた。カートは長さ一五フィートのレールの端に止まっていた。その結合体をレールの向こうの端まで運ぶためのカートだった。「みんな、押して」と工事監督が叫んだ。バンスはカートの一端を使えるほうの手で摑み、三角巾を肩から胸にかけたまま、ぐっと一押しした。そこでわれわれもそれにならった。五〇フィートもあるその結合体を動かすのは大仕事だと思ったのだが、意外にも、その装置は大変うまくできており、七トンもある金属物体が台所の調理台にある石鹸箱を押すのと大差ないわずかな抵抗でレールを滑っていった。一五フィート進むと、レールの向こうの端にある金属製のバンパーにぶつかって全体が静かに停止した。すぐに作業員たちが再びホィールによじ登って、カートに締め付けたボルトを取り外した。その間に、指図の怒鳴り声が飛び交う中で、室内のほうのクレーンの腕が動きだした。

素粒子物理学の多くの実験と同様に、この実験にも三重の目的があった。第一の最も直接的な目的は、ある数値を測定すること――この場合、ミュー粒子のスピンの軸の向きが周囲の幽霊のような雲によってずらされるズレの測定だった。第二のもっと立ち入った目的は、そのズレの数値を使って、科学者たちが「新しい物理」と呼ぶものの存在を確立させること――この場合は新しい形態の物質の存在の確立だった。第三の目的はこの二重の目的の彼方のものだった。実験に取り組んでいる物理学者たちは滅多に口にしないが、にもかかわらずその終極の目的は、その寒い朝にも確かに抱かれていた。

その終極目的とは、あらゆる物質とエネルギーを、すなわち最も高温の超新星から原子のさまざまな断片にいたるまでのものを、一枚の絵におさめる理論を創造することである。この終極目標は「統一」と呼ばれており、ある意味では物理学という学問全体を限定するものである。物理学という言葉は、摩擦、X線、氷の結晶の生成、宇宙の進化などにわたるさまざまな現象の研究を包括する幅広いものを指す。そこには一つの基本的な信条がある。すなわち、自然界のこれらの諸部面・諸様相は、それらの外見や規模が互いにどんなに異なろうと、いくつか少数の——おそらくはただ一つの——統一原理から生起する、そして、その統一原理が一枚の木の葉の葉脈のように枝分かれし、絡み合い、拡がってゆき、ますます細かく分かれて、ついには宇宙と分かちがたく絡み合って、宇宙そのものの素材になる、という信条だ。こういう統一原理を見つけることは、世界の方程式を書き上げることと等価である。過去の物理学者たちはすべて、自覚していたか否かにかかわらず、そういう終極目標への道を切り開く仕事に日々を費やしてきた。しかし、今やその目標は無限の彼方にあるらしいことがわかり、これまでの歴史の路上には、すべてを統一しようとする理論についてのすでに捨てられた考えの残骸が散乱している。アインシュタインは、長年にわたりそのような理論を探し求めて、完全に失敗した。

　この無残な歴史を眺めると、物理学において第二次世界大戦以来達成された進歩は目覚ましい。この比較的短い期間に、科学者たちは統一理論に向かって先人たちの業績を全部合わせたものより大きな進歩を遂げた。彼らは、原子のあらゆる断片とそれらの相互間に働く力とを統合する枠になる実験で検証された、ある物質理論を創りだした。それは「素粒子物理学の標準模型」と呼ばれる一群のアイデアであり、それをまとめ上げたことは、今日の物理学者たちの最大の誇りである。

　この標準模型は一九七〇年代に仕上げられたが、一部の物理学者たちからは、それを乗り越える真の統一理論というものが、いくつか提案されてきた。それらは、宇宙を構成している既知の構成要素のすべてをただ一つの理論の枠に納めようとするもので、そのために種々の互いに異質な形の物質やエネルギーがただ一つの源から生じたものだということを示そうとする案がいろいろ提出された。いろいろな名の試論が出された――大統一理論、超対称性理論、弦理論などである。それらは最初は嘘くさいとして無視されたが、どれも強い明快さをもち、一九八〇年代になると多くの物理学者が耳を傾けるようになった。

しかし、一九九〇年代になると、それらの物理学者は失望してしまった。統一への歩みが停滞してしまったからである。標準模型は真の統一理論の建設に必要な理論のための言葉を与えてくれるように見え、さらに一部の学者はそういう統一理論の建設を求めさえしたが、だれもそれより先へは進めなかった。いろいろな統一理論による予言の初期の検証は、どれもそれらの理論を支持することができなかった。事実、標準模型を超えようとする試みはどれも、標準模型が示す予言を確かめるだけに終わった。こうして物理学者たちは、彼ら自身が前に収めた大成功の犠牲者になった。もっと悪いことに、統一理論を目指して進めようとする試みはどれも、もっと大きく、もっと金がかかり、もっと時間がかかる実験を必要とすることが不可避であるように思われた。政府は財政危機に陥って、大きな予算支出を嫌がるようになった。特別劇的な事例を挙げれば、一九九三年米国議会は、すでに一部が建設された何十億ドルもかかる巨大な粒子加速器である超伝導スーパーコライダーへの予算支出を打ち切った。そのため物理学者たちは、物理学に標準模型を超える統一をもたらすための手掛かりを与える可能性のある、もっと費用のかからない実験を考案せねばならなかった。それがバンスが取り組んできた実験である——これは背後に長い歴史を背負った実験なのだ。

一九世紀には、スコットランドの大物理学者ジェームズ・クラーク・マクスウェルが、統一理論への最初の歩みの一つを踏み出した。それは彼が、電気と磁気という二つの見掛け上はまったく別の現象が実は同一の現象——以後に電磁気と呼ばれるようになったもの——の別の姿であることを示した時だった。電磁気の科学的理論は電磁力学と呼ばれている（英語ではelectro-dynamics）。マクスウェルの洞察からは、今日世界中で使われているたくさんの機器が出てきた——おもちゃの列車の小さな電気モーターからバンスの実験のなかの巨大な電磁石までである。

次に量子力学と相対性理論が登場した。この両者が万事を変革したように見え、電磁力学もその例外ではなかった。電磁力学を量子力学と相対性理論を考慮にいれて修正することによって、量子電磁力学（略してＱＥＤ）という新しい理論が生まれた。古い量子論以前の型の電磁力学はすでに、電荷を持つ微小な物体の自転による磁気モーメントは、その物体が磁場の中で運動する場合には、軌道運動のそれに比例して変化すると予言していた。ミュー粒子のような粒子の場合は、自転の軸が軌道とぴったり同調して傾くはずだった。しかし量子電磁力学の予言によれば、ミュー粒子のスピンの磁気モーメントは軌道運動のそれよりわずかに多く増加し、その差はミュー粒子の周りの微粒子の雲の激しい活動によって生じる。QEDの理論では、スピンの磁気モーメントの増加は「g」という記号で表される。物理学者が使う単位では、粒子の自転（スピン）が軌道運動と同期する場合には、gの値は2である。従って、量子電磁気学と古い電磁気学との違いは「$g-2$」（gマイナス2）の数値で表現される。バンスの実験は、簡潔に言えば、（$g-2$）の値を従来の測定よりずっと精密に測定しようとするものであった。

この（$g-2$）と呼ばれる量の数値は、物理学者にとっては重要な数値である。それは新世界と旧世界、二〇世紀と一九世紀、量子力学と相対性理論が不可欠の世界と両者を無視できる世界との違いを集約したものである。もし（$g-2$）がゼロなら、すなわちgがぴったり2なら、二〇世紀物理の大部分は存在しないことになる。ということは、大まかに言えば、どの粒子の周りにもお化け粒子の奇妙な雲は存在しないということだ。しかし、ほとんど五〇年も前の（$g-2$）の測定値は、QEDとそれが示す粒子の周りの雲は自然界の極めて精密な描像であることを十分示していた。物理学者たちは（$g-2$）の測定を測定装置の改良と共に反復し続け、その数値を彼らの世界像の正否を判断するのに利用し続けた。今日では（$g-2$）は、大きさが十進法で一二桁の精度まで算定されており、おそらくは理論物理学において最も精密に知られた量である。バンスとその共同研究者たちは、未知の世界への探求を進めるためにこのことを利用しようとしてきたのだ。

建物の内部には、溶接道具や電線がいっぱい散らばっていた。床はコンクリートで厚さが何フィートもあり、敏感な装置に外からの攪乱が及ばないよう遮蔽していた。組み立て中の実験装置が当座の足場で囲まれていた。黄色い橋型クレーンがレールに乗っていて、そのフックが、中世の芝居で使われた機械仕掛けの神の手のようにゆっくりと下がってきた。一人の作業員が手を伸ばして、そのフックをさっと摑んだ。バンスが、にやりとしてつぶやいた。「うまいもんだ。ここには物理がつまっている」。物理という言葉は、バンスの頭にある語彙の中ではある重みを持っている。それは人間が自然の営みをそれによって照らし出すことのできる明晰さと深遠さと美とを指している。

これは決して彼だけのことではない。ここ数年間にわれわれ両名は、バンスのほかにも何人もの現役の物理学者に会い、彼らが、いかに情熱をかけて問題に取り組んでいるか、自然への容赦なく鋭い洞察が突然得られるときのスリルをいかに切望しているかに、何度も心を打たれた。そういうスリルを味わうことがあらゆる科学者の野望なのである。われわれは何度も何度も——たぶん素人であるがゆえに驚いたのだろうが——そもそもハードな諸科学のなかでも最もハードな科学に取り組むこれらの人たちが芸術家たちとよく似ていることと、二〇世紀の物理学の成長と開花は芸術運動の成長と開花によく似ていることとに驚嘆した。第一級の芸術家と同様に、第一級の科学者も一つの世界観を提示するために働くのであり、芸術家の場合と同様、彼らが取り組むそういう世界観の探求は、彼らが生きている時代と、彼らの師匠たちと、彼ら自身の好みや個人的気質とによって導かれるのだ。物理学者たちとの会話を重ねるにつれて、われわれにも過去数十年間の目覚ましい進歩がわかってきた。素粒子の標準模型は、今なお物理学者たち自身でさえ、それを乗り越えようとする時にさえも驚嘆を感じるような芸術的な道標である。

大研究所であれ大学の小研究室であれ、高エネルギー物理学者が研究している所では、今では研究者たちは頭の中から驚嘆という観念を追い出しつつあり、もはや再びは起こらないのではないかと思われる驚異的な時代を自分たちはすでにくぐり抜けてしまった、と漠然と悟りつつある。彼らは今までずっとまったく未知の領域に取り組んできたのであり、そこにはひっくり返すべき古い答はなかった。だから、この第二の波の物理学者たち——いわばアインシュタインの子どもたち——は、自分たちの業績を革命的と呼んだことはない。多くの人びとが数十年にわたりひどい混乱の中で研究を続けてきたが、多数の互いに別々の人たちの長い間の成果を結び合わす洞察によって混乱が突然解消された。多くの混乱の後で突然、標準模型が辻褄を合わせてくれた。物理学者たちは、測り知れぬ広大な土地の小さな一角を整地するのに生涯を費やすつもりだったのに、突然自分たちが、まだ夢にも思わなかったほどゴールに近付いていることを知った。原子は自己の秘密を徐々にしか明かしてくれなかった。それは、巧みに書かれた戯曲に似て、いろいろなヒントが物語の端々（はしばし）をパッと照らし出しはしたが、情景と推理が錯綜し、観客の多くがどうもよくわからないと諦めた後の終幕になって、やっと秘密が明らかになった。今後数百年たっても科学史家は、今からみた過去五〇年を素粒子物理学の最も手に汗を握る時代だったと記すのではないか。

統一への歩みにおける最近のいくつかの後退にもかかわらず、バンスと彼の共同研究者たちの飽くなき熱狂は衰えはせず、彼らが自分たちの共同事業に抱く誇りも衰えてはいない。彼らにはそう感じる動機がいくらでもある。今世紀の物理学の歴史は素晴らしく際立っている。今日のような科学の大衆化時代には、量子力学や相対性理論という言葉をまったく聞いたことのない人がいるだろうか。今では絶えざる進歩が時間の始まりや物質の終わりというものの解明へ迫ろうとしている、と言われている。しかし、有能な科学者たちが自分の仕事から喜びを得ているのには、もう一つの理由がある。彼らは、ある伝統にはまった人びとであり、それは常により大きな革新を求めながらもたえず自己の過去を賛美する学者社会の伝統なのである。

小屋の中では殺風景な照明の光の下で、空中に浮かんだ巨大な銀色の王冠が次第に下降してきた。クレーンからの索がゆっくりと地面に近付くと、その大きなリングが空想科学映画に出てくる空飛ぶ円盤のように見事に着地した。着地が終わると、リングがカチッと鳴った。着地の位置が指定の据付け位置より数分の一インチだけズレていた。これだと最後の調整でズレをなくすのに数週間かかる。作業員たちがまだクレーンのフックを取り外している最中に、研究者たちはもう次の段階の測定に取り掛かった。工事監督は終えた作業の細目を報告用紙に書き込んだ。バンスは首を振りながらつぶやいた。「これは私が今までに取り組んだプロジェクトのうちで最もよく考え抜かれたものなんです」。「これ」とはこの（$g-2$）測定実験という研究事業のことだった。[1]

＊

かつては、物理学者たちは、いや、少なくとも一部の物理学者たちは、物理学で次々と見つけるべき真理は、測定の精度をますます高めてゆくことで発見されると考えていた。彼らは、物理学の枠全体はすでに定まっており、今後の世代の科学者たちは過去に得られた洞察を磨き上げてゆくだけだと信じた。ところが一八八〇年代の多くの物理学者が自分たちは基本的な謎をすでに解いてしまったと信じた確信が、今では学者たちを戸惑わせる迷いの一つの源泉になっている。思うに、たとえば当時のハーバード大学の物理学部長ジョン・トロウブリッジは、優秀な大学院生に物理学はやらないように警告しなければならないと感じていた。物理学の本質的な仕事はもう終了し、残っているのは、細かい仕上げをすることで、それは二流の科学者にふさわしい仕事であると、彼は語ったのである。[2] 一八九四年には、当時のもっとも優れた実験物理学者の一人で、のちにノーベル賞を受賞したシカゴ大学のアルバート・マイケルソンが、聴衆にこう語った。「主要な基礎的原理の大部分はすでに確立し、今後の進歩は主に、これらの原理をわれわれの目に触れるあらゆる現象に厳密に適用することにある、と言えるように思われます。……未来の物理学の真理は、小数点以下第六位に求められるべきです(3)」

マイケルソンの発言は、あいにく滑稽なほど時期が悪かった。その発言の載った紀要が印刷される前に、未知の放射能現象の証拠がアントワーヌ・アンリ・ベクレルによって発見されたのだ。彼は、パリの自然史博物館の物理学教授職を代々引き継いだベクレル家の三代目だった。ヴァン・ダイク髭を生やし、頭のはげあがった癇癪《かんしゃく》持ちのベクレルは、二〇代から三〇代にかけて燐光結晶に関する平凡な実験を行なっていた。彼は三五歳のときに博士号を取得して、ほとんどすぐに研究を打ち切り、教授という安逸《あんいつ》な地位に落ち着いてしまった。ベクレルは、少なくとも有名人にはなりそうもなかった。彼にまつわる諸々の事実は、彼は未来の科学の歴史において脚註にしかでてこないだろうことを示していた。

ほとんど偶然とも言える放射能の発見の場合ほど、その当時の状況が詳しくわかっているものは、科学の発見のなかでも少ない(4)。一八九六年一月七日、フランスの偉大な数学者アンリ・ポアンカレは一通の手紙を受け取った。手紙には、人間の手の骨が写った驚くべき写真が同封されており、骨は、ヴィルヘルム・コンラート・レントゲンという、ポアンカレの面識のない科学者のものだった。手紙には、同封の写真が新発見の「X線」を用いて撮ったものであり、その発見は前月のことで、写真をヨーロッパ中に郵送し公表したと書いてあった。確かに写真は公表されていた。その写真は世界中にセンセーションを巻き起こした。三週間後、ニューハンプシャー州ダートマスのエディ・マッカーシーという子どもが、地元の有名人になった。エディの折れた腕を、医者が骨折のX線写真を使って治したからだった。[5] ポアンカレの驚きは想像に難くない——人体の内部の写真！　そこで彼はただちに近くの医師たちに、レントゲンの写真と同じものが作れるかどうか尋ねた。一月二〇日、その二人の医師は、自分たちで撮ったX線写真をフランス科学アカデミーの会合で一同に見せた。[6] すぐさま、大きな反響があった。二週間のうちに、アカデミーの会員五人が、この新現象に関する論文を提出した。

ベクレルもまた、X線写真が公開されたときの観衆のひとりだった。彼は、幽霊のような奇妙な像と、その像を造り出した不思議な放射に魅了されてしまった。ベクレルは父親とともに、それまで燐光の研究をしており、博物館の実験室は闇に光る石や木のかけらでいっぱいだった。X線放射の発光を見て、彼は光についての自分の研究を思い出した。数年間、あまり研究はすすんでいなかったが、すぐに、燐光石を乾板の上に載せたらレントゲンのX線源と同じように乾板が黒くなるかどうかを調べようと、思いついた。それだけなら、大したことではなかったろう。

有名な話として伝わっているのは、そのあとの出来事である。彼はその翌月中、いろいろな種類の燐光石を試してみたが、何も発見できなかった。ところが、ある日硫酸ウラニル・カリウムのかたまり、つまり、ウラン、カリウム、硫黄その他の元素の乱雑な結晶状混合物を選んだ。この物質が紫外線の下で発光することを、彼は経験から知っており、そのかたまりをバルコニーに出し、冬の日光の紫外線に当ててみた。そして、写真乾板を取り出し、日光を遮断するために厚い黒い紙で覆って硫酸ウラニルの下に置いた。やがて、その乾板をもって暗室に入ると、嬉しいことに、その石から紙を通り抜けて放射——彼が「透過性光線」と呼んだもの——が、乾板に灰色のしみを作っていたのである。

ベクレルは、X線が燐光と何らかの関係があることを証明したのだと確信した。しかし、彼はそれを科学的な証明で決定的なものにしたかった。つづく数日の間、彼は乾板と硫酸ウラニル結晶との間に、硬貨や不規則な形の金属片を置く実験を行なった。確かに、硬貨と金属片は透過性光線を通さず、暗い灰色の地の上に硬貨の形が白く浮かびあがった。二月二四日、ベクレルはその結果をアカデミーに報告した——燐光現象はX線を発生させる。(7)

ベクレルの研究は、科学的方法の典型だった。しかし、それは、適用することが実際上困難な方法の見本だった——ベクレル自身が最初に、身をもってそれを知ることになる。パリの冬にはよくあることだが、二月二六日まで天気は良くなかった。天候の回復を待つ間、ベクレルは、乾板と黒い紙と結晶を、一週間近く書類棚の引き出しにしまったままだった。何も起こるはずはない、硫酸ウラニルは光にさらされていないのだから燐光現象が起こるはずはない、とベクレルは思っていた。にもかかわらず、太陽が再び顔を出した三月一日、彼は生涯に一度の幸福な考えを思いついた。とにかく乾板を現像してみようと。ひまがあったからである。暗室の中では、今までみたどれよりも黒い感光斑点が現れた。ベクレルは驚いた。なぜなら、その乾板は燐光にさらさなかったからである。石の中に、感光させる何かがある、ウランそれ自体がX線を放射しているように思われた。[8]

　これもまた、完全に正しいとは言えなかった。実際、硫酸ウラニル・カリウムは、あらゆる種類の放射線を放出しており、X線はそのほんの一部だったのである。ただこの発見は話題になった。ひとつには、非常に追試しやすかったからである。世界中のほとんどすべての研究所に、画用紙と写真乾板とウラン鉱石のかけらがあった。数週間のうちにヨーロッパ中の科学者たちが、写真に写った不規則なぼやけた黒い斑点を驚きの目で見ていた。ベクレルは有名になった。その発見の権利を主張した他の人たちを軽蔑の目で退《しりぞ》けたことからみて、彼は自分の突然の評判を楽しんでいたふしがある。[9]一九〇三年、ベクレルは、スウェーデンの実業家アルフレッド・ノーベルの遺産によって設立された新しい科学賞を受賞した。

　数週間のうちに、ベクレルの発見のニュースは、ドイツ、イギリス、イタリア、アメリカに伝わり、すでにX線の発見に騒然となっていた研究者をさらに興奮させた。二つの現象の実験はしばしば同じ実験台で行なわれたが、二つの発見の帰結は大きく違っていた。X線は単に光のパルスであることがわかった。今までにない強度と作用をもってはいたが、やはり光だった。一方、放射能はまったく未知のもので、どうにも説明がつかなかった。放射能の存在、つまりエネルギーを何らかの方法で放出する金属は、ベクレルやその同僚の信念に真っ向から反するものだった。ウランの奇妙な振舞いに初めて気づいたときのことを、ベクレルは次のように書いている。「この現象が既知のエネルギー変換の新しい一例にすぎないと推定する理由は何もなかった。あらゆる予想に反して、最初の実験は明らかにエネルギーの自然発生の存在を示していた……」[10]。一九世紀の科学者たちは、長い年月をかけてエネルギー保存の法則を確立した。つまり、エネルギーは自然発生したり消滅したりしないということである。しかし、ウランのどんなかけらでも、写真乾板を感光させたり、気体を導電性にしたり、時には物理学者を火傷(やけど)させるようなエネルギーを、自身で造り出しているようだった。そして、それらのことを起こすために必要なエネルギーは、明らかにどこからも与えられていなかった。金属は置かれているだけなのに、その原子は静かに働き続け、エネルギー保存則を無視するかのように、透過性光線を出し続けた。

放射能の性質を知る最初の手がかりは、それが手がかりであるとはすぐには認められなかったが、ベクレルの研究からちょうど一年後、ジョゼフ・ジョン・トムソンというイギリス人がのちに電子と名付けられた微小な物質の存在を理論的に予言したときに見つけられた。イギリスのケンブリッジにあるキャベンディッシュ研究所の所長だったトムソンは、無器用だったために実験装置を自分で製作することはできなかったが、実験の構想を立てることにすぐれていた。彼は身なりに無頓着なことで有名だった。研究所の公式の写真でも、彼のネクタイは曲がっている。一八八四年、トムソンは、彼自身驚いたことに、わずか二八歳で所長に選ばれた。[11] トムソンが電子の存在を予言した一八九七年には、キャベンディッシュ研究所はイギリスで最も優れた物理の研究所になっていた。当時は二〇人の専任研究員が在籍し、女性の権利意識の高まりをうけて、女性が研究員になれるようになったところだった。研究内容は、電信技術などの実際的なものから、電気の性質など実用性のないテーマへと次第に変わりつつあった。[12]

当時、電気の性質を調べる主な方法は、長いガラス管から空気を抜きとり、両端から針金をさし込んで、それを電池につなぐことだった。管の一方の端に硫化亜鉛などの蛍光物質を塗っておくと、電池のスイッチを入れたとたんに、その塗布個所に小さな発光点が現れる。明らかに何か——恐らくは何かの流れ——が針金から飛び出し、管の中を通り、硫化亜鉛に衝突していた（その点状発光は、旧式のテレビのスイッチを切ったときに画面に現れるものに似ている）。空気を抜いてしまえば管の中には何も存在しないので、科学者たちは、管の中を走って蛍光物質を発光させるものは、電気の流れの基本的な形態に違いないと推察した。それが何の流れであるかを知ることができれば、電気の性質が解明できるかもしれない。トムソンと助手たちは、断続的に一〇年以上を研究に費やし、その問題を考え続けた。

トムソンは、一連の実験を終えた一八九七年四月二九日金曜日、講演を行ない、ついに解答を得たと発表した[13]（六カ月後に長い論文が正式に公表された）。その発光は、それぞれ一定量の負の電荷を持つ小さな粒子（パーティクル）——当時の用語では微粒子（コーパスル）——の流れによって起こるというのがトムソンの説だった。それは、ある意味で電気の原子、すなわち、現在われわれが電子と呼ぶものである。その微粒子は針金から飛び出して硫化亜鉛に当たり、エネルギーの衝突が何らかの方法で化学物質に発光を引き起こしているのだと、トムソンは述べた。粒子は非常に小さく、既知の方法では重さを測れなかった。また、個々の微粒子の電荷の量も少なすぎて測定できなかった。しかし、トムソンは電気微粒子の特性の中で数値の確定できるものを見つけた。それは、粒子の電荷の量と質量の比である。だが、あくまでも二つの量の比だけであって、どちらの量も実際の値はわからなかった。事実、数年間は、電荷の量と質量の比が、この微粒子について正確に測定できる唯一の特性であった[14]。

とはいえ、トムソンの微粒子が、原子も含めてそれまでに知られていたどんな物体よりも小さいことは明らかだった。だが、彼の考えに対する学界の反応は肯定的なものではなかった。一九世紀の物理学者にとって、原子より小さい物体という概念がどれほど驚くべきものだったかを今日実感するのは難しい。彼らの多くは、原子の存在さえ信じておらず、さらにその構成要素の存在などは言わずもがなだった。[15] 当時思想界で有力だった、ドイツ人が多くを占めるある学派は、物理学者は見ることのできない存在を追求すべきではないと主張した。つまり、原子は直接に観測することができないので、思考の対象にしてはならないというのだ。もし、それが原子について言えるなら、原子の構成要素についてはなおさらである。後年トムソンは、自分の発見に対する同僚の無関心ぶりを述懐している。「原子より小さい物体の存在を信じる人は、初めはほとんどいなかった。ずっとのちに、王立協会での私の講義に出席したある著名な物理学者から、私が皆をからかっているのだと思ったと言われた。驚きはしなかった。なぜなら、私自身、自分の実験に対するこの説明をなかなか受け入れられなかったし、私が原子より小さな物体の存在を信じると発表したのは、実験からみてそう考えざるを得ないと確信してからだったのである[16]」

原子は自然界を構築しているレンガである。いくつも積みあげれば、見ることも壊すことも、それで人の頭を叩くこともできるようなかたまりが得られる。しかし、電子については事情がまったく異なる。どんなにたくさん集めようと、味わったり臭いをかいだり、手に取ったりできるようなかたまりにはならない。トムソンが本気で話をしていると同僚たちが思わなかったのも不思議ではない。

人びとがトムソンの研究を認めざるを得なくなったのは、原子より小さい粒子の存在を信じなければ理解できない実験結果を主張する科学者が増えてきたからだった。たとえば、ベクレルは一九〇〇年に、自分の研究所にあるウランが出す放射線に多数の電子が含まれていることを実験で示した。[17] 彼が科学に対して行なった主要な貢献として最後のものとなるこの発見は、さらに多くの問題を提起した。つまり、原子の中に負の電荷を持つ物体が存在するなら、一般の原子は電気的に中性であるから、負電荷と釣り合うために、正の電荷を持つ何らかの物体が存在しなければならない。言い換えれば、原子には、他にも部品がなければならない。それらはどこにあり、どのようにして納まっているのか。何が物質の究極の構成要素なのか。そして、それらの間にはどんな力が作用しているのか。こうした疑問に答えるには、数十年の研究が必要だった。その研究は、一九七〇年代に、素粒子間の相互作用の標準模型の構築と統一理論ができそうだという展望によって最高潮に達した。

最初の手がかりは、ほぼ一〇年後にアーネスト・ラザフォードによってもたらされた。彼はトムソンの弟子で、当時マンチェスター大学で研究を行なっていた。ニュージーランドで生まれ育ったラザフォードは、大きな赤ら顔にセイウチのような口髭を生やした大柄の堂々とした男で、手先が器用で才気あふれた野心家で、しかも勤勉だった。彼は亜熱帯の農場で土を掘って一生を過ごしたくはなかった。一八九四年、彼はケンブリッジ大学の奨学金を受けた。当時、ケンブリッジ大学は他の大学の卒業生も受け入れるように規則を変更したばかりで、それによってラザフォードはキャベンディッシュ研究所の最初の外来研究生になることができた。彼がイギリスに着いたのは翌年の九月、二四歳になったばかりだった。

ラザフォードはケンブリッジに到着するとすぐにトムソンの許(もと)へ行った。ニュージーランドにいる婚約者へ約束どおり送った手紙によると、彼は「トムソンとたっぷり話をした。トムソンは話すと大変楽しい人で、古臭さが全然ない。容姿について言えば、中肉中背、色は浅黒く、まだまだ若々しい。だが、髭の手入れはひどいもので、髪も伸び放題だった」。ラザフォードは、トムソンが「私のやろうとしていることを気に入っているようだった」と書いている[18]。

当時、キャベンディッシュ研究所は、ケンブリッジの中心にあるビクトリア朝時代の薄汚れた黄土色のネオ・ゴシック様式の建物に押し込められていた。実験者たちは、ぎっしりと並んで仕事をし、汚れた研究所内は人でいっぱいだった。ラザフォードは地球の裏側からやってきた奨学生として、ケンブリッジの講師たちから皮肉を聞かされたようである。だが、彼は持ち前の利発さと器用さと並はずれた精力によってトムソンの関心を引きつけた。しかし、その性格のため、すぐには友だちができなかった。「自然力と仲が良いなんてことは、めったに口に出せるものではない」とキャベンディッシュ研究所でのラザフォードの同僚ポール・ランジュバンが語ったと言われている[19]。

ラザフォードは、当時としては申し分のない男だった。勤勉で頑固な科学者で、数学的抽象や複雑な装置には我慢できなかった。彼は意識的に実験家の典型を演じ、理論的な屁理屈を並べたてずに、実験という信頼できる方法によって事実を発見することを好むのだと弁じたてた。そして実験は迅速かつ単純でなければならず、装置は研究所の地下室からあさってきたものを使うべきであり、それぞれの実験は、その前の実験の上に積み重ねるべきである。その目標は、確固とした事実——Xは起こったのか否か——を見つけること、それをまず見つけて、細かい仕上げを他の人たちに任せることである。「いつでも、どこにでも、独自の着想はもたずに精密な測定をやる人間がいるものだ」と彼は語った。[20]ラザフォードは、優れた物理学者なら必ず持っている才能の一つである、目標に対する正しい方向感覚を持っていた。どの時点においても、成しうる実験は文字どおり何千も存在する。しかし、偉大な実験家は第六感を持ち、それによって単に情報を得るだけでなく、より深いものへ到達する。ラザフォードは早くから電磁波に興味を持ち、事実、グッリエルモ・マルコーニに少し先んじて、実用的な無線通信機を製作した。しかし、キャベンディッシュ研究所では、彼はすぐに無線通信を捨てる決心をした。無線は単に実用のものだが、放射能の追求は本物の物理学を含んでいるかもしれなかったからだ。持ち前の打ち込み方で、彼は現象を分析し始めた。放射性物質は活発に沸き立っていることがわかった。つまり、たえず莫大な数の粒子を放出し、粒子は驚くほどの速さ——毎秒数千マイル——

で飛び出していた。さらにラザフォードは、放射能には異なる二つの型があることを見つけ、ギリシャ語のアルファベットの最初の二文字を使って「便宜的」にアルファ線とベータ線と名付けた[21]。アルファ線は紙一枚で防ぐことが出来るが、ベータ線は一〇〇倍の貫通力を持っていた（どちらも、ベクレルの研究所のウランからも放射されていた。ベータ線は、のちにベクレルによって電子から成っていることが明らかにされた）。

一八九八年、ラザフォードはカナダのモントリオールにあるマッギル大学の教授職に招聘(しょうへい)された。彼は「独創的な研究をたくさん行ない、ヤンキーどもの鼻をあかすことを期待された[22]」。マッギルでは、のちにライフワークとなるアルファ線の研究を始めた。その後数年間、ラザフォード、ベクレル、ベクレルの同僚で友人でもあった若いマリー・キュリーとピエール・キュリーらは、アルファ粒子の動きと性質を突きとめる一番槍を目ざして激しいが友好的な競争を続けた。この競争は、キュリー夫妻のラジウムの発見によってさらに激化した。ラジウムはウランの一〇〇万倍の放射能を持つ元素で、稀少物質であり、キュリー夫妻は微量のラジウムを得るために、数トンのウラン鉱石を処理していた。ちなみに、一九一六年までの全世界のラジウムの供給量は、〇・五オンスにも満たず、夫妻は、その特性を調べている二〇ほどの研究所にごく微量ずつ分けていた[23]。ラザフォードは、このフランス人から送られた数ミリグラムの放射性試料を使って、師のトムソンが電子に対して行なったのと同様に、アルファ粒子の電荷と質量の比を測定した。そして四年間の研究ののち、ラザフォードは、これが正荷電のヘリウム原子であることを確信した。[24] この間(かん)、ほとんどの科学者は、原子は何千個もの電子が飛び回っている蜂の巣のようなもので、電子は何らかの仕方で正電荷の糊によって結びつけられていると漠然と考えていた。ラザフォードは、アルファ粒子はヘリウム原子の糊から数個の電子を叩き出すことによって生じると思い込んだ。だから、負荷電の電子がなくなって、差し引き正の電荷を持ったのだと考えたのだ。

ラザフォードがアルファ粒子の正体を突き止めつつあったのとほぼ同じ頃、ベクレルは、アルファ粒子が空気中を通過すると運動量が増えるという奇怪な性質を持つことを示す実験を行なっていた。[25] これは不思議なことだった。つまり、アルファ粒子は、微小な弾丸のように原子から飛び出すが、飛んでいる間に遅くなるどころか速くなるように思われたのだ。[26] 他方、ラザフォードは、アルファ粒子の速さが次第に遅くなるという結果を得た。[27] 二人は互いに相手の発見に反論し、両者とも自分の実験を繰り返した。正しかったのはラザフォードだった。この論争は、ラザフォードの好奇心を触発したという点以外では、今日では言及されることもなくなってしまった。彼はささいな科学論争に勝ったことには別段満足を感じなかったが、フランスの同僚がなぜ間違えたのかについて大いに興味を持った。ラザフォードはベクレルの実験の詳細に注目した結果、アルファ粒子の経路を精密に測定することがいかに難しいかを思い知った。経路が不明瞭なのは「空気中を通過する途中でアルファ線が散乱することの疑いない証拠」だった。[28] 言いかえれば、アルファ粒子が飛んでゆく間に、少なくともその一部は行手にある空気の分子にぶつかる。この発見は、原子の構造についてのラザフォードの発見への決定的な一歩であった。

ラザフォードは、最初はそれに気づかなかった。数年間にわたり、彼は、粒子の曲がりが、たやすく事実を発見したいと願う実験者に対して自然が意地悪く置いた障害の一つに過ぎないと思っていた。一九〇七年、彼はマンチェスター大学に職を得てイギリスに戻り、さらにアルファ線の研究を続けた。ここでは以前よりずっと強力な放射線源を使ったが、それを手に入れるために彼は同僚とさんざん争ったのだった。一年後、彼はノーベル賞を受賞する。驚くべきことに、化学賞であって、物理学賞ではなかった。[29] 職場を変えても受賞しても、彼は以前と同じ調子で研究を続けた。精密な測定は嫌いだったが、やむをえない場合はやった。しかし、やむをえず精密な測定をすると、いつも散乱のために仕事が困難になった。たとえば、アルファ粒子の電荷を精密に測定しようとして、彼は個々のアルファ粒子の電荷を測定できる装置に粒子を一個一個撃ち込むことを考えた。しかし、測定値は決して一致せず、ラザフォードの研究チームは困り果て、「散乱は悪魔だ」、自分たちの研究を呪っているのだと感じた。[30] 困ったことに、アルファ粒子は装置のいたる所で飛び跳ねるようだった。

ラザフォードはいらいらして、助手のハンス・ガイガーに、いっそうの混乱を避けるには、どれだけのアルファ粒子が衝突を起こしているのか測定しなければならないと話した。ガイガーは、アーネスト・マースデンというニュージーランド出身の学生に手伝わせることにした。二人はアルファ粒子を、薄い金属箔を通過させて薄い金属製スクリーンに当て、粒子が衝突すると小さな閃光がスクリーンに見えるようにした。閃光が見えるように眼を慣らすため、実験者はあらかじめ一五分間は暗闇にすわっていなければならなかった。もちろん、問題は散乱だった。なぜなら、アルファ粒子は空気と管の壁面で数多く散乱するので、どの粒子がどこで跳ね返されるのか見分けることが困難だったからである。一九〇九年、早春のある日、ラザフォードはマースデンに、どれだけの粒子が実際に箔にぶつかるか調べるように言いつけた。[31] 彼らはすぐに、アルファ粒子は金箔を通過するとき約八〇〇〇個に一個の割合で跳ね返されることを発見した。[32]

最初、ラザフォードは、アルファ粒子が玉突きの玉のように複雑な動きで、単にいくつかの金原子にぶつかって跳ねているのだろうと推測した。だが、次の年も、散乱は彼を悩まし続けたようだ。動きの速い小さな一個のアルファ粒子が原子をいくつかかすめたあげく、最後には一八〇度向きを変えると考えるのは、やはり無理があるように思えたのだ。

一方、一個のアルファ粒子が一個の原子にぶつかって跳ね返ることはラザフォードにも想像できた。それは弾丸が鉄床(かなとこ)にぶつかった場合にたとえられる。問題は、原子が鉄床のようなものだとは考えられていなかったことにあった。当時イギリスで最も著名だった物理学者J・J・トムソンは、原子は正に荷電した球体に電子を散りばめたものに違いないと強く主張した。その全体は、かなり漠然とだが、しばしば海綿状の練り粉のかたまり——のちの用語では「プラム・プディング」——と表現された。プラムの代りに電子が中に入っているというわけだ。ラザフォードは、実験を行なったときに何が起こっているのかについて、鮮明な像を頭の中に描くことを好んだ。彼はアルファ粒子がたいへんな速度で空中をすっとんでいくことを知っていたから、弾丸が一個のプディングに当たって跳ね返される光景など想像できなかったのだ[33]。

一九一一年一一月下旬か一二月初旬、ラザフォードは最初の手がかりをつかんだ。カンの鋭い直観型数学者であるラザフォードは、もし原子の全質量の大部分が、中心にある小さな荷電体に集中しているなら、その荷電体はアルファ粒子をはね返しうるだろうと考えた。彼は、その荷電中心が正であるか負であるかわからなかった。つまり、その中心がアルファ粒子を弾き飛ばしてしまうか、彗星のように周りを回らせるかということがわからなかったのだ。しかし、原子の中心部の周りの一種の希薄な気体状の球の中には、反対の電荷が存在しなければならなかった。彼はそのイメージが気に入っていたが、公表するのはためらっていた。自分の考えに完全には確信が持てなかったし、物をずけずけ言うことで評判の彼ではあったが、自分の師に公然と反抗するという、古典的なエディプス的立場に立つことには用心深かったのだ。

このときラザフォードは一つの幸運にめぐり会った。彼がこの問題に取り組んでいたのとほぼ同じ頃、トムソンのもう一人の弟子J・A・クラウザーが、ガイガーとマースデンの実験と似たものを行なって、プラム・プディング模型を確証したと発表したのだ。ただし、クラウザーが金属箔にアルファ粒子ではなくベータ粒子をぶつけた点は、ガイガーら二人の実験とは異なっていた[34]。この実験の出現で、ラザフォードは反論の手がかりを得た。そして、トムソンよりクラウザーを追いつめる方が、結果は同じであるとはいえ、心理的に容易であった[35]。

一九一二年三月七日、ラザフォードはマンチェスター文学哲学協会の会合で、初めて自分の学説を発表した[36]。彼はトムソン模型とクラウザーの実験について述べ、その両方を激しく攻撃した。彼の主張によれば、ガイガーとマースデンによる実験結果は、プラム・プディング模型では説明がつかない。アルファ粒子八〇〇〇個に一個が反跳(はんちょう)することは、小さな効果ではあるが確かに起こるのであり、何か原因があるのだ。アルファ粒子は、標的原子の中の非常に小さく固い何かにぶつかったに違いない。ラザフォードは、その小さくて固いものを「一点に集中した中央電荷」と呼んだ。私たちが現在、原子核と呼ぶものである。その核の周りには、「反対の電気の一様な球状分布」が存在するとラザフォードは述べた。今日、私たちは、それが周回する電子であることを知っている[37]。

太陽系に似た原子の構造図は、数多くの高校物理の教科書やアメリカ原子力委員会のマークによっておなじみになっている。しかしこの図は、現実の原子の姿をわかりやすく図形化したものである。ラザフォードは、原子、したがって物質全体において何もない空間が大部分を占めることを見つけた。もし原子をドーム付きのフットボール競技場の大きさに膨らますと、核は競技場の中心にいるハエの大きさになる。核より小さな電子はドーム全体にばらまかれていることになる。さらに奇妙なことに、核は途方もなく重い。この場合、競技場全体の重量の大部分に相当し、観客席と屋根板はすべて霧のように軽いことになる。日常の物体の見かけの固さは、原子間や分子間の電気力のおかげであり、物質そのものの実体によるものではない。事実、実体とは人類の持つ最も頑固な幻影の一つである。物質の中の空っぽな空間の発見によって、核物理学が、いや核時代そのものが生まれた。[38]これがラザフォードの最大の業績であり、私たちは今なおその成果を刈りとりつつある。

最初は誰も注目しなかった。その年の春、ラザフォードは、知り合いの多くの物理学者に手紙を書き、持ち前の情熱で自分の原子模型について説明した。反応は礼儀正しい謝辞から無関心までさまざまだった。結局、アルファ粒子の稀(まれ)な型の反跳の他には、原子が核を持ち、物質が霧のように空虚であることを示す証拠はほとんどなかった。ラザフォードは反応のなさに気落ちしたようだった。いずれにしろ、しばらくの間、彼は自分の説へ他人を改宗させることを諦めて、放射能についての知識の現状をまとめた部厚い本を書いた。[39]

しかし、もし物理学者たちが、原子核の存在を真に受けたとしても、ラザフォードの模型は文字どおり模型にすぎなかった。それは、設計者が互いに合わない部品を組み合わせた模型飛行機のようなものだった。およそどんな配置を考えても、周回する電子は正電荷をもつ核に吸い込まれてしまうか、同類の負電荷をもつ電子に弾き出されてしまうかのどちらかだった。数多くの数学的小細工をすれば、各部の釣り合いは可能だった。しかし、この場合でも、実にわずかな衝撃や撹乱によって全体がゆがんでしまう。もしラザフォード模型のような原子がかつて存在したとしても、あっというまにばらばらになってしまっただろう。[40] それゆえ、良識ある物理学者なら誰でも、そんな説は五分も考えたら捨ててしまうのであった。

2　ボーアの登場

雨が多い灰色の都市コペンハーゲン、その中心部の灰色の通りにある一群の建物が、公園の中に突き出ている。きちんと手入れされ、どことなく親しみにくいヨーロッパ風のたたずまいを持つそのフェレズ公園では、芝生が広がり、砂利の並木道が縦横に走っている。この古くて時代おくれの素朴な公園は、市とは一線を画しているようだが、その端にある建物が芝生に大きく食い込み、オークの林にも割り込んでいる。公園の一角に食い込んだこの建物は、その侵入を擬装するかのように、周囲のコペンハーゲン特有の建物と同様、目立たない灰色の壁と赤タイルの屋根をもち、窓にはカーテンが掛けられている。だが、この一群の建物こそは理論物理学のヨーロッパにおける最大の中心地の一つであり、量子論革命の先駆者ニールス・ヘンリク・ダフィト・ボーアをたたえ、今も活動している記念碑なのである。

ボーアの仕事ぶりは、彼の弟子たちの間では、アインシュタインのぼうぼうの髪や、相対性理論はアングロ・サクソンにわかるようには出来ていないと言ったラザフォードの言葉と並んで、伝説の一つになっている。ボーアはよく喋った。彼は自分の考えを、口に出すという行為によって見つけ出した。口から出てくるときに考えがまとまるのだった。友人や同僚や学生たちは皆、ボーアに丁重に誘われては、コペンハーゲンの周りの田舎道を散歩するのに長々と付き合わされたという。厚い雲が流れる空の下で、ボーアはオーバーのポケットに手を突っ込み、ためらいがちにやっと聞こえるほどの声で、難解な独り言にふけった。彼は話している間、聴き手の反応をじっと見守り、話を明確にするためのお互いの努力によって、相手とのきずなを強めたいと切望していた。ささやくような言葉が口からもれることがしばしばあったが、それはボーアが自分の言いたいことを正確に表現しようとする苦悶の現れにすぎなかった。言葉は熟考され、繰り返され、捨てられた。彼はいつでも条件を付け加えたり、語句を訂正したり、初めに戻って再び説明をし直すことにやぶさかではなかった。そして、さも嬉しそうに、突然相手に問題を突きつけて——確かにこれだけではないはずだ、他に何があるのかと、厚いまぶたの下の大きく落ち着いた眼で相手の反応をじっと見つめるのだ。しかし、その反応を待たずにボーアはまた話し始め、自分自身で答と格闘するのだった。彼がある考えを表現する言葉を吟味するときには、宝石鑑定家が見慣れない石を吟味する際に、強い光の前で一つ一つの面をゆっくりと見定めるような様子だった。

たえず言葉と格闘するボーアの癖は、ごく日常的な行為にまで及んだ。彼は葉書を書く前に下書きをするという世にも稀な人物だった。彼の論文はあまりに注意深く精密に練りあげられるため、しばしば意味が読みとれなくなる一歩手前までゆき、いつも締切に遅れた。彼は友人たちに下書きを読んでくれと頼み、友人たちの評言に対してあまりに深く考え込むため、しばしばもう一度初めから書き直すのだった。あるとき、彼の論文の共著者の一人は、同僚がその論文の下書きについてささいな意見をボーアに述べたため、七回目の書き直しをさせられ意気消沈し、新しい原稿ができあがったとき、その同僚に向かって、「先生にこれは大変よく書けていると言ってくれなかったら、君の首を絞めてやるぞ」とかみついた。[1] ボーアの勉強の仕方は真面目な子どものように遅々としていた。彼は自分が愚かなように見られても、それによって自分がよく学ぶことができるのなら少しも気にしなかった。彼をからかうことはまったく不可能だった。悪意というものをまったく知らなかったのだ。[2]

ボーアは内気で考え込むたちの人であり、デンマーク人特有のうりざね顔で、頬が豊かで、濃い髪を額からまっすぐ後ろへとかしていた。ニールスは優秀な学生だったが、いつも弟のハラルドのほうが光っていて、ハラルドこそボーア家の明星だとみられていた。ニールスも優れたサッカー選手だったが、ハラルドは一九〇八年のオリンピックでデンマーク・チームのハーフバックをつとめ、国に銀メダルをもちかえった。ハラルドはニールスより二つ年下だったが、大学入学はニールスより一年遅いだけで、博士号の獲得は一年早かった。ニールスは風変わりで難解なすばらしい物理の論文を次々に書いたが、最初はハラルドが宣伝してくれたおかげで学界がそれらに注目することになったのだった。ハラルドは卓越した数学者になり、ニールスは晩年になってさえ、「弟はあらゆる点で私より利発だった」と述べている。(3)

少年時代にボーアが最も苦手とした課目は作文だった。彼は生涯にわたり、自分の手で文章を書かないですむ場合には、いつもそうした。博士論文を全部口述で母親に書いてもらい、父親が、博士の卵には自分でものを書くことを覚えさせねばならないと主張したので家庭争議が起こったが、母親は、ボーアには無理だと信じて譲らなかった。確かにそのとおりで、ボーアの後年の著述と書簡の大部分は妻や、何人もの秘書や共同研究者への口述で書かれた。こういう助けがあってさえ、彼は論文をまとめるのに何カ月もかかった。その苦闘を考えると、彼は一種の失語症だったのではないかと思わずにはいられない。

一九一一年の初め、二五歳の時に、ボーアは博士論文の審査にパスし、カルルスベルグ・ビール会社――多くのデンマーク人が、このビールを世界最高と信じている――から、イギリスへ一年間留学する奨学金をもらった。彼はキャベンディッシュでJ・J・トムソンと共に研究ができるとこおどりした。ボーアはそれまでトムソンのプラム・プディング模型について多くの思索をめぐらせ、その模型がとうてい正しいはずはないと確信していた。彼は自分の批判的な考えをトムソンにぶつけるのを待ちこがれていた。ケンブリッジに到着したのは一九一一年九月で、ラザフォードより一六年遅く、ラザフォードと同様に、最初はそこに来たことで意気揚々としていた。到着の数日後、彼は許婚者のマルグレーテ・ネルルンドに手紙を出した。「僕は今朝、とてもうれしかった。ある店の前に立ってふと見ると、ドアの上の『ケンブリッジ』という住所表示が眼についたんだ[4]」

　多くの内気な若者と同様に、ボーアは初対面の人と話すときにしばしば神経をはりつめることになり、不安のために、自分の頭に浮かんだことを何でも口走ってしまうのだった。この弱点と当時の頼りない英語力のために、トムソンとの最初の出会いは惨憺たるものになり、彼はケンブリッジに留まる勇気を失いかけた。ラザフォードと違って、彼はイギリス人とうまくやっていけるようになれなかった。ボーアはプラム・プディング模型について議論したくてたまらず、生意気に研究室にしゃしゃりでて、たちまち手荒く追いだされた。のちの彼の言葉によれば、「私は英語をあまり知らなかったので、自分の考えをどう言い表すべきかわからなかった。私は〔トムソンに〕『これは間違っています』と言うことしかできなかった。彼は正しくないという意見に関心を示さなかった[5]」。トムソンは、若くて何かしきりに言いたがっているが言葉がはっきりしないデンマーク人をどう扱ったらいいかわからなかったようである。ボーアがまもなく気づいたところによれば、彼が何とかしてトムソンの注意をひきつけるといつも「一瞬後には彼〔トムソン〕は自分自身の問題を考えはじめ、相手は何か言いかけた途中で口をつぐませられてしまうのです（話によれば、王様でも彼にはかなわないそうで、この言葉はイギリスではデンマークでよりも強い意味をもっています）。だから、相手はあえて彼の考えを再び邪魔するまでは、彼にすっかり忘れ去られてしまったような印象を受けます」(6)というありさまだった。トムソンは、この若い外国人を追い払うために、君の論文を読もうと約束したが、いつまでたっても読まなかった。ボーアは、その冷ややかな礼儀正しい研究所で取りつく島がない思いだった。

みじめな気持のまま、彼はキャベンディッシュ研究所の恒例の一二月晩餐会に出席した。大学人がばか騒ぎするその催しは、科学者が自分たちとその研究を茶化すいろいろなショーを呼びものにしたパーティーだった。ワインは飲み放題で、研究者たちは物理学に関するジョークを連発した。たとえば「電子のために乾杯。電子が誰にも何の役にもたたないことを願って」などというものだった。ラザフォードはパーティー好きで、この催しにはしばしばマンチェスターから駆けつけた。一九一一年もその例外ではなかった。

ボーアがラザフォードに初めて会ってどう感じたかは、容易に想像できる。演壇に立っている赤ら顔で口髭の濃い田舎の肉屋のような無骨な男が、煙と灰を火山のように噴き出すパイプを脇に置いて、マンチェスターの出来事をあからさまかつユーモラスに、猥談さえまじえて話し始めた。彼の振舞いは、イギリス人の堅苦しさに気が滅入っていた若者を非常に元気づけた。のちにボーアは、ほとんど誰もが、ラザフォードについて自分の気に入ったエピソードをもっていることを知った。あるキャベンディッシュの研究者はボーアに、自分が一緒に研究した物理学者のうちで、ラザフォードほど実験を効果的にののしることができる人はいないと語った。(7)一九一二年三月にボーアはマンチェスターへ移り、ヒュームホールの小さな部屋に滞在した。たちまち彼の関心はラザフォードの原子模型へひきつけられていった。ラザフォードはこの新しい助手に対して、核の内部で何が起こっているかを考えるのにあまり多くの時間を費やすのはやめたまえ、この模型は一つのアイディアに過ぎない、アイディアには事実そのものほどの価値はないんだからと言った。ボーアはこの忠告を無視した。

二人は、互いに異なる仕方でだが、自分が研究している目に見えない実体の働きを描きだすことができるという偉大な物理的直観力を備えていた。ボーアはすぐに核をもつ原子という模型にひきつけられた。のちの彼の言葉によれば、「私はただそれを信じた」。なぜなら、一つには、それは決してうまく働かない模型だったからであり、それをうまく働くようにするためには何か新しいものを加えることが必要だった。ボーアは、先輩の既成の知恵に妨げられない若者こそが答を出すことができると考えた。そのうえ彼は、原子の構造と原子の構成部品の働きが今世紀の物理学の進歩の原動力になる問題であると予測しらかの形で結びつければつじつまがあうのではないかと頭をしぼっていた。わり頃、すでに彼は、核をもつ模型は一見それと無関係な物理学の新概念である量子と何た最初の一人だったようだ。このような予測は、当時は決して明白ではなかった。春の終

新世紀の子である量子は、一九〇〇年一二月一四日に誕生した。その日、ドイツの保守的な学者マクス・プランクは、しぶしぶながらこう言明した。ある種の実験結果は、もし物質があるエネルギーの光だけを放出し、他の光は放出しないと仮定するなら、最もよく理解できる。(8) 一八五八年生まれのプランクは、高潔で義務を重んじ正直な、牧師や法律家の一族の出だった。彼はミュンヘン大学とベルリン大学で学び、成績はよかったが格別優秀な学生ではなかった。彼の学位論文の指導教授は、別の分野に目を向けるように勧めた。なぜなら一八八〇年代には物理学はほぼ完成してしまったから、というのだった。プランクはキール大学の教職を得、次いで一八八九年に、意外だったが嬉しいことに、権威あるベルリン大学の助教授の職に招かれた。当時、彼は原子の実在を確信していたわけではなかった。(9)

一八九〇年代中葉からプランクは、六年を費やして、物質の光の放出を研究した。物質が光を放出するというのは、たとえばネオンサインで、気体のネオンが青く光ることである。容易に想像できるように、多くの立派な科学者が原子の存在を信じていなかった時代

には、光と物質の関係を理解することは困難だった。プランクは、何が光を作りだすのかという問題全体を扱うことは避けて、かりに光は「振動子」によって放出されるものとし、ギターの弦をはじくと音波が発生するように、仮想的な振動子の振動が光波を発生させると考えた。種々の振動数のそのような振動子へのエネルギーの配分を計算する一つの方法は、総エネルギーを互いにほぼ等しい大きさの小片に分けて、それを各振動子へ配分する仕方が最も多くなる（光のエントロピーが最大になる）ようにし、次にエネルギーの小片の大きさを無限に小さくし、微積分学の計算法を使ってそれらの振動子のエネルギーの総和――正確に言えば積分――をもとの総エネルギーに等しいようにすることである。しかし、あいにくプランクが扱った問題では、この方法はうまくいかなかった。計算の結果を実験データに合うようにするためには、エネルギーの小片を無限に小さくしてはならなかった。それらの小片はある有限の大きさをもたねばならなかった。したがって、各振動子のもつエネルギーは飛び飛びの値しかもてないのだった。

プランクは、考えれば考えるほど、その考えが嫌になった。もし振動子が自由にどんなエネルギーでも振動することが許されないとすれば、何ものかが振動子にある飛び飛びの値を選ばせ、他の値を選ぶことを禁じていることになる。これは、まるでギターの弦について、CシャープとBフラットの音は出るがそれらの中間の音を出すことはできないと主張するのと同様にばかげたことだった。プランクは自分の主張を弁明することがまったくできず、数学的技巧を操ってとにかく正しそうに見える式を作らねばならなかった。[10] しかし、プランクは、多くの物理学者と同様に実際を重んじる人間だったので、自分の強引な考えが実験家たちの図表にうまく合う公式を生みだしたことは認めた。何週間か迷ったあげく、ついに彼は、後年自ら「すてばちの行為」と呼んだものを敢行した。振動子はある特定の振幅でしか振動できず、したがってそれらが生みだす光のエネルギーはある飛び飛びの値しかもたず、それらのエネルギーの値は互いに整数比をなしていると主張したのである。[11] 今日(こんにち)、プランクの主張は次の公式で表されている。

$$E = nh\nu$$

Eは光源のエネルギー、nは正の整数（すなわち1、2、3など）、νはギリシャ文字のニューで、物理学者が振動数を表すのに使う記号であり、hは小さな不変数で、今日プランク定数と呼ばれるものである。[12]

見かけは単純だが、プランクの公式は大反響をまきおこした。その奇妙さが、徐々にではあったが、世界を文字どおり揺り動かした。真の大発見は、しばしばのちになってみてはじめて真価がわかるものだからである。もしnが整数でなければならないのなら、nは0と1の間の値をとることはできない。したがって、初等数学でわかるようにエネルギー

Eはνhと0の間の値をもつことはできず、νhの$\frac{1}{2}$や$\frac{1}{4}$や$\frac{1}{10}$のような値は禁じられている。プランクは、こうして光はνhの整数倍のエネルギーでしか放出されないのなら、光のエネルギーはνhという大きさの小塊の形になっているにちがいないと考え、その小塊を quantum（量子）と名づけた。この言葉はラテン語の quantus（「どれほどの大きさか」を意味する単語）から造った造語である。

プランクは、自分自身の作った公式にどうも納得がいかず、いったいなぜ光波は任意のエネルギーをもつことができないのかと考え、ひょっとすると光は本当はどんな大きさのエネルギーでももつことができるが、放出される時に何らかの作用で量子という形でしか放出されないのではないかという説を出した。ちょうど、牛乳の箱詰には一パイントと一クォートと半ガロンしかないというような説である。買ってくれれば好きな量だけ飲めるのに。

プランクの公式は、風変わりではあったが、実際に役にた
っ
た。物理学者がこれを使って計算すると、正しい答だけでなく、もっと多くの結果がえられた。多くの科学者が、その結果を別の方法で説明しようと奮闘した。特にプランクは、災いの箱をパンドラに開けられたエピメテウスのような気持になったようである。量子を発見した彼は、のちに多くの賞讃を浴びたが、当時はそれをこの世から追放しようとする無益な戦いに多くの年月を費やしていた。プランクの死後、彼の学生で研究の協力者だったジェームズ・フランクは、

その無益な奮闘のありさまをこう回想している。プランクは「量子論を避けようと奮闘した。少なくとも量子論の影響をできるだけ少なくすることはできないものか——たとえば、吸収ではなく放出の場合だけだと言うことはできないものかと、試行錯誤を重ねた。彼は確かに古典物理学の第一人者であり、もし根っからの古典主義者というものがいたとしたら、彼こそがそれだった。彼は心ならずも革命家となった。思い起こすと、彼はいつも何とか避けることができないかと、多少のあきらめと希望をもって模索を続けた。そのあげく、ついに、『やむをえない。われわれは量子論を受け入れねばならない。しかも、それはもっとひろがるだろう。光学だけに限られず、あらゆる分野へひろがっていくだろう。われわれはそれに耐えねばならない』という結論に達した[13]」

事実、物理学者は量子論を受け入れねばならなかった。一九〇五年にアインシュタインは、量子論への彼の最初で最大の貢献の一つを成しとげた。彼はプランクの着想を、その生みの親よりいっそう真剣にとりあげた。光は量子として振舞うだけではなく、量子そのものなのであると、アインシュタインは主張したのである[14]。これはいっそう気違いじみた主張だった。一九一三年に、プランクと他の三人の物理学者がアインシュタインをプロイセン学士院会員に推挙したときも、彼らは物理学へのアインシュタインの大きな貢献を強調しながら、「彼はときおり、光量子仮説のような的外れな臆測をしたかもしれないが」というただし書きをつけた。光量子説を含むアインシュタインの公式が一九一五年にアメリカの実験家ロバート・A・ミリカンによって実証された時でさえ、ミリカンは公式の背後にある理論を「まったく支持しがたい」と述べた。[15] しかし、アインシュタインの推理は明快で正確であり、彼の主張はしっかりした裏付けを得た。スウェーデン学士院は一九二二年にようやくノーベル賞を彼に与えたが、授賞理由として挙げられたのは光量子説で、相対性理論ではなかった。

今日の物理学者は光量子を容易に承認し、それを「光子」と呼んでいる。[16] だが、一九一一年にはまだ、その概念は途方もない考えのように思われた。ラザフォードの意見によれば、ヨーロッパ大陸の理論家たちは量子についての自分たちの空想のような話が、彼が実験でみつけることのできる現実的なものにどう対応するかを説明したがらないのだった。ラザフォードは仮想的な「振動子」では満足せず、そういう理論的なおしゃべりは物理学の本務を回避したものだと考え、あまりに数学的なドイツ流物理学全体にそういう疑いがあるとした。と同時に、ラザフォードは当時自分の原子模型をまとめあげつつあり、ある友人に「大陸の連中はプランクの学説の基礎を物理的に考えることに少しも興味をもっていないようだ」とこぼした。「連中は、ある一つの仮定に基づいて万事を説明することですっかり満足してしまい、物事の真の原因について頭を悩ましはしない。どうもイギリス人の見方のほうがずっと物理的で、ずっと好ましいと言わねばなるまい[17]」。当時、もし誰かがラザフォードに向かって、あなたの研究室でヨーロッパ大陸の一物理学者が量子の物理的基礎を築くはずで、その基礎とは実はあなた自身の原子模型なのですよと言ったら、彼は仰天したことだろう。

ボーアに核のことを最初に話したのが誰か、核をもつ原子は不安定なはずだということをボーアがいかにして知ったのかは、もはや誰にもわからない。しかし、マンチェスター以外のたいていの理論家に有核原子説を本気で考察することを渋らせたその不安定性こそが、ボーアの興味を最も強くひいた問題であったことは、明白である。ボーアは、核が存在するにちがいないということを、おそらく合理的にではなしに確信し、まもなく、核の実在を証明するにはまったく新しい着想が必要であると悟った。たしかにボーアは、ラザフォードの模型を説明することは、まったく新しい着想なしには到底不可能だと信じたのである。一九一二年の晩春のある日、ボーアの頭に、原子の安定性を説明する鍵はおそらく量子論というまだ成長途上の分野にあるだろうという考えが浮かんだ。のちの彼の言葉を借りれば、「明らかに、われわれはもはや根本的な変革以外にはどんなやり方をもってしても一歩も先へ進めない何かにぶつかっており、しかも、それこそがラザフォード原子の泣き所だった[18]」。根本的な変革こそが青年ボーアをひきつけたのである。

ボーアは、アインシュタインが光は量子と呼ばれる微小なかたまりからなると言ったことを知っていた。では、もし量子性があらゆるエネルギーの基本的性質だとしたら、どうなるのか。それが原子の安定性と何らかのつながりがありはすまいか。六月までに彼は、なぞが解けたと思うに至った。喜んだ彼は、ハラルドへの手紙にこう書いた。「たぶん僕は原子の構造についてちょっとした発見をしたよ。このことは誰にも言わないでくれ。さもなければ君にこんなに早く知らせることはできないのだから。もし僕が正しいとすれば、それは自然についての一つの可能性（すなわち、J・J・トムソンの説のような一つの不可能性）ではなく、おそらく少々の現実を示唆したものだ[19]」。二週間後に出した許婚者への手紙からは、さらなる自信が読み取れる。「これらの小さな原子は、計算の結果はかなり転々としますが、そう絶望的にはみえません[20]」

当時、彼の研究生活には、あるプレッシャーがかかっていた。七月二四日にマンチェスターをたち、一週間後にコペンハーゲンで結婚することになっていたからである。遠い花嫁の故郷で伝統的な結婚式をあげようとする忙しい花婿なら誰でもそうだが、ボーアは私生活と仕事の調整に悩まされた。とはいえ、彼は自分の着想の短い要約を作ってラザフォードに渡す余裕はあった[21]。その要約の中で彼は、一個の原子の周りの電子が互いに押しあって核から離れたり核へ落ち込んだりしないのは、外部のもの――たとえば光子――が作用しない限りそうならないからであるという仮説を出した。ボーアは、光を構成する一定量のエネルギーが何らかの形で原子内の電子の軌道と対応しているのではないかと考えた。ボーアは、その理由として、それがラザフォード型の有核原子の分解を防いでいるらしいということ以外の理由をあげることができなかった[22]。

ラザフォードは、ボーアが自分の原子模型を真剣に研究し、そこから原子の性質についてそれほど遠大な結論を引きだしたことにびっくりした。「彼は、有核原子に関するこの貧弱な証拠は、そんな結論を引きだせるほど確かなものではないと考えていた」とボーアはのちに語っている。「私は彼に対して、それが彼の原子の最終的証拠になることを確信していると言った[23]」。興奮したボーアは妻に、われわれは計画どおりノルウェーに新婚旅行に行くべきではなく、代りにケンブリッジで過ごして、自分がいくらかの仕事ができるようにすべきであると信じこませた[24]。

ボーアは、ラザフォードに渡したメモからかなり速く論文を書きあげるつもりだった。しかし、それから七カ月後の二月になっても、彼はまだ自分の着想をゆっくりと練り上げる途中で、原子と量子説について自分の知っているあらゆることを静かにこねまわしていた。だが、どの着想にも満足することはなかった。問題は突然解決した。後年、彼がしばしば言っているが、ある友人が原子の放出する光の振動数を示す公式を調べたらどうかと言った時だった(ちなみに、光の振動数とは一秒あたりの波の数である――波の山と谷がくる回数と言ってもいい)。当時すでにわかっていたことだが、熱された気体は特定のいくつかの振動数の光だけを放出し、それ以外の光は放出しない。ネオンサインの場合は、管内の気体が、たとえばある特定の青っぽい光を発し、その色は気体の成分に特有のものである。そういう色の光は、白色光がプリズムによって色分解されるのと同じように、個々の成分色に分解できる。もし一つの元素——たとえば水素——をこの方法で調べるなら、放出する光は連続スペクトルではなく種々のスペクトル線からなり、それらの線は水素原子が放出させることのできる種々の振動数に対応する。分光器で記録されるこれらの線の列は、缶詰の缶などに印刷されているバーコードと似ており、このコードが物によって異なることは、指紋が人によって異なるのと似ている。一八八五年、スイスの高校教師だがアマチュア占数術師のヨハン・バルマーは、水素原子の放出する光の種々の振動数の間に規則的な数学的関係があることを見つけた[25]（ちなみに水素は最も軽くて最も簡単な元素で、電子を一個しかもたない）。その数学的規則性は科学者の興味をひいたが、その重要性を考えた人はほとんどいなかった。ボーアが以前にバルマーの業績を見たことがまったくなかったとは考えにくく、おそらく忘れてしまっていたのだろう。ところが今度は、彼はひと目見ただけでピンときた。「バルマーの公式を見るやいなや、たちまち全貌が見えてきた」とボーアは述べている[26]。

そのとき彼が味わったものは、積み重ねた苦心の思考が突然結びついて展望が開けたときの一瞬の輝きに満ちた強烈な愉悦感であり、画家で言えば、誤った発想や未熟な模倣を重ねるあがきの中から、突然一個のスタイルが浮かびあがってきたようなものだった。ボーアは、ある意味では、プランク定数を非常に真面目に受けとらねばいけないと感じていた。プランク定数hは 6.62×10^{-27} エルグ・秒で、やや奇妙な次元（ディメンション）をもつ非常に小さい数である。ある数のディメンションとは、その数を書くときうしろにつける単位に関することで、たとえば速度は何マイル／時と書かれ、そのディメンションは距離／時間である。プランク定数にはエルグ・秒という単位がついており、この定数のディメンションはエネルギー×時間（すなわち運動量×距離）で、物理学者が作用量と呼ぶ量のディメンションと同じである。そのため、hはしばしば作用量子と呼ばれる。作用量という概念は一八世紀の天文学者たちが提出したもので、彼らは惑星の軌道についての複雑な問題を、エネルギーに結びついた作用量という新しい変数の導入によって単純化することができることを発見した。たとえば、地球が太陽のまわりを回る際の作用量を計算するには、軌道上の一連の点をとって、各点における地球の運動量（質量×速度）に、直前の点からその点にくるまでの半径（太陽からの距離）の変化を乗じ、それらの積の総和（軌道一回りにわたる）を求めればいい。今日でもスペースシャトルの宇宙飛行士に気象衛星をいつ射ち出すべきかを知らせるには、地上の技師がこの種の計算をせねばならない。その後、天文学者たちは作用量という変数を扱う最も容易な方法は、ハミルトニアンと呼ばれる関数の中にそれを取り入れることだと気づいた。この関数は、一九世紀にこの関数を考えた物理学者ウィリアム・ロウアン・ハミルトンにちなんで名付けられた。[27] ハミルトニアンは作用量が最小になる軌道を見出すのに使われる関数である。物体はほおっておいても作用量が最小になる経路を進むので、物理学者はこの関数を使って実際の軌道を計算することができる。ボーアがノーベル賞を得たのは、電子の軌道を計算するとき、作用量変数の値がいつも作用量の量子hの整数倍であることを見抜いたためであった。

hは一定の値をもつ数であるから、言い換えれば、原子内の電子は作用量の値をプランク定数の倍数にするような軌道しかもつことができないことになる。ボーアは次のように考えた。すなわち、もしこれが本当なら、核のまわりの電子は、いくつかの固定された枠にはまっていて、衛星が地球のまわりのある限られた軌道しかとれないのと同じようになっているはずで、ある軌道から別の軌道へ移るには、あらかじめ定まった量のエネルギーを吸収するか放出せねばならない。そのエネルギーは、電磁波――すなわち光――の形で出入りする。光（光子）のもつエネルギーが電子を別の軌道へ突きとばすのに必要なエネルギーとぴったり同じ場合にのみ、電子は光子を吸収することができるのだ。光子のエネルギーは$h \times \nu$だから、一つの軌道電子は、ある一定の振動数の光だけを吸収することができる。同様に、電子がエネルギーの比較的高い一つの軌道から低い軌道へ落下する場合には、やはりある一定のエネルギーと振動数の光子を放出することによって落下する。光量子は電子が原子内の許された軌道へ移る時に支払ったり受け取ったりするチケットのようなもので、バルマーの公式に従うスペクトル線は、水素のただ一個の電子が原子内で跳躍したりジルバを踊るいろいろなやり方を並べたものである。

画家がカンバスの前で何年も迷ったあげく、ひとたびインスピレーションがわくと一気に描きあげるのと似て、ボーアは右のような洞察をたちまち書き上げた。バルマーの公式を見たのは二月半ばで、三月六日には長い論文をラザフォードへ宛てて送った。それに付いたメモには、数篇にわたる論文の最初の一つだと書かれていた。[28]一五日後には、第二の発展した原稿を発送した。その間にラザフォードは第一論文を読み、全面的に納得したのではないにせよ、おもしろいと思った。そして、論文が長すぎると思ったので、ボーアに手紙を出した。「長い論文は読者をおじけさせることになります。イギリスではものごとをごく手短にきびきびと述べるのがならわしになっており、ドイツとは正反対です。ドイツでは、できるだけ長く書くのがいいとされているようですね。あなたの論文の中で不必要と思うものをすべて削ってみましょうか。御返事をお待ちします」[29]

ボーアはこれを見て、イギリス行きのできるだけ早い船に乗り、まっすぐにラザフォードのオフィスへ行き、一言一句を削ることにも頑固に反対した。彼はこの論文のために何週間も費やした。ぎごちない文章であれ、それぞれ意味をもっているのである。ラザフォードはびっくりした。編集者なら誰でも経験するものだが、ふだんはコンマ一つ削るぐらいは少しも気にしないようにみえるおとなしい著者の頑強な拒否にであった時の驚きのようなものである。ラザフォードは譲歩し、ボーアの三篇の長い歴史的な論文は『フィロソフィカル・マガジン』誌の一九一三年七月、九月、一一月号にほとんど編集者が手を加えないで発表された[30]。

ラザフォード＝ボーアの原子模型——ごく小さい中心核と、それを取り巻くさまざまな状態の電子からなるもの——は、ラザフォードのもう一人の弟子ヘンリー・モーズリによって裏付けられた。ボーアの予言によれば、電子が高エネルギー状態からエネルギーが最も低い最も内側の軌道へ移る場合には、高エネルギーの光——X線——を放出し、そのX線のエネルギーは核の電荷によって異なるはずだった。なぜなら、電子を引きつける正電荷が大きければ大きいほど、電子は外側の軌道へ移る際にはより多くのエネルギーを吸収し、内側の軌道に移るさいにはより多くのエネルギーを放出するので、放出されるX線の振動数（$E=h\nu$ で決まる ν）は大きくなるからである。ボーアは、バルマーの公式と自分自身の考えを使えば、放出されるX線の振動数から逆算して核の電荷の大きさを決定することができることに気づいた。モーズリは、種々の元素に電子線をぶつけてこれを調べる仕事に着手した。彼の実験は古典的な単純さと優雅さをもつものだった。真空の箱の中におもちゃの列車のようなものを封入し、それにさまざまな元素の試料を引っぱらせて電子銃の射線を通過させる。それはあたかもさまざまな試料をテレビのブラウン管の根もとに置いて、画像を発生させる電子線を遮断するようなものだった。彼は、最も軽い元素から最も重い元素まで、あらゆる元素を次々に調べようと計画した。電子銃から射出された電子の一部は標的原子の内側の電子に衝突して、それらの電子を跳ね飛ばし、他の電子がそれらの空所を埋めるため突入するときにX線の光量子を放出する。モーズリはこれらのX線を測定して、重い元素ほどX線の振動数が大きいことを発見した。元素を次に重い元素に置き換えると、振動数は予想どおりに高くなっていった。

この実験結果は、ラザフォード＝ボーアの原子模型を確立させただけでなく、物理学でますます著しくなってきたある現象をまざまざと示してくれた。それは理論と実験とがより分かれてきたという現象である。ラザフォードは確かにすばらしい頭の持主だったが、優れた理論家の特質である、目的をもって夢想にふける才を欠いていた。もしそれがあったなら、彼は実際にそうであったような実験家にはならなかったろう。他方ボーアは、すばらしい集中的思考力をもっていたが、どうにも御しがたいものを何とか操っていくという実験遂行に必要な腕はもっていなかった。ボーアが得意としたのはしゃべることであり、彼は立ちどまって物事を熟考し、手に負えない考えは捨てたり考え直したりするという理論家の自由をしばしば利用した。これに反し、ラザフォードのような実験家は、選んだ行動の路線に賭けて、最後まで行き着くようにしなければならなかった。

「科学は二本の足、すなわち理論と実験とで前進する」アメリカの科学者ロバート・ミリカンは、一九二三年にノーベル物理学賞を受賞した際に述べた。「時には一方の足で踏みだし、時には逆の足で踏みだすが、連続的な前進は両方の足を使ってのみなされる――理論を立ててから実験することによって、または実験の過程で新しい関係を見出し、理論の

足をあげて前へ踏みだすことによって。こうして無限に交互の歩みを重ねてゆく」(31)

＊

キャベンディッシュ研究所は、イギリスの物理学全体と同様に——いや、イギリスそのものと同様に——第一次大戦によってゆり動かされた。どの大学も戦争によって空っぽになった。研究助手たちは砲兵将校に任命され、学生たちは徴兵され、教授たちは適当な軍務に送りだされた。開戦の直前にガイガーはベルリンへたち、ラザフォードの最良の学生ジェームズ・チャドウィックはガイガーと共同研究をするためベルリンへ行き、戦争が終わるまで抑留所で過ごした。マースデンはニュージーランドで軍務に服し、モーズリはラザフォードが勧めた戦時研究を断り、愛国心に駆られて前線へ行った。一九一五年に、彼はガリポリの無意味な戦闘で戦死した。ラザフォードは戦時研究省の対潜水艦作戦の研究に引き込まれたが、うまく時間を割いて自分自身の実験を続けることができた。

再び彼は、原子にアルファ粒子をぶつけた時に何が起こるかを考えた。ガイガーがベルリンへたってからは、マースデンが再び標的とスクリーンと放射線源を使って実験を続けた。線源からのアルファ粒子は、標的にぶつかると吸収されるか反射されるかした。すでにアルファ粒子についてかなり多くのことがわかっていた。飛程が大変短く、空気中を数インチ進むと消えてしまうことなどである。マースデンが気づいたのは、スクリーンをアルファ粒子が到達すると思われる距離より遠くへ動かしても、スクリーンにはまだ閃光が現れることであった。彼が磁石を近づけると、閃光はそれに反応して移動した。物理学者はずっと前から磁石が荷電物体の進路を曲げることを知っていた——正に荷電している場合と負に荷電している場合では曲がる方向が逆になる。マースデンはニュージーランドへ帰る直前に、その閃光が正電荷をもち、最も軽い元素である水素と同じ重さをもつものによって生じることを確かめた。ラザフォードと彼はただちに、それは水素原子の核ではないかと考えた。正電荷をもつ既知の最も軽い粒子である水素原子核は、電子に対応する正に荷電した粒子——すなわち電子の負電荷を相殺するために存在するにちがいない粒子——ではないかと考えるのが当然だった。しかし、ラザフォードは、その閃光は水素より軽い未知の気体によるのかもしれないと思った。当時はまだ元素の発見が続いており、ラザフォード自身も一つをみつけていた[32]。彼は、当時イギリスで研究している数少ない物理学者の一人として、一人で仕事を続けた。一九一七年の末までに、彼はかなり確かな答を出していた。アルファ粒子は空気中の窒素原子の中へ押し入って、断片をはじき出すが、それは水素原子核だというものだった。もし水素核が窒素核の内部にあるなら、それは水素核が物質の基本的構成要素であることをはっきりと示唆していることになる。それはまた、マンチェスターの研究所に一名の助手を除きただ一人残っていたラザフォードが原子を分裂させたということであった。それから数カ月にわたり、彼は暗い部屋に坐って、誤りの可能性を除くため実験装置を少し変えながら閃光の数を数え続けた。彼は自分が何か重要なことにぶつかったのを知っていた。しかし、彼は戦時研究に忙しかったので、原子の分裂に関する論文は、一九一九年四月まで提出しなかった。[33]

一年後に、彼ははじきだされた水素核をプロトン（陽子）と呼ぶ段階まで進歩し、原子核はすべて主に陽子がぎっしり集まったものからなっていると主張した。[34] 陽子の重さは電子のほぼ二〇〇〇倍で、そのため原子の重さは核に集中しているのである。彼は当時すでにJ・J・トムソンに代って、キャベンディッシュ研究所の所長になっていた。彼は研究所を自分自身の見解によって運営し、それはキャベンディッシュの伝統によく合ったものだった。単純な実験、廃品から利用できるものをかき集めて作った実験装置、容易に理解できるアイディア、動かしようのない事実、鋭い推理、という伝統である。ラザフォードは相変わらず、早く安上がりで劇的な発見に貪欲で、何百もの実験をやみくもに試み、そのため長い目でみれば研究所の衰退の種をまいたとはいえ、当面は多くの収穫をあげた。たとえキャベンディッシュの最も重要な業績は、ラザフォードのある確信から生まれた。たとえ陽子と電子だけが物質の構成要素で、他には何もみつからないとしても、陽子と電子がぴったり結合すれば中性の粒子ができるだろうと考えたのだ。そして、彼と以前の教え子チャドウィックは、それを発見しようとするさまざまな実験を試みた。一九三一年、幸運にもその発見が彼らの手の中へ転がり込んできた。マリー・キュリーの娘イレーヌ・キュリーとその夫のフレデリック・ジョリオは、ベリリウムにアルファ粒子をぶつけて生じた新しい型の放射線を調べた。[35] この放射線――夫妻はそれを高エネルギーの光子だと思った――は、電荷をもたないが、非常に強力で、陽子をはじきとばして秒速何万マイルもの速度を与えることができた。ラザフォードはその光子の話を聞くと、「信じられない」と叫んだ。チャドウィックはすぐに、それらの陽子は質量のない光子との衝突ではなく、重い粒子との衝突によって突きとばされたのではないかと思った。キャベンディッシュ流の仕方で実験をすることによって、チャドウィックは、その放射線が実は陽子とほぼ同じ重さの中性の粒子からなることを証明することができた。この中性子はまもなく、原子核に陽子と共存することが示された。[36]

一九三二年までに、ふつうの物質の三つの構成要素――電子、陽子、中性子――がすべて発見された。しかし、原子の構成要素を知っても、原子核の構造と核を形成する力がわからないことは、建物がレンガ作りであることを知っても個々のレンガの内部構造はわからないことと同様だった。ラザフォードは、核の内部の問題に対する答は「今の世代や次の世代」にはわからず、「恐らく、少なくとも何十年、いや何百年も完全には」わかるまいと考えた。「なぜなら、原子の組み立ては、もちろん、あらゆる物理と化学の基礎をなす大問題であり、もし原子の組み立てがわかれば、われわれは宇宙で起こっているあらゆることを予言できるようになるはずだからだ」と言った。[37]

キャベンディッシュにあった少量のラジウムは、この研究ばかりか研究所全体の核心だった。それは鉛のレンガで作ったかまどのようなものの中に納められて、研究所の最上階の細い塔の中に置かれていた。ラジウムの箱は平たくて重く、聖餐台のように恭々しく取り扱われ、信頼された少数の人しか近づくことを許されなかった。一グラム以下の臭化ラジウムが封入されていたが、それだけの量でも、空気中の酸素をイオン化してオゾンの強い生臭いにおいを室内に与えるに充分な放射線が放出された。ラジウムの原子核が崩壊し、アルファ粒子を一個放出すると、あとにはラドンの原子が残る。それは重くて不活性で強い放射能をもつ気体で、それがラジウムの箱から沼地の発する霧のようにしみでてくる（ラジウムを高い階に貯蔵したのは、ラドンが洩れた場合に窓から追いだして地下室に溜まらないようにするためだった）。日がたつにつれて、ラドンはラジウムを密封したガラスびんの中に溜まり、びんの壁が放射能によって紫色に染めつけられた。実験家たちは定期的にその気体を吸いだして捨てたが、その量は今日の最大許容量の何千倍にも達するものだった。これらの初期の放射能実験家たちは、それがどれほど危険であるかを知っているというハンディキャップを持っていなかった。もし彼らがもっと用心深かったなら、正しい結果を得るに充分な強さの放射線源は使えなかっただろう。キャベンディッシュのラジウムで実験した最後の一人のサミュエル・デヴォンズは、最近われわれにこう語った。「私はよく、たとえば三〇〇ミリキュリーくれと言ったものでした〔一キュリーとは純粋なラジウム一グラムがもつ放射能の量である」。それは今なら、途方もない致死量です――何マイルも離れていなければならないんですがね。恐ろしいことに、何と私は、素手でつかんでしまったんです。いや、ゴム手袋ははめてましたが」

われわれはデヴォンズにバーナード大学科学史研究所で会った。彼の下で昔の実験を再現している所である。彼は典型的なイギリス人で、ツィードの服を着、白い髭を口のまわりと顎に貯え、目立つ鉤鼻だった。指は研究所の装置を扱う作業のために汚れていた。

「塔へ登って行く小さな階段がありました。二〇段ありました。下でジャケットをぬぎ、釘に掛けてあるジャケットを着て、上につくとそのジャケットをぬいでコートをはおり、手にチョークを少しこすりつけてゴム手袋をはめました。出る時には、階段の上と下に手を洗う場所があり、次第にきれいになってゆきます。私はこれがどれほど大切か知りませんでしたが、もしこれらの儀式のどれか一つでも忘れると、モーリス・ゴールドハーバーの計数管の前を通るときにわかるようになっていました。ゴールドハーバーは中性子の研究を、信じられないほど原始的な放射線源を使ってやっていました。それで私がそばを通ると、私の身体についているやつが、彼の計数管の計算をめちゃめちゃにしてしまうんです。もし塔へ行ってきてからガイガー計数管に息でも吹きかけたら――フフ、ブルルルと来たでしょうね」。その結果、もちろん、研究所の大部分は放射能で汚染されていた。

「ガイガー計数管を壁のすそ板に沿って動かしていくと、ある仕事台の所でブルルと鳴るような部屋がいくつもあったのです。そういう台にはペンキを塗って、こすり落として、またペンキを塗りましたが、廃棄したことはありません。値段があまりにも高かったからです。それほどではなかったが、もちろん、部屋も汚染されていました。非常にきれいな環境が必要な実験は、一部の部屋ではできませんでした。しかも塔そのものが大変汚れていて、どうみてもひどいものでした」

デヴォンズの話を聞いていると、雨が降ってきて、部屋の窓に大粒のしみをつけた。研究所は終業時間になったが、雨が止むまで誰も出てゆこうとはしなかった。彼の机の上にはラザフォードの論文集が一冊のっていて、散乱実験に使われた装置の図のページが開かれていた。針金と木片と真鍮板からなる簡単なもので、大学院の学生が一人で数時間かければ作れるようなもので、事実そうして廃物から作られたのだった。われわれはデヴォンズに向かって、キャベンディッシュでの研究と現代の巨大な国立研究所の研究の違いをどう思うかと尋ねた。デヴォンズは肩をすくめた。キャベンディッシュは今では誰も信じられないほど小規模だったと彼は答えた。「今では百年前の科学者の人数より多数の会議が開かれています。しかもどの会議にも数百人とか千人の人が参加しているでしょう。物理学はすっかり成長しましたね」。彼は壁に掛かっているラザフォードとトムソンの肖像をちらりと見あげた。ガラス製の果実酒のびんで作ったランプが、二人の顔を照らしていた。「根底では今も同じことをやっていると言えましょうか。ヘンリー・フォード一世が鼻歌を歌いながら自分で金繰りも帳簿付けも労働もやって自動車を作ったのと似てますね。そして、今日のフォード自動車会社もやはり自動車を生産している。だが、今日の組織を見てごらんなさい。トップの人たちは指の爪にマニキュアをつけていて――炉の匂いをかいだことは一度もないでしょうね」(38)

3　ハイゼンベルクら若手の台頭

「世間にはまだアインシュタイン・コンプレックスがありますね」そうハワード・ジョージャイは言った。われわれはライマン・ホールの彼の部屋に坐っていた。ホールはハーバード大学のキャンパスのきれいとはいえない一角にあるごつごつした煉瓦造りの建物で、過去三〇年にわたり、理論物理学の最も秀れた指導者が何人もここで過ごした。ジョージャイもその一人である。彼の部屋の窓は開かれており、紙の散らばった小さな部屋中に外から建設工事の音が響いていた。ジョージャイは背が高く、身ごなしの軽快な男で、幅広の顔にいっそう幅広の赤い髭が微笑した口のまわりに渦巻いていた。その朝、彼はテニス用のショーツとスニーカーをはいていた。白いソックスが膝の近くまで引きあげられていた。彼は自分の世代の物理学者たち、すなわち、ヴェルナー・ハイゼンベルク、ボーア、プランクの後継者たちについて語り、アルバート・アインシュタインの遺産について自分の仲間たちが共通に抱いている不満を説明した。彼は話しながら、掲示板に画鋲で留めてある学聖の小さな肖像を指さした。髪をふり乱し、憂いに満ちた天使のようなアインシュタインが、あたかも自分自身の知恵の重みで沈みかかっているかにみえた。これに反し、ジョージャイはアメリカ的健康の化身だった――彼はテニスコートから帰ってきたばかりだった。ラケット枠に納めたラケットが机上の紙片の上に置かれていた。黄緑色のテニスボールが床に落ちてはずみ、来客を驚かせた。「革命だって！」とジョージャイははき捨てるように言った。「いつもきかれるんです。物理学はまた革命を迎えているんですか、アインシュタイン時代の再来ですかって。的はずれですね。われわれが知ったことは大変おもしろくて」彼は人を引き込むような甲高い笑い声をあげた。「アインシュタインなんてもちだすのはバカげていますよ。そんなことはお呼びじゃない。革命だなんて[1]」

一九七三年の秋、ジョージャイは統一理論への今日の流れの提唱者の一人になった。彼とハーバードのもう一人の理論家シェルドン・グラショウとが、素粒子の相互作用についての最初の完全な統一理論を提出した。それは、最初の大統一理論で、そこから始まった長い鎖が、ついに物理学者たちをエリー湖岸の地下の岩塩鉱山で働かせることになったのである[2]。彼らの推測は世間の大きな関心をひきつけた。それは、何よりも、宇宙史の大筋の説明を約束するものだった。ビッグバン直後の最初の瞬間から万物の終わりの長い冷たい眠りに至るまでの大筋と、宇宙を構成する要素の完全な目録をである。

ジョージャイの仕事は広大な視野と最新の影響力をもつものだが、彼はそれを革命的だとは決して言おうとせず、昨今のたいていの統一理論に対しても、やはりそうだ。なぜなら、それらの説はみな、「量子場の理論」と呼ばれる言語で、すなわち標準模型を作りだしたのと同じ文法で書かれているからである。ジョージャイは種々の大統一理論とそれに続く理論を、目覚しい新学説ではなく過去の説の論理的極致と見ている。それらは過去からの重要な脱皮ではあるが、以前の理論に内在していたものである。

われわれはそれから二年ほどのちに、量子場の理論と標準模型と統一理論の問題でジョージャイに会った。彼がコロンビア大学でセミナーをやるためニューヨークに来た時である。未完成の堂々たるセント・ジョンズ寺院の近くの老舗（しにせ）ハンガリアン・ペストリー・ショップで朝食を共にすることを、彼は快く同意してくれた。その朝は寒く、店のカプチーノわかし器が盛んに湯気を立てていた。ジョージャイは自分の言葉が湯気の音に消されないように、時々テーブル上に身を乗りださねばならなかった。われわれは、理論家がどういうふうに統一理論を作りあげるかについて尋ねた。

ジョージャイは説明した。そういう理論を組みたてるには、物理学者たちは、何とかして自分の考えを量子場の理論の言葉で表現せねばならない。それは、一九二〇年代に量子力学と相対性理論の融合によって発明された理論用語だ。「それ以来どうなったかと言うと、語彙が拡大されました。われわれはこの種の理論をもっと多く作れることを発見したんです。今では、やはり元どおりの文法に従ってそれらの理論をすべて見つけたように思います。私に言わせれば、語彙はほぼ使い尽されています。使い尽されたと言うのは、文法を大きく変えることなしにできることはこれで全部だという意味です」

制約が必要なのだ、と彼は言った。ある枠の中で作業をしなければならない。「第一の制約は、使う言語からきます。量子場の理論は、われわれの知るかぎりでは相対論と量子力学を結びつける唯一の方法なんです。少なくとも、たとえば一〇次元を仮定するとかいうような何かもっと複雑な仕方で規則を変えるのでない限りは。多かれ少なかれ証明できることですが、特殊相対論を含み、しかも因果律やその他の単純な原理を破らない妥当な量子力学的理論を作る唯一の方法は、量子場の理論の形に作ることとです。だから、このおもしろい言語を使うためには、相対論と量子力学からの制約を受けるんです」。ウェートレスがわれわれの注文を大声で叫び、熱いアップルパイともっと熱いコーヒーが会話を中断させた。ジョージャイはパイに一口かぶりついてから言った。「あるレベルでは、それは記述です。場の理論はご存じのようないろいろな粒子と場の相互作用を記述するのに使う言語なんです。それらの相互作用を量子場の理論の文法と統辞法に合うように記述すれば、量子力学と相対論からの制約のすべてに矛盾しない相互作用の記述に成功したことが保証されます。そうすれば、なぜ相互作用はある特定の形をとるのかというような問いを発することができ、時にはそれに答えることもできるでしょう」

量子場の理論を使えばある制約を免れませんね、とわれわれは言った。彼はうなずいた。

「その言語は根本的にはばかげています。というのはこういうことです。もし相対論と量子力学が任意の小さな時空尺度まで成り立つなら、任意の小さな時空尺度まで局所量子場の理論から逃れられません。『局所』と言うのは、何を起こさせる相互作用も、ある一点で起こるということです」。カプチーノわかし器が突然ブッと吹きだし、ジョージャイは声をはりあげねばならなかった。「一つの点というものは、物理的なものではありません。点とは、無限に小さいものという数学的なたわごとです。だから、この仮定はばかげています。何が起こっているかが無限に小さい尺度までわかると仮定するのは、明らかに神々への思いあがり（自分が神さまになったという思い）です」。点を相手にすることは、確かに昔からいつも大変な困難をひきおこしてきた。この問題を明確に回避したとき初めて、量子場の理論は統一理論の土台にするに足る堅固なものになったのである。

われわれは、統一理論の追求のなかで最近生まれたといういくつかの模型や理論――「一〇次元の弦理論」という信じがたい名の理論も含めて――をあげて、これらは自然の完全な記述を予告するものかどうかと尋ねた。

「その答は〝完全な〟という言葉の意味によります。私の思うには、われわれには自然の完全な記述を論じる権利はありません。要するに、われわれがすでに学んだことの一つは、自然についての記述は距離のスケールによって階層化されているということです。たとえばニュートン力学は一〇〇万分の一センチあたりまでは成り立つ。それ以下では量子効果がはいってくる。10のマイナス16乗センチ——すなわち陽子の大きさの一〇〇〇分の一——より大きい距離については、われわれは自然の完全な記述ができると主張する権利を確かにもっています。なぜなら、10のマイナス16乗センチより大きい距離で起こっていることについては、われわれは情報をもっているからです。もう少し小さいスケールまで記述できると推測してもいいかもしれません。その記述が（a）われわれがすでに知っていることからの外挿であって、（b）やがては実験で検証できる帰結を含んでいる限りは、そういう推測は不当ではないかもしれません。そういうものを私は分別のある物理学だと見ています。不幸にも、それとは逆の行き方をして、『さあ、どうだ。一〇次元の弦の幾何学はこんなにエレガントなんだから、全宇宙の理論はこれ以外にないにちがいない』と言って、そこから大きなスケールへ戻ってこようとする道もある。それは、私にはどうもおかしいように見えますね」。彼は笑って、パイをひと口食べた。「理論物理学者は寄生虫なんですよ。実際の仕事をするのは実験家なんです。もちろん、理論家たちはそれをとかく忘れる」。彼は再び笑って、またひと口。「昨今のスペキュレーションの山を見ると実は少々憂鬱になります。大統一理論の現状を見ていると、もしリチャード・ニクソンの両親がニクソン政権の末期に地上へやってきたらこう感じたのではないかと思うような感じがしますね。私は自分の作ったものが大変重要で、世間でしょっちゅう話題になっているのを誇りに思っています。でも、それが目下もたらしている事態を嬉しく思ってはいません」。彼はアップルパイを食べ終わった。[3]「ことがちょっと神話的になってきましたね」

マサチューセッツ州ケンブリッジで会った時も、ジョージャイはほぼ同じことを言っていた。近年ずっと、そう考えていたのだった。「われわれは確かに驚くべき進歩をとげました。私はときおり、仲間たちがそれに気づいていないんではないかと思います。今までに誰かが見たどんなことでも、標準模型で記述することができます。しかも、それはすべて、ある意味では相対性理論と量子力学と少々の実験上の発見から発しているんです」。

彼は回転椅子に腰かけ、足を組んで、テニスのボールをお手玉にしながら考えをめぐらしていた。建築工事の騒音に加えて、学部の学生たちの笑い声が、ライマン・ホールの外から響いてきた。「まあ私が言っていることは、われわれは道をまちがえてはいないと思うってことですよ」と彼は最後に言った。「相対性理論と量子力学から出発し、量子場の理論を作り、そこからさらに前進する。もし統一理論ができるとすれば、たぶんこういう路線からでてくるでしょう。われわれは革命をやらねばならないわけではありません。進歩は実験家たちと、すでにわれわれの手中にあるものからやってくるでしょう[4]」

＊

今日の物理学者たちは、相対性理論と量子力学とひと口で言うが、その創造者たちにとっては、この二つほど違ったものはありえなかったろう。[5] 量子条件は極度に小さいものの性質を支配し、他方、相対論条件は極度に高速で動くものの性質を支配する。両者の困難な結婚により、量子場の理論と呼ばれるものが生まれ、この病弱な子が成長してついに素粒子の相互作用についての強健な標準模型になったのである。

相対性理論はほぼただ一人の人物アルバート・アインシュタインによって構築された。彼はラザフォードと同様に第一次大戦中に独りで研究した。[6] アインシュタインはそれ以前一九〇五年に、相対性理論のいくつかの面をすすめ、有名な方程式 $E=mc^2$ を少し異なる形で見出した。[7] それに続くいくつかの論文では、自分の着想をもっと一般化するために奮闘し、大戦の最盛期の一九一五年の末に、やっと成功した。

アインシュタインが相対性理論を生みだしたのは、ニュートン力学とマクスウェルの電磁力学の著しい矛盾をじっくり考えてゆく過程においてだった。前者はリンゴを樹から落下させ、惑星を軌道に保つ重力を記述した。後者は電気と磁気と光が、電磁気という単一の現象の異なる面であることを示した。ニュートン力学の最も重要な特徴の一つは、その法則がどんな位置と速度をもつ観測者からみても成りたつということである。物体の落下の仕方は、ニューヨークでも東京でも同じで、競技場の中でも時速何千マイルのジェット機の中でも同じである。ジェット機に乗っている人がボールを窓から外に投げれば、ボールは地面に対してはジェット機に対してよりずっと速い速度で動くが、ボールの運動経路は、地面からみてもジェット機からみても、ニュートンの法則によって予言することができる。

マクスウェルの電磁気学の四つの基礎方程式の場合は、事情が根本的に異なる。電気現象と磁気現象と光学現象は、光が特定の媒質では特定の速度――真空中では毎秒約三〇万キロメートル、空気中では少し遅い――で走るとしなければ結びつけることができない。たとえば、もしボールを投げる代りにジェット機の乗客が懐中電灯をつけると、その光はボールとちがって、地面に対してジェット機に対するより速く進みはしない。

ニュートンとマクスウェルの理論はどちらも大成功を収めたが、両方が完全に正しいはずはなかった。多数の著名な物理学者がマクスウェル理論から出発して両者を調和させようとし、たいていの人は光の速度は本当は見る人に対して絶対的な量ではなく、光を運ぶある種の見えない媒質に対する速度だと仮定した。その媒質はエーテルと呼ばれ、至る所で同質で、マクスウェルの法則は厳密にはエーテル中の光の伝播にあてはまるとされた。ニュートンの法則も光にあてはまるが、それによって予言される光の速度の変化は小さすぎて、観測できないとされた。

この説明は、空間に広がっているエーテルなどは存在しないことが確認されたとき、かなり後退した。一八九五年、オランダの大理論家ヘンドリク・ローレンツは、マクスウェルとニュートンの矛盾を物体の長さと時計の進みが物体の速度によって変化するという考えによって解決するための間に合わせの試みとして、一連の方程式を作った。[8] この一組の方程式は、今では「ローレンツ変換」と呼ばれており、この変換で変わらない量は「ローレンツ不変量」と呼ばれる。ローレンツがこの変換を考えたのは、単に、電磁現象がニュートン力学現象の場合と同様に、観測者の立場によらず同じ形で記述できるような数学的な枠組を作ることができることを示すためだった。しかし、そのため、空間と時間の間に奇妙な関係をもちこむという代価を払わねばならなかった。それから一〇年ほどたって、アインシュタインはローレンツ変換はその考案者が考えていたよりずっと重要な意味をもつことを決定的にした。つまり、空間と時間はそれまで考えられていたのとはまったく違うものだというのだった。[9]

アインシュタインによる時間と空間の概念の根本的な再構成が、相対性理論の基礎である。それはあまりにも偉大な業績だったので、彼の後継者たちは今なお、それをただ一人の人物が成し遂げたことに驚嘆している。この業績は、二段階を踏んで達成された。第一は、一九〇五年の特殊相対性理論であり、第二は、一般相対性理論で、何回かの誤った出発の後に、一九一五年に完成された。特殊相対性理論により、いろいろな奇妙な現象が示された。高速度では時計の進みが遅くなること、物体が運動方向に短縮すること、等々であり、これらはすべてニュートン力学をマクスウェルの電磁気学に適合するように修正する必要から数学的に導きだされたものである。アインシュタインがいっそう奇妙な一般相対性理論についての考えを初めて提出した時、それは空間が曲がっているという考えを含むものだったので、当然のことだが、多くの物理学者は彼が何を言っているのかさっぱりわからなかった。しかし、アインシュタインの業績により、その後の物理学者は、特殊および一般相対性理論を考慮にいれて、ローレンツ変換に対して不変な量と不変な式だけで仕事をせねばならなくなった。

一般相対性理論には、当時は実験で検証できる理論はいくつもなかった。この理論の最も意味深い結論の一つは、空間の湾曲だった。当時は広く知られてはいなかったが、ニュートンの法則は、強い磁場が荷電粒子の進路を曲げるように、強い重力場は光の進路を曲げるということを予言していると解釈できた。一般相対性理論は同様な予言をしたが、重い物体のまわりの空間の湾曲が光をもっと多く曲げるという予言を付け加えた。多くの科学者はこの予言が検証されるまでは一般相対性理論の承認を留保した。アインシュタインがこの検証のために考えつくことのできた最善の方法は、星の光が太陽の近くを通るときどれほど曲げられるかを観測することだった。この実験をするためには、皆既(かいき)日食の際に星を観測することが必要だった。太陽の方向から数度以内の星はふつうは見えないが、皆既日食中には見ることができ、一度よりはるかに少ない角度だけずれた方向に見えるはずだった。一般相対性理論の運命は、そのずれがどれほど大きいかにかかっていた。

一九一二年、アルゼンチンの科学者が、日食中の星を観測するためブラジルに行ったが、観測は雨で流れた。一九一四年、クリミアでの日食を観測するためのドイツからの遠征は、大戦の勃発によって流れた。これらの挫折は、幸運だったといえる。なぜなら、アインシュタインは空間の湾曲が星の光をどれほど曲げるかを一九一五年に最終的に解明し、前の自分の予言を修正したからだった。大戦は一九一六年のベネズエラでの日食の観測計画をも挫折させた。アメリカの観測隊は、その二年後の日食からも何ら決定的な結論を得られなかった。ついに、イギリスの二つの観測隊が、アインシュタインの予言を裏づける観測に成功した。その観測結果は、一九一九年一一月六日に王立協会と王立天文学会の合同会議で発表された。議長はJ・J・トムソンが自ら務めた。すでに長老としてますます重きをなしていたが、彼は「ニュートンの時代以来、重力の理論に関して得られた最も重要な結果である」と断言し、この結果を「人間の思考の最高の業績の一つ」と述べた。[10]翌日のロンドンの『タイムズ』紙の見出しをあげよう。[11]

科学における革命

宇宙の新学説

ニュートンの見解くつがえさる

記事には、さらに次のような衝撃的な副題が付されていた。

空間は〝湾曲〟している。

(実は、アインシュタインは、ニュートンがまちがっていたことを示したわけではなく、彼はそんなことを示したと主張もしなかった。それどころか、相対性理論が示したことは、ニュートンの計算にいくつかの因子を追加せねばならないことと、それらの因子はある場合以外には容易に無視できるということだった)。その三日後、『ニューヨーク・タイムズ』紙は相対性理論についての最初の記事をのせた。トムソンの賞讃の言葉は大西洋を越えるうちにふくらまされ、その観測結果は「人間の思考の歴史上の最も偉大な業績の一つ――おそらく最も偉大な業績――である」と彼が言ったと書かれていた。[12]『ニューヨーク・タイムズ』紙の二番目の記事は翌日にのったが、その見出しは仰々しいものだった。[13]

光はすべて天で曲がる

日食観測結果をめぐり

科学界に興奮の嵐
アインシュタイン学説の勝利
星は、その見かけの位置や
算定位置には存在せず
だが、心配は無用

一二人の賢人のための書

読める人は世界中にたったそれだけ
果敢な版元が出版を引き受けた時
アインシュタインはこう語った

それから数年の間、アインシュタインは世界旅行に出て、詰めかけた聴衆に講演した。大衆が抱くイメージの中では、この人物は物理学の化身、いや科学そのものの化身でさえあった。彼はその後、生涯にわたり、世間が考える物理学の主流の中で、「ミスター物理学」であり続けた。しかし、また、この学問の主流の中に留まり続けもしなかった。なぜなら彼は、量子力学の樹立にあれほど多くの貢献をしたのに、量子力学を拒否したからである。彼は生涯の残りの多くを重力理論と電磁気学とを統一しようとする実りのない努力に費やし、両者が同一物の二つの面であることを彼の言う「統一場の理論」の枠内で示すことに希望を托した。アインシュタインの統一の試みは、少なくとも時機がまだ熟さず、彼は完全に失敗した。一九一九年は、彼の生涯の絶頂であり、物理学者たちが量子論にますます専念してゆくにつれて、アインシュタインの意見は同僚たちにとって当惑と嘆きの種になり、ついには誰も耳を傾けなくなった。

「一九〇五年にはもう、量子論は何と鼻もちならないものかと悟った」とアインシュタインはかつて言った[14]。相対性理論はアインシュタインの頭の中からアテナの神のように羽がすっかり生え揃った形でとびだした。他方、量子力学は難産で、何十人もの産婆（さんば）が必要だった。原子の領域の多くの特性は量子化されているという考えは、多くの物理学者にとって理解することが特別困難だった。もっとも、秀れた物理学者たちは、それを解釈することの魅力にとりつかれた。彼らは、原子やその構成要素は、プランク定数hや光速度cや円周率πのような定数に簡単な数——たとえば、$+1, 0, -1, -\frac{1}{2}, +\frac{2}{3}$——を掛けたもので表される性質をもつことをたびたび知り、このことは原子の諸部分の関係は通常の量子化されていない物体の相互作用とは非常にちがうことを意味していると考えた。物理学者たちは、この謎に魅力を感じたが、その答は不満足で抽象的で馬鹿げてさえおり、視覚化できないばかりか理解することも困難だった。

一九二〇年代初期に、理論家たちは、素粒子とは何でありいかに振舞うかということは、数個の数の組によって完全に指定できることに気づいた。素粒子は非常に単純で、それ以外のことは何も記述する必要はない。こういう点で、原子の構成要素はテーブルやスープの缶詰のような普通の物体とはひどくちがっている。キャンベルのスープ缶はポップアートによって無個性の均一性の象徴にされたが、本当は決して均一なものではなく、それぞれの缶が何百もの物理的特徴をもち、たとえば赤と金の色合いとかラベルの大きさとかを測定し記述することができ、スーパーマーケットの棚に積み上げられたスープ缶のこれらの特徴はどれも、缶によって少しずつは異なっている。これに対し、原子以下の粒子はせいぜい一〇個ぐらいの性質しかもたない。色も味も匂いもなく、硬くも軟らかくもなく、ピカピカでもなく曇ってもいない。いくつかの簡単な性質に対応するいくつかの数のみがその特徴である。あらゆる電子はまったく同量の電荷マイナス1をもち、陽子はすべてプラス1の電荷をもっている。[15] 静止した電子の質量は、どれも約10のマイナス30乗キログラムで、陽子一個の質量はその約一八三六倍である。科学者が知る限り、電子が、たとえば$-1\frac{3}{8}$の電荷をもつことができない理由はなく、陽子の質量が、たとえば電子の九〇〇倍ではありえない理由もないが、実際にはそういうことはない。

しかし、何よりも奇妙なことに、素粒子の振舞いを記述するある種の数は、同じ種類の素粒子ならまったく等しいばかりでなく、量子化されている。つまり、あるいくつかの特定の数値しかもつことができない。ボーアが示したように、軌道電子はいくつかの特定の値のエネルギーしか持たない。そのうえ、電子が核のまわりを回る際の角運動量は、ある特定の値しかとりえない（「角運動量」とは、何かが――この場合は電子が――曲線を描いて運動している時の周回運動の量だと考えておけばいい）。電子はどんな向きに回ることもできるから、角運動量には方向性がある。その方向――むしろ、方向について測定できる量――もまた量子化されている。それもまた物理学者が0、1、2、3……と書くことのできる値しかとりえない[16]。一個の素粒子に対するそのような種々の数のひとそろいは、その粒子の量子数と呼ばれる。同じひと組の量子数をもつ素粒子は絶対的に相同で、互いに区別できない。

こういう状況に出会った一九二〇年代の物理学者にとっては、原子内の電子に関する量子数の完全なリストを作ることが、明らかに関心の的になった。一つの決定的な貢献がヴォルフガング・パウリという二五歳のウィーン人によってなされた。利発で辛辣（しんらつ）で太っちょのパウリは、すでに今世紀の大物理学者となる道をかなり進んでいた。まだ青年だったが、彼の知能と情熱的な議論は、同僚の多くをおじけづかせた。根は親切だが気が短くて、少々憂鬱症だが、物理学の問題に突き進むことによりそれを克服した。それはあたかも、彼の生命が物理学に依存しているかのようで、事実そうでもあったのだろう。当時の多くの理論家と同様に、パウリは原子の発するスペクトル線を解明する仕事に取り組んだ。ボーアの最初の模型は、水素の発する比較的単純なスペクトルにはうまく合ったが、もっと重くて複雑な元素を理解することはずっと難しかった。たとえばセシウム、ストロンチウム、バリウム――化学者がアルカリ土類金属と呼ぶもののいくつか――が発するスペクトル線は、詳しく調べると実は二本に分かれているようにみえる。これらの線は、二重項と呼ばれ、二つのほとんど同じ振動数からなっている。一九二四年一二月にパウリは、一個の軌道電子の量子数の完全なリストはエネルギーと角運動量と空間的方位を含むはずだと唱え、そのうえ、アルカリ土類金属の二重項を説明するために、四番目の量子数がなければならないという説を出し、それにツヴァイドイティヒカイト（二義性）というあまり有用でない名前をつけた[17]。

一九二五年の夏、オランダの若い物理学者サムエル・ハウトスミットが若い同国人ジョルジュ・ウーレンベックにパウリの考えを説明しようとした。ウーレンベックはしばらく外国に行っていた（駐イタリア大使の息子の家庭教師として）が、帰国して物理学に戻ろうとしているところだった。彼は先生からハウトスミットに手ほどきを受けるようにと言われた。午後の雑談の中で、ハウトスミットはパウリの第四の量子数をウーレンベックに説明した。彼の後年の回想によれば、「私は強い印象を受けたが、話全体が非常に抽象的だったので、私には呪文のように思われた。少なくともパウリの公式をボーアの古い原子模型に定性的に結びつける構想がまったくなかった[18]」

ウーレンベックの頭に、パウリの「二義性」は、実はもう一つの量子数ではなく電子のもう一つの性質にすぎないという考えが浮かんだ。彼は、電子はおそらく自分の軸の周りをコマのように回転しているのではないかと唱えた。ただしコマとちがって、電子の自転（スピン）は量子化されており、ある一定の速さでだけ回転できるという説だった。ウーレンベックとハウトスミットは、もし電子がスピンにともなう第二の角運動量をもつなら、パウリの言う「二義性」とアルカリ土類金属の二重のスペクトル性との両方を完全に説明できることに気づいた。スピンの角運動量は$\hbar$だった。ただし$\hbar$は$h/2\pi$の物理学上の略記号で、プランク定数を円周率πの二倍で割ったものである。二人はともに量子化の海で奮闘していたが「もし電子の〔スピンの〕角運動量が$\hbar/2$であるなら、アルカリの二重項は電子がその軌道運動において二つの向きに自転しうる結果だとみなせることをすぐに認めた[19]」。自転の二つの向きが電子に、二つのわずかに異なるエネルギー準位（じゅんい）を与え、二つのわずかに異なるエネルギー準位の電子が二つの異なる振動数の光を発生させるというのである。

二人は自分たちの考えをウーレンベックの先生のパウル・エーレンフェストに提出した。

エーレンフェストはライデン大学の物理学主任だったが、いくつかの示唆を与えて、二人にスピンについての短い論文を書かせ、それをオランダの物理学界の長老ヘンドリク・ローレンツに見てもらうようにと言った。ローレンツは特殊相対性理論の基礎になったローレンツ変換を発見しただけでなく、電子の理論を最初に組み立てた人物だった。一九二五年、ローレンツは七二歳で表向きは隠退していたが、まだライデン大学で毎月曜午前一一時から正午まで一クラスを教えていた。授業後にウーレンベックとハウトスミットは論文をローレンツに見せた。それはほんの数パラグラフの短い論文だった。

ウーレンベックがかつて語ったところによれば、「ローレンツはわれわれを落胆させなかった。彼は少々無口だったが、これはおもしろい、考えてみようと言った」。考えることは、ローレンツにとっては明らかに積極的な職務だった。「いかにもローレンツにふさわしく、彼はただちに自転する電子の古典理論に基づいて膨大な計算をした。その翌週か翌々週、彼は私に長い計算がしてある一束の紙をくれた。今でも覚えているが、大型の白い紙だった。彼は説明しようとしたが、それは大変難しくて、私には……」[20] ウーレンベックの声はしだいに低くなった。ローレンツはいくつかの問題を説明したが、最も残念だったことの一つは、もし電子が本当に$\hbar/2$のスピン角運動量をもっているなら、ある速度で自転しているはずだという点だった。老教師はその速度を算出した。光の速度の一〇倍だった。どんなものも光速度より速くは運動できないから、これは致命的な批判だと、ウーレンベックとハウトスミットは結論した。二人はこの上なくみじめだった。

ウーレンベックは、われわれが会った時はロックフェラー大学の教授で、大学はマンハッタンのアッパー・イーストサイドにある陰気で現代的な一群の建物だった。この大学は、アメリカでは比較的警備が厳しい大学の一つで、われわれは武装した警備員に二〇分ほど引き留められた。晴れた朝だったが、灰色の角ばった堂々たる都市風景がスモッグでわずかに煙っていた。彼は八四歳で、背が高く、薄い髪がまるでワラのように頭にはりついていた。耳がますます遠くなったため、彼はもっと近くに坐るように言った。「私の左の耳に話して下さい。もう一つは主に飾りです」。眼鏡を手にもち、つるを手なぐさみの珠玉のように指でもてあそんでいた。われわれは、ローレンツの計算をどう処理したかと尋ねた。

「それでは全部まちがいだと思いました、私たちがやったことは。そこで私はエーレンフェストの所に戻り、『先生、あの論文は発表しない方がいいです。ローレンツが正しくないことを証明しましたから』と告げました。そうしたら、先生は『あれはすぐ発送してしまったよ。来週掲載されるだろう』と言ったんですよ」

エーレンフェストが大先生の意見を待たずに発送してしまったのか、という問いに、ウーレンベックは大きな笑い声をたてた。

「先生は知ってたんですよ」。エーレンフェストはすぐにスピンの難点に気づいていたのいから、ばかをやってもいいんだよ』[21]」だった。「先生はわれわれに言いました――ドイツ語でね――『君たちは二人ともまだ若いから、ばかをやってもいいんだよ』[21]」

エーレンフェストは単に騎士道精神を示したにすぎないのではなかった。理論家は、自分の考えの難点に注意を向けてばかりいてはいけない。直観に従うことを恐れすぎてはならない。時には的を射当てる最善の道は、やみくもに射ることである。たとえばスピンについては、ハンガリー出身のアメリカ人、ラルフ・ド・レア・クローニヒがもっと早く思いついていた。不幸にもクローニヒは、辛辣なヴォルフガング・パウリに、パウリの言う二義性は電子の自転現象によるという着想への意見を求めた。パウリはその着想をこきおろし、のちに両者を悔やませたように、クローニヒはそれを発表しなかった[22]。これに反しボーアは、ローレンツの反論をただちにしりぞけ、光速度を超えるという問題は「本当の量子論が見つかったらなくなる[23]」だろうとウーレンベックに告げた。

結局のところ、正しいのはボーアだった。正しい量子論が組み立てられた時、スピンの難点は消えた。しかし、完全な量子論である量子力学の確立は、量子論のさまざまな部分――スピン、角運動量、軌道、その他――が一つの共通の数学的言語で表されるまでは不可能だった。比喩的に言えば、あらゆる物理学理論は数学が与える枠を使って織りあげられる。この枠が、物理学者が着想の絨緞を織りあげるための支えと縦糸と横糸を与えるのである。たとえば、ニュートンが力学の法則を発見することは、もし彼がそれを書くための言語である微積分法をまず生み出さなかったら不可能だっただろう。同様に、アインシュタインが一般相対性理論を書き表すことは、もしゲオルク・フリードリヒ・ベルンハルト・リーマンという病弱なドイツ人が、平行線は交わることができるという奇妙な幾何学――リーマン幾何学――を発展させていなかったら不可能だったろう。量子化の領域が急速に拡大するにつれて、新しい物理学の奇妙な要求を扱うことのできる数学的形式の必要が明らかになった。

この必要を特に強く感じた一人が、ヴェルナー・ハイゼンベルクという若いドイツ人だった。彼はミュンヘン大学のギリシャ語の教授の息子で、ダッシング（さっそうとした）という言葉がぴったりのような好男子だった。性格は、世紀の変わりめのチュートン的美徳を集めたようなもので、ロマンチックな気質、皮肉な愛国心、知性と自然を愛する心を兼ね備えていた。彼はギリシャ語にすっかり夢中になり、ピアノを巧みに弾き、ゲーテの詩を暗誦することができた。彼の晩年の自伝的な諸著作には、冬の海岸を顔に冷たいしぶきを浴びながら歩き、頭の中では世界の不思議な仕掛けを考えめぐらしている時に感じた特殊な幸福感のことが、くりかえし生き生きと描かれている。(24)

ハイゼンベルクが一七歳の誕生日を迎える直前、ドイツは左翼の蜂起に席捲された。ミュンヘンは戦闘の中心地となり、革命が失敗した一九一九年の春、飢餓とひどい無政府状態に陥った。再建された政府はミュンヘンを鎮圧するため軍隊を集めた。ハイゼンベルクは血気に駆られ、自ら志願して案内役を務めた。数週間の撃ち合いの後、ミュンヘンは占領され、ハイゼンベルクは電話交換局の警備を命じられた。市は鎮静化し始め、ハイゼンベルクは授業がまもなく再開するだろうと思った。[25]

数年後、彼はこう語っている。「私は夜間の勤務についた。それは一九一九年の晴れた夏の日だった。朝の四時ちょうど、電話局にはもちろん何も起こらなかったが、私はどうも眠れなかったので、屋根に上って太陽の光を浴びた。晴れて暖かだった。私はプラトンの『ティマイオス』をもっていた。『ティマイオス』を読んだのは、一つにはギリシャ語の試験を受けねばならないので、ギリシャ語の勉強がおくれないようにするためだったが、もう一つの理由は、原子論に本当に魅惑されていたためでもあった。[26] プラトンの原子論はすべて『ティマイオス』に収められているのだから」

『ティマイオス』はハイゼンベルクをとまどわせた。それはギリシャ宇宙論の基礎教本であり、宇宙は物質を構成する最小の要素を知らねば理解できないということと、最小要素は微小な直角三角形からなり、それらがさまざまな配置で結合してあらゆる正多面体を形成しているということを主張している。ハイゼンベルクはプラトンの考えをばかげていると思ったにもかかわらず、後年彼が書いているように、「物質界を理解するためには、われわれはその最小の部品について多少の知識をもたねばならない」という感じを植えつけられた。それだけでなく、彼は続けてこう書いている。「私は、物質の最小粒子は何か数学的な形に帰着するにちがいないという考えのとりこになった」[27]。彼は原子論を勉強しようと決心した。

一九二〇年代には、理論物理学の盛んな中心地が三つあった。二つはドイツの比較的古いミュンヘンとゲッチンゲンの学派であり、もう一つは一九二一年にボーアが創始したコペンハーゲンの研究所で、これはまもなく他の二つに肩を並べる重要な中心地になった。三者はそれぞれ独自性をもっていた。ミュンヘンはどちらかといえば物理寄りで、ゲッチンゲンは世界の数学の中心だったが、ボーアの研究所はボーア自身の哲学的態度が支配的だった。ハイゼンベルクは、結局、三つすべてに籍を置いた。

一九二一年、彼は当時父親がまだ教授だったミュンヘン大学の学部学生になり、一年後にゲッチンゲン大学に移った。一九二三年の終わりの数カ月に、彼はミュンヘンに戻り、博士号を取得した――実は危うく落第するところだった。試験官の一人ヴィルヘルム・ヴィーンは、ハイゼンベルクが実験に無関心なのに腹を立て、口頭試問の際、この博士号候補者に実験技術を質問したのだ。望遠鏡の解像力はどれほどかとヴィーンは尋ねた。ハイゼンベルクにはまるで見当がつかなかった。電池はどのように働くか？　彼は答えられなかった。ヴィーンは不信を表明した。その結果、長い議論が続き、その中でヴィーンはハイゼンベルクは落第だと宣告し、他の二人の試験官は、彼はこの大学に在籍した物理の学生のうち最優秀だと主張した。結局ハイゼンベルクを可（リーテー）の成績で合格させるという形で妥協した。アメリカのエリート私立校で金持ちの凡庸な学生に与える〝ジェントルマンズC〟のようなものだ。[28] 屈辱を与えられたハイゼンベルクは、ゲッチンゲンでプリヴァートドツェント（私講師）になった。これは非常に低い教職である。それと同時に、彼は奨学金を獲得し、コペンハーゲンとゲッチンゲンを往復することになった。[29]

ミュンヘンでは、「量子力学」と称する講義を聴講したが、学部の学生だった彼は、ボーアやプランクやその他の新しい諸法則はしばしば直観に頼っただけの雑な見積もりだと感じた。後年の彼の言葉によれば、理論家たちが当て推量で答を求めているのを知って大きなショックを受けたという。一九二五年の年頭、二三歳になっていたヴェルナー・ハイゼンベルクは、より合理的な量子論を自分で創造する仕事に着手した。[30] 彼は若い理論家たちの新しい波の一員で、彼らは傲慢で自信が強く、大人が遺してくれた混乱を子どもたちが解く時代が来たと確信していた。この探求には若者が最適だと彼は思った――確かにこれは権威主義的なドイツの大学制度の中では反抗的な態度だった。

電子の軌道――ボーアが想像した電子の固定状態で、彼と他の人びとが苦労して発展させたもの――を頭の中に描こうと奮闘したハイゼンベルクは、この勝負は賭けるに値するものかどうかと考え始めた。明らかに電子は、核のまわりを単に回っているのではなかった。単に回っているだけなら、電子は（ボーアが一〇年前に知ったように）核へ落下してしまうか、または互いにはね飛ばしあう。そのうえ電子は、ほとんど一瞬のうちに必要なエネルギーを光子の形で吸収、または放出して、一つの軌道から別の軌道へ飛躍したり再び逆の飛躍をすることができるように思われた。まるで、金星が突然地球のそばまで飛来してしばらく留ってから、再び一瞬のうちに元の軌道へ飛び帰ると主張しているようなものだった。ハイゼンベルクは、こんな行動を軌道運動と呼ぶのは言葉の無理な拡張だと思った。[31]

　そのうえ、軌道は見ることができないものだったから、ハイゼンベルクは、電子の軌道という考えを、とにかく一応は、まったく捨てて、見ることのできるスペクトル線だけを考えるべきではないかと思った。[32] スペクトル線は特定の振動数の光波によって生じる。一つの光波の振動数を知れば、その波長――隣り合う二つの山、または二つの谷の距離――は容易に計算できる。もう少し数学を使えば、その波の振幅――山の高さ、または谷の深さ――も計算できる。軌道とちがい、振動数と振幅は実験室で直接測定できる。物理学は経験科学だから、ハイゼンベルクは「軌道」のような想像上のものではなく、測定できる量に基づいて理論をたてたかった。もし電子が一つの「状態」――ハイゼンベルクが「軌道」の代りに使った言葉――から別の状態へ飛躍する時、特定の振動数が放出されると考えれば、あらゆる可能な状態と振動数を表す一つの表を作ることができるはずである。

	S_1	S_2	S_3	$\cdots$
S_1	v_{1-1}	v_{2-1}	v_{3-1}	$\cdots$
S_2	v_{1-2}	v_{2-2}	v_{3-2}	$\cdots$
S_3	v_{1-3}	v_{2-3}	v_{3-3}	$\cdots$
$\vdots$	$\vdots$	$\vdots$	$\vdots$	$\cdots$

S_1は「状態#1」を表し、S_2は「状態#2」を表し、……。νは物理学で振動数を表す記号で、電子がS_1からS_2へ飛躍する時には振動数ν_{2-1}の光が放出される。

この段階で、ハイゼンベルクののちの著書によれば、「この線に沿った私の仕事は、不幸な個人的故障により、遅らされるよりは促進された」[33]。彼は花粉症のひどい発作に悩まされ、指導教師のマクス・ボルンに二週間の休暇を求めなければならなかった。涙と鼻水と咳に悩まされて、彼はヘルゴラント島へ避難した。北海の小島なら、爽やかで花粉のない空気が健康の回復に役だつと思ったのである。下宿の女主人は、彼の腫れあがった顔をひと目みて、殴り合いをしたのだと思った。しかし、彼女はハイゼンベルクを静かな二階の一室へ泊めてくれた。そこからは、近くの家並と海岸と紺色の広々とした海が見渡せた。ハイゼンベルクは、妨げる人もなく電話もない所では仕事がはかどるという基礎的な発見をした。

彼はひとりで夢中になって仕事に取り組み、実験家が実際に観測する量である振動数と振幅と位置と運動量の表——彼が「量子力学的級数」と呼んだもの——を記述する方程式を作ることができたと思った。それに一つか二つの仮定を加えて、軌道運動をしない軌道のような不当な概念に依存しない、面倒だが確かに役に立つシステムに到達した。そのとき彼は、このシステムがエネルギー保存の法則と矛盾しないかどうか確かではないことに気づいた。

私は保存則が成りたつことの証明に集中し、ある晩、エネルギー表の、今の言葉でいえばエネルギー・マトリックスの個々の項を、今からみれば極度に拙劣と思われる一連の計算によって決定できる段階に到達した。最初のいくつかの項がエネルギーの原理に合致するように思われた時、私はかなり興奮し、無数の数学的誤りを犯し始めた。その結果、計算の最終結果ができあがったのは午前三時ごろだった。

エネルギーの原理はやはり成りたった。六月の朝、部屋に坐ったハイゼンベルクは、広がる透明感、自然への明るい特別な見通しが開けたという感じにひたった。それは科学者が経験しうる最大の喜びである。彼は次のように回想している。

最初は、私は強い不安を感じた。原子現象の表面を通して、自分は奇妙に美しい内面を見ているような気がして、自然が私の前に寛大にひろげてみせてくれた豊かな数学的構造を、いま自分が証明せねばならないという思いに目がくらみそうになった。私はあまりに興奮しすぎて眠れず、夜が明け始めると島の南端へ散歩にでかけた。そこには、私が前から登ってみたかった岩が海へ突きでていた。私はたいした苦労もなしにそこへ登り、日の出を待った。(34)

しかし、その後ハイゼンベルクは、彼の量子力学的級数についてある計算を試みた時、厄介な非対称性を発見した。どんなに一生懸命やってみても、彼の新しい量子理論は、誰でも学校で習う最初の数学的原理の一つである交換律を破るように思われた。(35) 交換律によれば、二つの数を掛ける順序は結果に影響を及ぼさない。A×BとB×Aは常に等しい。しかし、量子力学的級数Aに量子力学的級数Bを掛けたものは、BにAを掛けたものと同じ答を与えなかった。ハイゼンベルクは、厄介な問題がすばらしい着想を汚したとき、どんな物理学者でもやるようなことをやった。困難をそっと隠したのだ。彼が七月に提出した論文では、非可換(ひかかん)性はただ一つの文章の中に目だたないように言及されているだけで、その直後に、奇妙にもこの問題が醜い顔を出さない例が書かれている。[36]

その夏、ハイゼンベルクはベルリンとライデンとケンブリッジへ自分の考えを話しにでかけた。キャベンディッシュ研究所では、ハイゼンベルクはほとんど誰も知らなかったので、ラザフォードの娘むこで研究所にいた理論家のラルフ・ファウラーの家に泊まった。二カ月にわたる旅と仕事と花粉症のあとで、ハイゼンベルクは疲れ切っていた。ファウラーがロンドンの学会に出席のため一日留守したとき、ハイゼンベルクは朝食用の部屋へ行き、そこのテーブルで一日中眠り続けて女中をびっくりさせた。[37]翌日、キャベンディッシュの実験家たちに講演した時には、ハイゼンベルクはスペクトル線の新理論の必要性を強調しただけだったが、ファウラーに個人的に話した時には、自分の最近の仕事を売りこんだ。ファウラーは、その論文の校正刷が出たらすぐ送ってくれと頼んだ。[38]

ゲッチンゲンに戻ると、ハイゼンベルクの指導教師のマクス・ボルンが彼の留守中に量子力学的級数についてずっと考えこんでいた。ボルンはその論文に魅惑され、何か重要なことが含まれていると感じたが、それが何かはよくわからなかった。七月の半ばにボルンは突然、これらの量子力学的級数は前に見たことがあると気づいた。それは、実は数学者がマトリックスと呼んでいるものだった。[39]

マトリックス（行列）は、今ではどんな線形代数コースでも教えられているが、当時は物理学の分野ではほとんど知られていなかった。マトリックスの古典的な用途の一つは、コイン投げゲームの可能な結果を図示する「ペイオフ」マトリックスである。これは子どもの賭けゲームで、二人が銅貨を同時に投げ、二枚とも表か二枚とも裏が出た場合には子ども1の勝ち、一枚が表で一枚が裏の場合は子ども2の勝ちとする。次のマトリックスは種々の組合せに対し、どちらの子が勝つかを示す。

		子供2 表	子供2 裏
子供1	表	1	2
子供1	裏	2	1

ふつう数学者は、マトリックスを欄外の記号なしに書き、コイン投げの勝敗は次のようになる。

$$\begin{pmatrix} 1 & 2 \\ 2 & 1 \end{pmatrix}$$

カッコは、これがマトリックスであることを示す記号である。マトリックスの他の例をあげると、

$$\begin{pmatrix} 1 & 2 \\ 3 & 4 \\ 5 & 6 \\ 7 & 8 \end{pmatrix}$$

$$\begin{pmatrix} a & b \\ b & a \end{pmatrix}$$

$$\begin{pmatrix} 1 & 0 & 0 \\ 0 & 1 & 0 \\ 0 & 0 & 1 \end{pmatrix}$$

$$\begin{pmatrix} 1 & 1 & 1 & \cdots \\ 1 & 1 & 1 & \cdots \\ 1 & 1 & 1 & \cdots \\ \vdots & \vdots & \vdots & \ddots \end{pmatrix}$$

上から二番目のマトリックスはコイン投げのマトリックスと同形で、数字の代りに文字を入れたものである。一番下のマトリックスは無限マトリックスで、各行各列が無限に延びている。

フランスの数学者オーギュスタン・コーシーは、マトリックスを今日のように矩形に書いた最初の人だった。彼の後継者たち、特にケンブリッジ大学数学教授アーサー・ケイリーは、マトリックスが次のような数学的性質をもつことに気づいた。足し算と引き算と掛け算が可能で、逆マトリックスももつという性質である。二つのマトリックスの積とは、ケイリーによれば、第一のマトリックスの各行に第二のマトリックスの各列を掛けて足し合わせたものである。

$$\begin{pmatrix} a & b \\ c & d \end{pmatrix} \times \begin{pmatrix} A & B \\ C & D \end{pmatrix} = \begin{pmatrix} aA + bC & aB + bD \\ cA + dC & cB + dD \end{pmatrix}$$

積をこう定義すると奇妙な結果が出る。二つのマトリックスの積は、しばしば掛ける順序によって違ってくる。たとえば、

$$\begin{pmatrix} 1 & 1 \\ 2 & 2 \end{pmatrix} \times \begin{pmatrix} 2 & 2 \\ 1 & 1 \end{pmatrix} = \begin{pmatrix} 2+1 & 2+1 \\ 4+2 & 4+2 \end{pmatrix} = \begin{pmatrix} 3 & 3 \\ 6 & 6 \end{pmatrix}$$

$$\begin{pmatrix} 2 & 2 \\ 1 & 1 \end{pmatrix} \times \begin{pmatrix} 1 & 1 \\ 2 & 2 \end{pmatrix} = \begin{pmatrix} 2+4 & 2+4 \\ 1+2 & 1+2 \end{pmatrix} = \begin{pmatrix} 6 & 6 \\ 3 & 3 \end{pmatrix}$$

右の二式の最後の答の二つのマトリックスは同じではないから、マトリックスの乗法は可換ではない。

ボルンは、マトリックス数学をよく知っていたヨーロッパの数少ない物理学者の一人——おそらく唯一の物理学者——だった。[40] 彼はハイゼンベルクの量子論的級数は振動数マトリックス、

$$\begin{pmatrix} v_{1-1} & v_{2-1} & v_{3-1} & \cdots \\ v_{1-2} & v_{2-2} & v_{3-2} & \cdots \\ v_{1-3} & v_{2-3} & v_{3-3} & \cdots \\ \vdots & \vdots & \vdots & \end{pmatrix}$$

を不器用に処理したものに他ならないことに気づいた。ボルンは歓喜した。ハイゼンベルクの方程式をマトリックス方程式に書き直すことにより、それを使って調べることのできる新世界が開けるのだ。ボルンが最初に突きとめたのは、位置に対応するマトリックスqと運動量に対応するマトリックスpは、ある非常に特殊な仕方で非可換だということだった。すなわちpqはqpと非可換であるばかりでなく、pqとqpの差はpとqがどんな場合でも常に同じで、単位マトリックスのある倍数だということであった。数学的には、彼はそれを次のように書いた。

$$pq - qp = \hbar / i$$

ただし$\hbar$は、プランク定数を2πで割ったもので、iは-1の平方根である。

ボルンはこの結果に喜んだが、疲れてしまったので、他の人の助力を得てこの見通しを発展させたいと思った。彼は以前の学生のパウリに打診したが、パウリはボルンに向かってぶっきらぼうに、自分はハイゼンベルクのお気にいりの「うんざりする複雑な形式主義」のアイディアをやっつけてしまうことになろうと答えた。ボルンは代りに、もう一人の弟子のパスクアル・ヨルダンを選んだ。二人は七月の末までに、後にマトリックス力学と呼ばれるに至ったものの基本原理を作りあげた。内気で我執の強いボルンは、この追求の興奮のために神経をやられて、一九二五年の八月いっぱい回復しなかった。[41]ヨルダンは、ボルンが復帰するまでに仕事の大部分を仕上げた。二人の論文は数週間後に、『ツァイトシュリフト・フュル・フィジーク』誌に提出された。[42]

二人が発見したことは、第一には、古典物理学と量子力学との深いつながりであった。相対性理論が一九世紀物理学の延長であるのと同様に、ボルンとヨルダンとハイゼンベルクの新しい力学はニュートン力学から発した。「量子力学の諸概念は、ニュートンの諸概念をすでに知っていてこそ説明できるのです」と、ハイゼンベルクはかつてあるインタビューで述べた。「と言うのは、量子論は古典物理学の存在を土台にしているからです。この点をボーアは大変強調しました——われわれはすでに古典物理学をもっているのでなければ量子物理学について語ることはできないと[43]」。ニュートンなしには、量子力学は出てきようがなかった。古典力学がなかったら、新しい物理学者たちには再定義すべき用語や概念さえなかったはずである。物理学者たちがよくやるように、ボルンとヨルダンはまず両者を形式的に結びつけた。彼らの量子論に必要なマトリックス法を開発してから、そのマトリックスをハミルトニアンに入れて使えば古典理論と結びつけることができることを論じた（ボーアはハミルトニアンにプランク定数を挿入したが、今度はさらにマトリックスが挿入された）。ハイゼンベルクはこれに魅せられ、ヨルダンに手紙を書き、三人は一連の討議を開始した。それは一〇月末にピークに達し、ハイゼンベルクはゲッチンゲンでボルンとヨルダンと一緒になって一週間集中的に仕事をした。当時、ボルンはアメリカで講義をする約束があったので、ぜひとも論文を発表したかった。ハイゼンベルクはまだしなければならない研究が山積しているのに時間がないと思っていた。彼は寸暇を割いてチューリヒのパウリに手紙を送った。「私は目下量子力学にほとんどかかりっきりになっていますが、そのうえ、私はこの問題――この三人連名の論文を書くこと――が限られた時間に本当にできるかどうか、本気で心配しています[44]」。こんな状態にもかかわらず、一週間後に三人は長い論文の原稿を書きあげた。その複雑な論文は、一一月半ばに提出された[45]。

しかし、そのころには、残念なことに、彼らにはライバルができていた。

4　不確定性の勝利

物理学を実際に研究する上で最も骨の折れることの一つは、答の形が最初はわからないということである。物理学者たちは、進んだ実験技術と過去の科学者たちが集めた豊富なデータに頼ることはできるが、知識の最前線に近づくと、常に暗闇の中で作業せねばならない。その際、助けになるのは一連の審美的偏見と、いくつかの数学的道具と、自分たちが出会うものはすべて過去の結論に修正を要求するかもしれないが、まったく矛盾することはなさそうだという知識だけである。理論家のアイディアは少なくとも学界の他のメンバーが多少とも吟味できるものでなければならず、実験家は自分の仕事を他人が追試して同じ結果を出すことができそうなものにしなければならない。しかし、これらの指針は誤りの余地をたっぷり残すのであり、新機軸を打ち出した科学者は――特に極めて秀れた新機軸については――懐疑や不安や忘却される恐れに悩まされることをほとんど避けられない。

ヴェルナー・ハイゼンベルクがゲッチンゲンに一時滞在して、親友のヴォルフガング・パウリに手紙を書いていた時のことを頭にうかべてみよう。その日、マトリックス力学についての三人連名の論文が『ツァイトシュリフト・フュル・フィジーク』誌に受理された。ハイゼンベルクは、タイプで打った論文のコピーを同封した。今では失われてしまったらしいが、当時のゲッチンゲンの産物の多くと同様、複雑な数学が入ったものである（ハイゼンベルクはコペンハーゲンの雰囲気のほうを好んだ。ボーアの行き方のほうが概念的だった）。その論文の数学は主にボルンとヨルダンに由来するもので、ハイゼンベルクを少々不安にさせている。彼はいらいらしながら名うての批判屋のパウリの眼を待っている。彼がのちにノーベル賞を与えられた仕事が完成した直後の彼の気持は、次の文章からわかる。

私はその論文を物理的にするのに大変苦労し、今ではある程度それに満足しています。でも、まだこの理論全体にはかなり不満で、君が数学と物理〔の相対的な役割〕について完全に私の側に立ってくれたのを大変嬉しく思いました。こちらでは、周囲は正反対の考え方、感じ方をしており、私は自分が愚かすぎるために数学を理解できないのかどうかよくわかりません。ゲッチンゲンは二つの陣営に分かれています。一方は、

〔優秀な数学者ダーヴィット・〕ヒルベルト（や、ヨルダンに手紙をくれた〔もう一人の数理物理学者ヘルマン・〕ヴァイル）のように、物理学ではマトリックス計算の発展に続いて大成功が起こると言っている陣営で、他方は〔物理学者のジェームズ・〕フランクのように、マトリックス物理学は決して理解されないだろうと主張している陣営です。私はこの理論がマトリックス物理学と呼ばれるのを耳にする時、いつも悩みます。一時は、「マトリックス」という言葉を論文から完全に締め出して、その代りに別の言葉——たとえば量子論的量——を使うつもりでした。

幸いハイゼンベルクは、その最後の案を実行しなかった。彼はさらに「そのうえ、マトリックスは既存の数学用語の中でも一番通じにくいものの一つです」とこぼした。彼は、この理論の数学的基礎全体を作るのに急ぎすぎたのではないかと疑った。その論文では、ボルンとヨルダンと彼は大まかな近似的計算で満足したが、ハイゼンベルクはパウリに対して、「実際に積分したなら」この山のような理論は「形だけのがらくた」に過ぎないことが露呈してしまうと書いている。[1]

彼の心配はみごとに的中した。マトリックス力学は同僚に強い印象を与えたが、彼らの大多数ではないまでも、多くは、その方程式は解くことができないと思った。そのうえ彼らは、マトリックスを視覚化することが不可能なことは、実はこの理論の有利な点の一つだというハイゼンベルクの主張に抵抗した。そんなことは、神がいかなるものかを理解しえないという事実は神の存在の証拠である、というキルケゴールの格言と同様にばかげているように思われた。また別の理論家たちは、もし量子マトリックスがすべて異なる原子状態の間の遷移で放出される光に基づくものであるなら、この理論は定常状態の存在を容認している──検知できない軌道という概念を除去しようとするハイゼンベルクの考えは、そんなものだ──、だから定常状態とはいったい何かということを多少とも描きだすべきだと指摘した(彼の理論はそれを含んでいなかった)。最後に、古典力学との関係が問題だった。日常の世界──物理学者が「巨視的尺度」と呼ぶもの──の中では、たとえば前庭の樹木とか、その周りを回っているオートバイとかの位置と運動量を記述するのにマトリックスは必要でないから、どこからマトリックス力学が必要になるのか、通常の変数から「量子論的量」へどう移るのかを示すことが必要だった。[2]

とはいえ、物理学者には他の道がほとんどなかった。彼らは熱心さの程度の違いこそあれ、マトリックスに勇ましく取り組んだ。この路線の初期の提唱者の一人パウリは、マトリックスを使って水素のスペクトル線を説明し、[3]この新方法の提唱を助けた。パウリはこの方法を適用した最初の人物で、その説明は整然としているとは言えないが、確かに成功した。ハイゼンベルクは元気づいた。[4]まもなく、他の二人の物理学者が別々に、同じことに成功した。[5]不幸にも、マトリックスの方法は大変むずかしく、これらの非常に利発な人

たちでも、水素の次に単純な原子である電子を二つもつヘリウムのスペクトルの計算へ進むことはできなかった。(6)

この行き詰りはルイ・ヴィクトル・ド・ブロイによって打開された。彼はフランスの貴族の出の若者で、アマチュア科学者で学界には知られておらず、彼の書いた博士論文はこじつけ的だったので、ソルボンヌの教授会はその正しさを評価することができなかった。(7) アインシュタインは光が粒子状の波の形で進み $E=h\nu$ という至上の関係式に従うと主張したが、ド・ブロイはこのことを頭の中でひっくり返して考え、エネルギーはどんな形をとろうともエネルギーであるとアインシュタインに劣らず強く主張し、粒子はエネルギーをもっているから、やはり $E=h\nu$ の式に支配されると唱えた。その意味は、たとえば電子はある振動数と波長で表される特性をもち、実はどんな物体もそうだということであった。冷蔵庫も野球のボールも原子内粒子も、みな波の特性をもっている。(著者註)

(著者註)ド・ブロイのこの推理の道すじは、少しの時間と簡単な代数の知識があれば誰でも跡づけることができる。光波の隣り合う山の間隔は波長と呼ばれ、ラムダ（λ）という文字で表される。λは光波の速度（c）を一秒当たりの波の数（振動数 ν）で割れば得られる。$\lambda=c/\nu$（1）

量子の世界では $E=h\nu$ で、この両辺をhで割れば、$\nu=E/h$（2）

このνの右辺を第一の式に代入すれば、$\lambda=ch/E$（3）

一方、アインシュタインは質量 m の粒子のエネルギー（E）が $E=mc^2$ であることを示した。この式の右辺を（3）式の E に代入すれば $\lambda=ch/mc^2=h/mc$（4）

mc は粒子の相対論的運動量である。ド・ブロイは、電子や陽子は光のような高速で走ることはできないから、粒子の波長を見出すには、（4）式の c の代りに単に粒子の実際の速度 v を代入すべきだと言った。そうすれば、$\lambda=h/mv$（5）

若いド・ブロイは、これは代数的なトリックではなく、粒子が本当に（5）式で示される波長をもっているのだと主張した。

こんな主張は、もしド・ブロイがすぐにそれを使って、ボーアの原子の特性のうちで最初から理論家たちを悩ましていたものを説明しなかったなら、たわごとにすぎないと思われただろう。ボーアは、電子が核の周りのいろいろな大きさの軌道を占めていることを示したが、彼自身を含めて、なぜ自然がそれらの軌道を選び、他の軌道を選ばなかったのかを説明することは誰もできなかった。ド・ブロイは、原子内の軌道は電子が核のまわりを波長の整数倍でちょうど一周できるような大きさをもつと主張した。もしそうなら、可能な軌道の個数は、誰でもひと握りのコインをもっていれば容易に描けるような方法で限定される。かりに、床にしゃがんでひと山のコインをそばに置き、絨緞にコインを一枚一枚並べてゆくとする。すると、たとえば五枚である大きさの輪ができる。六枚なら次の大きさの輪をつくれる。しかし、その中間の大きさの輪をつくることは、コインを重ねることなしには不可能である。コインが絨緞の上で重なる場合には問題はないが、波は重なると干渉して互いに強めあったり打ち消しあったりする。これは誰でも水槽の水面をたたけば見ることができる。電子の波が自分自身と干渉するのを避けるためには、核の周りを波長の整数倍で回らねばならない。こうしてド・ブロイの単純な着想は、ボーアが仮定することしかできなかった問題——電子はなぜ固定した量子化された軌道をもつのか——を巧みに説明した。

ド・ブロイの学位論文の審査員の一人はアインシュタインを知っていたので、その論文をこの巨人に渡し、アインシュタインはそれを同僚のエルヴィン・シュレーディンガーに推薦した。この論文に注意を払った人は少なかったが、シュレーディンガーはそれを一変させた。彼はド・ブロイの考えを発展させて、物理学の様相を一変させた。一九二六年三月、彼は電子の振舞いのほとんどの特性を、マトリックスではなくド・ブロイ波で説明するという単一の方程式を発表した。(8) シュレーディンガーは、物質を種々の波の集まりとみると最もよく理解できるという考えを提案した。波は重なり合い、互いに干渉したり、節を作ったりする。それらの振舞いは、彼がのちに波動力学と呼んだ物理学の新分野によって記述された。(9) シュレーディンガーは当時チューリヒにいた理論家で、マトリックス物理学者たちより数歳年上で、その分野の逸材として尊敬されていた。彼は温和で冷静で慎み深く、絶えず煙草を吸い、六カ国語に通じ、詩人でもあった。そして、ヒトラーを憎み、ユダヤ人がゲシュタポに襲われたのをみて、間に割って入ったという話がある。その後、まもなくシュレーディンガーはベルリンを去った。当時、彼はベルリン大学の教授だった。[10]アインシュタインと同様、彼は晩年を、統一場理論を形成しようとする無駄な試みに費やした。

シュレーディンガーの波動方程式は、やや攪乱的であったにせよ、大きな業績だった。立て続けに現れた一連の論文で、シュレーディンガーは彼の波動方程式を新物理学のほとんどあらゆる面に結びつけた。たとえば、彼の第二論文は第一論文のわずか三週間後に発表されたものだが、その中では自分の方程式をボーアが使ったハミルトニアンの形に書き直し、大多数の理論家を一挙に彼のやり方へ改宗させた。[11]そのうえ、シュレーディンガーが使った数学は物理学者たちにとってはるかに理解しやすかった。彼らは学校で、波動に関する授業を受けていた。たとえ一個の原子のような物体が実際には波からできていると いうイメージを描くのが困難だとしても――そもそも、その波は何からできているのか？――、多くの物理学者は、シュレーディンガーのような賢明な人間ならきっと答をだしてくれると信じた。一方、理論家たちは波を扱う数学的方法を知っていた。彼らはシュレーディンガーの方程式を解くことができ、正しい答を得ることができた。ハイゼンベルク方式の量子力学ではそれができなかった。そのうえ、量子現象を、波の山と谷や、節や干渉の結果として頭に描くやり方によれば、物理学者は原子を連続する過程——定常波の流れや変動——として視覚化できたが、マトリックスでは、微小世界は不連続で視覚化できないというハイゼンベルクの主張に従わねばならなかった。当然ながら多くの物理学者は、それまでマトリックス力学の発展を助けた人物なのに、シュレーディンガーの方法で研究を始めた。[12] マクス・ボルンでさえ、最初の波動論文を読んで大変感激したので、「私は今や旗を翻して連続体物理学の陣営へ脱走——いや、むしろ帰還——したい。私は自分の全行程〔量子力学の道の〕ののちに、自分の出発点、すなわち簡潔で明瞭な概念構成をもつ古典物理学へ戻った気がする」と書いた。[13] 彼の言葉によれば、ある一個の原子を解くことは、その波動方程式を解くという問題に過ぎず、量子飛躍についてとやかく言う必要はなかった。シュレーディンガーの文章によれば（今では使われなくなった「振動モード」という言葉が「定常波」の代りとして出てくるが）、「量子遷移を一つの振動モードからもう一つのものへのエネルギー変化として考えることは、それを電子の飛躍とみなすことよりいかに満足のいくものであるか、指摘する必要はまずない」[14]

不幸にも、シュレーディンガーの路線の成功そのものが、波動方程式で波動していると されているものは何かという問題を前面に押しだした。それらの波は何なのか、そして原子は粒子からなるという、J・J・トムソンの電子の発見以来、蓄積されてきた証拠を波動力学はどう説明しようとしているのかを知りたがる人たちに対して、シュレーディンガーは次のように答えた。一個の粒子とは、実は「あらゆる方向へひろがっている比較的小さな波」、つまり、ある種の波の微小な集団に他ならず、その行動は波の相互作用によって支配される。ふつうはその波の集まりは充分小さいので、一つの点、または古い意味での粒子と考えることができる。しかし、微小な世界では、この近似は成り立たない。そこでは、粒子と考えることが役にたたなくなる。非常に短い距離では、「われわれは厳密に波動理論に従って進まねばならない。可能なあらゆる過程を包括するためには、力学の基礎方程式からではなく、波動方程式から進まねばならない」[15]。これはマトリックスの方法を暗に攻撃したものだった。ハイゼンベルクはそう受けとった。とはいえ、シュレーディンガーは、波動力学とマトリックス力学は「互いに戦うのではなく、その逆に……互いに補いあい、互いに他方がうまくいかない場所で前進するだろう」という希望を親切に付け加え、「ハイゼンベルクの計画の長所は、スペクトル線の強度を与えることを約束している点にあり、それは、われわれがまだ取りかかっていない問題である」と述べた[16]。

最後の文章と、波動力学全般に対するハイゼンベルクの反応は、想像するに難くない。彼は自分が創始したマトリックス法の弱点をいやというほど知っていた。チューリヒのシュレーディンガーはまだ知らなかったかもしれないが、ゲッチンゲンとコペンハーゲンの物理学者たちは、スペクトル線の強度を計算できないことがすでにわかっていた。

一九二六年の最初の数カ月、ハイゼンベルクは二四歳になったばかりだったが、当時の最も有名な物理学者の一人と認められるようになっており、もちろんその立場を喜んでいた。彼の名声はほとんど量子力学に関する業績によるもので、量子力学はまだ短い職歴の全体を占めるものだった。彼は三人連名の論文で頂点に達した一連の思考に一年半を費やしたが、一八カ月という時間は、心はやる若者にとっては長い時間である。彼は自分の仕事がすべて忘却の淵に葬られると思ったにちがいない。そこで、シュレーディンガーの波動方程式が発表された時、ハイゼンベルクは猛り狂った。彼はボルンにマトリックスを見捨てるなとがなりつけ、パウリには、波などは「たわごと」だと言った[17]。のちの彼の言葉を借りれば、「巧みすぎて嘘のような」ものだった。彼はそれが間違っていればいいと思っていた[18]。

だが、間違ってはいなかった。四月一二日に、パウリはヨルダンに長い手紙を送り、二つの方法が同等なものであることを証明した[19]。シュレーディンガー自身も同じことを一カ月後に、やや不完全な形で証明した[20]（それが波動力学の第三論文で、第一論文から二カ月以内に発表された）。ゲッチンゲン＝コペンハーゲン組の態度は彼を驚かせ、悩ませた。三八歳のシュレーディンガーは、彼らが先輩に対して示したむきだしの侮蔑と、量子論の探究は若者の仕事だ——そのゲームに参加するには、シュレーディンガーはもう年をとりすぎている——という彼らの確信を快く思わなかった[21]。二つの方法の等価性の論文の中でシュレーディンガーは、形式的に、二つの理論の優劣を決定することは確かに不可能だと言っておいて、それから波動力学の長所を強く主張した。

彼は、マトリックスの画像化が不可能なことは、長所どころか「正体不明で、不条理でさえ」あると言った。マトリックスの方法では、巨視世界（事物が目で見え、測定できる領域）から微視世界（マトリックス説によれば、物自体は存在しないかもしれない領域）へどうやって移行したらいいかを頭に描くことが恐ろしく困難だという意味である。これに反し、波はどちらの世界にも存在し、波動方程式は将来研究すべき基本的問題――原子と電磁場の相互作用の問題――に理想的に適している、とシュレーディンガーは述べた。[22]

個人的には、シュレーディンガーはさらにきびしかった。ハイゼンベルク、パウリ、その他のマトリックス派は、彼らの数学に含まれる難点を糊塗したのではないかと疑った[23]――後でわかったが、その疑いは当たっていた。マトリックス派は、水素のスペクトル線を計算した時、データにうまく合わせるようなことをしていた（もちろん無意識にだが）。のちに、騒ぎがとうに納まってからわかったことだが、もしハイゼンベルクとヨルダンと仲間たちが当時もちだしたマトリックス技術が、厳密かつ注意深く使われていたなら、まちがった答がでていたはずだった。[24]

ハイゼンベルクを狼狽させたことに、さらにシュレーディンガーの第四論文――五月に発表されたもの――が、水素のバルマー系列およびその強度の計算方法を示した[25]（強度の計算の成功は、ハイゼンベルクを特に苛立たせたはずである。なぜなら、ゲッチンゲン＝コペンハーゲンの物理学者たちは、強度の計算法を見つけることができなかったからだ）。ハイゼンベルクの回想録によれば、その夏、ミュンヘンで大きな会議があり、彼はそこでシュレーディンガーと対決するつもりだった。シュレーディンガーの講演が終わるやいなやハイゼンベルクはこの競争相手に嚙みついた。「私は……反論をいくつも持ちだした。特にシュレーディンガーの考えは、プランクの放射法則〔$E = h\nu$〕の説明にさえ役だたないことを指摘した」。ハイゼンベルクの論拠は、一見したところ、連続的な波は飛び飛びのエネルギーをもつ波の束を作ることはできないということにあった。「このことで、私はヴィルヘルム・ヴィーンから叱責（しっせき）された」。ちなみに、ヴィーンは実験物理学者で、ハイゼンベルクの博士論文を失格にしようとした人物である。

〔ヴィーンは〕私に向かって、量子力学が完成し、それによって量子飛躍のようなたわごとが全部片付いたことを君がくやしがるのはもっともだが、君が言った諸々の困難は、きっとシュレーディンガーがごく近い将来に解決するだろうと、かなり激しく言った。シュレーディンガー自身は、それほどきっぱり答えなかったが、彼もまた私の反論が片付けられるのは時間の問題に過ぎないと確信したままだった。私の主張は明らかに誰も説得できなかった——〔アーノルト・〕ゾンマーフェルトさえそうで、彼は私に対して極めて好意を寄せていたが、シュレーディンガーの数学の説得力に屈してしまった。[26]

ハイゼンベルクが当時どれほど狼狽したかは、右の引用文やその他の自伝的文章の中で、ヴィーンやシュレーディンガーやゾンマーフェルトが彼の反論をしりぞけたのが絶対的に正しかったことを、彼が無視していることに最もよく表れている。半世紀たっても、ハイゼンベルクは、ミュンヘン会議後まもなく、シュレーディンガーがプランクの放射法則は彼の方法で確かに導きだせることを示した論文を発表したことを思いだすのを好まなかったように見える。[27] ハイゼンベルクは猛然として、波を微視世界から排除しようと決意した。光は光子から成り、波ではなく、電子は粒子であって波ではなく、連続的な方程式はまちがいで、離散的で視覚化できないマトリックスが正しいと考えたのである。

意気消沈したハイゼンベルクはボーアに手紙を書き、一三年前のボーアの原子模型以来組みあげてきた量子理論は、まもなく無に帰してしまうだろうと述べた。ボーアもハイゼンベルクと同意見に陥りがちではあったが、彼は波動＝粒子問題全体がどうも腑に落ちなかった。電子は小さな弾丸のように跳ね返ったり跳飛(ちょうひ)していったりする粒子なのに、どうして波の方程式で記述することができるのだろうか。ボーアはシュレーディンガーに、一九二六年一〇月にコペンハーゲンへ来てくれるよう求めた。際立って知的に誠実なシュレーディンガーは、討論の機会を喜び、しかも自分は勝者の立場にあると感じていたので、競争相手の本拠地で暇つぶしするにやぶさかでなかった。彼は自分が受けることになった歓迎への準備をしていなかった。シュレーディンガーは駅でボーアに会うやいなや、議論にひき込まれた——議論は何日も、早朝から深夜まで続いた。ボーアは自宅にシュレーディンガーを泊まらせるように用意していたので、二人の対決を中断させるものは何もなかった。ハイゼンベルクは次のように回想している。

ボーアは並外れて思いやり深い親切な人だったが、この種の議論では、それは彼が絶対に重要だと思った認識論的問題に関するものだったので、あらゆる議論を徹底的に突きつめることを——熱狂的な、恐るべき容赦なさで——主張するのもいとわなかった。長時間にわたる苦闘にもかかわらず、彼はシュレーディンガーが自分の解釈は充分なものではなく、プランクの法則さえ説明できないと認めるまではあくまでも屈服しなかった。シュレーディンガーは恐らく緊張のために、数日後に体調を損ね、ボーアの家で寝こまねばならなくなった。それでもなお、ボーアをシュレーディンガーのベッドから離れさせることは困難だった。何度も何度も彼は念を押した——「だがシュレーディンガーさん、あなたは少なくともこれだけは認めなければならないのですよ……」。とうとうシュレーディンガーは、やけになって口走った——「こんな厄介な量子飛躍にぶつからなければならないのなら、原子理論の研究なんて始めなければよかった」[28]

ハイゼンベルクを味方につけて、ボーアはシュレーディンガーを威圧して一時退却させることができた。しかし、それは長続きせず、すでに一〇月の末にハイゼンベルクは、科学の秀れた業績の前に起こりがちな、創造的狂乱状態に陥っていた。ラザフォードがトムソンの「プラム・プディング」原子への攻撃を自分のエネルギーの源泉にしたように、ハイゼンベルクは波動力学を攻撃することによって、気違いじみた着想を楽しむことのできる境地へ到達した。

量子力学が誕生した時の論争の激しさは、当事者の経歴や気質の違いや偏見などで説明できるものではなかった。彼らは、自分たちが論争しているのは宇宙そのものの形についての問題であり、自分たちが作りつつある宇宙像は深い哲学的な響きをもつものだという、科学の内面にかかわる確信によって動かされていた。ある見方によれば、量子の世界の法則を突きとめることは自然の最も基本的な暗号を解読することに他ならない、という信念は、素朴であり還元主義的である。だが、別の見方によれば、彼らはまさしくそういう解読を進めていたのであり、当時の物理学者は――彼らの今日の後継者たちもそうだが――、自分たちの探求の重大な含蓄にまさしく魅了されていたのである。

多くの物理学者は、普通は子どもの時にだが、宇宙とは法則の集積であり、人間が知ることのできる構造をもった領域であるという実感を一度は経験したことがある。たとえばアメリカの物理学者イシドール・アイザック・ラービは、そういう経験をあざやかに覚えている。ただし、それは彼がちょうど一二歳の時の経験だった。ラービは一八九八年生まれで、量子物理学者第一世代の少数の生存者である。彼は極端なほど正統的なユダヤ教徒の両親――「ほとんどあらゆる言葉の中に神がでてきた」と彼は語った――によって第一次大戦前のブルックリンで育てられた。当時そこは、子どもが、地球は太陽の周りを回っていると教えられることなく、日の出は毎日起こる奇蹟だと信じることがまだ可能だった土地だった。一九一〇年のある日、ラービは図書館で偶然コペルニクスの本にであった。書庫の中で、彼は太陽系の壮大な運動を発見し、宇宙は音楽の美と彫刻の精密さで作りあげられたものだと知って呆然とした。彼は自分自身のコペルニクス的革命を経験したのである。そして、家へ帰ると両親に向かって、何のためらいもなく神さまなんて必要ないんだと言った。「私はあまりに幼なく、それが両親にとってどれほどひどい打撃だったのかがわからなかった[29]」

ラービは背が低く、闘争心旺盛で、鋭い意見と威勢のいい笑い声は年をとっても衰えていなかった。彼と夫人のヘレンは、ニューヨークのコロンビア大学近く、リバーサイドパークに面した古めかしい立派なアパートに住んでいた。私たちは銀白のコーヒーテーブルを囲んで坐った。そのテーブルは、一七年ほど前に彼がコロンビア大学を退職する際に贈られたもので、天板は、かつてコロンビア大学の物理実験室で長年にわたり粒子検出箱として使われたものの一部だった。日光が窓を通して樹木の梢（こずえ）からさしこんでいた。ニューヨーク市のたいていのアパートと違って、そこは大変静かで、窓から吹き込んでくる風と時おりリバーサイドドライブを走り過ぎるバスの音以外には、ほとんど騒音がなかった。ラービは、一九二〇年代の物理学の発展の年代記の質問には興味を示さなかった。「どんな話をお望みなんですか」彼はさげすむように手を振りながらたずねた。「五〇年も前のことですよ」。彼がもっと重要と思っていたことは、彼にせよ他の人にせよ、なぜ物理学のような抽象的なものにそれほど多くの努力をそれほど長期間にわたって注ぐことができたのかという問題だった。彼は物理学が彼の生涯の中で果たしてきた——今も果たしている——役割について話したがった。

「量子力学と相対性理論は、私に大きな影響を与えました——私個人に。世界に対する態度に影響を与えたのです。私はいつも物理学を一種の象牙の塔と思っていました。その中から他のあらゆる種類の人間世界の問題に参入する塔です。だから、私は物理学者になったのです。弁護士になったほうがもっと儲かったでしょうがね」。彼はちょっと笑って、テーブルの上へ身を乗りだした。

私たちは、彼が言っている特質は、むしろ伝統的に宗教や哲学や芸術と結びついているものだと指摘した。

ラービはうなずいて同意した。「私は文学の重要さを信じています。たとえばロシアの小説のような基礎的なものです。哲学にも大変心を打たれます。しかし、これはわれわれの経験が関係する限りの一つの世界です。しかも私には、哲学自体には言葉の遊びや言語が人を動かす力にすぎないものがどれほど多く含まれているのかわかりません。ドイツ語でいうフォルクスゲフュールと同様に」。フォルクスゲフュールは「民衆の知恵」を意味する。哲学者の中には、世間共有の知恵、自国民や自国のフォルクスゲフュールを明確に言うにすぎない人もいるし、不変のもっと深いものを追求する人もいる。ラービは、自分にはこの両者を見分けることができるかどうか自信がもてなかった。彼は物理学へ眼を向けた。彼はそこで、自分が原理的なレベルの仕事ができると確信した。「科学なら、私は自分が現実の事物をつかんで解明を試みることができると感じました。やがて、それらの事物は驚くべき神秘的なものであることがわかりました。ニュートンの運動法則、電磁場の法則、相対性理論——これらは経験をはるかに超えたものですが、それにもかかわらず、存在するのです。それは私が目にする他のあらゆるものの尺度になります。それは、国籍とか等々あまり本気で信じることができないものとちがって、人類への指針となります。科学は私にとってそういうものなのです——城砦です。私はそのようなものを自分が見いだせる場所をいくらか知っています。決して自明ではないものを」彼は適切な言葉を捜しながらゆっくりと語った。彼の背後で、風が公園の樹々の梢をゆすっていた。「相対性理論は、世界の中の自分をどうみるかに大きな影響を与えることができます。そういう経験をしたことのない人にわからせることは困難です。自然を探求することは、われわれの知るかぎり、普遍的な人間の可能性であり、発見された自然は、実に驚くべき、実にすばらしいものです。もしあなた方が人類の目標を考えたいと思うなら、それはそこにあるのです。宇宙と自分自身をもっとよく知ることにです。物理学では、相対性理論や不確定性のような最新の発見は、新しい思考様式を与えてくれます。新しい展望を本当に開いてくれるのです」。突然、彼の顔に憂いの影が浮かんだ。「私はそう考えていました。五〇年前にはね。そういうことが起こるはずだと。科学におけるこれらの革命や進歩は、人類に対して——道徳や社会関係などに対して——影響を及ぼすだろうと。実際にはそういうことは起こらなかった。今なお同じ状態です。いや、私の思うに、価値観が退歩した。こんな恐るべき事態になっている——米国とソ連の間で。われわれは世界を破滅させるかもしれない。いったい両者の間には、世界の物資の生産と分配についての、あまり根拠のない考え方を別にしては、どんな違いがあるのでしょうか。ところが、一方にはレーガンがいて、彼の父親たちの神を敬虔に信じており、他方にはマルクスとエンゲルスがいる。そんなものは、現実に存在するもの——世界の驚異と神秘——と比べれば、まことに取るにたりないものなんです」

道徳には革命はなかったかもしれないが、ラービの時代の物理学者たちは驚異や神秘をたくさんみつけた。それらのうちで恐らく最大かつ最も有名なものは、非決定論的関係――ふつう「不確定性原理」と呼ばれているもの――であり、それはヴェルナー・ハイゼンベルクによってボーアとシュレーディンガーの出会いの数カ月後に発見された。マトリックス力学の見掛け上の失敗と、彼自身の野心と、量子の領域の美しい深い秘密をみつけたい衝動とに駆られて、ハイゼンベルクは二つの路線の意味を判じようとする多大な努力に、一九二六年の秋を費やした。

彼だけではなかった。マクス・ボルンもまた、同年の後半を同じ問題に費やした。ボルンはシュレーディンガーの方程式が現れた時、くやしがった。なぜなら、もしハイゼンベルクとヨルダンが持ちだしたマトリックスのおかげで関心を横道へそらされることがなかったら、自分が最初の発見者になることができたにちがいないと思ったからだ。[30] しかし、波動力学で研究を始めてみると、当初の焦りはおさまってきた。秋までには、シュレーディンガーの論文にでてくる波は、その創造者が思ったような実在の三次元の波ではなく、ほかのものだと確信した。それらは確率の波で、粒子がそれぞれの場所にあることの確率が大きくなったり小さくなったりするのではないか、と彼は唱えた。[31] 彼の基本的な着想は正しかった。しかし、それを最終的に仕上げたのはヴォルフガング・パウリで、一〇月中旬にハイゼンベルクへ送った手紙の中でだった。[32]

パウリもまた、波の方法とマトリックスの方法の謎を解くことに没頭した。彼も $pq-qp=\hbar/i$ という非可換関係にぶつかっていた。この不可解な意味をもつ式が、量子力学の上にイコンのようにぶら下がっていたのだ（前記のように p は運動量、q は位置、$\hbar$ はプランク定数 h を 2π で割ったもの、i は -1 の平方根）。この非可換関係が何を意味するのかを知るのは難しかった。たとえば、もし物理学者が自分たちの自然なやり方に従って p と q からなる方程式を作ると、その結果は p と q を並べる順序によって異なるはずである。ということは、一つの方程式から複数の解をひきだすことができることを意味する。言い換えれば、もし p の値がわかっていて q を知りたいなら、可能な値がいくつもでてくることになる。量子の領域では、一つの粒子（あるいは波の束）の位置と運動量はもつれあった関係にあるが、これは一体何を意味するのかとパウリは考えた。$pq-qp=\hbar/i$ には何がかくされているのか。パウリは、まるで歯の詰めものがとれてしまったように感じていた。その穴を舌でさぐるのをおさえることはできなかった。一〇月に彼は、ハイゼンベルクに宛てて有名なパウリ流の長い手紙を書いた。難解な議論と優雅な説明と取りとめのない饒舌（じょうぜつ）のまざった手紙である。「だが、ここで曖昧な点にぶつかる。p の値は統制されていると仮定せねばならないが、q の値は野放しだ。ということは、いつでも、p の初期値を定めた場合のpの特定の変化については、qのあらゆる可能な値にわたり平均した確率を計算することしかできないことを意味する」。一方について詳しく知れば知るほど、他方については言えることが少なくなるということだ。パウリはそれを厳密に立証することに一ページ半を費やした。

「数学についてはこれで終わりにする」彼は手紙を続けた。「この点は、私には徹頭徹尾よくわからない。第一の疑問は、なぜpの値だけしか（pとqの両方の値を同時にではなく）任意の精度で記述することができないのかということだ。このことは、軌道電子の速度の方向と核からの最大距離とを（充分な精度で）知ろうとする時に出てくるおなじみの問題と同じだ。長い間私にわからなかったことは今もわからない。常に同じ問題が……」困惑のはてに、パウリはこう結んだ。「p数とq数の両方を同時にc数〔通常の古典的変数〕とつなぎ合わすことはできない。世界をp眼で見ることもq眼で見ることもできるが、両眼を一緒に開けば道に迷ってしまうというわけだ[33]」。彼には、まだこれが何を意味するかがまったくわからなかった。

その九日後に、ハイゼンベルクが礼状を書いた。彼はパウリの手紙をコペンハーゲンでボーアと他の数人の物理学者にみせ、そこで白熱した議論を行なった。ハイゼンベルクもまた、パウリの「曖昧な点」にひきつけられた。彼には、パウリが言おうとしたことは、$pq - qp = \hbar/i$ という関係がある以上pの値とqの値の精密な決定は古いやり方ではできないことを意味しているように思われた。彼は類推によって、一個の粒子の運動量pの一点qにおける値を問題にすることは、波の波長を一点における測定だけで決定しようとするのと似たことではないかと考えた（もっと粗雑なたとえなら、エンパイアステートビルの高さを、正面入口のドアの幅が約一〇フィートだということを知っただけで推定しようというのと似ている）。運動量と位置というものは、おそらく大尺度の概念で、それに意味を与えるためには物指しの目盛に少々の幅が必要だ。そこで、彼はパウリへの私信に書いた。「何にもまして、私の思うに、結局は次のような型の答がでるだろう（だが、これを言いふらすなよ）。時間と空間は、実は統計的な概念にすぎず、たとえば気体の中の温度や圧力と似た何かだと。私の見解では、空間と時間の概念はただ一個の粒子を問題にする時には無意味で、粒子が多数あればあるほど、これらの概念は意味が増してくる。私はしばしば、この考えをもっと進めようと試みているが、まだ成功していない[34]」

この間、ハイゼンベルクの友人で共同研究者のパスクアル・ヨルダンは、物理学者たちが理論を観測できる量だけに限りたいと言う場合に、どういう意味のことを言おうとしているのかについて考え続けてきた。内気で愛想がよく、野心がない二四歳のヨルダンは、自分自身には格別得にならない手間のかかる研究計画で、他人を助ける仕事にやすやすと引き込まれた[35]。学校では、彼は初等実験物理学で落第していた。最初の論文は、光量子に対するアインシュタインの考えを修正しようとしたものだったが、それはたちまちこの大家自身の手で粉砕された[36]。一九二六年には、彼はボルンのサークル内の重要な物理学者のうちで最も若かった。物理学を本気で勉強し始めてからたった四年しかたっておらず、二五歳のハイゼンベルクを先輩として立てていた。彼は原理的な問題を好んだ。この性向のため、彼はやがて量子物理学から宇宙論へ移った（他方、牛が草を食う時の顎の運動に関するユーモラスな論文も書いた[37]）。当時は、数人の物理学者が測定の本性についての疑問を論じていた[38]。何人かが、たとい個々の原子を観察できるほど精密な顕微鏡ができても、顕微鏡自体の原子が絶えず無秩序にがたがた動くために他の原子の挙動を正確に測定することは不可能だと主張した。ヨルダンは、もし何らかの方法で顕微鏡を絶対温度零度で凍結させることができれば、分子運動はまったくなくなるから、少なくとも理論上は、その顕微鏡を使って原子あるいはそれを構成する電子の位置と運動量を、正確に測定することはできると主張した[39]。したがってヨルダンの主張によれば、それらの変数は原理的には観測不可能ではなく、観察が困難であるにすぎないことになる。

ハイゼンベルクはまだそんなことは夢にも考えたことがなかった。ヨルダンの論文に興味をもったのは、それが彼の本領への直接の挑戦だったからである。二月初めにハイゼンベルクは、パウリへの手紙の中でおどけながら、自分は「まだあのいかさま師の $pq-qp$ 奇術の論理的基礎づけに没頭している」と書いた。ハイゼンベルクの言葉を借りれば、ヨルダンは「ある空間に一個の電子を見いだす確率」をとやかく言っているが、まだ誰も

「一個の粒子の位置」という概念に対し、充分な定義を与えたことがなかった。ハイゼンベルクはこの定義にどうも問題があるのだと考えた。彼は手紙の末尾の署名の上に、わざと意地悪に「連続性の手品への、若者の完全な無関心をこめて」と記した。(40)

コペンハーゲンでハイゼンベルクは、ニールス・ボーアの弟のハラルドの住む屋根裏部屋に泊まった。壁が天井へ向かって傾斜している小さな部屋だった。ニールスはよく夕食後にパイプを手にしてやってきて、二人は夜明けまで物理の議論を続けた。この日課は、概して大変有益だったが、量子力学に対する波動法とマトリックス法をめぐる困難はどうにも手に負えず、一九二七年二月になると、ボーアとハイゼンベルクは疲れて互いにいらだってきた。ボーアは波と粒子の混乱を理解したがったが、ハイゼンベルクは波をいかなる形でも排除したがった。友情の危機を感じて、ボーアはオスロの北の山へスキーに出かけてしまった。二月のある晩おそく、ハイゼンベルクは寝る前に、研究所の裏のフェレズ公園を独りで散歩した。彼は歩きながら考え続けた。pとqを掛けると、結果がどうなるか確言できなくなってしまう。自分はマトリックス説はまちがいないと思う。粒子がどこに位置するのか、その動く速度はどれほどかを調べるにはどんな方法があるのか。ヨルダンの凍結顕微鏡はどうだろうか。こう考えてゆくうちに、彼は公園の中で思いついた。もし自分の構想が正しいなら——量子力学の法則が本当に正しいなら——自然がその法則を遂行するやり方を見つけなければならない。(41)

かりに絶対零度に冷やした原子内粒子を見ようとしたとする。この方法で対象を見るということは、光量子――光子――を対象にぶつけて、跳ね返った光子を装置のレンズで捕えることを意味する。もし電子のような小さいものを見ようとするなら、光子のエネルギーが電子を最初の位置から突きとばし、あたかも玉突きの球が転がり別の静止した球をはねとばすようなことになる。対象粒子の運動量は、粒子の位置を測定する行為によって不可避的に変化する。

運動量を変化させないためには、エネルギーをごくわずかしかもたない光子を使うことが必要である。光子のエネルギーは、プランクの公式 $E=h\nu$ で定まり、ν は一秒間当たりの波数である。Eを小さくするには ν も小さくせねばならない（プランク定数は変えられない）。一秒当たりの波の数を少なくするためには、波長を長くせねばならない。ハイウェイに車がぎっしり詰まっていれば、一定時間に通過できる大型バスの台数は、小型のスポーツカーより少ない。だが、光の波長が長くなればなるほど、電子の位置をますます不正確にしか見定められなくなる。いわば何かの位置を調べるのに、玉突きの球でなく大きな風船玉をぶつけてみるようなことになってしまう。

ハイゼンベルクはこの思いつきに大喜びし、たちまち一四ページもの手紙を書きあげ、パウリに知らせた。[42] 彼は自分の仮想顕微鏡と、それを使って粒子を見ようとする「思考実験」を説明した。「どんな思考実験も常にこういう性質をもつということになるでしょう。

つまり、量 p が平均誤差 Δp で表される精度の範囲内に留めておく場合は、……q はそれと同時には平均誤差 $\Delta q \geqq \hbar/2\Delta p$ で表される精度までしか知ることができない」

今では、この有名な不確定性原理は、普通は次の式で表される。

$$\Delta p \Delta q \geqq \hbar/2$$

ただし三角形記号 Δ はギリシャ文字のデルタで、Δp はデルタ・ピーと読む。この式を言い換えれば、一個の電子の位置と運動量を同時に正確に決定することはできず、小さいがそれ以下にはできない幅の不確定さを避けられない。もし、位置の誤差（Δq）を非常に小さく保とうとするなら、運動量の誤差（Δp）が $\Delta q \times \Delta p \geqq \hbar/2$ の関係を保つように増大することになる。もし一つの電子の位置を誤差がほぼゼロになるほど精密に測定すれば、運動量の誤差はほとんど無限大になる——すなわち、運動量はまったく不定になってしまう。それだけでなく、ハイゼンベルクはパウリに、これが $pq-qp=\hbar/i$ からどのようにして直接に導き出されるかを示した。こうして、ついにこの式に物理的な意味が与えられた。ハイゼンベルクは、マトリックスのある側面を視覚化することができたからには、もう心配はないと思った。

ハイゼンベルクの後年の回想によれば、ハンブルクからのパウリの返事には興奮が感じられた。「彼は〝モルゲンレーテ・アイネル・ノイツァイト（新時代の朝焼け）〟とか何とか言った[43]」

そのような激励を受けていたハイゼンベルクにとって、ボーアがスキーから帰ってきて彼に、君の論文は君自身の量子問題の解釈と矛盾すると指摘したのは、ショックだったにちがいない。ボーアはハイゼンベルクに、原子の内部領域でさえ、エネルギーと運動量は保存されることを思いださせた。光子を静止電子にぶつけて動かしたとしても、電子の運動量は跳ね返った光子を調べることによって正確に知ることができる。電子によって跳ね返された光子の運動量を測定すれば、不確かさはまったく消える。

しかし、ボーアは、それでもハイゼンベルクの着想は正しいと言った。なぜなら、反跳(はんちょう)した光子の運動量を正確に知ることはできないからだ。できない理由は、それらの光子は波のように拡がってしまうからである——だからこそ、それらの光子を集めて像を結ばせるために、顕微鏡のレンズが必要なのである。たとい電子を光子の代りに使っても、電子はシュレーディンガーの方程式に従って同様に拡がってしまうはずである。しかし、これを認めることは、シュレーディンガー流の波が自分の理論の中で不可欠な役割を果たしていることを認めることを意味した——これはハイゼンベルクにとって承認しかねることだったので、彼は出鼻(でばな)を挫(くじ)かれて泣き崩れてしまった[44]。彼は量子力学における自分の対抗者の立場を強固にすることによらずには、量子力学の物理的基礎を確立することはできなかった。

ハイゼンベルクとボーアはひどい口論を始めた。後年ハイゼンベルクが語ったところによれば、「私はボーアの主張にどう言い返すべきかよくわからなかった。そのため議論は結局、ボーアが再び私の解釈は正しくないと説明したという一般的な印象を残して終わった。私のはらわたはこの議論で煮えくり返り、ボーアもかなり腹を立てて行ってしまった……」[45]。二人は数日後に再び会った。ボーアはあけすけにハイゼンベルクに、あの論文は発表するなと言った。

ハイゼンベルクは、自分の味方の忠告を無視して、古い不正確な議論を盛った論文を書いた。末尾にハイゼンベルクは奇妙な短い追記をつけ、読者に対し、ボーアは問題があると言ったが、それが何かはここでは明かさないと伝えた。その論文は「量子論的な運動学と力学の視覚化可能な内容」と題し、一九二七年三月二三日に『ツァイトシュリフト・フュル・フィジーク』誌の編集室に届き、五月末に発表された[46]。

七月四日、シュレーディンガーはマクス・プランクへ手紙を書いた。プランクは少し前にベルリン大学を退職したところだった。シュレーディンガーはその後任になり、彼らしい良心的な気持で、この先輩が自分の生涯をかけた学科に引き続き精通していてくれるようにしたいと思った。シュレーディンガーは、不確定性関係によって物理学が視覚化可能性を回復したことと、波動関数は理論の不可分な一部であることを語らずにはいられなかった。彼とプランクは、波とマトリックスについてそれまで何度も話し合っていたようだが、今度の手紙にはこう書いた。「ハイゼンベルクの最新論文では、私が大変笑いものにされた波が、ついに〝確率波〟として正しい解釈を得たと言われています。……まあ、神さまの御意思どおり、私はだまっています(47)」

情に厚く高潔な人物であるシュレーディンガーは、この言葉を守った。そして、一九三三年一二月、彼とハイゼンベルクは同じ聖壇に立って仲よく微笑を交わすことになった。スウェーデン学士院が両者にノーベル物理学賞を授与したのだった――ハイゼンベルクは一九三二年度賞の延期された受賞者として、シュレーディンガーは一九三三年度賞の共同受賞者の一人として。二人の間に友愛が隠されていたという記録はないが、二人の連関した業績は物理学の常識の一部になった。シュレーディンガーの波動法は、その出発点になった推測は否定されたが、今ではこの分野の全研究者に使われている。ハイゼンベルクの推理の出発点は名高いが(48)、彼が開拓したマトリックス法は、今では彼が期待した目的にはめったに使われていない。

*

今日まで量子力学は、人を当惑させる能力を失ってはいない。たいていの、とは言えぬまでも多くの学生は、教室でそれを学ぶ時、その観念を呑みこむのに苦労する。今に至るまで、物理学者は量子力学を決して理解せず、使い方を覚えるだけだと言われてきた。時々、私たちの頭はこの問題で疲れきったので、ロバート・サーバーという物理学者に知恵を借りに行った。私たちは、何度も何度もコロンビア大学のピューピン・ホールの彼の部屋で彼に受けた。私たちはサーバーが問題の核心をしっかりつかんでいることに感銘を受けた。私たちは、何度も何度もコロンビア大学のピューピン・ホールの彼の部屋で彼に数時間会った。サーバーは辛抱強い人間で、当然ながら、私たちはそのため彼に好感を持った。いつも話が二、三時間もはずむと彼が腕時計をみて、ベビーシッターのところに息子を受け取りに行かねばなりませんのでと言ったものだ。背が低く骨太な人で、髪が薄くなりかけ、がっしりした手のずんぐりした指が齢と共に曲がりかけていた。サーバーは物理学の進歩を支え、世間の注目をめったに浴びない、着実で地味な貢献を積んでいる学者の一人である。それにふさわしく、彼はいつもだぶついたタートルネックのシャツを着て、色あせたジーンズをはき、ベルトにはトルコ石をはめたありふれた幅広い西部風のバックルをつけていた。眼鏡は太い黒縁の年期ものだった。部屋にいてもすぐにはそうとわからないような人物であり、話しぶりは穏やかで、話題を絞りながら堂々めぐりして絶えず本題に戻り、言い方を変え、説明をわかりやすくし、途中で言いかけの言葉を切り、前に書いた式を荒々しく消し、パラメーターを変え、定義を言い直し、最初から考え直し、といった工合だった。一種の奥深いどもりの中に語句全体が沈み、たくさんの説明が含まれていて、ここで再現することは不可能である。私たちが耳にしたものは、そうだと気づくのに少々時間がかかったが、物理学の問題を思索し、自分にできる限り本質へ迫ってゆく働きの音声記録なのであった。私たちが何か彼がそうだと考えていないことを言うと、いつも彼は、かすかに顔をしかめて言うのだった。「アー、いやあ……」。それから一〇秒もたってから、ていねいに「まあ、確かにとは言えませんがね」、そして、少々すまなそうな口調で、「それはまったくまちがっていますよ」。こう言ってから立ち上がって黒板に正しい考えはこうだと書く。

あるとき、私たちが今までに読んだ何冊かの書物のことが話題に上った。世間で広く読まれている本だが、量子力学と東洋のある種の神秘主義との間につながりがあると主張していた。つながりの背後には、多かれ少なかれ、量子力学についてボーアが打ち出し、のちにコペンハーゲン派の解釈と呼ばれるようになった見解がある。その解釈によれば、位置と運動量は同時には測定できないものだから、実験者は測定によって、そのどちらに一定の値をもたせるかを選ぶのである。したがって物理学者は自分が調べている実在の一部分である。意識的選択という要素は、一部の理論家の考えでは、観測された現象は観測者の心を含むにちがいないということを意味する。ノーベル賞受賞者となったユージーン・ウィグナーは、次のような論理的結論を述べた。「量子力学の法則を完全に首尾一貫した仕方で定式化することは、意識〔観測者の〕に言及することなしには不可能だった。……

〔注目すべきことに〕外界の研究そのものが、意識の内容が窮極的な実在であるという結論に行きついたのである」[49]

私たちが読んだ数冊の本は、これをもう少し拡張して、物理学者と彼らが扱う微粒子の間のつながりは自分たちがみな心の海に浮かんでいることを示していると、還元主義的立場から主張している。[50] 量子力学の哲学的響きは、強いて言うなら、「サイケデリック[51]（幻覚剤的）」であると言われている。

量子力学はサイケデリックではないが充分に複雑であり、私たちはこの問題についてのあやうげな理解に突っかい棒をたてるためにサーバーと話し合いたいと思った。サーバーが不確定性原理について学んだのは、その誕生の三年後の一九三〇年、マジソンにあるウィスコンシン大学の大学院一年生の時で、有能な指導教師ジョン・H・ヴァンヴレックの下においてであった。ヴァンヴレックは、新物理学のアメリカにおける最初で最大の解説者の一人だった。サーバーは退職してから数年たっており、研究室はI・I・ラービの部屋の隣りにあった。

きれいに片付けられてめったに使われないサーバーの部屋には、退職教授の陰鬱（いんうつ）な影がただよっていた。書架が一つ側面にあり、そのガラス戸に、反対側の壁に掛けたシャガールとクレーの複製の絵が映っている。何も書いていない黒板の上には「水拭き禁止」という注意書が掛かっていた。片隅には原子力時代の恐るべき記念品が貼りつけてある。それは、広島のある学校の壁板の一片で、窓枠の影が表面に焼きついていた。時の経過でぼやけたとはいえ、この焼け焦げは、深遠な物理学理論の実際的帰結を思いださせる一つの明瞭な刻印である。私たちは彼としばらく話をした。その後、サーバーが自分の言おうとしたことをもっとうまく話す方法を思いついたので、私たちはその問題に戻った（以下の記述の一部は、その二番目の日に彼がやり直した説明による[52]）。

私たちは真正面から、不確定性原理が観測者を物理学の中に取りこんだというのは本当かと尋ねた。彼は首を横に振った。そして、もう一度、いっそう激しく振った。「私にいわせれば、観測者という観念全体がですね——あれは教育術的なものなんです。ものを理解しようとしている時には、実験を頭に浮かべること、すなわち観測者を頭に浮かべて、それが何かをしていると考えることが非常に便利なんです。でも、それは物理学の法則とはまったく関係がなく、法則を理解することに関係があることです。物理法則というものは、自然を記述したものであり、観測者を記述したものではありません。物理学では、どこであれ、観測者という言葉を使うことはですね——それはお門違いです。観測者は決して物理の定理の一部ではありません」。彼は眼鏡を外して眼をこすった。寝不足で少し赤くなっているようだ。前夜、子どもたちの病気を気にして起きていたのだ。「量子力学の法則は、ビッグバンに使われていますね。あそこには、観測者はいませんでしたよ」

彼の説明によれば、不確定性原理があれほど重要になったのは、物理学者たちが粒子と

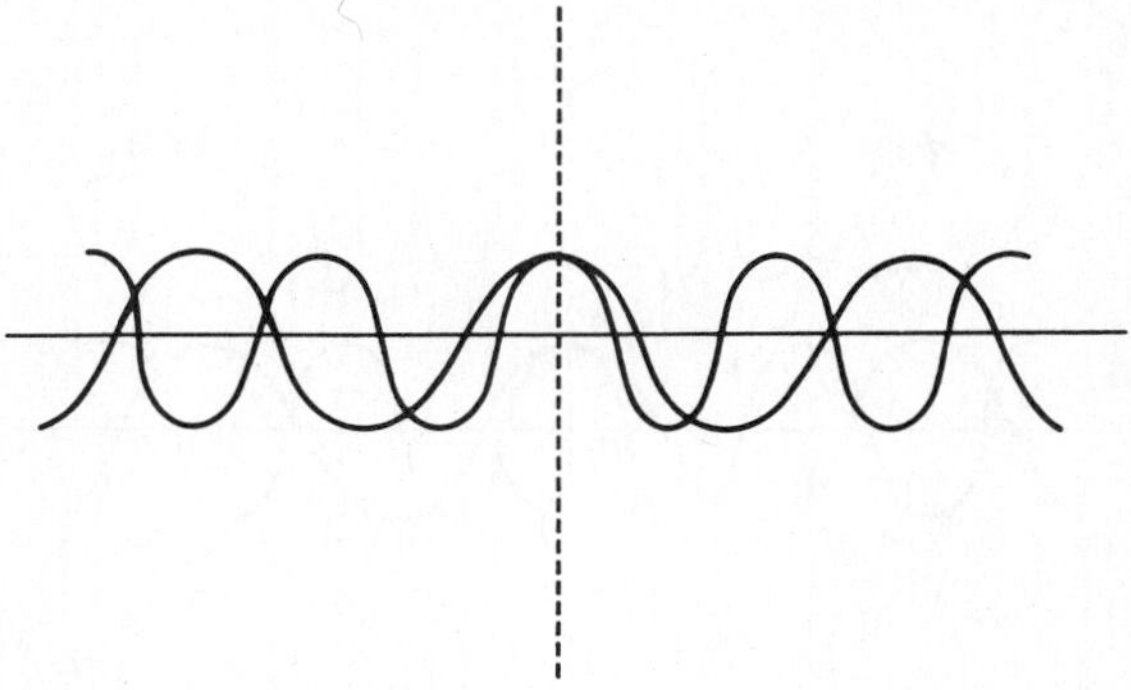

図4−1

波動という、二つの一見両立しない概念を妥協させる助けになったからだった。アインシュタインが光の波は粒子のように振舞うことができることを示し、ド・ブロイが粒子は波のように振舞うことができることを示し、物理学者たちはひどく混乱してしまった。「ハイゼンベルクは二つの見解の間に必ずしも矛盾はないことに気づいたのです。現実のどんな物理的状況でも、人は単一の波を扱っていることは決してありません。単一の波というものは数学的抽象であり、現実に扱うのは波の束です」。彼は黒板に白いチョークで、波の山が一点で一致している二つの波を描いた。その一点を彼はAとした（図4−1）。

普通は、波はこういうふうになると、どちらの方向でも重なり合って、消し合う――科学者の言葉を使えば、位相がずれてゆく。しかし、

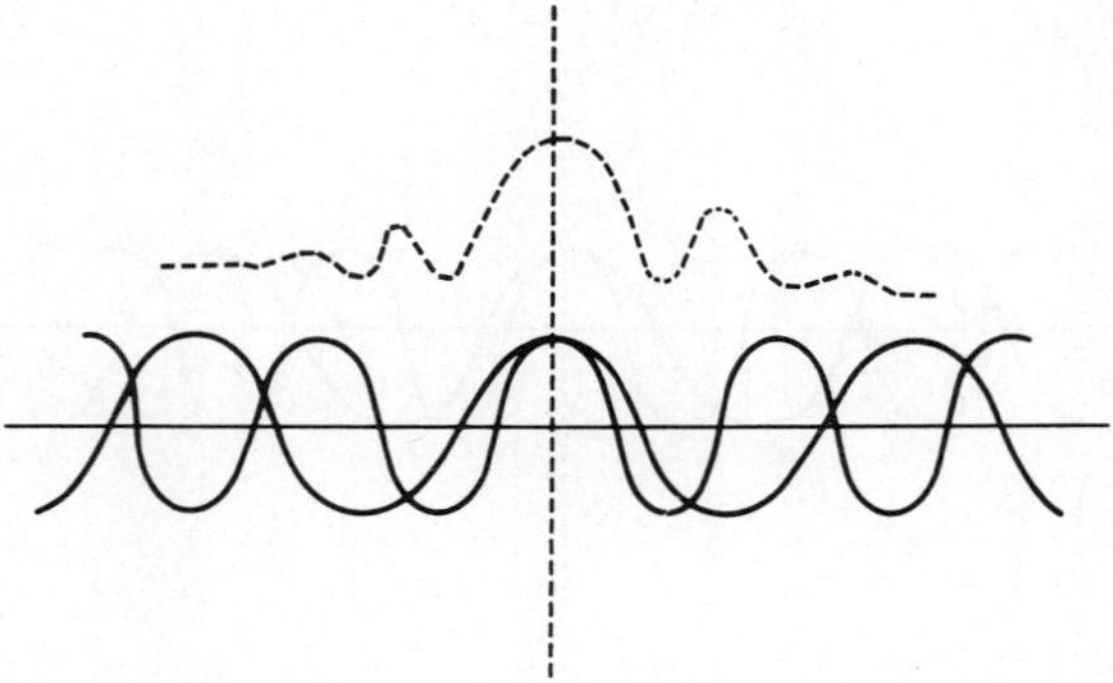

図4－2

場合によっては、すべての波が、このA点の状況のようにある短い時間、重なりあう。「波の高さを差し引きすると、こういう曲線になります」こう言って、彼は最初の図に破線を書き加えた（図4－2）。

図の中央の大きな山は、実は非常に幅が狭い。なぜなら、複数の波がA点から拡がるにつれて、急速に消し合うからである。これらの波を合わせたものが波束であり、それはA点の近くでのみ検出でき、このような図で表される波動関数は、粒子という言葉で頭に浮かぶ微小な点とそっくりなものを表現する。もしそれらの波が遠くまで互いに消し合わないなら、シュレーディンガーの関数はもっと普通の波に似たものとなる。波束を構成する多数の波が互いに消し合う速さは、波長の差によってきまる。波長の差が大きい場合は粒子として振舞い、差が小さい場合は波の形をとる。その根底にある実在は、どちらの場合も同じである。

ここで不確定性原理が登場する。サーバーは言った。「波長の拡がりは運動量の拡がりに比例します。いいですね。ド・ブロイがそれを示しました。そこで、成分波の波長の差が小さいことは、運動量が精密に規定されていることに相当します。しかし、その場合には、波は空間のあまり狭い場所に限られないことになります——波がどこに存在するかははっきり言えません。一方、もし波束を空間の狭い場所に限ろうとするなら、運動量の拡がりを非常に大きくして、波が他の場所では干渉で消えるようにしなければなりません。

両方を同時に実現させることはできません。ハイゼンベルクが言ったのは、運動量が一定の値をとるようにすることができないか、位置が一定の値をとるようにすることができないか、のどちらかになるということです。そして、両方を同時に実現させることができないという事実が、波動行動と粒子行動の矛盾を除去しているのです」。有名な公式 $\Delta p \Delta q \geqq \hbar/2$ は、シュレーディンガーの方程式の数学的帰結にすぎず、ハイゼンベルクのしたことは、その物理的意味を明らかにしたことだと、サーバーは述べた。

今日の統一理論への進撃に量子力学と不確定性原理はどんな役割を果たしたか？「一九二〇年代には、統一理論への動きは、そもそも何もありませんでした。みんな新しい物理学をどんどん勉強していました。それが何らかの統一理論へ行きつくとは思いも寄らなかった。アインシュタインは統一理論を追求していました。しかし、もし本気でそれに取り組めばわかりますが、それはまったく無意味なものでした。彼が問題にしていたのは電磁気の理論と重力だけでした。ところが、ことはそれだけではすみません。不完全な世界像から出発して完全な解決を得られる見込みがないことは明白でした。前進するためには、世界の本質についてもっとたくさんのことを知らなければなりませんでした。強い相互作用、弱い相互作用、どんな対称性があるか、どんな素粒子があるかを知らねば出発することはできませんでした。弱い相互作用と電磁相互作用を統一するだけのためにも、電磁力学について恐ろしくたくさんのことを知らねばならず、そうしたことがようやく知られてきたのは一九四〇年代後半でした。次には、弱い相互作用について多くのことを知る必要がありました。これは一九六〇年代までわかりませんでした。ですから、この式は」彼は黒板に不確定性原理の式を書いた。「これは、結合せねばならないいろいろな断片を、統一せねばならない断片を学びとってゆく準備の段階です。量子力学は土台です。まったく驚くべきことですがね、量子力学が作られたのは原子を扱うためでした。原子は10^{-8}センチメートルのスケールです。これは一九二〇年代のことです。それが三〇年代、四〇年代、五〇年代になって、核物理学に適用されました。こんどは10のマイナス13乗センチのスケールです。それでも量子力学は使えました――これは飛躍です。大戦後になると、巨大マシンの建設が始まりました。粒子加速器です。それで10のマイナス14乗、15乗、16乗センチのスケールまで調べましたが、やはり適用できるんです。驚異的な外挿です―

―原子の一億分の一の世界にまであてはまる」

サーバーはある時、彼が一九三〇年に大学院で使ったノートをみせてくれた。すてきな赤い背の、内表紙はフィレンツェ派風のデザインの紙で裏打ちされている画帳だった。筆跡は、戦前のグラマースクールの厳格な教育への見事な手向けである。彼を指導したヴァンヴレックはこの問題を、今ならばからしいほど複雑に思われるようなやり方で扱った。ハイゼンベルクの顕微鏡を説明した上、もう一つの例として、プリズムから不確定性原理を導きだした。あるページに、積分の式が並んだ余白に、参考文献としてハーバードの物理学者パーシー・ブリッジマンの一般向けの論文があげられている。それは不確定性原理の発見の二年後に『ハーパーズ・バザール』誌に掲載されたものである。「科学の新しいビジョン」と題し、物理学者以外に対して量子力学を、以来六〇年間に出版されたどんな解説にも劣らず見事に説明している（このことは、科学の一般向け解説があまり成功していないことの一例とみてよかろう。ブリッジマンのこの記事は、たとい今日発表されたとしても、一般大衆にとって当時に劣らず新知識の手引きになろう）。人類が今でも捨てようとしない夢の一つは、旧来の壁の大突破――普通は哲学か芸術か政治革命の領域からくるもの――が、やがて人類を永久かつ絶対的に改善するだろうという夢である。ブリッジマンにとっては、量子力学のすばらしい諸発見、特に不確定性原理の発見は、この救済が言した。世間が思っていた因果律の崩壊は、最初は「勝手気ままな堕落した思考を楽しむ物理学からやってくるだろうことの証明であった。ブリッジマンは正当にも次のように予確かに知的な遊興を解放するであろう」。これを抑えるには、新しい教育方法を導入して、若者に日常経験とは異なる概念を理解する正しい道を教えなければなるまい。しかし、それが達成されたら、「世界の理解と征服は加速度的な歩みで進むだろう」とブリッジマンは考えた。確かに、こういう新しい英知の下では人類は向上し、ある種の「勇気ある高貴さ」を獲得するだろう。「そして最後に、人間が知恵の木の実を充分に味わった時、最初のエデンの園と最後のそれとの間には、人間は神のようになるのではなく、永遠に謙虚であり続ける、という違いがみられるだろう」と。(53)

II　粒子と場

5　ディラックと量子場の登場

素粒子の相互作用の標準模型は、二〇世紀の物理学者の知的に異質な三つの世代によって順次に組み立てられた。この三つの波は、いずれも二、三年の間に突然台頭した若い男性——第三の場合は女性も含む——からなり、彼ら固有の演技のスタイルをすっかり整えて、その商売道具を自信満々に駆使して登場した。抽象表現主義（アクション・ペインティングなど）の芸術家たちが、第二次大戦後のニューヨーク市に突如出現し、たちまち頭角をあらわして先輩たちを唖然とさせたのと似て、新しい物理学者たちは、その攻撃の広さと精密さと、自分たちの声を聞けという要求の激しさとによって、同時代の人びとを驚かせた。新しい仕事師たちは、抽象表現主義の画家ウィレム・デ・コーニングのように、実際には何年も認められずに苦労してきたかもしれないが、世間一般の眼には、新運動は稲妻のように突然生まれて万事を一変させたようにみえるものである。一九二〇年代中葉の量子力学の建設は、第一のヌーベルバーグの業績であり、ハイゼンベルク、パウリ、オッペンハイマー、ラービ、シュレーディンガー、ヨルダンなどの名が、この分野に本気で取り組む者の必読論文に現れた。そして、ラザフォードやボーアのような古手は、新しい仕事へ押しやられた（一部の古手はついに適応しなかった。J・J・トムソンがその一人で、悲しいかな大アインシュタインもそうだった）。第二次大戦直後の数年のうちに、第二の科学者群が現れた――若くてハングリーで、大部分がアメリカ人だった。第三の波が現れたのは、一九七〇年代初期だった。

三つの華やかな集団が登場するいずれの場合にも、場の理論の構造に対する卓越した洞察力をもつ人物がそれぞれ一人いて、仲間たちからは良かれ悪しかれ最も卓越した才能の持ち主とみなされた。これらの人物は、専門外の人びとにはあまり名を知られない――ちなみに、今世紀最高の数学者と言えるダーヴィット・ヒルベルトの名を知っている人が、世間にはどれほどいるだろうか。彼らはまた、同時代の他の人たちほど多くの物理学を生みだしはしなかったとしても、その洞察力の鋭さと駆使した道具のゆえに、同時代の研究者たちの畏敬の的になったのであった。物理学者たちは複雑な数学が苦手な点では他と同様で、したがって数理物理学者にまつわる伝説がいろいろ生まれるのはふしぎではない。標準模型を組み立てて統一理論を目ざす最近のラッシュの中では、ヘラルト・トホーフトが傑出している。一九四八年には、この名誉はジュリアン・シュウィンガーが受けた。量子力学の短く幸福な青春期には、ポール・アドリアン・モーリス・ディラックがそういった存在だった。

若い物理学者たちが各自の最初の論文で学界をゆるがし、どの論文もが新舞台を開いた時代に、この領域の科学の形成に最大の貢献をしたのはディラックであった。もしアインシュタインを、量子論を拒否したゆえに、最後の古典物理学者と呼ぶとすれば、ディラックは彼が常に自負したように、最初の完全に近代的な物理学者だった。物理学者シルヴァン・シュウェーバーは、一九八四年のディラックの死の直前に書いた論稿でこう述べている。「ディラックは量子力学の主要な創立者の一人であるばかりでなく、量子電磁力学の創造者であり、また量子場理論の主要な建設者の一人でもある。量子場理論の三〇年代と四〇年代の主な発達は、すべてディラックの仕事から出発した(1)」

ディラックがひどく内気で無口になったのは、いろいろな理由が重なったためらしい。彼は一九〇二年八月八日に、イギリスのブリストルで生まれた。そこはエーボン河とフローム河の合流点にあり、当時も今と同様に商業都市だった。父はスイスからの移民で、反社会的と言えるほど交際嫌いだった。一家は客を招いたこともなく、よそへ出かけることもなかった。ディラックは、食事を父と二人で食堂でとり、他の家族は台所で食べた。彼は母や兄や妹と一緒に食事をしたかったが、台所には椅子が足りなかった。ディラックの回想によれば、家では「父は、私が話しかける時にはフランス語を使わなければいけないときめていた。フランス語をおぼえるにはそれがいい方法だと、父は思っていたのだ。私はフランス語では思うようにものが言えなかったので、英語で話すよりは黙っているほうがましだった。そのため、私は当時は非常に口数が少なかった[2]」。寡黙で内向的になったディラックは、多くの時間を戸外で過ごし、イングランドの田舎道を独りで散歩したものだった。彼は、整然とした秩序と対称性、きっちりした数学的関係を好んだ。「私の仕事の大部分は、方程式を操って、それから何がでてくるかを見ることに他ならない」と、後年ディラックは語った。「これが他の物理学者たちにもあてはまるとは思わない。方程式をもてあそび、たぶん物理的意味は何もない美しい数学的関係を探すだけのことを好むのは、私の独自の特性だと思う。それらの数学的関係が、時には物理的意味をもつのである[3]」

ディラックの父は世間付き合いの重要さはまったく認めなかったが、良い教育が役だつことは認め、自分の息子の数学好きを励ました。そのうえ、彼のこの気質はあるめぐり合わせによって促進された。ディラックは、十歳代で同年齢の普通の子どもより高い水準へ押しあげられたが、これは年長の学生が戦争に出征してしまい、上級クラスが空になったためであった。彼が選んだ高校は、ブリストル大学工学部と同じ構内にある貿易商業学校だったが、これは一つには、教育課程で哲学と文科系科目が重視されていなかったからであり、また、彼は、これらの学科を生涯の大半にわたりほとんど理解できなかった[4]。彼は数学では就職口がないことを恐れて、大学へ進むときに工学専攻の道を選んだ。彼は成績はよかったが、本当に興味をもったのは理論的な面だけだった。初期の実習は、惨憺たる結果で終わった。雇い主が、ディラックは「熱心さに欠けており、仕事がぞんざいだった」と判定したからだ。(5) ただ一人の兄も同じ工場で働いていたが、兄弟はひと言も口をきかなかった。

一九二一年秋に、ディラックは工学の課程を修了したが、就職口を得ることができなかった。それまでブリストル大学の数学の教授陣は、優秀な数学者が工学のコースをとっているのを公然と嘆いていたので、ディラックに特待生の地位の提供を申しでた。他にすることもなかった彼は、すぐこの誘いに応じた。数学科の特別優等コースには、他には女子学生が一名いただけで、彼女は応用数学、特に物理学で使える数学を学ぼうとする固い意志をもっていた。ディラックには不動の意志といえるものはなかったので、彼女の希望に従ってやってゆくことにした。こうして、今世紀を代表する物理学者の一人の歩みが始まった。

ディラックは、物理学者としての生涯のこの偶然の出発点から最後まで、数学は物理学の進歩の鍵だと確信していた。彼は最終講義で、次のように自己の信条を述べた。「人は数学が示唆する方向へ身を任せるべきであり、……一つの数学的アイディアを追って進み、その結果がどうなるかを、たとい出発点での予想とまったく別の領域へはいりこんでしまっても、あくまで見きわめねばならない。……数学は、われわれが物理的アイディア自体を追うだけなら進まないような方向へわれわれを導くことができる」[6]

ブリストルで、ディラックは相対性理論を知り、強く心を動かされた。彼は修士の学位をとり、二つの奨学金を獲得して、一九二五年にケンブリッジ大学セント・ジョンズ・カレッジに入学した。一九二七年、二五歳の時、量子力学への貢献によって、世界で最も重要な物理学者の一人としての地位を獲得した。

名声を得ても彼らしさは少しも変わらず、相変わらず口数が少なく辛辣で、会った人はしばしば彼を粗野な人間のように思った。ケンブリッジの物理教室の名誉ある一員となっても、学生をほとんどとらず、学派をまったく作らず、実験家とはめったに口を利かなかった。一九三〇年代後半に同じ研究室にいたサミュエル・デヴォンズは、私たちにこう語った。「キャベンディッシュ物理学会というのがありました。それは二週間に一回開かれる半非公式の集まりで、いつも講師が入ってくると、ディラックは最前列の席で聴いていましたが、発言することはまれでした。時おりラザフォードが彼をからかい、『君たち理論の連中は何をやっているのかね』と言いました。ラザフォードは、理論は一種の憶測であり、事実は実験の中にあるという持論をもっていたのですが、ディラックはいつも椅子に掛けたままひと言も言いませんでした」[7]

ディラックの話は非常に精密で注意深く、デルポイの神託のように謎めいていた。量子力学を教えるときは、教壇の後ろに立って学生に向かい、この問題について彼が書いた書物を読んだ。その本に自分の見解をできるだけうまく書いたと信じていたからだった。一九二八年には、ライデンで連続講義をした。そこにいたオランダの理論家パウル・エーレンフェストは、スピンの着想を、その創始者がおじけづく前に急いで発表したところだったが、ディラックの講義の超然とした論法に期待を挫かれた。[8] 聴講者の一人だったH・B・G・カシミールの後年の回想によれば、「毎回の講義は完全無欠な形でなされた。ディラックの癖は有名だが、もし相手が理解できないと、いつも説明は何も加えずに、まったく同じ話をもう一度非常に辛抱強く繰り返した。普通はそれですんだが、エーレンフェストのやり方とはまったく合わなかった」。エーレンフェストはいつも作品の背後にある人間を見たがった。「今でも覚えているが、ある時エーレンフェストがディラックに質問をした。ディラックはすぐには答えられず、黒板でその問題を解き始めた。そして、黒板を隅から隅まで非常に小さい文字で埋めていった。エーレンフェストはその真後ろに立って、相手がやっていることを見ようとしていたが、ついに叫んだ。『諸君、これを見たまえ。これがこの男のやり方なんだ[9]』」

一九二五年八月、キャベンディッシュのR・H・ファウラーは、ハイゼンベルクの未発表論文の校正刷を受け取った。それは、著者の意見では「若干の新しい量子力学的関係」

を見つけ出したものだった。[10] ハイゼンベルクの量子力学に関する最初の論文で、ボルンにマトリックスを考えつかせたものだった。ファウラーは、その校正刷を若い研究助手ディラックに渡した。ディラックは、ハイゼンベルクが論文の前書きで観測可能な量を考えることの重要さについて、哲学的思索を数節書いているのを見るや、興味をなくした。ハイゼンベルクが提案している新方法の主な実例が現実的意味をもたないことをみて、ディラックは大して注目すべき理由はないと断定した。一週間ほどたってこの論文を読み直したディラックは、今度はハイゼンベルクの方程式の変数である量子論的級数が非可換関係をもつこと、すなわちA×BとB×Aが等しくないことに気づいた。彼は、これがハイゼンベルクの構想全体の鍵であること、そして、自分がこの論文の重要さを見落としたのは、ハイゼンベルクが自信がないために、考えを示すのに非可換関係が現れない計算例を選んだためであることに気づいた。非可換関係はハイゼンベルクの構想全体の中心をなすものだったので、かえってつまらない実例をあげざるを得なかったのだった。ディラックの後年の言葉によれば、ハイゼンベルクは「これ〔非可換関係〕は自分の理論の根本的な汚点かもしれず、美しい構想全体を棄てねばならないことになるのではないかと恐れた。……この段階では、ご存じのように、私はそういう恐れを感じなかったのでハイゼンベルクよりも有利な立場にあった。私はハイゼンベルクの理論が崩壊するとは思わなかった。それは、ハイゼンベルクを恐れさせたほどには私を恐れさせなかった。最初からやり直さねばならなくなるとは思わなかった」。[11] ディラックの見解では、新しい理論の創始者たちは、自分の頭が生みだした子を保護しようとし過ぎるのでうまく育てることができない。創造性には、それに対応して展望の欠如が伴うものである。

ボルンと同様にディラックもすぐさま $pq-qp=\hbar/i$ に気づいた。しかし、ボルンとちがって、ディラックは最初は p と q がマトリックスに結びつくとは思わなかった。彼は、p と q は運動量と位置の奇妙な代用物にすぎないとみて、ハイゼンベルクの新しい量子力学とディラックが納得できた限りの古典力学とを結びつける手段をさがした。

当時〔一九二五年九月〕、私はよく日曜日に、一人で長い散歩をしながらこれらの問題を考えたが、ある日、交換子A×B－B×Aは古典力学で方程式をハミルトン形式で書くときにでてくるポアソン括弧と非常によく似ていることに気づいた。これこそ私がとびついた着想だった。だが、その時はポアソン括弧（かっこ）のことをあまりよく知らなかったので、先へ進めなかった。ポアソン括弧のことは高級な力学書で読んだことはあったが、実はあまり使い道がなかったので、読んでから忘れてしまい、どういうものだったかよく思い出せなかった。

フランスの数学者シメオン＝ドニ・ポアソンは一八〇九年に、この括弧式を惑星の軌道運動に関する計算の補助手段にするため、新寄な道具として作りだした。ポアソン括弧は時おり物理学者の関心をひいたが、ディラックの洞察までは、めったに使われたことはなかった。

そこで私は急いで帰宅し、手もとの本や論文を全部探してみたが、ポアソン括弧に言及したものは何一つみつからなかった。私の持っていた本はみな初歩的すぎた。その日は日曜で、図書館には行けなかった。私はいらいらしながら夜を過ごし、翌朝早く、図書館が開くと飛んでいって、ポアソン括弧とは何であるかを調べたところ、それは私が思ったとおりのものだった。……従来の一般の古典力学とハイゼンベルクが導入した非可換量を含む新しい力学との間の非常に緊密な結びつきを示してくれたのだ。(12)

ディラックの細字で綴った手書きの長い手紙が、ゲッチンゲンに一九二五年一一月二〇日に届いた。それは英語の手紙で、ハイゼンベルクが驚嘆したことに、そこには彼の形式の量子力学が、彼には初耳の数学的方法を使った古典形式へ、いくつかの簡単な段階を経て書き換えることができることが説明されていた。そのうえ、ディラックが独力で到達した型の量子力学は、ハイゼンベルクとボルンとヨルダンが完成したばかりの共同論文で提出したものよりはるかに一般的で完全なものだった。見ず知らずの人物からの信頼すべき通報に仰天して、ハイゼンベルクはただちに返事を書いた。それはドイツ語で、ディラックがほとんど読めない言語で書かれた。

貴殿の量子力学に関する驚くべき美しい論文を、最大の興味をもって拝読し、この新理論を信じる限り、貴殿の結果がすべて正しいことに何の疑いももちえません。……〔そのうえ貴論文は〕私どもの当地での試みと比べ、書きぶりも内容の密度も確かに優れています。[13]

なお、ハイゼンベルクは自分たちがそれまでいくらか同じ線にそって研究してきたことにも言及した。

気にしないでいただきたいのですが、貴殿の得られた結果の一部は、すでに当地で少々前に見出され、独立に二つの論文で発表に取りかかっております。一つはボルンとヨルダンのもの、もう一つはボルンとヨルダンと私のものです〔彼は「少々前」が約一カ月前ということは書かなかった〕。貴殿の出された結果は、特に……量子条件とポアソン括弧との結びつきは、私どもよりかなり先へ進んでいます。[14]

ハイゼンベルクは、こう書いてから、ポアソン括弧を量子論に適用する可能性についていくつかの疑問を添えた。それから一〇日の間に、ハイゼンベルクは絵葉書を一枚と追加の手紙を二通出し、そのいずれでもさらに疑問を加えた。

残念ながらディラックの返事の手紙は残っていない。それは第二次大戦末に米国当局がハイゼンベルクから押収した書類の中にあり、あらゆる歎願にもかかわらず、ついに返却されなかった。しかし、ディラックの後年の回想によれば、彼は何らかの形でハイゼンベルクの反論のすべてに答えて、ポアソン括弧はハイゼンベルクが使った方法より簡単で古典的な方法によって、量子力学をハミルトン形式にうまくはめこむことを確かに可能にすることを示した。「それが私の量子力学との関与の始まりだった」とディラックは述べた。[15]

それから三カ月後の一九二六年三月、シュレーディンガーの波動方程式が現れた。[16] ハイゼンベルクと同様にディラックも当惑したが、それはまったく別の理由からだった。ディラックは、ハイゼンベルクの量子力学と古典力学の間の、自分が見つけた数学的類比の追求に燃えていたが、価値の明らかでない一見手に負えない新しい一連の着想に注意を向けねばならないことにいらだった。[17] しかし、彼もまた、結局は波動関数を避けることはできなかった。

ディラックは一九二六年春に博士課程を修了したが、その時までには量子力学を完全に再構成し、その前線をさらに押し進める仕事に着手しようとしていた。博士課程を終えてから、研究を進めるため旅行する機会を得た。最初に考えたのは、当然ながら、マトリックス力学の本拠のゲッチンゲンであった。しかし、ファウラーはボーアが好きだったので、コペンハーゲンに行くように強く勧めた。迷ったディラックは、両方で数カ月ずつ過ごすことにきめ、まずコペンハーゲンへ行った。到着は一九二六年九月の第二週だった。

ボーアは、饒舌（じょうぜつ）と、物理学の哲学的意味への高い関心と、精密な表現を求めるという悪名高い難点にもかかわらず、すぐにディラックとうまく折り合った。ディラックの回想によれば「たいていはボーアがしゃべって、私は拝聴していたように思う。それはむしろ、私の性（しょう）に合っていた。私はしゃべるのがあまり好きでなかったから」[18]。コペンハーゲンの居酒屋での夜遅くの討論の場で、ディラックはハイゼンベルクやパウリやその他の「量子力学」屋に初めて会った――わいわいやっている気心の知れた仲間同士の雰囲気は、彼を多少打ち解けさせたようである。当時のような時代と場所に置かれた内気で利発な人の多くと同様、ディラックはひどく誇張された政治観をもっており、大陸の仲間たちに向かって熱烈な超俗的態度で、貧乏人が苦しまねばならない理由はないとか、貪欲な奴らの懐（ふところ）を肥やしてやるのは的外れだと思うとか、教団宗教はばかげたまやかしだと語った[19]。そういう集まりの後で、ヴォルフガング・パウリは――神秘学に通じていたが――次のように言ったとされている。「ディラックは新宗教を信じている――神は存在しないという宗教だ。しかもディラックはその神の予言者だ」

コペンハーゲンでディラックは、量子力学と相対性理論を融合させることができそうだとみたある着想の研究を始めた。量子力学は原子内領域の作用の原理には大いに関与していたが、光速に近い速度で起こる特殊な現象は考慮に入れていなかった。閃光のビームが壁にぶつかった時には何が起こるか？　壁の中の電子が光子を吸収して放出するが、これには大速度の運動が関係し、そこでは相対性理論が重要な影響をもつ。したがって光と物質の正しい理論は、それらの量子化された相対論的な振舞いを記述しなければならない。ディラックは一九二六年の最後の数カ月間及び一九二七年の最初の数週間にそういう理論の創造に着手した。その時期はハイゼンベルクが不確定性原理と格闘していたのと同じ時期だった。ディラックは当時の楽観的雰囲気の中で、やがて自分が作りだすものが何であり、それを明らかにするのに何年も——実は何十年も——かかるとは思いも及ばなかった。

ディラックの主な道具は、古い概念である場の概念だった。場とは、空間のある領域内のあらゆる点のそれぞれで特定の量が定義されるような空間領域を指す。たとえば鉄粉が磁石の周りの空間に形成する弧状の模様は磁場を表している。それらの弧上の各点には特定の強さと方向の力が作用する。鉄粉の配列方向はその点における磁場の方向を示し、鉄粉の密度は磁場の強さを示す。場は温度や音や物質のような非常にさまざまなものについて定義できる。場という概念は一九世紀の物理学者たちによって徐々に形成され、ジェームズ・クラーク・マクスウェルが一八六一年にあらゆる種類の光は電磁場の状態として記述できることを証明した時にピークに達した[20]（その結果、可視光も、レーダーの電波も、X線も赤外線もみな電磁放射と呼ばれる）。一九〇五年にアインシュタインが、電磁場は、その担い手の働きをする量子――光子――を伴うものであることを示した。[21] 電磁場を封建領主の領地にたとえれば、光子は領主の意志を領地内で行使する兵士や徴税人や裁判官や雑役夫のようなものと思えばいい。ディラックが物質と電磁放射の相互作用の問題を考察した時には、すでに物理学者たちは電子と光子の出入りを記述するには光子を働き手とする場を扱う必要があることに充分気づいていた。まさにこれが、ディラックが着手した仕事だった。

以前のプランクやハイゼンベルクやシュレーディンガーと同様、ディラックは振動子から成る系を手がかりにした。しかし、これらの先人と違って、彼は原子と場の両方を、そういう手がかりから考えた。ハイゼンベルクの量子力学を使ってディラックは、量子力学の原子のハミルトニアンと完全に調和する場のハミルトニアンを作ることができた。[22] こうしてディラックは、全過程に対するハミルトニアンは原子と場と両方の相互作用とのそれぞれに対するハミルトニアンを加えることによって得られるという結論を下すことができた。そのうえ、彼は、それらのハミルトニアンをある数学的近似法で扱うことによって、ある状態におかれているある原子が特定の配置の特定の場に存在する場合に光子を吸収または放出する確率について、アインシュタインが発見した法則を証明できることを示した。[23]

これが最初の真の量子場理論である。それは量子論と電磁場の力学を結びつけるものなので、ディラックはそれを量子電磁力学(量子電気力学とも呼ぶ)と名づけた。ディラックの業績を別の言葉で説明するなら、人類は一九二七年初頭になって初めて、光を鏡に当てると光が反射して戻ってくる場合に原子レベルで何が起こるかをかなり正確に理解するようになったと言ってよかろう。

ディラックは大いに満足して、その論文を『英国王立協会紀要』へ一九二七年一月末に投稿した。それは、ハイゼンベルクが不確定性原理についてパウリに長い手紙を書く三週間前であった。[24]二〇世紀の物理学に最も大きな影響を与えた論文の一つである「放射の放出と吸収の量子論」は、量子力学にはこれ以上先の仕事はあまりないという予言的な主張で始まっている。

力学変数は乗法の交換法則に従わないという仮定に基づく新しい量子論は、今日までに充分開発されて、ほぼ完全な力学理論を形成するに至っている。……これに反し、量子電磁力学については現在までほとんど何もなされないで来た。[25]

「ほとんど何も」とはオックスフォード=ケンブリッジ人の控え目な用語法の名残りであ

り、量子電磁力学についてはそれまでまったく何もなされていなかった。[26]

力が即時にではなく光の速度で伝播する系を正しく扱う問題、運動電子による電磁場の発生、この場が電子に及ぼす反作用を正しく扱う問題は、まだ手がつけられていなかった。

ディラックは、自分は新理論に到達したとき恐怖に襲われたとしばしば語った。この論文にはそれを裏書きする響きがある。

これらの問題のどれに答えることも、これらのすべてに同時に答えることなしには不可能であろう。[27]

いずれにせよ、彼はまもなく自分の恐怖が当たっていたことを知った。量子電磁力学は確かに大きな前進だったが、それには大きな代価が伴った。ディラックは電磁気の近代理論の端緒——標準模型の最初の一石——を据えたが、彼はまた、空間と物質についてのわれわれの観念を変革する奇怪な概念の到来を知らず知らずに招いたのだった。電磁場を量子化する一段階としてディラックは、彼の考えた振動子は場が存在しない場合にも消滅しないと仮定した。振動子は「ゼロ状態」になり、存在するが検出できないと考えたのである。ゼロ状態の振動子に対応してゼロ状態の光子があり、それもまた検出できないとした。ディラックは、その数学的構想によれば空虚な空間は莫大な数の見えない光子を含むということは気にしなかった。光子が舞台にでてこない限り、それらの存在は問題にならないと考えた。(28)

しかし、ディラックの理論を不確定性原理に照らして解釈すると、ある意味ではゼロ状態の光子も舞台に姿を現すということがわかった。不確定性原理によれば、場のエネルギーはある幅の時間において正確に決定することはできない（不確定性関係は粒子ばかりでなく場にも成りたつ）。測定に費やされる時間が短くなればなるほど、誤差の幅が大きくなる。したがって極度に短い時間幅では、ゼロ状態の場の振動子が実際にはゼロ状態にないことがありうる。もしそうなら、それらの振動子は莫大な量のエネルギーを、検出できない形でもっていることになる。アインシュタインの公式 $E=mc^2$ が示すように、質量とエネルギーは同一物の二つの形態である。したがってある小さな領域が検出できないエネルギーをもつことができるなら、アインシュタインの式により、その領域は検出できない物質を含むことができることになる。この基本的な不確定性は、単にわれわれの知識の不足による見かけ上の不確定性（本当は確定しているが、それをまだ知らないこと）を意味するのではない。数学的には、この不確定性は、エネルギー（または質量）の測定で実際にみられる不規則なゆらぎと区別できない。少なくとも理論上では、どんな空間も粒子をほんのわずかの間ひそかに保有することが可能なので、実際にそうしているにちがいないと考えられる。

不確定性原理のふるいにかけられて、量子場の理論は真空に関するたいへんな混乱を露呈した。原子の周囲および内部の空間は、それまでは空虚と考えられていたが、今や幽霊粒子の沸きたつスープで満たされていることになった[29]。量子場理論の立場からみれば、真空は時空内の無秩序な渦を含んでいる。それらの渦は、時おり物質のかけらを放出しては再び呑み込むのである。これらの粒子は、レンズの作りだす虚像のような形で存在し、見えないため、仮想粒子と名づけられた。仮想粒子は、決して異常なものではなく、量子場理論の中心的な特徴の表れであり、ディラック自身がそれをまもなく立証することになった。

しかし、最初は、彼は量子電磁力学の含む意味を充分認識していたようには思えない。それどころか、自分の理論を仲間たちのものとどう調和させるかで悩んだ[30]。大きな困難がいくつかあった。第一に、量子電磁力学は量子力学のディラックの形式に基づいており、それ自体は相対性理論の要請を完全には満たしていなかった（ディラックの電磁場は相対論的だったが、彼の物質場はそうではなかった）。彼は、アインシュタインの思考の源泉の一つだった首尾一貫性と秩序正しさを求める衝動に深く共鳴していたので、自分の理論の食い違いにひどく悩んだ。そのうえ、数カ月前にはドイツの二人の物理学者ヴァルター

・ゴルドンとオスカー・クラインが電子に対するシュレーディンガー方程式の相対論形式を作りだしていた。[31] ディラックは死の少し前に、クライン＝ゴルドンの式は「私の一般〔型〕の量子力学によっては解釈できず、私には承認できないものだった。当時話し合った他の物理学者たちは、量子力学を一般理論に合致させる必要にそれほど執着してはいず、むしろ放置しておく傾向があった。しかし、私はこの問題に固執した」[32]。彼は一九二八年末まで固執し続けて、イギリスへ帰った。[33] その頃までには、電子の運動に対するもう一つの方程式を作りだしていた――それが今日使われているものである。彼自身の型の量子力学と相対性理論とクライン＝ゴルドンの式と実験データを調和させるために、ディラックは空間を運動する電子に対し、四つの成分をもつ単一の方程式を作った。その二つの成分はスピンに関与し、他の二成分は粒子のエネルギーに関与するものだった。[34]

このディラック方程式は、電子に関する数々の謎を一挙に解いた。一例をあげれば、電子のスピンの回転速度の問題は真の量子論がみつかれば解消するだろうというボーアの予言を現実のものにした。ディラックの理論によれば、一個の電子はある特定の位置に局在するものではなく、射撃の標的の中心点のまわりに集まっている穴のように、確率が最大の点のまわりに散らばる一群の確からしい位置をもっている。そのうえ、それらの位置はあたかも標的が回転しているかのように回転している。ディラック方程式によれば、この運動が電子のスピンである。ローレンツは電子のスピンの速度を計算したとき、小さな球の回転を頭に描き、その回転は光速より速いという結果を得て、とても不可能だとした。しかし、ディラック説によれば、球の代りに確からしい一群の点の平均半径を使うべきで、これはローレンツが描いた電子の一〇〇倍以上の大きさがある。したがって、スピンの速度はずっと遅くなり、相対性理論との矛盾がなくなる。しかも、ディラックの理論はこの回転が各電子の周囲に微小な磁場を発生させることを予言し、その強さをも正確に述べたが、これはスピンについての以前の説では予言できないことだった。

物理学者たちは、ディラック方程式に驚嘆し、畏敬せずにはいられないほどだった。[35] 木をゆすって実を落とそうとする子供のように、彼らはディラックの式から二個の電子の衝突や、光子と自由電子の相互作用を記述する方程式や、水素原子のスペクトル線の正確な公式を引きだした。[36] これらの結果は非常に早く得られたので、この分野の一部の研究者たちは、まもなく――おそらく数カ月もすれば――ディラックか他の誰かが最後に残った謎である陽子に関する方程式をみつけるだろうと信じた。光子と電子と陽子が片付けば、科学者はすぐに原子核を片付けて、もはやいくつかの細かい問題を除いては、物質とエネルギーをすべて説明できるようになる。統一が達成され、物理学の研究は終了するはずだ。「コペンハーゲンの定例の学会でのことだ」物理学者ルドルフ・パイエルスは回想する。「第三二回会議だったか、三一回だった。忘れてしまった。おもしろいことに、一部の参加者たちの間に、物理学はほとんど完成したという気分が広がっていた。今から見ればばかげてみえるが、当時の事情からすれば、事実上あらゆる謎が解けたようにみえた——ほとんどすべての謎が。原子や分子や固体についての難問がすべて、突然明らかになった。……だが、みんながそう思っていたわけではない。この私もそう思ったことはなかった。ボーアなども、そんな幻想をもったことはなかったと思う。しかし、昼休みの雑談などでは——時には大まじめで——物理学が仕上がったら何をやろうかなんて話がでた。〝仕上がったら〟というのは、もちろん基礎構造についてのことで、応用はいくらでもあるが。大多数は生物学へ転向する時が来たと言っていた。ただ一人、それを真に受けて生物学へ転向した。それがマクス・デルブリュックで、彼は確かにそういう議論の場にいた」(37)。デルブリュックは分子生物学で成功し、DNAの二重らせんの発見のもとになった一連の研究の端緒を開いたことで、一九六九年にノーベル医学生理学賞を受賞した。だが、物理学は完成するどころではなかった。

この頃、アメリカでは物理学界が芽ばえ始めていた。だが、まだ大西洋の向こう側のものと比べれば取るに足りないものだった(38)。アメリカには実験を行なう環境はあったが、エール大学のジョサイア・ギッブズのような孤立した碩学を除いては、理論はすべてヨーロッパから来た(39)。さらに、物理学の流れは大陸の研究者たちによって決定されていた。カリフォルニア工科大学やコロンビア大学の学生たちはゲッチンゲンやライデンで書かれた教科書を用い、マサチューセッツ州ケンブリッジの大学院生はイギリスのケンブリッジへ行く機会をつかもうとしていた。新設の米国学術会議（NRC）の奨学金のおかげで、ヨーロッパで訓練された物理学者がアメリカにも徐々に増えていた。これらの中から、やがてアメリカ人を主体にした次の世代の指導者たちが現れることになった。I・I・ラービはその一人である。

ラービは一九二七年に学位を得て、すぐに妻のヘレンとヨーロッパへ渡った。「私は自分が同レベルのヨーロッパ人の多くより確かに優れた力をもっていると考えました。われわれに欠けていたもの——そして私の世代がわが国に供給せねばならないもの——は、主題に対するある種の理解と感覚でした。それをつかむことは、何らかの形で直接に伝えること、主題を作りだしつつある人たちとの接触がなければ難しいものです。生きた伝統に会わなければ」。ラービはミュンヘンで一カ月、コペンハーゲンで二カ月過ごしたのちに、ハンブルクに落ち着いてヴォルフガング・パウリと共に研究した。そこでは、量子力学と量子場理論の創造者すべてに会った。彼はディラックをハンブルクの有名なハーゲンベック動物園へ案内し、このイギリス人の秩序好きの極致を知って驚嘆した。ディラックは展示物を順路どおりに見ようと言い張ったのだった。マクス・ボルンはラービのために過去数カ年の研究成果の全リストをみせてくれた。「それは頭にくるしろものでした」とラービは微笑を浮かべて言った。「ボルンはこう言いました。『これで全部です。六カ月すれば陽子が片付くと思います。それで物理学というものは終わるはずです』。まだやることはたくさんあるだろうが、中心部分は仕上がったというのです。私はポストドクター（博士号所持研究生）になったばかりなのに、彼は舞台の幕を閉じようとしていました[40]」

すべての人がボルンのように楽天的だったわけではなかった。たとえばハイゼンベルクとパウリは、ディラックの仮定の一部に悩まされて、一九二八年と一九二九年に、彼ら自身の量子電磁力学の理論を作った[41]（他の物理学者たちがホッとしたことに、二つの型の量子電磁力学は同じものであることがのちにわかった。シュレーディンガーの波動力学とハイゼンベルクのマトリックス力学が同じもので記述法が異なるだけであることがわかったのと似たような結末である）[42]。ディラックはおそらく最も不満を抱いていた人間だった。電子方程式の四成分のうち二つが、電子のスピンを表していたことを喜びはしたが、他の二つの成分である電子のエネルギーに対応する式は解釈がもっと困難だった。ディラックの方程式を一個の電子のエネルギーについて解くと、二つの答が得られ、一つは正、一つは負の値をもつ。これは、ある数の平方根が正と負のいずれでもいいのと似ている（49の平方根は7と−7であり、7×7も−7×−7も49に等しい）。この負の値の解は厄介だった。負のエネルギーとは、それ自体が奇妙な概念であり、$E=mc^2$によれば質量が負になり、ありえないことである。普通、物理学者は、世界はすべての電子が正のエネルギーの状態から出発し、いつまでも正の状態に留まると仮定する。それなら、負のエネルギー状態の理論的存在からは何の問題も起こらないことになる。[43] 問題なのは、正のエネルギーの電子は充分大きなエネルギーの光子を放出して、負のエネルギーの状態へ落ちることができるはずだという点にある。それどころか、大部分の電子はやがては負のエネルギー状態へ落ちてしまうにちがいない。[44]

困ったことに、「負のエネルギー」は容易に理解できる概念ではなかった。負エネルギーの電子が何であるかは誰にもわからなかった。ある理論家はそれを「ロバ電子」と呼んだ。いつも主人がやらせようとすることと正反対のことをする電子だからである。[45] エネルギーと質量は等価だから、負のエネルギーは負の質量を意味する。素粒子がゼロより小さい質量をもつことができるということは、いったい何を意味するのか。ディラック自身も、この問題全体が「私を大変悩ました」[46]と述べた。彼は一九二九年いっぱい負エネルギーの問題と格闘し、ディラック方程式を棄てずに負エネルギー状態を除去する方法を見つけようとした。彼はのちに次のように回想している。

そこで私は、負エネルギー状態を避けることはできないから、それを理論の中に取り込まねばならないと考えるようになった。それは真空の新しい描像を作ることによってできる。かりに真空中では負エネルギー状態がすべて満たされているとすれば……負エネルギーの電子の海が得られ、各々の負エネルギー状態に電子が一個はいっている。それは底なしの海だが、悩む必要はない。底なしの海という描像は、実はそれほど厄介ではない。われわれは海面近くの状況だけ考えればよく、海面上にいくつかの電子があって海中に落ちこむことができないのは、海中にすきまがないからである。

言い換えれば、負エネルギーの電子に気づかないのは、至る所に存在するからであり、それらは魚にとっての水のようなものである。だが、まだ問題がある——

そうだとすると、海中に空孔が生じる可能性がある。そういう空孔は、余分なエネルギーがある場所のようにみえるだろう。なぜなら、そういう空孔を消滅させるためには、負のエネルギーが必要なはずだからである。(47)

言い換えると、量子的ゆらぎのために、充分なエネルギーをもつ光子が海面下の電子にぶつかって、その電子を海水から跳び上がらせ——つまり正エネルギーの電子に変えて——、電子があった位置に空孔ができる可能性がある。この空孔は、一種の「逆」電子のようにみえるはずである。正電荷をもつ電子である。なぜなら、それは負電荷が存在しない場所だからである。ディラックは、負エネルギーの電子の存在を認めるなら、電荷が正である点以外には電子とまったく同じ粒子の存在を予想せざるをえなくなることに気づいた。

ここでディラックは勇気の不足のため、生涯に何度もなかった失敗の一つを犯した。彼は赤裸々な数字に従うことを拒否した。論理的にはその空孔は電子の脱出によって生じたのだから、電子と同じ質量の粒子として振舞うはずなのに、ディラックはこの問題についての論文で、それは何らかの状態にある陽子にちがいないと述べた——陽子の重さは電子の二〇〇〇倍近くあるのに。[48] また、こうすれば既知の二つの素粒子を両方とも同じ理論で説明できるという期待を抱いた（中性子の発見はその二年後である）。ディラックはたちまち反論を浴びた。とくに、数学者ヘルマン・ヴァイルは、ゲッチンゲンから、その空孔が何であろうと陽子ではありえないと主張した。[49] ヴァイルは、ディラックの理論の崩壊を恐れることなく、もしディラックが自分の量子電磁力学を救済したいのなら、電子と質量は同じで電荷の符号が逆であるという前代未聞の型の物質の存在を予言せねばならない羽目になったと述べた。[50] そういう新粒子は至る所に存在するはずだが、まだ一つも見つかっていなかった。

ディラックは落胆し、机上ではいかによくみえる理論であろうと、それが実在しない粒子を予言するなら、どこかにひどい間違いがあるのだろうと思った。そして、量子場理論を全部放棄せねばならないのではないかとさえ思った。「それはどうも狂っていると思った。私にはそれ以上先へ進める見込みが立たなかった」と、彼は後年述べている。[51]

愉快なことに、解決は文字どおり雲の中からやってきた。数十年前、チャールズ・トムソン・リーズ・ウィルソンという若い貧乏なスコットランド人が、ケンブリッジの奨学金をもらってスコットランド高地地方にあるイギリスの最高峰ベン・ネビス山の気象台へ行った。彼は山頂を取り巻く雲の美に夢中になった。太陽が積雲の間から顔をだすと突然五色の光の輪が現れたり、下方の雲海に峰々の大きな影が映ったりする。[52] ウィルソンが雲の形成過程の研究をしたいと申しでてキャベンディッシュに戻った時、J・J・トムソンは喜んで彼に人工の雲を作る研究をさせた。一八九六年から一九一二年までになされた研究の結果生まれたのが、雲箱（cloud chamber、本語では「霧箱」日）であり、それは以来数十年にわたり原子より小さい粒子の研究の主要な手段になった。

ウィルソンは、雲は空気中の水蒸気と関係があることは知っていた。一定量の空気が含むことのできる水蒸気の量は温度によって変わる。低温より高温のほうが多量の水蒸気を含むことができる。ウィルソンはまた、空気の体積が突然膨張すると温度が下がることも知っていた。たとえばエアゾルの缶に詰めた圧縮気体をノズルから噴出させると、膨張してたちまち冷える――スプレー式の消臭剤が夏に冷やっと感じられるのはこのためである。キャベンディッシュでトムソンらが放射能とX線の謎に取り組んでいた時、ウィルソンは、ガラスのタンクの内壁にピストンをぴったりはめた巧妙な装置を作った。ウィルソンは、そのタンクの中に霧を吹きこみ、空気がそれ以上水を吸収しない状態にしてから突然ピストンを引き下げると、よぶんな水蒸気が凝縮して微細な雲（霧粒）を作ることを発見した。[53]

その凝縮は、空気中の塵粒の周りに水の微粒子が集まることによって始まった。ウィルソンは箱の中の塵粒を除去すれば霧粒の発生を防げるかどうかを調べた。それは防げなかったが、霧粒の発生はピストンをずっと下まで引き下げるまでは起こらなかった。[54]この場合に水蒸気は何の周りに凝縮するのか？　一八九六年二月、X線の発見から二カ月もたっていなかったが、ウィルソンがX線をガラスタンクに当ててみると、霧がずっと容易に発生した。彼は、X線が空気の分子にぶつかって、イオンという荷電物質を作り、そのイオンが霧を発生させるにちがいないと思った。

一年後にJ・J・トムソンが電子を発見した時、X線は電子をはじきだし、その電子は空気中の微細な水滴に容易に付着するにちがいないと思われた。水滴に数個の電子が集まれば、合計の電荷が近くの水分子を引きつけ始める。今からみれば、水の分子（H_2O）は幅広のV字形をしており、酸素核がV型の頂点にあり、二つの水素核（陽子）は両腕の先にある。水素原子の電子は、水素核よりずっと大きな正荷電核をもつ酸素原子の方へ引きつけられ、その結果V型の両腕の末端は正に荷電している。この正電荷は水滴上の負の電子に容易に引きつけられ、その結果、次々に多数の水分子が負荷電の水滴に引きつけられ、水蒸気が凝縮して液体になり、水滴の個数も大きさも増大してゆく。こうして小さな雲が生まれる。

放射能の発見がキャベンディッシュにひきおこした興奮の中で、水蒸気の凝縮は、霧箱の中を進むアルファ粒子の飛跡に残される電子の周りにも生じることが、まもなく発見された。これらの粒子の飛跡は、しばらくの間——写真がとれるほどの長時間——、ジェット機の航跡のように霧箱の中に細い白い線として見える。アルファ粒子は濃い飛跡を残すが、それは速度が遅く二倍の電荷をもつので多数の電子をはじきだすからである。ベータ線の粒子（電子）はアルファ粒子より電荷が少なく速度が速いから、薄くて猫の爪跡に似たはっきりしない飛跡を残す。霧箱を磁石で囲めば、粒子の区別はいっそう容易になる。磁場の力が負荷電の電子を一方へ曲がらせ、正荷電のアルファ粒子と陽子をそれと逆の方向へ曲がらせる。曲がりの曲率によって粒子の運動量がわかる。こうしてウィルソンは、放射線のスプレーが残した飛跡の写真をとることができた。彼は定規とコンパスを使って、霧箱のそばにウラン塊を置いて、ピストンを引き、すぐにカメラのシャッターを開き、写真乾板上のいろいろな線の濃さと曲がりの方向と曲率を調べて、アルファ粒子とベータ粒子の判別と、それぞれの運動量を見積もることができた。霧箱はまもなく放射能を研究する実験室の標準装置になり、ウィルソンはこの発明で一九二七年にノーベル賞を与えられた。

一九三〇年、カリフォルニア工科大学の研究所長ロバート・ミリカンは、同大学で博士号をとったばかりの若いカール・D・アンダーソンに、宇宙線の研究に使う新しい霧箱を作るよう求めた。宇宙線は宇宙から地球へ降り注ぐ高エネルギーの放射で、当時発見されたばかりだった。[55] アンダーソンは、霧箱と共に巨大な電磁石を建設し、そのため研究所の電灯が霧箱使用中は暗くなったほどだった。[56] それから二カ年にわたり、アンダーソンは霧箱をまったく不定期に働かせて、偶然その中を通過するすべての宇宙線の写真をとり、それを調べた。

大多数の写真には何も写っていなかった――宇宙線がまったく通過しなかったのである。しかし、驚いたことに、実験の初期から少数の写真に奇妙なものが写っていた。軽粒子の飛跡だが、上方へ進む負荷電の粒子とも解釈でき、下方へ進む正荷電の粒子とも解釈できるものだ。アンダーソンはのちにこう書いている――

科学的保守主義の精神により、われわれは最初は前者の解釈、すなわち上方へ進む負の電子だという結論へ傾いた。その結果、ミリカン教授との間にしばしば、時にはかなり激しい論争が起こった。教授は、誰でも知っているように宇宙線粒子は下方へ進むもので、極めて稀な場合以外は上方へは進まないから、これらの粒子は下方へ進む陽子にちがいないと、繰り返し指摘した。しかし、この意見を承認することは非常に困難だった。なぜなら、ほとんどすべての飛跡の濃さは、陽子の質量をもつ粒子のものとしては薄すぎたからである。[57]

ミリカンとの議論に決着をつけるため、アンダーソンは霧箱の中央に金属板を挿し込んだ。どんな粒子でもその板を通過すれば運動量を失って速度が落ち、したがって通過後は曲がり方が大きくなり、進行方向がわかる。さらにアンダーソンは金属板通過によって失われる運動量から粒子の質量を算定することができた。

一九三二年八月二日、アンダーソンは、二人を驚かせたすばらしく鮮明な写真を得た(58)。ミリカンの反論にもかかわらず、一個の粒子が打上げ花火のように霧箱の床から上昇して金属板を通過し、左方へ飛び去っていた。飛跡の太さと曲率と運動量損失度から、その粒子の質量は明らかに電子の質量に近かった。しかし、飛跡の曲がる向きは逆だった。この粒子は、正荷電だったのである。その飛跡は、電子でも陽子でも中性子でもなく、まだ発見されていなかった何かから生じたのだった(59)。これは実は電子の「空孔」だったのだが、アンダーソンはしばらくはそれがわからなかった(60)。

二人のイギリスの実験家がこれに気づいて口惜しがった――なぜなら二人は、実はこの粒子をアンダーソンより前に自分たちの装置で見ており、ディラックからそれを示唆されていたのに、確信をえるためにあまりに長い時間をかけていたからだった(61)。アンダーソンはこの新粒子を「正の電子」と呼んだ。ポジトロン(陽電子)という名がのちに定着した。陽電子は、ディラックが彼の理論により予言せざるを得なかった新型の物質――反物質

――であった（ディラックはのちに、私の方程式は私自身より利口だった、と言った）。物理学者たちはまもなく、電子と陽電子は出会うと互いに消しあって消滅し、二個の光子（二つの閃光）を生じることを知った。また、一個の光子が物質中を通過している時に、一個の電子と陽電子に分裂することがあることもわかった[62]。負のエネルギー状態は量子電磁力学の厄介ものから勝利の旗へ一転した。歴史上で初めて、物質の新しい状態の存在が、純粋に理論的な根拠から予言されたのだ。ディラックは一九三三年にノーベル賞を受賞し、その三年後にアンダーソンも賞を受けた。

新しい発展を正当化する催しが、一九三三年のソルベー会議で行なわれ、陽電子とチャドウィックが発見したばかりの中性子に関する証拠が、ボーア、キュリー、ディラック、ハイゼンベルク、パウリ、その他のそうそうたる素粒子物理学者によって熱心に討論された（ソルベー会議とは、ベルギーの富豪の工業化学者エルネスト・ソルベーが資金をだして定期的に開いた著名な物理学者たちの集まりである）。実在物質の電気的に正と負と中性の粒子と反粒子との発見によって、異常な関心の高まりが見られた。水素の一種である重水素（陽子一個と中性子一個からなる核をもつ原子）も発見されていたし、科学者たちは粒子加速器という機械の建設にも着手していた。それらの機械は、さらに多くの発見を約束していた。一部の物理学者は（またもや）物理学の舞台は終幕へ近づきつつあると思った[63]。二、三の控えめな発言の一つはアーネスト・ラザフォードからのものだった。彼は陽電子について「この理論が実験事実の確立後に現れたならもっとよかった」と述べた。[64]

とはいえ、大きな進歩と陽電子の成功にもかかわらず、会議の参会者の間には、共通の思いがただよっていた——量子電磁力学には、どこか非常におかしな点があると。

6 無限大

ヴォルフガング・パウリは、『英国王立協会紀要』が郵便で届くや否や、電子に関するディラックの二論文の第一のほうを特別の注意を払って読んだ。パウリはすぐに、空間に浮遊する一個の電子に関する方程式は、一つの出発点でしかないことを悟った。なぜなら、現実の世界のたいていの現象は多数の相互作用する電子を含んでいるからである。彼はまた、原子より小さい領域に多数の仮想粒子が絶えず存在することは、単独の粒子について論じること自体を非現実的――科学用語で言えば非物理的――にするということを悟ったようだ。パウリはすぐにディラックに手紙を送り、そのような疑わしい仮定なしに量子電磁力学を組みたてる必要があると告げた。パウリは、自分とハイゼンベルクが当時研究していた型の量子電磁力学についてのある講演の最中に、突然言葉を切って、「ハイゼンベルクと私がはまりこんでしまい脱けだせないでいる本質的に物理的な困難は何なのかということについて、皆さんの御意見をうかがいたい」と述べた。二人の計算は「『一個の粒子がそれ自身と相互作用する』という厄介な問題が頭をもたげる」たびに放棄されてきたようである。

ある条件の下では、電子はそれ自身が作る電磁場の影響を受ける。それはボートが自分の作った波に揺られたり、飛行機が自分の起こした衝撃波に揺さぶられたりするのと多少似ている。量子電磁力学の藪へ深く入れば入るほど、パウリとハイゼンベルクは、この理論が「自分自身と相互作用する粒子」を説明することができないことにますます悩まされるようになった。満足な理論なら、この現象を扱うことができるはずだが、パウリが知る限り、量子電磁力学はその代りにナンセンスを生みだした。「ただ一個の電子が存在するとして、そのエネルギーを計算すると……絶えず増加する（無限大まで増加する）式が得られる」のだった。

言い換えれば、量子電磁力学によれば、一個の電子とそれ自身の場との相互作用の強さが無限大になることが明らかに予言され、あたかも飛行機が自分の起こす衝撃波でバラバラになってしまうと予言するようなものだった。同じ奇妙な予言がディラックの理論からもなされた。パウリは、有限の答を出すはずの方程式が代りに無限大の結果を示すなら、何かが間違っているのだと考えた。彼は困惑してディラックに尋ねた。「あなたはこれを、い、い、い、どうお考えですか？　私はまだ満足な解決法を見つけていません。しかも、これらの困難を回避するためには、考え方を根本的に変えなければならないとさえ思っています」[1]

ある意味では、パウリの発した問いは新しいものではなかった。一個の粒子とそれ自身が作る電磁場との相互作用は、「自己エネルギー」として知られており、電子の自己エネルギーは、一八九七年の電子の発見以来、つねに物理学者たちを悩ませてきた。最初の困難の原因は、一定の形と大きさを持つ普通の物体から導き出した物理法則を、形も大きさも持たないように見える存在である電子に適用したことに由来するものだった。知られている限り、電子は空間内の一点であり、大きさを持たない。高校の物理で教えられるが、電荷を持った物体——たとえばヴァン・デ・グラーフ高電圧発生機の金属球、フランケンシュタインの映画で火花を発するのはこれである——によって作られる場のエネルギーを計算するには、空間内のすべての点の場のエネルギーを足し合わせればよい。これらのエネルギーを測定することはほとんど不可能だが、一九世紀の物理学者たちはそれでも答を得るための簡単な方法を考え出した。[2]空間の各点の場のエネルギーは、その場を作っている電荷（しばしばeという文字で表される）の2乗を場の中心からその点までの距離の4乗（r^4）で割り、$\frac{1}{8\pi}$を掛けたものに等しい。教科書では、その式は次のようになっている。

$$E_{\text{空間の各点}} = \frac{1}{8\pi}\frac{e^2}{r^4}$$

積分法を使って空間の各微小部分のエネルギーをすべて足し合わせると、総エネルギーを得ることができ、それは次のようになる。

$$E_{\text{全体}} = \frac{e^2}{2a}$$

ここでaは場を作っている球体の半径である。この公式を使えば、もしaとeがわかっているなら、総エネルギーを求めるのに電卓で三〇秒もかからない。しかし、この公式は電子に対しては成り立たない。電子は点であるから、aはゼロである。ゼロで割り算すれば、答は無限大になってしまう。こうして物理学者たちは、この公式が、ヴァン・デ・グラーフ高電圧発生機やその他の大きな物体にはうまくあてはまるが、無限に微小な荷電物体の場合には、電場のエネルギーが無限大になるという結論に達した。無限大の自己エネルギーの謎は、物理学のもう一つの謎によって倍加された。それは電磁質量のことで、これは科学者たちがまだ、電磁波はエーテルという全空間に浸透していると仮想された神秘的な流体を通じて伝播すると信じていた時に現れた。一八八一年にJ・J・トムソンは、浴槽の中で素早く手を振るときに水が抵抗するのと同じように、エーテルは荷電物体の通過に抵抗するはずだと指摘した。[3] 手が流体に引きずられて重く感じられるように、荷電物体はその電場とエーテルの相互作用のためにあたかも質量が増したかのように振舞う。この増した分の質量は今日《こんにち》「電磁質量」と呼ばれている。

トムソンがその計算をした年、アルバート・A・マイケルソンは、エーテルが実在しないことをやがて完全に立証することになる一連の実験を開始した。理論家たちは電磁質量の概念の研究を続け、何人かは、世紀の変わり目ごろに、エーテルがなくてもやはり同じ効果が起こることに気づいた。真空中でも荷電粒子は、それ自体による場との相互作用、つまり自己エネルギーのために、実際に質量を増す。[4] 明らかに、もし物理学者たちの公式が示すように点電子のすぐ近くの場が無限大なら、その電磁質量も無限大でなければならない。どちらの結論も明らかにおかしい。

一九〇四年に発表された巧妙だが優雅ではないある論文で、オランダの大理論家ヘンドリク・ローレンツは、測定された電子の質量を完全に電磁的起源のものであると仮定し、それを電磁質量の公式に代入することで、二つの無限大を消去しようと試みた。[5] 彼は計算技術を駆使し、実験家たちが測定したとおりの電子質量を発生させるために必要な電磁場のエネルギーの値を算出した。次にこの値を $E=e^2/a$ の公式に代入し、電子の半径として一〇〇〇兆分の一センチの二八〇倍、科学上の表記なら 2.8×10^{-13}cm という値を得た。ローレンツは相対性理論の門口《かどぐち》まで来ており、物体が高速で運動する時には形が扁平になることや、その他の奇妙なことが起こることを知っていたので、自分の電子模型をそれにうまく合うように仕立てた。しかし、そのような相対論的な現象を考慮すると、電磁気学の公式を首尾一貫して適用することが困難になり、得られる答は、別の計算方法を使えばまた別の答になるという類《たぐい》のものだった。このような数学的な自己矛盾は理論に欠陥があることのしるしであり、それから数十年間にわたり、無限大の自己エネルギーは説明がつかないままだった。

量子力学が誕生した後、物理学者たちは、量子論の他の諸部分を研究すれば、自己エネルギーの無限大は何らかの形で消えるのではないかと考えた。こうした期待は今日思われるほど馬鹿げてはいなかった。自己エネルギーの難問は、電子が点であるという性質から生じたのであり、点という概念――言い換えれば位置の概念――は量子力学によって大きく変えられたからである。[6]

パウリも最初はこの期待を持っていた。おそらく、新しい量子電磁力学の式を操ることによって、自己エネルギーを除去できるだろう、と考えたのだ。[7] それができないことを発見したとき、警報が鳴り響いた――無限大の答は無限大の答であり、何かがひどく間違っていると。彼はディラックへの手紙で、物理学者は「自分たちの見通しの根本的変更」を必要としていると書き、量子場の理論を何か別のものによって置き換えねばならないと示唆した。

パウリの主張の衝撃は、彼の際立って強烈な個性に負うところもあるが、自己エネルギーに関する現実の困難に大いに関係していた。その困難は、物理学者たちが調べれば調べるほど手に負えなくなる運命にあった。パウリは何でも読み、何でも知っていて、あらゆる知人に優雅な言葉で熱烈かつ辛辣な手紙を何千通も書いた。彼の批判はしばしば激烈で、それが送りだす寒風は、時には良いアイディアを凍らせてしまったが、それよりはるかに多くの悪いアイディアの息の根を止めた。役にたつアイディアなら、自分がいくら批判しても生き残るはずだとパウリは思っていた。彼の辛辣さは伝説になった。誰に対しても容赦しなかった。彼は学生時代にあるセミナーで、質問の冒頭に「アインシュタイン教授が今おっしゃったことはそう馬鹿げてはいません」と言ってのけ、クラスメートを仰天させたと伝えられている。また、ある助手に向かって、「君のやるべきことは簡単だよ。僕が何かを提案したら、君の全知全能をしぼって反対しさえすればいいんだ」と。彼はボルンをたじろがせ、ボーアをいじめた。自分の手紙には時どき「怒れる神」と署名した。

パウリの直観は、創造的というよりは批判的なものだった。彼は自分自身でも良いアイディアをたくさん出しはしたが、それよりはむしろ他人の研究を全体の中で位置づけ、何をどんな順序で研究すべきかを定め、混乱や不明確な点をさがして除去することを好んだ。彼は三〇年間にわたり、科学の行司役を務めた。軍配をあげるのが大好きな人にふさわしい役である。一九五八年に短い病臥（びょうが）ののちにパウリが死んだとき、同僚の一人は彼を「物理学の良心」と呼んだ。[8]

まだ二〇歳の学生だったとき、パウリは、重要な科学の百科事典の一つである『エンツィクロペディー・デア・マテマーティシェン・ヴィッセンシャフテン（数理科学百科全書）』の相対性理論の項のすばらしい原稿を書いて名声をあげた。[9] その四年後の一九二五年、彼は「排他律」を提唱した。[10] これは、近接した二個の電子は、決して同一の状態にはなれないという主張である。この排他律は、量子力学の基本法則の一つとして、原子内の電子が形成する複雑なパターンの記述に役立つ。原子の化学的性質は、その軌道電子の挙動によって決定されるので、パウリの排他律は化学の柱の一つであり、その発見によって、パウリは一九四五年にノーベル賞を受賞した。

一九二五年以降、パウリはほとんど絶えずハイゼンベルクと一緒に研究を行ない、その共同研究は、ハイゼンベルク＝パウリ型の量子電磁力学を組みあげたときにひとつの頂点に達した。この理論との格闘の中で二人は、式の中の無限大――数学者が「発散」と呼ぶもの――を片付けようと試み続けた。ハイゼンベルクとパウリは、たとえ量子力学だけではうまくいかなかったとしても、量子場理論を適切に組みあげれば従来の発散は避けられるだろうと考えた。二人は、量子電磁力学の相対論的不変性を証明しようと長く辛い研究を続けていくうちに、新しくより手に負えない無限大が存在するらしいと気づき始めた。見通しがあまりに暗かったので、パウリはもう少しで物理学を捨てて田舎に引退し、ユートピア小説を書いて暮らそうとしたほどであった。[11] ハイゼンベルクはアメリカへ講演旅行に出かけてしまった。意気消沈したパウリは、論文の完成を手助けしてくれた助手に、問題を説明した。

その助手とは、J・ロバート・オッペンハイマーだった。裕福な家に生まれた彼は、幼いとき病弱で早熟で、甘やかされ過ぎ、ちょっとどもりだった。[12] 彼は、金で買える限り最良の教育を受け、宗教や語学や詩や音楽に持続的にではないが深く没頭した。あげくのはて、彼はヒンズー教とその聖典『バガバッド＝ギーター』への熱中で世間に知られるようになった。[13] 彼は人並外れてせっかちで、それは致命的と言えるほどだった。なぜなら、彼の物理的直観は、計算間違いのため台なしになることがあまりに多かったからである。成長した彼は、人をひきつける屈折した魅力を持つようになった。オッペンハイマーは、マンハッタン計画の責任者になると、ロス・アラモス研究所の運営に献身的かつ熱狂的に打ちこみ、計画に参加した物理学者たちの多くに、原子爆弾の製作を自分の人生の絶頂の一つだったと思いおこさせることになった。彼は頭を素速く回転させて、ポンポンとあれこれの博識や皮肉をまくしたて、教師たちを困らせたが、仲間の学生たちはそれに魅了された。一九二五年にハーバード大学を最優等の成績で卒業すると、すぐにヨーロッパへ渡った。それは当時アメリカの物理学者の誰もの夢だった。ヨーロッパではラザフォードとの共同研究を一年以上やり、大陸へ渡ってゲッチンゲン大学で博士号を取得した。一九二八年に、彼はヨーロッパでライデン大学のパウル・エーレンフェストに師事した。エーレンフェストは、オッペンハイマーをかかえてはいられないことにまもなく気づいた。[14]オッペンハイマーは、せっかちで神経質だが、前途有望な若者で、時おり思い出したように鷹揚になる人だった。エーレンフェストはパウリにオッペンハイマーの面倒を見てくれるように頼んだ。ライデン大学の事態が悪くなるのを防ぐため、パウリはこの若いアメリカ人がチューリヒに来て自分の下で研究することを受け入れた。[15]パウリの思うに、オッペンハイマーは豊富な着想をもってはいるが、脱線しやすく詰めが甘くわき道へそれてゆきがちなのだった。パウリは友人たちに向かって、「オッペンハイマーの考えはいつも興味深い。だが、いつも計算が間違っている」と語った。[16]しかし、いずれ大きな仕事はできると思われた。彼にはたとえば無限大のような継続して取り組む問題が必要だった。

パウリがオッペンハイマーに与えた問題は、物理学者が大きな関心を寄せていた、水素原子から放出される光のスペクトルに関するものだった。ハイゼンベルクとパウリは、彼ら流の量子場の理論を作り上げたとき、次のようなハミルトニアンに行きついていた。

$$H_{全体}=H_{場}+H_{粒子}+H_{相互作用}$$

単に場のハミルトニアンと粒子のハミルトニアンとを足して相互作用を無視すれば、水素原子のスペクトルをきちんと計算できた。事実、それはこの理論の成功を示すものだった。しかし、まだ最後の項が残っていた。相互作用のハミルトニアンである。ここには自己エネルギーが含まれる。量子場理論では、一個の荷電粒子の自己エネルギーは、その粒子が仮想光子を一個放出し、すぐに再吸収するときに生じるものとみなすことができる。この過程は、不確定性原理が許容する範囲内の速さで起こる。放出から再吸収までの起こり方が無限に多くあるために、自己エネルギーを算定するのは容易ではない。にもかかわらず、それは原子内の電子の挙動に何らかの影響を及ぼすはずである。水素原子のスペクトルは、その電子がある状態から別の状態に移ることによって生じるから、仮想光子の放出と再吸収によって起こるエネルギー準位（じゅんい）の変化は、スペクトル線をごくわずか変位させるはずである。オッペンハイマーはこの変位の計算に取りかかった。[17]

オッペンハイマーは一九二九年の末にアメリカに戻り、カリフォルニア州パサディナのカリフォルニア工科大学（カルテック）とサンフランシスコ郊外のカリフォルニア大学バークレー校に職を得た。帰国後最初に発表した論文のテーマは、自己エネルギーの計算だった。[18] それは「場と物質の相互作用の理論についてのノート」という控え目な表題で、もし量子電磁力学が正しいなら、無限通りの可能な仮想光子との相互作用によって水素原子のスペクトル線の変位は無限大になる――自己エネルギーの効果は電子を天国へ叩き出してしまうので、スペクトル線はまったく存在しないというばかげた結論をこの理論はもたらす――と主張した。ハイゼンベルクとパウリによる量子電磁力学の最後の定式化から一カ月後に現れたオッペンハイマーの論文は、二人の最も恐れたものを確証し、この理論全体の致命的欠点を暴露したように思われた。ある理論が、おそらく間違っているのに、役に立つ。これは笑えない事態であった。

定見をもたない聡明な人ほど理解しがたいものは少ない。オッペンハイマーは、すばらしく感受性に富むが注意力は乏しく、思索は豊かだが独創的ではなく、短期的なことには果断だが、長期的な問題では迷いのために判断がつかないような人物だった。彼は多くの業績をあげたが、科学に対し、彼の天分が約束したほどの根本的な貢献は何もしなかった。オッペンハイマーの経歴は華やかだったが、その才能と精力からみて華やかさだけでは物たりなく思われ、彼があげた業績は、もっと大きなことができるという期待のかげにおおわれていた。彼は外部から挑戦された時には、それを堂々と受けて立派に対応した。たとえば、彼は原爆を製造したし、アメリカに理論物理学の学派を築いたし、癌に対して一九六七年の死に至るまで闘いぬいた。しかし、科学者というものは――少なくとも優れた科学者は――その人独自の自然観と、自然の秘密をあばきだす方法をもっていなければならないのに、オッペンハイマーは独自のプログラムをもたなかった。なぜかを説明するのは容易ではない。一五年以上つき合いのあった友人の物理学者エイブラハム・パイスが以前語ってくれたところによると、オッペンハイマーがパウリの下で研究したのは、パウリが特に悲観的になっており、オッペンハイマーが特に感受性が強かった時期であった。オッペンハイマーは、パウリの名だたる気むずかしさのあおりをもろに受けてしまったために、本領を発揮するに至らなかったという[19]。

ともあれ、オッペンハイマーは、一九三〇年代を通じて、量子場理論は物質と光の秘密に立ち入るのに充分な広さと深さをもたないと確信していた。彼の懸念は弟子たちにも伝染し、そのうちの何人かはのちに、それが科学の進歩を遅らせたのだと考えた。確かに、一九三〇年には彼は意気消沈していた。彼は自己エネルギーについての自分の計算から、その無限大は場の理論の表面上の思いがけないしみにすぎないと結論することもできたはずだった。しかし、彼は、その無限大は物理学が完全に軌道をそれていることを意味するのだと考えた。

不幸にも、オッペンハイマーは素晴らしいチャンスを逃してしまった。彼の華麗で影響力のある論文を読んだ他の物理学者たちも皆そうだった。量子力学の主張、特にパウリの排他律によれば、水素原子の電子は核の周りの特定の「近傍」にしか存在できず、一つの「近傍」から別の「近傍」への飛躍に伴って、一個の光子が放出または吸収される。前々からこれらの「近傍」（物理学者が「軌道関数」と呼ぶもの）はひとつ残らず調べあげられており、原子物理学の教科書には、軌道関数の表を載せた部厚い付録が付いている。ところで、エネルギーが同じなのに異なる量子数を持つ軌道関数がいくつかある。水素の二つの軌道関数 $2S_{1/2}$ と $2P_{1/2}$ がそれで、どちらも水素原子の持つただ一個の電子によってかなりしばしば占められる。[20] もしオッペンハイマーが $2S_{1/2}$ と $2P_{1/2}$ について考えていたら、彼は一方のエネルギーから他方の同一のエネルギーを差し引くことによって、方程式の無限大の項をすべて除去し、正確に計算できる有限な項を残し、実験と比較して理論の正当性を示すことができただろう。もしオッペンハイマーがこのことを思いついていたなら、彼は量子電磁力学にあれほど不信感を抱かず、物理学の最近の歴史はかなり変わっていただろう。

三年後、オッペンハイマーと学位取得後の研究生ウェンデル・ファリは共同で、長たらしい複雑な証明により、式の書き方にある単純な変更を加えれば、負のエネルギーの無限の電子の海のことを忘れて単に電子と陽電子だけを考えればすむことを示した。[21] しかし、ここでも、原子内の世界の視覚化をある程度回復したにもかかわらず、二人は量子電磁力学についてほとんど底なしの悲観を示している。ディラックの海をなくすことは、自己エネルギーの困難を除去せず、「この困難は、結局は量子力学の方法を電磁場へ不当に適用したことによるものである」と彼らは書いている。[22] そして、量子場理論全体をひと言で片付けてしまい、発散は「電子の電磁場〔の方程式〕を単にこういう微小な距離の内部で補正するだけでは解決されず、時間と空間についてのわれわれの概念に対するもっと深刻な変革を要求している」と主張した。[23]

オッペンハイマーの憂鬱は、いつものようなあきらめより深いものだった。その論文の中でファリと彼は、量子場理論のおそらく最も奇妙な帰結に出くわした。それは電子と真空——つまり無——との相互作用である。[24] 九〇〇〇マイル離れた所では、ディラックが彼らとは別に一カ月か二カ月前に同じ問題を調べたが、その結果はいっそう絶望的だった。彼は、パリで開かれた第七回ソルベー会議で、量子場理論は、電子と真空の相互作用は電子の総電荷をゼロにしてしまうという奇妙な結果を予言するように思われることを示して、出席者を萎縮させた。[25]

父親ゆずりの完璧なフランス語でなされたディラックの演説は、空孔理論の再説明で始まった。当時はまだ、空孔理論は物理学者のかなり多くを混乱させていた。彼は聴衆にこの理論全体を筋道だてて説明し、彼のいう「空孔」が本当に陽電子に相当することを示した。そして、次のように指摘した。「電子は空孔に飛び込む」ことができ、「そうすれば空孔が満たされ、一個の電子と一個の陽電子が互いに消しあう」ことになり、その結果二個の光子が発生し、そのエネルギーはもとの電子と陽電子のエネルギーの和に等しい[26]。同様にして、一個の光子は物質内を通過すると一個の電子と一個の陽電子に分裂することができ、両者はそれぞれもとの光子の半分のエネルギーと運動量とスピンをもつ。真空は不確定性原理によれば、仮想光子の形のエネルギーを、それが観測にかかるほど長時間存続しない限りでまかせに発生させることができるから、真空は仮想電子対や仮想光子対を発生させることができるだろう。

しかも、仮想粒子であるつかのまの陰陽電子対でさえも、現実の効果を生じることができる。ディラックは、一個の電子が空虚な空間に——いや、あまり空虚でない空間に——浮かんでいる様子を考えてみるよう聴衆に求めた。その電子はどの瞬間にも一群の仮想光子や仮想電子や仮想陽電子に囲まれており、それらの粒子がもとの電子の周りを幽霊のハチのようにブンブン飛び回っている。仮想陽電子は正電荷をもつので、つかのまの存在の間に実在の電子の方向へ引きつけられ、仮想電子のほうは逆方向へはねのけられる。その結果、実在電子は陽電子のマントを着せられる。すなわち、幽霊のような反物質のゆらめきに取り囲まれる。距離が近くなるほど、仮想粒子の数が不確定性原理に従って増加する。そして、電子の極めて近くでは、電子の電荷はますます増加する仮想陽電子の群によっておおわれてしまう。ディラックは、仮想陽電子を引きつけ仮想電子を反発する過程を真空の「偏極」と呼んだ。それは、量子電磁力学のもう一つの無限大だった[27]（この無限大は、自己エネルギーの無限大とはまったく異なる起源をもつが、物理学者はしばしば量子電磁力学におけるさまざまな発散を「自己エネルギーの問題」という大まかな名で総称している)。

ディラックは諦めるどころではなかった。真空の偏極の存在のため、実験者が一個の電子の電荷を測定するときはいつでも決して「実在の」電荷――自己エネルギーを無限大にする源泉――を測定するのではなく、「実在の」電荷から真空の無限の偏極の影響を差し引いたものを測定することになる。言い換えれば、自然は一つの無限大の量をもう一つの無限大の量から差し引いて有限の結果を得たのである。無限大から無限大を引くことは数学的な曖昧さを伴うが、ディラックは、理論家はそういうやり方で方程式の中の発散を互いに打ち消せばいいと唱えた。それは解決ではなかった――無限大の量はまだ存在し、それを除去する方法は誰にもわからなかった――しかし、理論家は無限大を隠してしまう方法を受け入れる用意ができていた。

パウリは、ディラックの「引き算物理学」と空孔理論が含む数々の無限大のアラベスクをあざけったが、それ以外の手は見当たらなかった[28]。このころ、パウリは新しい助手を得ていた。ヴィクター・ワイスコップといい、彼を選んだのは、ハンス・ベーテというもう一人の若者を得ることができなかったためだった。パウリはワイスコップに、ベーテが第一候補だったとくどくど言ってから、ちょっとした課題を与えた。一〇日後に彼は結果を尋ねた。答をみせたワイスコップに、パウリは「ベーテを採るべきだった」と言った。これが二人の親交の始まりだった。[29] ワイスコップはパウリ同様ウィーン育ちで、直観的な思索家であり、正確な形式的表現より物理的理由を追求する科学者だった。パウリは新しい助手の仕事ぶりを好んだにちがいない。なぜなら彼は、ワイスコップにある基礎的な問題を与えたからである。それは、電子の自己エネルギーの計算、ただし、ディラックの空孔理論をそれに伴う真空の偏極を考慮にいれて計算することだった。ワイスコップはこの計算を一九三四年の初めに終えたが、結果はよくなかった。自己エネルギーが以前と同様に発散したのだ。[30]

この論文の出版後まもなく、ワイスコップは、ウェンデル・ファリから手紙を受けとって愕然とした。ファリはバークレーのオッペンハイマーの共同研究者で、その手紙には、彼の計算にばかげた数学的誤りがあることが控えめに記されていた。その誤りを正すと、答はまったく変わった。自己エネルギーはやはり発散するが、今度は対数的発散にすぎなかった。これは大きなちがいだった。ある数——たとえば一〇〇——の対数とは、第二の数（われわれは一〇進法を使うので、しばしば一〇）を何乗すればもとの数に等しくなるかを示す数であり、したがって一〇〇の対数は2（$10^2=100$ だから）、一〇〇〇の対数は3（$10^3=1000$ だから）で、一兆（10^{12}）の対数は12である。非常に大きな数の対数もかなり小さい。ファリは自己エネルギーが x^N ではなく $\log xN$ に比例して大きくなること—

―したがってカタツムリの歩みのようにゆっくり無限大へ近づくこと――を指摘したのだった。

ワイスコップは現在、マサチューセッツ州ケンブリッジにあるマサチューセッツ工科大学の名誉教授だが、その前はスイスのジュネーブの欧州合同原子核研究機構（CERN）の所長で、核物理学の創始者の一人である。彼は最初の原子爆弾の製造に深く関与したことを悲しみ、長らく軍備管理を熱心に提唱してきた。彼は一九三四年にファリの手紙を受け取った時、自分の前途にすばらしい生涯が開けているようにはみえなかった。彼は自分の犯した誤りを恥じた。「パウリが私に基礎的な問題を与えてくれたが、私はしくじった」と、ワイスコップはCERNの小さな所長室で語った。「私はパウリの所へ行って『先生、僕は物理をやめねばなりません。大変なことになりました』と言った。すると先生の言うに、『いやいや、心配することはない。論文に間違いを書いた人はたくさんいるよ――僕は一度も間違わなかったがね』」

パウリが本当にそう言ったのかと笑いながら尋ねると、「『僕は一度も』とね」と、ワイスコップは思いだし笑いを浮かべた。彼は言葉をたびたび途切らせて、思い出をぽつりぽつり語った。「あれはすばらしいと思う。当時の物理学者たちには礼節があった。ファリはそれを発表しなかった。私に手紙をくれただけだった。私はもちろん彼への謝辞を記して訂正を発表した。[31] だが、今ならああはならなかった。今なら、ファリの立場にあった人は、自分で論文を発表して私の誤りを指摘しただろう。だから、自分がどれほどファリに感謝しているかを機会あるごとに言うんだ。私の名声の一部は、彼のおかげ——あの仕事ではいつも私の名前があげられるが、本当はファリの名があげられるべきだ」[32]

ハイゼンベルクのほうは、発散の縮小がほとんど気休めにならなかった。[33] 無限大はやはり無限大で、量子電磁力学は発散が解消しないかぎり依然としてごまかしだと考えた。彼は、今度は自分で発散を片づけようとした。もし理論家たちが好む近似法を一切使わずに、量子電磁力学の完全な理論を組みたてれば、発散は自ずから消滅するだろうとまだ思っていた。その結果できた論文「ディラックの陽電子理論についての評言」は彼の最大の論文の一つだが、最も中途半端なものの一つでもある。[34] 彼はそれまでの論文とちがって、電子と電磁放射の両方とその相互作用とに対する量子化された場の方程式を正面からあつかった。この論文によって、現代の量子場理論が生まれた。もっとも、ハイゼンベルクはあまり満足できなかったが。

それは長く複雑な、ぎこちなさの感じられる論文で、無限大を互いに差し引くことのできる規則を大まかな形で含んでいた。そういう規則がいくつかあり、最も重要なことは、計算がほんの少し相対論的不変性を破るということである。物理学者はあらゆる段階で相対性理論を考慮にいれなければならない[35](〝相対論的不変性〟とは方程式の中の量が特殊相対性理論の要請に完全に従うということを意味する)。ハイゼンベルクは、念入りな引き算によって、理論の割れ目に雑草のように生えた発散をすべて処理しようと試みた。負の電子の海により生じる無限大の場、自己エネルギーから生じる無限大の質量、無限大の真空偏極、さらに、各粒子が無限個の仮想粒子の雲に取り囲まれていて他の何ものとも相互作用できないというパラドックス[36]の処理である。しかし、この理論の茨の道を長々と通り抜けても、まだ発散の領域から抜けだせなかった。彼は物質場と電磁場を対等に扱ったとき、どちらにも無限大があること——光子も電子と同様に自己エネルギーの問題をもっていることを知った。全面的な理論を書き、物質とエネルギーを対等に扱ったあげく得られたものは、どちらにも同じ一連の無限大があるという発見であった。パウリは、ハイゼンベルクの結果に困惑し、自分は「ハイゼンベルク＝ディラックの空孔方程式の海に溺れてしまい、藁にもすがりたいほどだ[37]」と嘆いた。

ハイゼンベルクの論文の結果に劣らず驚くべきことに、ディラックが最初に電磁場を量子化してから、この理論を完全な形で書きあげる試みが初めてなされるまでに七年もかかったのである。なぜこんなに遅れたのか？

「それは、この理論全体がいかにクレージーなものと考えられたかを示している」とワイスコップはジュネーブで会った時に答えた。彼の指は、最近宇宙空間の軍事利用に反対して行なった講演のコピーを軽く叩いていた。「と言うのは、真空が電子で満たされているということとディラックの陽電子説は、当時は誰も本気で信じてはいなかったからだ。しかも、この説は大変見苦しかった。こんなばかげた考えと恐ろしく厄介な数学、すべてが見苦しかった。ある意味では、おそらくこの〔無限大の〕問題はまったく机上の問題のようにみえたのだ。なぜなら、長い間そのどこに物理があるのか誰にもわからなかったからだ。事実、多数の人が、『こんなものはどうでもいい、おれは核物理をやろうとしているんだ』と言ったものだった」(38)

ある夏の昼下がり、われわれはコロンビア大学の構内の人込みを、物理と天文の学部のあるピューピン・ホールのクジャク石色のドームへ向かって歩いていた。ピューピン・ホールは十数階建てのくすんだ研究所で、屋上の天文台はマンハッタンの灯火でほとんど目つぶしされ、いかめしいレンガ作りの正面が近くのリバーサイド教会のゴシック建築といかめしい対照をなしていた。数多くの無限大に当惑して、われわれは再びロバート・サーバーのもとを訪れた。一九三〇年代に、量子場理論の発散の解決の近くまで行った数名の物理学者の一人である。

サーバーがオッペンハイマーに初めて会ったのは一九三四年で、アナーバーのミシガン大学の夏期物理学セミナーでのことだった。サーバーは同世代の多くの人と同様に、オッペンハイマーの情熱と理路整然とした話しぶりに魅せられた。「彼ほど頭の回転の速い人はいませんでした。オッペンハイマーには質問を最後まで言い終えることができない、言い終わらないうちに彼が答えてしまうからだ、とみんなよく言ったものでした」。パウリは彼の計算がいつも間違っていると言ったのではありませんか？「彼はいつも封筒の裏か何かで五分間でさっと片付け、本質的な計算だけやって、数値的なことはすべて放置したからですよ。ディラックのような人なら数時間かけて、2だのπだのという係数まできちんと出すものですが」。オッペンハイマーは驚異的なせっかちで、熱狂的に突進し、3が分母につくか分子につくかというような細部を好まなかった。[39]

アナーバーでの最初の数日は、サーバーはおそれ多くてあまり近づかなかった。ところがある日、セミナーの参加者全員がアナーバーの物理学教授デヴィッド・M・デニソンの家へ飲みに招かれた。一同はやってきて初めてわかったのだが、デニソンは禁酒法を真に受けており、「飲む」のはレモネードだった。あっと思ったとたん、サーバーはたまたまオッペンハイマーと眼が合い、二人は同時に眼をむいて天を仰いだ。サーバーは米国学術会議（NRC）の研究員としてプリンストンに行くことになっていたが、方向転換を決意し、オッペンハイマーについてバークレーに行くことにした。彼は一九三四年九月にバークレーに着いた。[40] それから一〇年後に、彼は「オッピー」と共にロス・アラモスへ行き、原爆を製造することになった。広島と長崎にキノコ雲が立ち昇ってから数年後に、彼はコロンビア大学に職を得、以来ずっとそこに留っている。

われわれは彼に、オッペンハイマーの最初の自己エネルギー論文について尋ねた。当時、彼は発散を何種類知っていたのですか？

「それは」とサーバーは言って、ポケットから巻煙草を一本取りだした。ずいぶん昔の話である。オッペンハイマーの論文が机上にあった。サーバーはそれを暫時（ざんじ）眺めながら煙草をふかした。下方の一二〇番通りの車の往来の音が響いてきた。「電磁気学には基本的な発散が三つあります。固有エネルギーがあり、バーテックス項があり、真空の偏極があります」。彼は黒板の所へ行き、チョークをさがした。「電子が一個やってくるとします——図で説明しましょう」。彼は黒板に横線を一本引いて電子の経路だと言い、次にその途

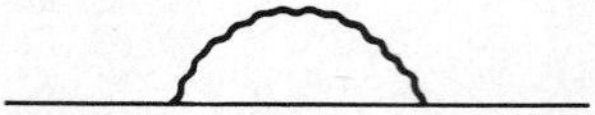

図 6－1

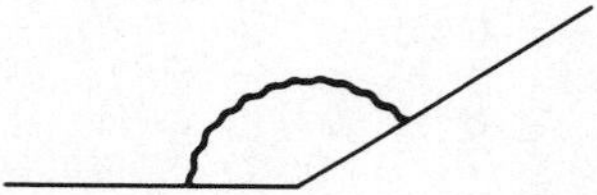

図 6－2

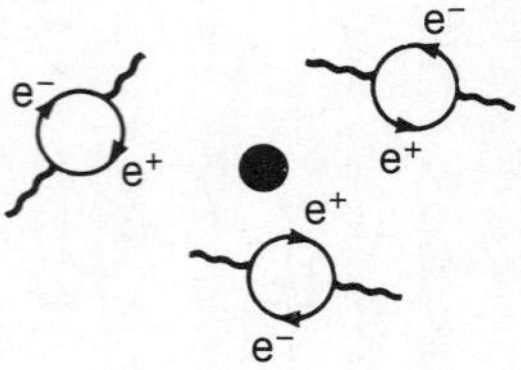

図 6－3

中から波形の線をアーチ状に描いてもとの横線まで到達させた（図6－1）。「電子が仮想光子を一個放出してからそれを吸収した場合です。これによって電子の固有エネルギーが生じます。固有エネルギーは普通〝自己エネルギー〟とひとまとめにして呼ばれるものの大部分を占めます。これが無限大の一つです。もう一つは、電子が光子と相互作用する場合――たとえば光子によって散乱される場合です」。彼は電子の線をもう一本引いたが、こんどは電子が光子を撥ね返した時にある角度曲がった線だった。「この場合には、仮想光子はこんな形で表せます」。チョークが音をたて、電子の衝突の前と後の半直線を橋渡しする波形のアーチが書かれた（図6－2）。「これは高次の項です。電子が光子を放出し、それと衝突して散乱が起こり、次に光子が吸収されます――わかりますか？　とにかく、これは固有エネルギーとは関係がありません。ただし、われわれがそのことに気づくまでには恐ろしく時間がかかりましたが。これがバーテックス補正です。もし電子が放出した光子によって散乱される前に光子を吸収したなら――」彼は最初の図をポンと叩いて、言った。「それは固有エネルギーの一部です。

第三の形は真空の偏極です。それはですね」サーバーはひと息ついた。真空の偏極の図解はもう少し面倒である。「光子が一個やってきて仮想電子対を作りだします」。黒板に波状の光子の線が一本引かれた。こんどは波の線が円で二分されていた。「偏極とは、もし電荷があると」彼は手早く黒板に電子を表す大きな点を一つ描いた。「この電磁場は単に光子を生みだすだけでなく、電子対を作る光子を生みだすんです」。彼はさらに数個の光子と電子対を描き加えた（図6－3）。

「この中心点に負の電荷があると、それは正の電荷を引きつけ、負の電荷をはねのけます。そのため、真空は誘電体のような振舞いをします」。誘電体とは、コンデンサーの正の極板と負の極板の電荷が放電して相殺されるのを防ぐ物質である。「言い換えると、この中心の電荷が真空に偏極を生じさせるのです」。正確に言えば、最初の二つだけが「自己エネルギー」だが、以下では物理学のルーズな慣習に従って真空の偏極も含めて自己エネルギーと呼ぶことにする。

「完全な理論では、これらすべてが互いに混合しているので、この三種類の基本過程と、それらの変形がたくさんあることを誰もが理解するまでには、かなり時間がかかりました」。量子電磁力学で全自己エネルギーを計算するには、これら三種の相互作用、およびそれらの無限に多くの変形や組み合わせに、それぞれの起こる確率を掛けて総和しなければならない。これらの各過程はどれも任意の一時点で小さな確率で起こるからである。よ り複雑な自己エネルギー図式が無限にあり、それらでは電子と光子の線の枝分かれやループがますます複雑になるので、それらからの寄与を全部見積もることは恐ろしい数学的泥沼である。

「こういうことが問題でした。それらを見積もる方法は誰にもわかりませんでしたし、今でもわかりません」サーバーはこう言って、三つの図式の上方に次の式を書いた。

$$H_{全体} = H_{場} + H_{粒子} + H_{相互作用}$$

彼はこの最後の項の上に手を置いて見えないようにし、「これが面倒の根源です」と言った。「最初は、人びとはこれを単に無視しました。他に方法がわからなかったのです。この相互作用の項を無視すれば、かなり精密な計算ができて、相互作用の項は、たとえ無限大のようにみえても、実際にはかなり小さいにちがいないことがわかりました。しかし、全体では筋が通りませんでした。それはわかっていました。結局われわれは、この理論全体を使って計算を始める時には、こう言ったものです。『よろしい、相互作用の項、すなわち無限大の項は、実は全体のわずかな部分を占めるにすぎないと仮定できる。だから全体〔のハミルトニアン〕を、これとこれ〔粒子のハミルトニアンと電磁場のハミルトニアン〕の和とわずかにちがったものとして計算すればいい』」

この計算は、当時もきわめて厄介だったし、今もそうである。計算は摂動（せつどう）展開と呼ばれる方法を使えばできる。この方法では、可能なそれぞれの自己エネルギー相互作用の影響を、ある既知の状態からの小さなずれ、すなわち摂動とみなす。無限個のそういう小さなずれを総和すれば、最終の答が得られる。しかし、この答は、次々の項が次第に小さくなる場合に、正確にいえば、次々の項からなる級数が特定の値に収束する場合にのみ有限になる。次々の項が次第に大きくなるなら、級数は発散し、答は無限大になる。一九三〇年代初期には、この級数は発散するように思われた。

サーバーがバークレーに来た時、オッペンハイマーは彼に、自分の自己エネルギー論文と、負の電子の海を除去したファリとの共同論文と、出版されたばかりのハイゼンベルクの（ディラックの引き算理論に対する）「評言」の論文を与えた。この三つは、オッペンハイマーのグループの皆が討論していた論文だった。あたかも、従来演劇人があまりいなかった町にただ一人の精力的な演出家が現れれば一個の劇団が生まれることがしばしばあるのと同様に、オッペンハイマーはバークレーに一個の理論家集団を生みだし、カルテックとスタンフォード大学の物理学部での彼の重みを増した。彼のオフィスにはいつも彼を畏敬する大学院生と米国学術会議研究員たちの一団がたむろしており、その多くは、オッペンハイマーのトレードマークである軽い咳やつぶやきや途方もなく辛い食物の好みを真似していた。オッペンハイマーは机をもたず、部屋の真中のテーブルに紙と灰皿をのせて仕事をした。一方の壁いっぱいに黒板があり、方程式がぎっしり書き込まれていたが、その数値係数にはオッペンハイマーはおかまいなしだった。近くのスタンフォード大学にはもう六、七人がいて、のちにノーベル賞をもらったフェリックス・ブロッホもその一人だった。オッピーのオフィスであるルコント・ホール二一九号室に集まった者は、みな仕事熱心で形式ばらない若者で、当時流行の黒っぽい細いネクタイと襟の狭いワイシャツを着ていた。町のはるか彼方には、『怒りのぶどう』の地が広がり、時は大恐慌もどん底を迎えた時期だった。バークレーの空気は急進的政治運動とオッペンハイマーの黒板のチョークのにおいを含んでいた。[41]

週に一回、雑誌会で前の週に学術誌に載ったことが討論された。この会では、理論家たちは草創期の粒子加速器で研究している実験家たちと親密に接触することができた。一九三四年の末から一九三五年の初期にバークレーの理論家たちはその雑誌会で、カルテックの数人の分光学者が水素原子のバルマー系列について量子電磁力学の予言からのわずかなずれを見つけつつあるという報告を聞いた。スペクトル線の一部が予想されていた位置にないように見えるというのだった。オッペンハイマーは、もう一人の米国学術会議研究員エド・ユーリングに、ハイゼンベルクの引き算法を使って真空の偏極で新しいデータの説明がつくかどうか調べるように示唆した。サーバーもこの討論に参加し、結局、彼自身も姉妹論文を書くことになった。二つの論文が『フィジカル・レビュー』誌の一九三五年七月号に並んで載った。[42]

ユーリングはハイゼンベルクの理論の骨組をそのまま使ったが、ハイゼンベルクが手を回す余裕がなかったと思われるいくつかの数値を与えたいと思った。ユーリングの言によれば、真空の偏極のために「〔水素の〕電子のエネルギー準位はわずかにずれる。この変位は、たぶん小さな摂動として計算できよう」。そこでユーリングは計算を行なったが、結果は到底満足できるものではなかった。彼とサーバーの両者の計算では、スペクトル線に変化が生じるはずだが、それは実験結果と比べてあまりにも小さく、しかも逆方向であった。[43]

数カ月後にバークレーのグループは、P・A・M・ディラックが世界一周旅行の途上で来訪すると聞いて歓喜した。オッペンハイマーは、サーバーともう一人の弟子アーノルド・ノルドジークが、ディラックが最初に提案した引き算法の一つの変形を研究しているのを知っていたので、二人をこの大学者に会わせるよう手配した。二人のアメリカ青年は、この時とばかりにはりきって、自分たちの仕事をバークレーの小さな会議室で一時間以上かけて説明した。ディラックはひと言も発しなかった。説明が終わると、長い沈黙が続いた。ようやくディラックが口を開いた。「郵便局はどこですか？」

いらいらしていたサーバーはディラックに、自分とノルドジークが郵便局までお供していいかと尋ねた。この途中でおそらくディラックが感想を言うだろうと思ったのだ。「私は一度に二つのことはできない」とディラックは言った。[44]

これに反し、ワイスコップはサーバーとユーリングがした仕事に極度に関心をもった。

一九三六年に、彼はパウリのもとを去り、コペンハーゲンでボーアと一緒に研究することになり、同地で真空の偏極の計算をさらに一般化することを試みた。[45] ワイスコップの主張によれば、もし量子電磁力学が正しいなら無限の偏極が明らかに存在しなければならなかったが、それが直接に観測されないことも明らかだった。そこで彼はこう言った。たいていの場合、実験で観測される「電子」は、実は電子にその電荷の大部分を遮閉する仮想陽電子が無限にかぶさったものからなる。だが、もう一個の粒子がそれらの陽電子の大群を押し分けて電子のごく近くへ侵入してくれれば、「裸」の電子の負の電荷は普通観測される値よりはるかに大きいことが明らかにされる。実は「裸」の電荷は無限大である。その無限大の電荷がほとんどいつも真空の偏極の無限のおおいの下に隠されているのであり、地層の断層の両側の接合面に絶えず起こっている微小な振動と同様に、観測される電子の小さな電荷は、二つの正反対のほとんど等しい大きさの無限大の対抗の結果の現れにすぎない。量子場の理論では、世界は互いにほぼ相殺する無限大の量をいっぱいもっており、自然は発散のバランスから成っている。

ワイスコップの論文は、比較的目だたないデンマークの雑誌に発表されたが、注目を浴びた。その主張は、多くの点でハイゼンベルクやサーバーやユーリングの主張と似ていたが、文体が明確で表現が単純なため、場の理論の複雑な形式にまだ不慣れな仲間たちにとって取っつきやすかった。ディラックが三年前にパリのソルベー会議でもちだした真空の偏極という妖怪が、もう一つの観測できない無限大の妖怪を相殺するという平凡な役割をになうものになったのである。

サーバーが黒板に書いた三種の無限大の一つは解消したが、他の二つは残っていた。サーバーは、ハイゼンベルクの引き算法を鋭く批判した一論文で、固有エネルギーを計算する規則を提出した。[46] 彼は最低準位のエネルギーの計算を遂行したが、それを発表はしなかった。なぜなら、他のたくさんの発散が高次の項からやってくるのがわかったので、その計算は絶望的だと判断したからだった。何か別の試みが必要だろうと。[47]

われわれは、ある日サーバーに、今からみれば答にあれほど近づいていた時に、なぜ無限大の消去を放棄してしまったのかと尋ねた。彼は肩をすくめて、いろいろな理由があったし、やめたのは自分一人ではないと言った。誰もが途方にくれていた。数学的処理は困難だった。しかも、少なくとも彼自身は固有エネルギーとバーテックス補正との区別——彼の第一の図と第二の図の間のちがい——をはっきり理解してはいなかった。問題が正しく立てられていないなら、解くことはできない。誰かその区別をした人物がいたろうか？「まあ、イエスともノーとも言えます」とサーバーは言った。われわれは、モーニングサイド・ハイツの荒涼とした傾斜面の上方にあるレストランにいた。グラスが音を立て、皿の料理が次々に平らげられていったが、サーバーの料理にはほとんど手がつけられていなかった。「当時のハイゼンベルクの論文は、バーテックスの無限大の問題を扱ってはいませんでした。その問題の所在には気づいていたかもしれませんが。そのあとで、ブロッホとノルドジークが〔低エネルギーのバーテックスの〕困難を解決しました。それは確かに研究の進め方を示すのに大いに役だちました[48]。次に、ブロッホとオッペンハイマーが高エネルギー端のバーテックス補正に取り組みました。彼らは実際の計算を自分ではやらずに、シド・ダンコッフにやらせました。シドニーはブロッホと親しかったのです。われわれの考えはほぼ正しく、固有エネルギーとバーテックスの無限大とを区別していましたが、ダンコッフは誤りを犯しました[49]」。サーバーはその誤りを指摘したが、ダンコッフは影響はないと主張した。実際には影響があった。オッペンハイマーは後になって、もしダンコッフが論文を訂正していたなら、自分はすべての発散を片付けて、おそらくノーベル賞をもらっていただろうと考えた。「私どもはあまりに早く失望しすぎました。本質的には、問題の三分の二は三七年までに解けていたのですが、実際にはそれを理解していなかったのです。当時、まだバーテックス項の発散はあり、シド・ダンコッフはそれをほとんど突きとめました。ただ、たくさんあることは突きとめたのですが、それを適切にまとめられなかったのです」

理論から発散を振り落とす方法は、リノーマリゼーション（くり込み）と呼ばれており、正常な有限の予言ができるように理論をひき戻す操作を指す。この用語はたぶんバークレー＝スタンフォード・グループによって作られた。それが出版物に最初に現れたのは、サーバーの固有エネルギーに関する論文だったらしい。[50] サーバーは昼食をとりながら語った。
「くり込みについて面白いことは、物事は決して一挙には起こらないということです。科学の歩みはそんなものです——一種の千鳥足のようなものです。多くの歩みや発展がありましたが、本物の」と言いかけて彼は笑い、「いや、初期の歩みはたいして問題になりません。のちに仕上げた人たちは、初期の歩みなど知らなかったのです。いや、知らなかったと思います。こういうことを判断するのは非常に困難です。夏に聞いたことを当時は理解できず、三年たってから突然思いだしてやっと要点がわかったというようなことは誰にでもあります。のちに仕上げた人たちは、われわれのアイディアをどこかで耳にしてはいたが、のちに自分でそれを使ってみるまでは頭にしみこまなかったのかもしれません。私はシュウィンガーのような人たちが仕上げをしている時に、私が意識的に大きな影響を与えていたとは思いません[51]」

一九三七年には、ヨーロッパの物理学者は自己エネルギー以外の問題に頭を悩まさねばならなくなっていた。ユダヤ人科学者は自分の生命と家族を護らねばならず、多くの非ユダヤ人科学者は仲間を救うことに忙殺された。ボーアは若いユダヤ人理論家たちのために「地下鉄」を運転し、彼らをコペンハーゲンからイギリスやアメリカへ輸送した。[52] ワイスコップは同年ロチェスター大学へ移ったが、彼もボーアに救われた一人だった。

しかし、物理学者は物理学を好む。何人かの物理学者は戦争の暗雲ただよう下でくり込み理論の研究を続けようとした。今からみれば、彼らは根本的に新しい理論を信じていたため、余分な負担を負ったのだ。一種の大望のゆえの失望である。ハイゼンベルクやその他の量子物理学の創始者たちは、無限大はもう一つの革命の必要を示しているのだろうと思った。理論を救うために、もう一組の見掛け上途方もない考えが必要だろうと思ったのだ。彼らは、科学がすでに変化して、今までと異なる種類の独創力と辛抱強さとを必要としていることに気づかなかった。たとえばハイゼンベルクは、空間自体が量子化しているから電子は点ではないという主張によって、発散を解決しようとした。「普遍的な長さ」があり、時空連続体は印刷写真の網版の点のように粒子になっているという考えである。[53]パウリは量子場理論の方程式を解く別の方法を編みだそうとして何年も費やしたが、成果はなかった。[54]ディラックは、量子場理論から発散を除去しようとすることはあまりに多くの問題を同時に解こうとすることになると確信して、無限大のない古典理論をもちだした。そのため「負の確率」をもちださねばならなかった。それは、起こる可能性がゼロより少ない事象があるという考えで、ディラック自身でさえ理解できない概念だった。[55]他の理論家たちは、自己エネルギーの効果は、自然が特にそのために発明した第二の未知の場によって相殺されるのではないかと考えた。[56]

大体において、物理学者はこの問題から手を引いた。何かがまちがっているが、この理論は無限大を無視しさえすれば多かれ少なかれ正しい答を与えてくれるように思われた。困難は奇妙に抽象的で、数学が空回りしていた。多くの科学者は、核物理学の台頭によって、この問題から身を引いた。原子核が分裂するという魅力的で恐ろしい発見のためだった。

大戦前に自己エネルギーを直接に扱った最後の人物は、ヴィクター・ワイスコップだった。アメリカ物理学会のニューヨーク会議での講演とその後の一論文で、ワイスコップは、「電子と真空の奇妙な相互作用」が自己エネルギーの問題を、単純な条件の下でばかりか、極めて複雑な相互作用においても対数的発散に帰着させることを示した。(57) 発散は信じがたいほど弱くなったが、消滅はしなかった。四〇年前のローレンツと同様に、彼は、無限大をなくすためには電子がどれだけの半径を持たねばならないかを計算することによって問題を回避しようとした。結果は、電子の古典半径の10のマイナス58乗倍と出たが、それでも電子は点ではないことになる。この論文の出版の四カ月後に、ドイツ軍がポーランドに侵攻し、物理学者たちも電子の大きさ以外の問題に悩まねばならなくなった。

われわれは、ある時ワイスコップに、あなたは一九三九年に何が足りなかったのかと尋ねた。当時、彼はくり込み理論に大へん近づいていた。

「執着だよ」と彼は笑った。「執着さ。私は他のことに関心をもちすぎた。いつも言っているんだがね、ノーベル賞を取り損ねた原因だと本気で思っているから言うんだが、私は物理学について当時からもっていたこういう全般的な展望をもつためなら、ノーベル賞を犠牲にするのをいとわないつもりだ。私はあまりに多くのことに関心をもっていた。そのほうが好きなんだ。どうでもいいことを何でも知っているよりは、あらゆることに無知なほうを選ぶね。当時は生きてゆくことは容易でなく、しかも亡命者を助けたりするために時間を費やさなければならなかった。もし私がじっと坐って『これ〔くり込み理論を作ること〕が私の人生の目的だ』と言い、他のあらゆること——核物理学など——を忘れたなら、おそらく目的を達成できただろう。だが、そんな執着をもってはいなかった。

　私はそれを全然後悔していない。だが、私の学生たちが、こんな恐ろしい時代には物理学の勉強などしてはいられないと言った時には、物理学は当時はわれわれの心の平衡を支えてくれるものだったと、いつも言うんだ。物理学はすばらしいものだった。もし物理学がなかったなら、当時私の人格はばらばらになっていただろう。私はユダヤ人亡命者で、家族はいつもびくびくしていた。物理学は当時、われわれに人間性を維持させてくれる偉大なものだった」。彼はしばらく考えこんだ。そして天井を眺め、顔に複雑な表情を浮かべた。「だが、私はやっぱりこう言いたい。自分は一つのことだけをやれるタイプの人間ではない。私には、それほどの執着力はないんだ[58]」

7 シフト

ときおり起こることだが、一つの事実、自然の一つの特性が、物理学者にとって、その本来の意味をはるかに超えた重要なものになって、既成の理論や人々の経歴や名声を浮沈させることがある。騒ぎがおさまってしまえば、その事実は後世の文献で脚註に出てくるだけで、それに脚光を投げた特殊な手段は忘れ去られてしまう。次の世代の物理学者は、その事実を大学院で公認の事実として教わり、それは必要な時に実験装置の中で見つかったように見え、その重要さは疑いないが、過去の科学者もそれを調べる知恵を持ってさえいれば、昔からいつでもみつけられたはずと思うことになる。

そういう事実の一つは、水素原子の電子の軌道関数の一つ $2S_{1/2}$（著者註）のエネルギー準位の正確な値である。それは最も軽くて最も単純な原子の励起状態のうち、最も低く最も単純な状態の一つで、スペクトル上の位置は量子論から必然的に出てくる。この軌道関数の研究は一九三〇年代に一〇あまりの実験の主題となり、これらすべての実験は、量子場理論全体の価値と、特に量子電磁力学のくり込み可能性とにとって直接重要なものだった。しかし科学は、誤りを犯しやすい人間がやるものであるから、いろいろなアイディアが整合せずちぐはぐに結びつけられ、そのため、ことはなかなか進まず、実験家は一喜一憂をくり返し、それに理論家がいろいろなこじつけを加えた。一九三〇年代には、理論家は無限大は存在しないという考えと、無限大をつかまえようとする空しい試みとの間を往来して過し、実験家は量子電磁力学のいろいろな理論的予言を確かめることができるかどうかを苦労して模索し続けた。自己エネルギーが両者の問題の根源だった。そのあげく、ついに、量子電磁力学は正しいことが立証されたように見え、またもや物理学者たちは、今度こそ自分たちは自然界の完全な描像へ行きつけそうだと思った。だが、それは彼らが予想していたのとはちがう仕方でだった。

(著者註) これは正確には $2^2S_{1/2}$ と書かれるが、本書ではSの左肩の2を省略した。軌道関数の記号にはS、P、D、Fなどの文字が使われるが、これらは昔の分光学者がスペクトル線の型を区別するのに使った sharp, principal, diffuse, fundamental の頭文字に由来する。文字の左肩の添数字はスピン角運動量の大きさsによる多重度 $2S+1$ の値を示し、右下の添数字は全角運動量の値を示す。文字の左側の数字2は軌道関数の番号(主量子数)を表し、水素原子の基底状態ではこれが1である。

水素のスペクトルと $2S_{1/2}$ の研究者の多くは、アルファ（α）と呼ばれる魔法数を測定しようとした。この数はアルファ粒子とは何の関係もないが、量子力学と原子には大いに関係があった。料理に添えるパセリのように、アルファは量子電磁力学で至る所にでてくる。なぜならこの数は、量子電磁力学の自己エネルギー項を計算するに必要な摂動（せつどう）展開式に出てくるからである。これらの式は、電子が仮想光子を放出する確率を表し、その確率は電子と光子の相互作用の強さに依存し、この相互作用のため電磁的な力が生じる。種々の力の相対的な強弱は実験によって測定され、その相互作用の結合定数と呼ばれる。電磁的な相互作用の結合定数は、どういうわけかアルファと名づけられており、電子と光子の相互作用のあらゆる項には、一つか二つ以上のアルファが係数としてついている。一九三〇年には、すでに多くの実験家がアルファを測定していたが、それはほぼぴったり $1/137$ だった。

ところで、この定数 $1/137$ を最初に記述したのは、アーノルト・ゾンマーフェルトだった。ミュンヘンでハイゼンベルクの学位論文を指導した人である。彼はこの定数を「微細構造定数」と名づけたが、その理由は、水素のスペクトルの各線を構成している束（たば）になった細線の分離距離の決定に、この定数の大きさが関与するからだった。ニールス・ボーアが彼の原子模型確立の土台にした水素のスペクトルのバルマー系列の各線は、その後、互いに波長がわずかに異なる多数の細線から成ることがわかった。これが微細構造である。それらの線の正確な位置は、この定数を含む方程式によって決定される。しかし、もっと重要なことは、この定数（アルファ）が二〇世紀の物理学の多くの謎を集約していることである。この定数は $e^2/\hbar c$ という形の無次元の数で、eは電子の電荷、$\hbar$はプランク定数を2πで割ったもの、cは光速度である。この定数の大きさは何らかの形で必然的なもので、eと$\hbar$とcの間の隠れた関係の結果にちがいないと考えざるを得なかった。

「みんなあの数に魅惑されていました」とマーカス・フィールツは当時を回想した。彼は一九三〇年代後半に、パウリの助手で共同研究者だった。「eは電磁力学、$\hbar$は量子論、cは相対性理論のものです。だから、この定数にはすべての基礎理論が関係しています。そこで、この数がなぜ特定の値――$\frac{1}{137}$――をもっているのかを解き明かすことができたなら、一切の謎が解けると思われたのです。魔法の数でしたね。

当時これがどれほど重要だったかを出版物から読み取ることは困難です。謎を解こうとする試みがたくさんなされましたが、どれもうまくいかず、発表されませんでした。偉い物理学者は、失敗した試みは発表しないものです[1]」。ハイゼンベルクとパウリは、微細構造定数がなぜ$\frac{1}{137}$で、他の数、たとえば$\frac{1}{136}$ではないのかを説明しようとして何年も費やした[2]。彼らは、137という説明のつかない因数は正しい理論では出てこないと確信して、量子電磁力学はこの定数を説明できなければリノーマライズ（くり込み）することはできないと考え、同時に空孔理論の泥沼の中であがき、微細構造定数の正体を突きとめようとしていろいろな袋小路にはいった。そうなったのはこの二人だけではなかった。アーサー・エディントン（Eddington）卿は、一般相対性理論の解説と検証で一躍名声を博した天文学者だが、自然界がどんな仕方で組み立てられているのかを解く鍵はこの定数にあるとみた。微細構造定数は最初は$1/136$だと思われていたので、エディントンは宇宙は136個のパラメーターをもつ「Eマトリックス」であると述べた。のちに測定値が$1/137$に修正されると、彼はパラメーターを一つ追加してこの定数と合うようにした。『パンチ』誌は彼の似顔絵を「アーサー・アディンワン（Adding-One）卿」と題して載せた。[3] エディントンはやがて数秘術まがいの研究で有名になり、同輩たちを困惑させ、科学の主流から身を引いてしまった。[4]

とはいえ、エディントンは基礎定数への関心の流行を喚起するのに貢献し、多数の測定を促した。[5] 量子電磁力学の出発後、最初の測定は、一九三三年なかばにカルテックのフランク・スペディングとC・D・シェインとノーマン・グレースによって発表された。[6] 彼らは、水素のバルマー系列の微細構造は、ディラック方程式で正確に予言されているように思われるので、微細構造定数の決定の基準になると考えた。ところが驚いたことに、得られた値は$1/138$で、彼らの言葉を借りれば、他の実験の結果より「明らかに大きく、この違いは必ずしもeとhの値の誤差によるものではなく、微細構造の理論の不完全さから生じた可能性がある」のだった。彼らが「微細構造の理論」と呼んだものは、もちろん量子電磁力学を意味した。

カルテックの第二のチームであるウィリアム・ヴァレンタイン・フーストンと中国から来たY・M・シエも、水素の微細構造を調べた。彼らもまた、微細構造線のいくつかが理論の予測から約三%はずれていることを発見した。(7) このはずれは「大きく」、それは「理論の欠陥」によって生じたのだと述べた。フーストンは一九二八年以来カルテックの物理の助教授で、広く注目されていた。実験結果が理論の予想値と一致しないらしいと彼が言うと、理論家たちは耳を傾けた。(8)

同じころ、ニューヨーク州イサカのコーネル大学の実験物理学者R・C・ギッブズと大学院生ロブリ・ウィリアムズが同じものを測定していた。カリフォルニアの両チームとちがい、ギッブズは最初は微細構造定数の決定に関心をもっていたわけではなかった。彼は単にボストン大学の三人の実験家が以前に行なった微細構造の測定に技術的な誤りが多数あることに注目した。(9) 二人はその実験を追試して、スペクトルが理論の予言どおりになっているかどうかを調べることにした。(10) 最初は実験結果が理論と一致するように見えたが、実験を進めていくうちに、コーネル大学グループも食いちがいを発見した。彼らが最初の報告を出したのはスペディングとシェインとグレースの報告と同時だったが、自分たちの実験結果に確信を持つにはさらに六カ月かかった。(11)

理論上では、すべての方程式に——正確には相互作用項を除くすべての方程式に——すべての数値を入れて解けば、バルマー系列の第一の線は軌道関数$2S$、$2P$と$3S$、$3P$、$3D$との間の遷移によって生じる二本の強い成分と三本の弱い成分に分離すると考えられていた。[12] 二本の強い成分（図7-1の#1と#2）は、分光学者が比較的容易に観測できた。ギッブズとウィリアムズは理論上の値を知っており、実験で得た値はそれより約六％低かった。

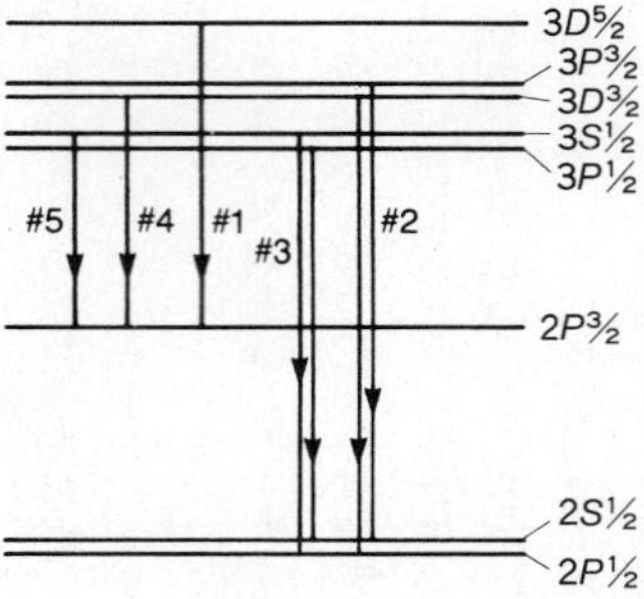

図7-1

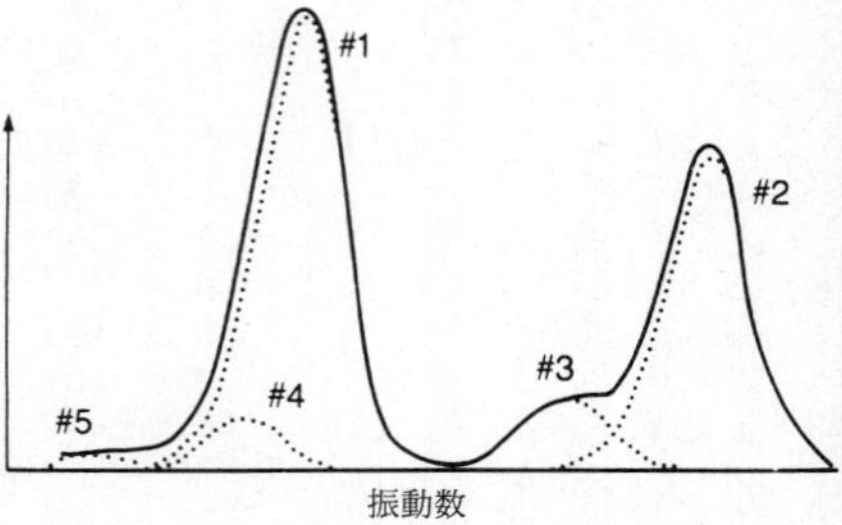

図7-2

図7-1／水素原子のエネルギー準位の一部とその間の遷移。ただし場と粒子の相互作用を無視した理論によれば、図の3組の近接した準位（$2S\frac{1}{2}$と$2P\frac{1}{2}$、$3S\frac{1}{2}$と$3P\frac{1}{2}$、$3P\frac{3}{2}$と$3D\frac{3}{2}$）はそれぞれ一致する。

図7-2／分光計で測定された光の振動数と強度の関係。ラムはマイクロ波吸収法を使い、図7-1の一番下の二つの準位のうち、$2S\frac{1}{2}$は$2P\frac{1}{2}$より少し高く、従来の理論値とずれていることを確認した。

一九三四年の公現祭（エピファニー）の日（一月六日）に、彼らは『フィジカル・レビュー』誌に短報を発送し、それは二月一日号に載った。[13] 彼らはそこに続報を待つようにと記した。

彼らはフーストンとシエの研究に衝撃を受けた。この二人のバルマー系列の微細構造に関する長い秀れた論文は、翌月の『フィジカル・レビュー』誌に載った。[14] 彼らは自分たちの測定が充分精密で「理論がもはや満足すべきものでないことを示すだけの精度に達している」と主張した。これは、後から考えれば驚くべき提唱である。「これ〔理論との食い違い〕に対して考えうる一つの説明は、放射場と原子との相互作用の効果〔すなわち自己エネルギー〕が今まで振動数の計算で無視されていたとすることである」[15] この説明は、今では正しいと考えられているが、二人の理論家から与えられたものだった。その一人は、やはりカルテックの物理学部にいたJ・ロバート・オッペンハイマーで、もう一人は当時アメリカを訪れていた卓越した学者ニールス・ボーアだった。二人はフーストンとシエに、自分たちが従来行なっていた理論的予言はすべて、自己エネルギーを無視したもので、それはまだ誰も理解できていないものだと説明した。理論的に微妙なことを知っていた実験家は、当時は稀だったが、フーストンとシエは、ひとたびそれを知らされると「これ〔自己エネルギー〕がわれわれの見いだしたずれの原因だということは、大いにありそうに思う」と唱えた。[16]

当時は、場の理論に関心をもっていた人なら誰でも、新しく発見された真空偏極を話題にした。オッペンハイマーは、その共同発見者の一人で、特に興奮していた。彼は自分の下の新しい米国学術会議研究員エド・ユーリングに、フーストンとシエが発見したずれが真空の偏極によって説明できるかどうか調べさせた。[17] 不幸にも前述のように、ユーリングの得た結果では、真空偏極はある程度の効果を与えるが、それは観測されたずれと比べて逆方向で大きさが一〇分の一以下だった。[18] オッペンハイマーはすでに自己エネルギーの無限大の処理を放棄していたので、真空偏極の処理も放棄し、実験結果が本当かどうか疑い始めた。

コーネル大学では、ギッブズとウィリアムズがフーストンとシエより二週間遅れて自分たちの長い論文を発表した。[19] 彼らは理論値とくらべて $2S_{1/2}$ のレベルが上方へわずかにずれることを指摘したが、ずれの原因や自己エネルギーには言及しなかった。ギッブズは、理論には関心がなく、たとえ量子電磁力学の発散を耳にしたことがあったとしても、それが分光器の読みのような物理的なものと関係があるとはおそらく考えなかったろう。とはいえ、すでに一九三五年のなかばには、量子電磁力学の予言に何かまちがいがあるという意見が急速に広まっていった。ところが、同年の末にスペディングとシェインとグレースが自説を取り消した。[20]

三人は、多少なりとも騒ぎを起こした張本人なのに、今度は理論は正しいと言いだした。実験データはたいして変わっていなかったが、彼らの解釈が根本的に変わったのである。

今度は、彼らは微細構造定数に対して「正しい」値である1／137を得た。「以前より詳細な方法」で分析して補正したら、結果が理論とぴったり一致したのだ。彼らは、おそらくカルテックの仲間との対立を避けたいと思って、フーストンとシエについてはほとんど言及しなかったが、ギッブズとウィリアムズを、統計の専門知識が不充分だと攻撃した。この三人はまた、コーネルの実験者たちはスペクトルを発生させるために水素の圧力を綿密に制御するのを怠ったのではないかと述べた。

ギッブズとウィリアムズは、当時すでにカリフォルニアのグループと接触していた。[21]二人はただちに憤然と反撃し、米国物理学会の新年の会合で、スペクトル線の諸成分の分離は実験条件がどんな場合にも「著しく一様」だと述べた。[22]その後、フーストンもまた反撃に加わった。[23]

この三つのグループは、同種の装置を同様の条件下で使って同じ現象を調べたが、対立する結論に達した。フーストンとギッブズおよびウィリアムズは、線のずれを支持し、スペディング、シェイン、グレースの三名はそれに反対した。後からみると、この不一致の原因の一部は、ずれが微少なことにあり、もっと重要な原因は、水素原子自体の性質にあった。他のどんな原子でもそうだが、水素は通常の環境では光を放出しない。発光は電流か何かのような形のエネルギーで刺激された時のみで、刺激により電子は高い軌道関数状態へ飛躍する。その電子がもとの状態へ落ちる時に、光が放出される。この発光は、おなじみのネオンサインの発光の親類である。

あいにく、明るさと波長の鮮明さとは両立しにくい。光を明るくして測定しやすくするためには、気体に大量の電流を流すが、そうすると気体の温度が上がって、原子同士の激しいぶつかりあいのため、測定しようとするスペクトル線の幅が広がってしまう。[24] 細い線を得るためには、水素を液体空気の温度（−190℃）近くまで冷却せねばならず、そのためには電流をごく少なくすることが必要で、したがって写真にとりにくい弱い光しか得られない。この困難を回避しようとして露出時間を長くすると、他の困難に陥る——温度のゆらぎ、振動などが、求める微細な効果をぼやけさせ始める。要するに、冷たい水素に明るい光を放出させるのは容易なことではなかったのだ。

物理学者たちは、水素を使うなら妥協せねばならなかった。測定しても、得られる値は、それを得るときの条件に必然的に影響される。分光学者たちは、こういう影響に対してデータをどう補正すべきか、測定データが真の値にどれほど近いかということをめぐって論争した。

この三組の実験に使われた分光計はファブリ＝ペロー干渉計と呼ばれるもので、この名は、その発明者である今世紀初頭のフランスの物理学者シャルル・ファブリとアルフレッド・ペローに由来する。[25] この装置は、冷却された水素が放出する光を取りいれて、一連の鏡とレンズの組み合わせを通して波の山と山、谷と谷を互いに強め合わせる。こうして増幅された山と谷は、いくつもの同心円の光の環を生じて、印画紙を感光させる。これらの環の半径と光の強さを光電装置で測定する。ファブリ＝ペローの干渉計を使って得られた水素のスペクトルの微細構造の曲線は、ラクダの背に似たやや非対称な二つの山をもっている（242ページの図の下側）。一九三〇年代にフーストンやギッブズやウィリアムズのような分光学者は、これらのふたこぶ曲線をにらみながら多くの時間を費やした。これらの曲線は、第一バルマー線の五つの部分の総和を示しており、曲線のわずかな起伏やゆがみを綿密に調べることによって、二つの大成分と三つの小成分の位置を推定することができた。実験家たちは、妥当と思われる推測によって、あれこれの成分の高さを上げたり下げたり、それらの曲線の一つの組み合わせを第二や第三の組み合わせと比較したりして、最後に正しいと思われるものを選ぶ。同じデータで議論した一つのチームが結論をどれほど根本的に変更することがあったかは、スペディングとシェインとグレースが自分たちの以前の発見を撤回した時にみられたとおりである。

この頃には、ギッブズはすでにコーネル大学の物理学部長になっていて、彼はこの職に本気で取り組んだので、実験家としての活動はほとんど終わってしまった。ウィリアムズは一人で実験をやり直したが、本質的に同じ結果が得られた。しかし、ここまで来て、彼はある不運にぶつかった。卓越した物理学者のジェームズ・フランクとハンス・ベーテが、彼コーネル大学にやってきたのだった。フランクは、エネルギーの量子性を最初に直接測定した人物で、その業績により、一九二五年にノーベル賞をもらった。ベーテは、ノーベル賞受賞はのちの一九六七年だが、すでに水素の微細構造に関し、広く引用された権威ある理論的な論文の著者であった。[26] ベーテとフランクは新しい分光学的発見に興味をもち、ウィリアムズのシフトは、結局は理論で説明できそうだという理由をいくつか示唆した（ベーテから著者への手紙による）。[27]「彼らはエネルギー準位のシフト（ずれ）を本当に発見したのです」とベーテはわれわれに語った。「しかし、私は愚かで、それを認めることができなかったのです。彼らの最初の説明からして正しかったのですが、当時は $2S_{1/2}$ 準位のシフトを予言する理論はなかったので、私は別の理由を探していました」[28]。ウィリアムズは引きさがって、ベーテの考えに基づき、自分のデータを再検討した。それでも理論とのずれはなくならなかった。しかし、この時までに、彼は博士論文の仕上げがすみ、自分が最初に望んだ天文学へ戻る用意が整った。ギッブズは自分が説明できない測定を発表するのがいやだった。彼はミシガン大学天文台へ行き、彼の指導教師のギッブズに論文が託された。ギッブズは理論家ではなく、しかもそのずれが本当に重要なことなのかどうかを知らなかった。[29]

二年以上のちの一九三八年の半ばに、ウィリアムズの論文がついに日の目をみた。[30] その論調は最初の論文より慎重だったが、彼は新たに第三の成分が予想された位置に存在しないことを発見していた。線#1と線#2の間隔は、量子電磁力学による予想値より約二・

七%小さかった。ウィリアムズは言及しなかったが、あらゆるずれは、$2S_{1/2}$ 軌道への遷移に関するものだった。

当時はもう、理論家たちは量子電磁力学の壁に頭をぶつけることに飽きていた。分光学者たちは互いに一致しないようにみえ、実験界の外部にはスペディング、シェイン、グレースと、フーストン、ウィリアムズのどちらが正しいか、判断できる人は稀(まれ)だった。ウィリアムズは、「(当時)私の論文が積極的に不信の眼でみられたのか、それともほとんど無視されたのかは、私にはわからない」と言っている。彼は大戦後まもなく天文学から身を引き、秀れた分子生物学者になった。今ではカリフォルニア大学バークレー校の名誉教授であり、自分の戦前の分光学の研究については、いやな思い出はあまり語らなかった。「当時はまったく泥沼だったことを忘れてはいけません。スペディングとシェインとグレースは、実にみっともないものをもちだしました。彼らはそこで見たはずの詳細をてんで見せようとしなかったのです――まったくひどい分光学でした。なぜかというに、おそらく彼らの鏡の表面があまり良くなかったからでしょう。それから、こいつ〔ボストン大学の実験〕がひどいものでした。フーストンとシエ、あれはいい仕事でした。そんなわけで、事態は泥沼でした。思うに、一つにはそれがわれわれの仕事を信じられなくさせたのでしょう。われわれの仕事が間違いだと主張した人がいたとは思いません。むしろ、それはどちらとも言えないことだと思われたのでしょう。

もう一つ忘れてならないことは、われわれには恐るべき一団の競争相手がいたということです。ハイゼンベルクやシュレーディンガーやディラックのような人、それから別の何人かの人たちで、彼らはその間隔がどれほどかを予言しました──われわれはそのとおりの間隔を得たほうが絶対に得でした」

そのとおりの間隔を得なければならなかったというのはどういうわけか、とわれわれは尋ねた。

「あの連中のせいでした」彼は残念そうに言った。「連中は非常に有能でしたから、その理論を疑おうなどと誰がしたでしょう」

にもかかわらず、彼は第一の論文で確かに理論を疑った。彼はベーテの威信により、自分の考えを棄てたのだろうか？

ウィリアムズはまだ笑っていた。「いや、私はそうは思いません。ある意味では、われわれの実験は時代に先んじていました。もしその実験を計算機ですらすらやることができ、測定値にうまくあてはまる曲線を捜す苦労もなかったのなら、たぶん結果は承認されるか信用されていたでしょう。おそらくどんな研究でもそうでしょう。ところが、われわれはかろうじてできるぎりぎりの仕事をやった──と思います。そして、理論と一致しない結果を得たので、その結果は誤りにちがいないとされた。いや、まあ、こんなことは昔からよくあることですね」

それから、一〇年後に博士の測定が追試されてノーベル賞が話題に上っていた時どう思ったかと尋ねた。

「当時私は、タバコのウイルスや核酸だの何だのの測定に没頭していました。そのことはすっかり忘れていました。だから、彼らが私とほぼ一致する結果を得たのを喜びましたね」

それだけですか？　ほんとうに？

「いや、前に言ったことがありましたかな――もともとノーベル賞は、何が本当の答であるかを見つけた二人の人が分け合うというのがいいだろうと。確かに、時々そう思ったことがあります。そういう信念を抱いたわけではありませんが[31]」

ウィリアムズの結果に関心をもった数少ない人物の一人はサイモン・パステルナックで、当時カルテックへやってきたばかりの理論家だった。パステルナックはフーストンに話しかけ、論文を読み、ギッブズとウィリアムズが一九三四年に到達したのと同じ結論に達した――$2S_{1/2}$レベルは、ディラックがあるはずだと言った位置にはないにちがいないというものである。[32]パステルナックがそのずれにぶつかったのは一九三八年で、当時、理論家たちは無限大を理解しようとする努力を大かた棄てていた。彼は自己エネルギーを問題にする代わりに、そのずれの原因を「電子と原子核の間の摂動的な相互作用」にあるとみた。彼の指摘は多少注目を引いたが、彼を含めて誰も、その説やそのもとになった実験をどれ

そのとき初めて、自分がやった仕事のもつ重要さを知った。(33)

子電磁力学の正否はその結果にかかっていると説明した。ウィリアムズはびっくりした。実験は充分なものだったのかを説明し、理論家は実験家に、その結果はとても重要で、量学天文台で、何時間も水素の微細構造について話しあった。実験家は理論家に、なぜその彼を「自分の手で仕事をしたこと」はない奇妙な人だったと回想した。二人はミシガン大ほど真に受けていいのかわからなかった。ウィリアムズは、戦後に初めて彼に会ったが、

ロンドンでは、大物が一枚加わった。オーエン・リチャードソン卿である。J・J・トムソンの門下生で、ラザフォードやディラックの同僚で、一九二八年にノーベル物理学賞をもらい、水素のスペクトルに関し、国際的に認められた専門家だった。一九三九年までに、彼は水素の微細構造に関する新しい論争に精通し、実験をやり直してみようと決心した。リチャードソンは一人の協力者を得た。ウィリアム・E・ウィリアムズと言い（ロブリー・ウィリアムズの親戚ではない）、新型の干渉計を考案した人で、それはファブリ＝ペローの干渉計とちがって真空中で働くものだった。ウィリアムズが装置を組みたて、リチャードソンは大学院生ジョン・ドリンクウォーターに実験をやらせることにした。ドリンクウォーターは深遠な理論的問題には格別の関心はなく、産業界へ入りたかった。産業でなら、自分の研究はすぐに成果をあげると思ったのだ。リチャードソンは、共同研究という

ものには超然としていた人物だったので、ドリンクウォーターの実験室にはめったに行かず、問題点をほとんど話さなかった。リチャードソンは何も言わずに、まったく一人で論文を書いた。(34)

その結果は極めて奇妙なものだった。(35) まず、一六ページにわたり、注意深く丹念に、実験の動機と方法を説明し、分光計の読みを列挙した。最初のうちは、この論文は大変な結論を約束しているようにみえた。パステルナックが $2S_{1/2}$ レベルのずれを示唆し、ドリンクウォーターの測定は「明らかにこの仮説を支持している」と。しかし、次にリチャードソンは、「この説明の可能性を排除するようにみえるいくつかの他の要因がある」(36) と書き、意外にも最後の四ページを使って、このずれを排除しようとするとんでもない仮定を並べたてている。リチャードソンは実験室にほとんどいなかったにもかかわらず、ドリンクウォーターが使った水素は原子状水素（H原子）と分子状水素（H_2）の不当な混合物だったにちがいないと平然と断定している。微量の H_2 が「副次的」なスペクトル線を作りだして見掛け上のずれを生じさせた。「われわれの結論では、微細構造がディラックの方程式から計算された値から確かにはずれていることを示す本当の証拠は、まだ得られていない」とリチャードソンは書いている。(37)

「それが息の根をとめたのです」とリチャードソンの後継者の一人ディック・ラーナーは、ロンドン大学でわれわれに語った。ロンドン大学訪問の目的は、その実験で本当は何が起こったのかがわかるかと思ったからだった。リチャードソンは三〇年以上前に死んでいたし、彼の共同研究者で存命の人たちは、その実験のことをほとんどおぼえていなかった。インペリアル・カレッジで会ったラーナーは、測定の誤差を教えるクラスで、その論文を、してはいけないことの実例として使っていた。温厚で髪の黒いどっしりした体格のラーナーは、ドリンクウォーターとW・E・ウィリアムズとリチャードソンに何が起こったのかをはっきり見きわめていた。「それは、人が自分自身のデータを信じることを拒否する場合の実例として、私の知る限り最も明白なものです」と、ラーナーは長い会談の中で語った。「私はこの問題を、私のコースで講義しています。彼自身の数字によれば、まちがっていた可能性は万に一つです。彼は、結果をうまく言い逃れるのに苦労せねばならなかったのです」

われわれは、なぜリチャードソンがそんな苦労をしたのかと尋ねた。

「行間を読むと、どうも彼は、ディラックが原子物理学と相対性理論のすばらしい統合を達成したと思ったようです——優雅な理論にうっとりしたのでしょう。リチャードソンはディラックと親しかったんですよ」。ラーナーは肩をすくめた。当時の情景がまざまざと浮かぶ。数分してから、彼はこうつけ加えた。「あのころは、教授や学部長は神さまのような存在でした。イギリスはまだドイツの伝統に従っていて、教授がこうしろと言って、そのとおりにしなかったら、ただごとではすまなかった。リチャードソンは確かにそういう暴君の一人でした。ドリンクウォーターのほうは、大学院の学生にすぎず、指導教授がノーベル賞の声で言いつけたのです」

なぜリチャードソンの実験は、他の実験の息の根をとめることができたのですか？

「その実験後の雰囲気は、ディラックはやはり正しかった、ああ、神さま、という感じでした。実験後には、もし微細構造を再測定する研究費を申請したら、『やめておけ』と言われたでしょう。申請しても最初のふるいで振り落とされてしまったでしょうね。ことにノーベル賞受賞者がもう見つけることは何もないと結論を出しているんだから。今ならNSF〔米国科学財団〕だって冷たくあしらうでしょう」

それだけだったのですか？

「みなさんはいつも根本的なことを忘れています。物理学には資金がいるということをね。いつだって決定的な実験は研究費が得られなければできないのです。リチャードソン以後は、この実験は明らかに研究費がもらえない実験になったんです。まともな人なら誰も手を出さなくなりました。

私がこの実験を教えているのは、理論家はしばしばまちがいをするということを思いださせるためです。もしあなたが実験家なら、理論家はみんな大変頭のいい奴だという幻想をもつでしょう。でも、多くの理論家は、実験で何が起こっているかをまるで知らないんです。理論家を実験装置のそばにこさせたら、壊されてしまいますよ。たとえば、ここにいる連中の中には、何でもできる人も少しはいますが、残りの連中の中には、まるでぶきっちょな手合いが何人かいます」。ラーナーは、突然われわれの方へまっすぐ向き直った。「要するに、人間は、他人の眼より自分自身の眼に何がどう映っているかということのほうをよく知っていることを忘れてはなりません。実験物理学は、残念ながら、劣等感をもっています」[38]

大戦中に有能な物理学者は、残らずロス・アラモスやその他の軍事研究センターへ行ってしまったわけではなかった。行かなかった人物の一人、ウィリス・ラムは、オッペンハイマーの弟子で、コロンビア大学で教職についていた。ラムとオッペンハイマーの関係は不安定で、彼はオッピーに魅されていたが、二人は本当に気が合っていたのではなかった。バークレー時代にラムは、自己エネルギーとスペクトル線のずれについてオッペンハイマーが一九三〇年に発表した論文を読み、また、水素の微細構造についてのファーストンの測定についての討論も聴いた。しかし、ラムの学位論文の主題は物理学のもう一つの領域にあり、彼はこの問題を本気で調べたことはなかった。一九三八年に博士論文を仕上げると、ラムはI・I・ラービに会い、コロンビア大学の講師の職を世話してもらった。年俸二四〇〇ドル、当時としては大変な高給だった。そこで彼は、工学用物理学のコースを受け持ち、理論的核物理学を研究し、たまたまファーストンの分光学データについてのパステルナックの説明に出会った。彼はまたドリンクウォーター、リチャードソン、W・E・ウィリアムズの論文を読み、パステルナックが唱えたレベルシフトの存在は魅力的だが、現実の世界には存在しそうもないという結論に達した。[39]

ラービは当時、イオンや分子のビームを含む実験を行なっていた。ラムは分子のビーム（分子線）のための種々の計算をした。戦時研究が始まると、分子線の研究は、ラービも含めて実験者の大部分が爆弾の製造やレーダーの設計に移ってしまったため、取りやめになった。ラムの妻のアーシュラは、一九三五年にヨーロッパから逃げて来たので――ラムによれば「ありふれた理由のため」だが――敵性外国人と指定された。[40] そのためラムは、必要な安全審査証明が得られず、コロンビア大学での教職を続けた。

一九四三年一一月、ラムの所にオッペンハイマーから電話がかかってきた。安全審査問題が片付いたとオッペンハイマーは言った。われわれがニューメキシコでやっている仕事が何だか君はわかるかね？　ラムは、大体見当がつきますと言った。非常に重要な機密計画で働く気はないかね？　ラムはありませんと答えた。しかし、彼は実際にはコロンビア大学の放射線研究所の仕事に参加した。そこはピューピン・ホールの構内にあり、武装警備員によって大学の他の部分と隔離されていた。放射線研究所にはマグネトロンがあった。レーダーに使うマイクロ波を発生させる装置である。「あそこにはこういう規則があった」ラービは当時を回想した。「そこで働く者は、誰もがマグネトロンを一つ作らねばならないと。そのためラムは、実験の仕事に引きこまれたわけだ」

ラムはマグネトロンに興味をもったが、そこですぐにわかったのは、もしそれについての自分自身のアイディアを試してみたければ、実験を自分でやらなければならないということだった。彼はそれに必要な精巧な金属工作や真空技術をまるで知らなかったので、それを習った。彼はまた、原子物理学を教えたが、そのため水素原子の軌道関数の間の遷移の選択則と呼ばれるものについて考えさせられた。電子のスピンや角運動量などは量子化されているので、一つの軌道関数から別の軌道関数への飛躍は、両方の軌道関数の量子数の間に適当な関係がなければ起こりえない。ラムは、選択則のために $2S_{1/2}$ 準位から水素原子の最低エネルギー状態である $1S_{1/2}$ への落下は困難なことに注目した。これに反し、$2P_{3/2}$ から $1S_{1/2}$ への落下は容易にできる。$2S_{1/2}$ は、下方のエネルギー準位へ落下するには長い時間がかかるので、「準安定状態」と呼ばれる。

一九四五年の夏、ラムの頭に三つの考えが同時に浮かんだ。第一に、もし多数の原子を $2S_{1/2}$ 状態にすることができれば、それらの原子は $2P_{3/2}$ 状態へ突きあげられると急速に $1S_{1/2}$ 状態へ遷移し、その結果 $2S_{1/2}$ の比率が突然減少するはずである。第二に、$2S_{1/2}$ から少し高い $2P_{3/2}$ への遷移には、放射線研究所にあるマグネトロンによって放出される光子とほとんど同じ振動数のマイクロ波の光子が必要である。第三に、水素原子のエネルギーは、原子を、同調可能な磁場を通過させることによって、精密に変化させることができる。この三つのことを組み合わせれば、$2S_{1/2}$ と $2P_{3/2}$ のエネルギー準位の差を、従来よりはるかに精密に測定することができると彼は確信した（この二つの準位の差は、量子電磁力学によって予言されていたが、前述のようにその計算では自己エネルギーが無視されていたことに注目することが肝腎である）。

ラムは放射線研究所の仕事とコロンビア大学の学生の教育に忙しかったが、時おり微細構造をマイクロ波で測定するという着想に立ち戻った。一九四六年七月までに、彼はどうしたらいいかをおぼろげにつかみ、機械工場に部品を注文した。彼の経験はマグネトロンだけだったので、彼の設計したものはマグネトロンに似たものだった。その組み立てを終わる前に、それではうまくいかないことがわかった。

九月にラムは、ロバート・レザフォードという大学院生にあった。その学生は、ウェスチングハウス社でしばらく働いてから、大学に戻ってきた。レザフォードは装置を作るのに必要な技術について多くの知識をもっていた。ラムは大喜びし、彼と一緒に前のとはややちがう案をすぐにまとめた。(41)

二人は水素の噴流に、電子銃からの電子をぶつけることを計画した。電子銃とは、トムソンが半世紀前に電子を発見するのに使った陰極線管と原理的に似たものである。気体の水素は、普通は二個の水素原子が結合した分子 H_2 から成っている。二人の考えは、電子銃から打ち出した電子は水素分子を分解して原子にしたうえ、原子を準安定な $2S_{1/2}$ 状態にするのにちょうどいいエネルギーをもつことができるというものだった。

$2S_{1/2}$ の検知には、準安定原子の特殊な性質を利用した。準安定な原子が放出できないエネルギーは、子供の水風船の中の水に似ているとみることができる。たいていの場合は、水は飛び出せないが、風船を何かにぶつけると、水ははねでる。一九三〇年代にはすでにわかっていたことだが、準安定な原子は、金属原子に充分接近してその電子の一つをはじきだすことができるような衝突をすると、基底状態へ落下する。はじきだされた電子のすぐそばに正荷電板があると、その電子は負電荷をもっているので正荷電板に引きつけられる。多数の衝突によって多数の電子が生じる場合は、小さな電流が流れる。それゆえラムは、$2S_{1/2}$ 状態の水素の流れにマイクロ波を当てれば、その水素原子が $2P_{3/2}$ 状態へ遷移したかどうかを検出できると思った。なぜなら、遷移した場合は検出器の電流が突然低下するからである。

二人の実験家は、次の数カ月を費やしてピューピン・ホールでこの実験装置を作った。だが、出来上がってスイッチをいれても、検出器にまったく電流がみられなかった。水素原子が正荷電板にぶつかっているのかどうかさえ確かでなかった。二人はその板に種々の酸化モリブデンの暗黄色の混合物を塗った。それは原子状水素と結合すると青色になる。彼らは検出器に再びスイッチを入れた。板は青色になった。水素は確かにぶつかっていたが、その方法では、水素原子を $2S_{1/2}$ 状態へ励起(れいき)できなかったのである。

彼らは装置を作り変えることにした。今度考えたのは、H_2の細い流れをタングステン製の摂氏二〇〇〇度以上に熱した小さい炉に吹きこむ方法だった。(42) 炉の熱が水素分子を分裂させ、ばらばらな原子が炉の側面の微小なスリットから飛びだしてくる。これらの原子の大部分は $1S_{1/2}$ 状態にある。電子銃は、今度はそれらの原子を $2S_{1/2}$ 状態へ押しあげる仕事だけすればいい。それでもまだ、うまくゆくまでには実験に時間をかけねばならなかった。まあまあ適当な読みが得られるようになるまで、電子銃の調節を続けねばならなかった。

一九四七年四月二六日の土曜に、実験はついに成功した。ラムとレザフォードはマイクロ波を調節して、従来の量子電磁力学理論の予言によれば水素原子を $2S_{1/2}$ から $2P_{3/2}$ 状態へ飛躍させるはずのエネルギーにした。しかし、検出器の電流を記録する装置——普通の検流計で、回転鏡で反射した光線の位置を細長い目盛紙に記録するもの——は不動のままだった。不思議に思った彼らは、マイクロ波の波長をいじくった。すると、最初より約一〇％低い周波数の時に、検流計の電流が低下した。$2S_{1/2}$ が $2P_{3/2}$ へ遷移したのだが、周波数が予想とちがっていた。これは、$2S_{1/2}$ の準位が、理論で予言された位置になかったことを意味した。彼らは、このずれがパステルナックの分析に一致することを知った。フーストン、ギッブズ、ウィリアムズが正しかったのである。

ラムは熟練した理論家だったので、この結果の意味が充分にわかっていた。同夜遅く、レザフォードが帰宅したのちに、ラムは一人で実験室へ行って前の観測を確かめようとした。すると、一人だけでは機械を操作できないことがわかったので、妻のアーシュラを手伝いに呼び寄せた。二人は検流計の光点が動くのを見ることができた。彼は翌朝爽快な気分で目を覚ました。ひどい間違いを犯していない限り、ピュービン・ホールの光の斑点は、量子電磁力学に手を加えることがまさに必要になったことを意味していた。

原子爆弾が広島に投下されてから数カ月後に、ヴィクター・ワイスコップはマサチューセッツ工科大学から職を提供された。彼の就職は、それ自体、米国における物理学の運命が劇的に変化したことの証（あかし）だった。戦前には、米国の諸大学はユダヤ人の雇用に対する非公式の割当て制度をもっていた。原爆の開発とそれに続く大戦終結は、物理学者の中から英雄たちを作りだした。ユダヤ人大量殺戮は反ユダヤ主義の評判をますます低下させた。ユダヤ人物理学者は、科学の威信の増大に支えられて、従来彼らの求職を横目でみていた諸大学から求められた。ひとたびアイビーリーグ入りすると、物理学者の威信は、彼らへの郵便物の宛名によって高められた。

ワイスコップはただちに、量子電磁力学の研究に取りかかった。彼は出だしに戻ることにし、オッペンハイマーの歩みをたどり、水素原子内の電子の自己エネルギーが水素の原子スペクトルにどんな影響を与えるかを調べた。一九四六年のハロウィーン（一〇月三一日）のころ、彼はこの問題を大学院生J・ブルース・フレンチに与え、$2S_{1/2}$ 準位と $2P_{1/2}$ 準位に特に注意するように言った。二つの準位は、従来の理論では一致したのである。[43] この問題に対する二人の研究ははかどらなかった。摂動論による展開で二つの無限大をうまく組み合わせて互いに相殺するようにするのが極めて困難だったから。

この研究の進行中に、ワイスコップは、ある小さな会議に招待された。それはマンハッタンのロックフェラー医学研究所のダンカン・マッキネスとニュージャージー州マレーヒルのベル電話研究所のカール・K・ダローが主宰する量子力学の基礎に関する会議だった。[44] マッキネスはニューヨーク科学アカデミーの総裁でもあり、米国科学アカデミーが二つの会議のため五〇〇〇ないし六〇〇〇ドルを提供するよう手配し、その二つの会議の一方が理論物理学に関するものとされていた。ダローはアメリカ物理学会の事務局長を長くやっていた人物で、マッキネスの手配を助けようと申しでた。二人はしばらく考えたのちに、物理学の一種の修養会を計画することにした――二〇名か二五名の、概して若く前途有望な物理学者を三日か四日、どこか孤立した場所に集める会である。テーマは「量子力学の根底」とし、場所はニューヨーク州ロングアイランドの東の沖のシェルターアイランドにした。公式の論文や一定の議題や報告書の刊行はやめることにした。この会議に少々の威信をつけるため、ダローとマッキネスはまずオッペンハイマーを招いた。オッペンハイマーは計画全体が風変わりだと思ったが、喜んで協力した。[45] ダローとマッキネスはワイスコップも招いた。彼は、「数日間静かに田舎でハイゼンベルクの不確定性原理に取り組むという考え自体は……極めて魅力的」と思った[46]。アインシュタインも招待されたが、彼は参加できなかった。彼はいずれにせよ、物理学の主流の外にいた。

ワイスコップとオッペンハイマーと、ボーアの弟子ヘンリク（ハンス）・クラマースが座長を務めることになった。この三人はいずれも、何を討論すべきかの大枠の考えを提出するよう求められた。ワイスコップの案は、やや長く引用するに値する。なぜなら、それは一九四七年春における現役の指導的理論家の一人の見解を表しているからである。

> 素粒子の理論は行き詰まった。一連の基本的問題を克服するため、過去一五年間にいくつかの有名な試みがなされた。これらの試みはすべて初期段階で失敗したように思われる。これらの問題についての会議の一つの議題は、必然的に、その試みのリストを含む。戦時研究から復帰した後、われわれの大部分は、まさしくこれらの試みを通過し、失敗の理由の分析を試みた。それゆえ、以下のリストは、誰もがよく知っており、痛い頭を同じ古壁にぶつけるのだという感情をひき起こすであろう。この会議の成功は、会議がこの議題からどれほど抜けだせるかによって測ることができる。

ワイスコップは、量子電磁力学の問題を次のように列挙した。

(1) 自己エネルギー。無限大の自己エネルギーを除去する試み……なぜ対数的発散は、これらの方法の大部分をはねつけるのか？

(2) 引き算によって得られた量子電磁力学の「有限」の結果は、どれほど信頼できるか？　真空の偏極とそれに関連した諸効果。量子電磁力学には高エネルギー側の限界があるか？[47]

彼はこれと同じリストを、一三年前の一九三四年にも書くことができたであろう。クラマースとオッペンハイマーも、討論すべきことの概要を書いた。オッペンハイマーは焦点を主に、当時物理学者の関心の的だった宇宙線に絞った。他方クラマースは、量子電磁力学に目を向けたが、ワイスコップとちがって楽観的だった。その理由は、彼が自分は軌道に乗っていると思ったからだった。クラマースは、一九一六年以来ボーアと共同で研究し、一九三四年以来ライデン大学の理論物理学科の椅子を占めていた。大戦前に、彼は発散に関心をもつようになった。[48]しかし彼は、ディラックと同様に、量子場理論の無限大を避けるにはあまりに多くの問題を一挙に解くことが必要になると確信し、量子力学を含まない古典理論へ努力を注いだ。しかし、クラマースがこの路線で達した結論は、粒子の無限大の固有エネルギーは大部分が目に見えないもので、観測される電子の電荷は

「裸」の電荷と真空偏極との有限な残余だから、観測される質量も実は「裸」の質量と自己エネルギーによる質量の結合だろうという考えだった。そこでクラマースは、もし理論を、裸の質量と電荷とによらずまったく実験上の質量と電荷で書いたら、無限大は最初から避けられ、理論はリノーマライズ（くり込み）されると考えた。

ナチスがオランダに侵入した時、クラマースはライデンに留まり、ユダヤ人物理学者で彼が居所を知っている人たちをひそかに助けた。彼は健康を害して一九四六年に米国に渡り、そこで彼のアイディアは戦争から帰った理論家たちの関心を呼びおこし始めた。ワイスコップは自己エネルギーに関する研究をベーテと議論していたので、クラマースがどこまでこぎつけたのか聞きたかった。ラービの門下の一人が水素の微細構造を測定して、それが理論からはっきりずれている結果を得たという噂が流れていた。ワイスコップは、ラービとその測定者ラムの両方が、シェルターアイランドの会議にくると知って喜んだ。一九四七年五月の末に、ワイスコップはもう一人の会議参加者と一緒に汽車でニューヨークへ行った。それは、この会議の主役になるべき若い参加者の一人ジュリアン・シュウィンガーで、ハーバード大学の正教授に二九歳でなった驚くべき秀才の理論家だった。シュウィンガーとワイスコップは、もし実験家たちの噂が本当なら、そのずれはおそらく自己エネルギーに由来するものだと考えた(49)。

二人は、当時マンハッタンの東五五番通りにあったアメリカ物理学会の建物で、ダローとマッキネスとオッペンハイマーに会った。そこから二五名の物理学者の大半がバスに乗ってロングアイランドへ向かった。ラムはカリフォルニア時代の旧友のサーバーとノルドジークを連れてきた[50]。ベーテはニューヨーク市へ行き、そこで義弟の自動車を借りて、非常に離れたロングアイランドへ向かった[51]。彼はすばらしいバス旅行にありつきそこねた。オッペンハイマーの権威のおかげで、この旅の最終部分は、警察の車を連ねてサイレンを鳴らしながら赤信号を突っ切って走ったのだった。

ロングアイランドはコネチカット州の海岸と平行して一〇〇マイル以上にわたって伸びているごつごつした乾燥低地である。その東端が二つの長い半島に枝分れし、それぞれノースフォークとサウスフォークと呼ばれている。その間に三角形の砂地があり、シェルターアイランドと呼ばれていた。ロングアイランドの他の部分とちがい、そこは今なお五〇年前、いや一〇〇年前の姿をおおかた留めている。ブティックが軒を並べているサウスフォークのハンプトンズとは対照的に、シェルターアイランドは今でも最初に入植したクェーカー教徒の質素で飾らない風情(ふぜい)をもっている。風雪に耐えた田舎家が点々とし、路は狭く、自動車は少なく、あたかも島全体が潮汐の浸食を、いやむしろ押しかけてくる避暑客の侵入を防ごうと身構えているかのような雰囲気をもっている。シェルターアイランドの周縁には、土地の言葉で「ヘッド」と呼ばれる長い岬がいくつか、昔のオスマントルコの奇妙に湾曲した剣のように突きでている。

最も遠くにある岬の一つがラムズ・ヘッドで、そこに行く唯一の土手道は、冬の満潮時には海水に洗われる。道に沿った電信柱にはミサゴの巣の残骸がいっぱいついている。土手道をそれると、すぐにラムズ・ヘッド・インが見えてくる。素朴な板張りの田舎旅館だ。われわれが訪れた時にはバラが咲き、建物の前の柵にからみついていた。カシワとカエデの樹が歓迎するかのように玄関の上でそよいでいた。通路は白い飾り縁でふちどられて小さなホールまで続き、旅館の名のもととなった雄羊(ラム)の頭の剥製が飾られていた。背後のラウンジにはピアノや暖炉やバーなどがあり、壁には海辺のいろいろなおもしろいがらくたなどが、乱雑にぶらさがっていた。

ドアの横で、田舎の旅館によくある大きな一覧表をみつけた。昔のフットボールの優勝記録や、ボウリングチームの得点表が並んでいた。ふと、一枚の額の縁がまだ光っているのに気がつき、近寄ってみると、それは二〇世紀の科学史の道標の名残りを留める唯一の記念品だった。

量子力学の基礎に関する第一回シェルターアイランド会議

一九四七年六月二～四日

一九四七年、量子力学の基礎に関する第一回シェルターアイランド会議がこのラムズ・ヘッド・インで開催された。この会議は、物質の基本構造に関するわれわれの見方を一変させ、新たな宇宙論を生み出した一連の重要な物理学上の進歩の、出発点となったものだった……。

今日の物理学者にとっては、シェルターアイランドの名は今なお興奮させられるものである。この会議は、科学的想像力の歯車が完璧に嚙み合って迅速に回転し、過去数十年間、多くの人びとにとって関連がわからなかった種々のひそかなアイディアがうまく組み合わされたという、稀代（きたい）の宝のような会議の一つだった。後年、シェルターアイランド会議に出た若手物理学者の一人リチャード・ファインマンは、「その後、世界に多くの会議があったが、そのどれをとってみても、シェルターアイランド会議ほど重要だと感じたことはない」と語った。[52] オッペンハイマーは、自分が出席した科学会議の中で最も成功した会議だと思った。総経費はたった八五〇ドルだった。[53]

会議は一九四七年六月二日の月曜日、朝早く始まり、ラムが自分の実験結果を報告した。その頃までに、彼とレザフォードは、$2S_{1/2}$ 準位が理論で予言された位置より約三％ずれていることを確認するのに成功していた。これはウィリアムズが見つけたものよりいっそう大きなずれだった。次に、ラービが若い仲間のジョン・E・ネイフとエドワード・B・ネルソンの仕事を説明した。彼らは似たような装置を使って水素とその同位元素の原子内電子の磁気的挙動を調べ[54]、やはりずれを見出していた。[55]

クラマース、オッペンハイマー、シュウィンガー、ワイスコップは、そのずれはディラックとハイゼンベルクとパウリの理論に本当に誤りがあるためではなく、理論の使い方が不適当だったためだと主張した。すなわち、従来の理論値は全ハミルトニアンの中の最後の項を無視することによって得られたもので、方程式全体を使って正しく計算すれば、コロンビア大学の実験家たちが見つけた値と似たものが得られると主張した。あいにく、出席者全員にわかっていたことだが、それは実行が困難なことだった。[56] 無限大の除去——専門用語ならリノーマリゼーション（くり込み）——は大変な仕事だった。

夜おそくまで、参加者は徹底的に討論し、議論に夢中になって食事をかきこみ、二人三人と連れ立って廊下を歩き回った。旅館は高名なJ・ロバート・オッペンハイマーを迎えるためにシーズン前に開き、会議参加者たち以外に客はいなかった。多くの参加者にとって、この会議は真珠湾以来初めて軍事色に染まらない物理学の海にもぐる機会であった。

シュウィンガーの後年の言葉によれば、「それはこういう物理学を五年間も頭の中に閉じこめていた人たちが、誰かに背後からのぞきこまれて『それは機密事項じゃありませんか?』と言われることなしに、互いに話し合うことができた最初の時でした」(57)。秀れた物理学者は自然界の働きに一種の驚異と歓喜を感じるものである。参加者はみな、好奇心からの深い喜びを再び味わいつつあった。ピューピン・ホールの一〇階の検流計の鏡に反射する光束は、なぜ予想された時に動かなかったのか?

二日目には、宇宙線が話題にされた。ここでも、討論は白熱し、活発で鋭かった(58)。三日目には、くり込みに戻り、一部が分科会を作り、そのメンバーは使命感に胸をふくらませた。オッペンハイマーがハーバード大学の名誉学位を受けるために水上機で去り、一緒にシュウィンガーとワイスコップフ、イタリアの宇宙線専門家ブルーノ・ロッシを乗せていったが、それは驚くべき飛行となった。操縦士は、オッペンハイマーがニューロンドン沿岸警備隊詰所へ着水してくれと無頓着に命じたので困惑した。そこは、民間航空機に開放されていなかったからだ。操縦士はどぎまぎして、危うく飛行機を沈没させそうになった。武装した沿岸警備隊員が一人、かんかんに怒ってやってきた。シュウィンガーの回想によれば、オッペンハイマーはコックピットから跳びだして、激怒した士官に向かって呪文を唱えた——「私の名はオッペンハイマーです」。「あのオッペンハイマー?」と相手は仰天した。一同は儀仗兵(ぎじょうへい)に案内されて列車に乗った(59)。

一方、ベーテは車を運転してニューヨークに戻り、母親と一晩を過ごし、再び列車でニューヨーク州スケネクタディーのゼネラル・エレクトリック社研究所へ行った。当時、彼はそこで働いていた。ラムシフトは彼を非常に興奮させた。長年にわたり、彼は、量子電磁力学は複雑すぎて、自分は何も寄与できそうもないと思っていた。[60] ところが今度は、水素エネルギー準位のこのシフトを簡単な仕方で説明できそうな方法を思いついたのだった。

かつて、彼にこのラムシフトの話をしてくれと頼んだことがある。「あれはすばらしい新効果でした——まったく思いがけなかった」と彼は語った。「前々から謎だった無限大の自己エネルギーの問題、とくにクラマースが言った電磁相互作用をくり込むという考えと調和したのです。クラマースは計算を何もしませんでしたが、くり込みのアイディアはもっていました。彼は、空間を走る自由電子の自己エネルギーは、観測にはかからないが、その質量の一部をなしているという考えをもっていました。とすれば、スペクトル線のずれを計算するには、自由電子の自己エネルギーと、場の中の電子、たとえば水素原子の中の電子の自己エネルギーとの差だけを考えるべきなんです」。その差こそが、見ることのできるすべてなのであり、それはたぶん有限だろうとベーテは考えた。手速く計算するため、彼は単純に相対論的効果を無視した。「相対論的計算は、私には短時間でやることはできませんでした。私も知っていたし、論文にもそう書きましたが、自己エネルギーは相対論的な場合は対数的に発散します。それは、一九三四年以来知られていました。そこで私は言いました――よろしい、私は非相対論的部分をつかまえよう、と。そして、汽車で帰る途中で計算を仕上げました」[61]。本当は、ベーテは計算を完全に仕上げたのではなかった。翌朝図書館に行って、ある係数とある対数をみつけねばならなかったのだ。相対性理論を忘れることによって計算ははるかに簡単になり、嬉しいことに、彼は効果の九五％を説明することができた。会議が終わってから五日後の一九四七年六月九日の月曜日に、彼は予稿を書きあげた[62]。

その計算は、仲間たちをくやしがらせた。ラムの回想によれば「私はすぐに、ベーテが何をやったのかがわかり、自分が先にやるだけの機転がきかなかったのをくやしがった」[63]。がっかりした物理学者たちは、こう思った――(1)ベーテは明らかに正しい。(2)ベーテがやったことは、誰でも一五年前にやればできたことだった。ラムはまた別の機会に「バークレーの連中――サーバー、ユーリング、オッペンハイマー、その他――の誰でも、ベーテがやったことはできたはずです」と述べた。彼に、なぜ彼らはやらなかったのかと尋ねた。「彼らは適切なことを適切な時に考えていなかった。それにまた、その計算が簡単すぎたせいもあります。高尚(こうしょう)なやり方を知っている時に、非相対論的なやり方をするわけがありません」。一九三〇年代には、物理学者は正しい理論が相対性理論の要求に従わねばならないことを知っていた。単純な非相対論的計算が充分役にたつとは思いつかなかった。「ところが、シフトが実験的事実として現れたのです」とラムは言った。「もしある現象が確かに存在することがわかっているなら、あるかないかわからないほど可能性がわずかだった場合より、それを計算しようとする気持ちは、はるかに強く促されます。これは原爆の場合と似ています――原爆の秘密は、誰も製造していなかった時には、製造後よりずっとよく保たれていたのです」(64)

8　ヒドラ退治（その１）

ジュリアン・シュウィンガーは、一九一八年二月一二日にニューヨーク市で生まれた。彼のすばらしい才能は、いち早く現れた。一四歳で、彼はディラックの空孔理論の講義に出席した。二年後には量子電磁力学に関する最初の論文を書いたが、これは発表しなかった。彼が入学したタウンゼント・ハリス高校はニューヨーク市立大学の付属高校だった。同校の教師たちはまもなく、彼に市立大学へ進学するよう勧めた。

たまたま、コロンビア大学の博士号候補者ロイド・モッツが、シュウィンガーの兄でコロンビア大学法学部にいたハロルドと親しくなった。モッツはすでにうわさで、市立大学に高校生年齢の天才児がいると聞いていた。その天才児が友人の弟であることを知った彼は、さっそくジュリアン・シュウィンガーを調べてみた。すると、まだ物理の高校一年の課程を修了したばかりなのに、相対性理論、量子力学、核物理学、空孔理論などを完全によく知っており、教授たちのために高級な計算をやっていることがわかった。感嘆したモッツは、シュウィンガーに、ある論文を一緒に作ってみないかと誘った。二人は話し合いを始めた。するとモッツは、シュウィンガーの才能は疑いないが、学校の成績はよくないことがわかった。その理由の一部は、彼が研究に熱心なあまり、授業に関心を払うひまがないためだった。モッツは自分の博士論文指導者I・I・ラービにシュウィンガーを紹介したほうがいいと思った(1)。

「あの頃はなかなかロマンチックな時代でした」とラービは最近われわれに語った。われわれは彼のアパートを訪れ、ラービが携帯用電話を使って面会などの申し込みを受け流しているのを眺めていた。「私はアインシュタイン、ポドルスキー、ローゼンの論文を読んでいたところでした。私の論文の読み方は、いつも学生〔ドクターコースの〕に内容を説明させるというやり方でした。その時〔ロイド・〕モッツが通りかかったので、彼を呼びいれて、その論文について話しました。しばらくして彼が『外で私を待っている者がいるんですが』と言いました。それがシュウィンガーという子でした。当時市立大学の学生で、ロイドがその子を呼び入れました。私が腰掛けるように言うと、彼はそのとおりにし、私たちは前の討論を続けました。すると、シュウィンガーが完全性定理を使って、その議論を解決したのです。私は『この子は何者かね』と尋ねました。すると、彼は市立大学で壁にぶつかっているという話だったので、コロンビア大学へ転校するように勧めました。彼に奨学金を取ってやりました――順調にはいきませんでしたがね」[2]

シュウィンガーは、自分は市立大学で優等卒業課程にはいれなかったらコロンビア大学に転学しようと言った。モッツは、当時市立大学で非常勤で教えていたので、学部長に会いにいった。二年生を優等卒業課程にだって？　論外だ！　一九三五年春に、シュウィンガーは、ラービが彼を自分のクラスに入れることの重要さを吹聴（ふいちょう）したおかげで、コロンビア大学へはいれた。

それは、彼の数学的才能にラービが感嘆したことが大きかったにせよ、ラービはシュウィンガーの特殊性を心得ていた。彼は傑出した来訪者たちを――特にパウリ、ベーテ、フェルミ、ウーレンベックを――さりげなくモッツの研究室へ案内した。そこで来訪者たちは物理専攻の一人の学部学生の言葉に唖然として耳を傾けた。ベーテはのちに、ラービに手紙で、シュウィンガーはすでに物理学の九〇％を理解しており、残りの一〇％は数日間で修得できるだろうと書いた。一九三七年の夏、大学の学部卒業直後に、シュウィンガーは博士論文を書いた。ラービは彼に、大学を離れないで専属研究生の義務を果たすようにと言った。「人はいつもこういう悪い助言に従うものです」とシュウィンガーは後年語った。[3]

シュウィンガーは物理の学部を驚嘆させたが、数学の学部を悩ませた。彼が数学的科目の内容を完全に理解していることはわかっていたが、数学の教授たちは、彼が授業に出なければ合格させないと言った。ラービは当時コロンビア大学に一学期滞在していたジョージ・ウーレンベックにどうにかしてくれないかと頼んだ。ウーレンベックは統計力学を教えており、それはシュウィンガーが一度も出席しなかった多くのコースの一つだった。

「彼は一度も出てきませんでした」とウーレンベックは面白そうに思い出を語った。「学期末には、通常の試験をしなければなりませんでした。そこでラービに尋ねました。『ジュリアンをどうしたらいいかな。一度もこなかったからね。私は喜んでAをやりたいんだ。彼が一番だということはもうわかっているからね』と。だが、ラービは言いました。『いかん、いかん、あいつにはEをやれよ』。私は仰天しました。彼は考え直してこう言いました。『じゃあ、ジュリアンに今週末、君の試験を受けさせよう』。それまで三日か四日しかありませんでした。ジュリアンは私の講義ノートを別の学生たちから借りて、それを勉強しました。三日後に彼がやってきたので、私は正規の試験をしました。もちろん、彼は何でも知っていました。ただ、彼はいくつかの問題を、私が講義で示したのより簡単な方法で解くことができましたが[4]」

「彼はこんなノートブックを持っていました。いろいろな計算と答でいっぱいになっているものを」モッツは最近語った。「いつも新論文ができた時には、もうこのノートブックですっかりやってあると言ってみせてくれました。彼はいつも完璧なセミナーをやったものでした。私の知る限り、物理学に彼ほどの人材は一人もいませんでした。フェルミも含め──私は、フェルミは非常によく知っています。彼と一緒に本を一冊書きましたから。シュウィンガーは物理学にとって、音楽のモーツァルトのような存在でした」[5]

新しい博士号と米国学術会議研究員の資格を持って、シュウィンガーは一九三九年の秋にバークレーにやってきて、まもなく核物理学に没頭し、オッペンハイマーと共同研究を行なった。二年後の一九四一年、彼は補助金給付期限が切れたので、インディアナ州ラファイエットのパーデュー大学へ移った。一二月七日に日本が真珠湾を攻撃した。その後まもなく、ハンス・ベーテが戦時研究のため、物理学者を募集する使命を帯びてパーデュー大学を席捲（せっけん）した。シュウィンガーはマサチューセッツ工科大学の放射線研究所に参加した。一九四三年になると、ベーテについて、ロス・アラモスのオッペンハイマーのチームに参加するよう求められた。そこで何が起こりつつあるかは、彼も米国の多くの核物理学者と同様に、かなりよく知っていた。彼はおずおずと、まずシカゴ大学のグループに加わって重水の研究に手をつけることができないかと言った。そこでは、原子炉を設計していた。数カ月後に、彼は提案された原爆の大きさとエネルギー放出量の意味がわかり始めた。彼は手を引いてＭＩＴへ戻った。「私は自分の消化器の反応に高い点を与えるんです」と彼は語った。

われわれは、カリフォルニア大学ロサンゼルス校の構内から車で数分のレストランで話し合った。シュウィンガーは小柄で、がっしりしたライオンのような顔つきで、中欧風の優雅さを具えていた。手入れのゆきとどいたイタリアのスポーツカーでわれわれをレストランに案内してくれた。服装は、物理学者には稀な気配りのされたスタイルに仕立てられていた。きちんと結んだ絹のネクタイがワイシャツの前にまっすぐに垂れていた。やむを得ないことだが、彼は天才児だったため、成人してからも天才であり続けることが困難になることによる反応を示した。それを彼の仲間たちは、内気とか孤高とか、単なる静寂願望などの言葉でさまざまに説明した。コロンビア大学時代にシュウィンガーは研究を夜間にするようになり始めた。この習慣をラービは、愛情と敬意をこめた推測で、自分の師たち——主にラービ自身——を避けたいという願望によるものとした。われわれは注文した料理がくるのを待っている間に、彼にシェルターアイランドのことを尋ねた。

「シェルターアイランドは、物理研究者という種族が大戦後に集まった最初の会でした」。彼は早口でよどみなく答えた。「あれは理論家たちが自分の理論を述べたてる会合ではありませんでした。ウィリス・ラムとラービらが行なった実験的発見を中心にした会でした」。ラムの仕事は、数週間前から噂になっていた。シェルターアイランド会議より前に、ワイスコップとシュウィンガーは、あのレベルシフトについて話し合った。二人の意見は、それは電磁力学的効果であり、補正は相対論的にやらねばならないという点で一致した。「それを説明しなければなりませんでした。現にこういう効果が、無限大でもなくゼロでもない効果がみられたのですから。それまで発散に対する人びとの反応は、理論がまちがっているのだから、こういうまちがったものは棄てようということでした。そこで、無限大をもたらすものをすべてゼロにしてしまったのです。単に棄てたのです。ところが、それは無限大でもなく、ゼロでもなく、小さく、有限だという実験結果が現れたんですから、われわれはそれを理論で説明せねばなりません」

そこでシュウィンガーに、ラム効果は人びとに自分たちの理論を正しいと考えるように強いたのだろうかと尋ねてみたら、彼は答えた。

「いいえ。いいですか、歴史を枯木と思って引っこぬいてはいけません。電磁力学はまちがっていると考えられていました。それを変えようとして、まるまる一世代かかったんです」。彼は、理論家たちが量子電磁力学を修正しようとして試みた方法をいくつかあげた。「こんなことがはびこっていたんです」。ラムの仕事が現れた時、理論家たちはただちに自分たちの切り捨て法や、古典模型や、長さの素子の説へ殺到した。「もちろん、人びとはすぐに『やあ、僕は有限の理論をもっているのだ。この効果を計算しよう』と言い始めました。ごくわずかな人だけが——私自身を第一にあげますが——『さあ、振り返って、もとの理論をみつめよう』と言ったのです。何人もの人びとがそう言ったのですが、それは彼らの大多数の第一の考えではなかったのです。絶対に」。彼は自分の特殊な才能については控え目に語った。「私がその問題に投じたのは物理的な直観と計算をする能力でした。それだけで充分だったのです」

ベーテやワイスコップやシェルターアイランド会議のその他の出席者の大多数とちがって、シュウィンガーの頭をとらえたのは、ラムシフトではなく電子の磁気的挙動のずれであった。運動している電荷は磁場を発生させる。電子のスピンと軌道運動は、電子に微少な磁石のような挙動を起こさせる。正確に言えば、ラービのドクターコースの学生ネイフとネルソンが電子の磁気モーメント――磁石の強さを表す量――は、理論家たちの計算値と一致しないことを確認したのだった。

「そのほうがずっと大きな驚きでした」とシュウィンガーは語った。ラム効果は、ベーテが示したように、ほとんど相対性理論を使わずに説明できた。「電子の磁気モーメントは、ディラックの相対論的理論から出てくるもので、非相対論的理論では決して正確に記述できないものでした。それは根本的に相対論的現象であり、（a）その物理的解答はディラックの理論で与えられるものではなく、（b）それを考える単純な方法はない、これこそ真に取り組むべき問題であると教えられました。それに私はとびついたのです」

　ほかの人たちもそれに注目したのですか？

「いや、私ほどではありませんでした。だから特に苦労したのです。こりゃ厄介だとね」彼は笑った。「しかし、それがよかった。なぜなら、それを解くためには、相対論的な理論を作らねばならなかったんですから。ところが、ラムシフトには、どんな非相対論的理論でも、単に桁（けた）が合う以上によい近似値がでてくるのです」

われわれはシュウィンガーに、理論をリノーマライズする（くり込み理論をつくる）にはどれほど時間がかかったのかと尋ねた。実は、彼はシェルターアイランド会議の後の二カ月を、新妻との旅行で過したのである。

「さあ、私がカリフォルニアなど各地をドライブしていた時でも、脳細胞のやつがチクチクしていたようです。でも、その研究を開始したのはたしか九月でした。最初に取りあげたのは、さっき言ったように磁気モーメントでした。それが真の相手でした。解決に三カ月かかりました。それからラムシフトに目を向けたわけです——私は計算を休むことができませんでした。得た答はちがっていました。答がまちがっていたのは、私の計算では、電子が静止している時に認められる磁気モーメントと、電子が原子の内部で電場の作用の下で運動している時に認められる磁気モーメントが、結局同じでないことになっていたからです。このことは、私が使っていた方法は相対論的不変性を破っていることを意味していました。電子は運動していても静止していても同じものですから、理論でもそうなるはずです」

ワイスコップは、教え子のJ・ブルース・フレンチと一緒に、やはりラムシフトを計算した。そして、ある答に達したので、そのノートをシュウィンガーと、同じ問題を調べていたもう一人の若い理論家リチャード・ファインマンと比べてみた。不幸にも、シュウィンガーとファインマンは同じ誤りを犯し、同じ誤った答を得ていた。ひとしきりクロスチェックが行なわれた。ワイスコップは、自分より若い世代の二人の数学的能力を信頼していたので、発表を思いとどまった。理論と実験のずれが消えなかったので、ワイスコップは一九四七年のクリスマス直前に、オッペンハイマーに手紙で、自分は彼らがついに量子場の理論の真の欠陥に到達したのではないかと思い始めていると書いた。(6) 彼は悩む必要はなかった。シュウィンガーがまもなく正しい答に達したからである。ファインマンもまた、自分の誤りをみつけて、恰好よく謝罪した。自分の論文の脚註をいじって、誤りを認める註を「うまい番号」の脚註13になるようにしたのだった。しかし、この間に、ラムと学生のノーマン・クロールが、正しい計算をスクープしてみんなに知らせた。(7)

「私が以前に使っていた方法は原始的でした」とシュウィンガーはロサンゼルスで語った。「私は、明らかに相対論的な形の新しい方法を考えだすよう駆りたてられていました。電子がどこにいようと同じ数が得られるようにするためです。それを初めて思いついたのは、一二月もおしつまってからでした」。彼の考えは一挙にまとまった。彼は夜を日についで計算した。「一九四八年の一月末に、コロンビア大学で話をしました。そのとき、これらの結果を発表したんです(8)――磁気モーメントとラムシフトに対する当時の実験結果との一致を示し、この相対論的理論を初めて提示しました。私は浮き浮きしてました。天にも昇る心地でした。くり込み前の数をはるか下にみて(9)」

一九四八年三月三〇日の火曜日、第二回シェルターアイランド会議が開かれた。今度の会場はペンシルバニア州ポコノ・マナーのポコノ・マナー・インだった。前回の会議のメンバーの大部分が参加したが、新来者の中にニールス・ボーアがいた。今回の呼び物はジュリアン・シュウィンガーによる異例の五時間講演だった。ホテルのラウンジに置かれた携帯用黒板を方程式で埋めながら、彼は集まった物理学者たちに、量子電磁力学の目のくらむような完全な再構成を順々に示していった。それにより、あらゆる無限大は電子の観測される電荷と質量の中にくり込まれ、「裸」の質量と「裸」の電荷という概念と、それらに伴う電磁気的な付属物はすべて回避された。彼は相対性理論でしくじったばかりだったので、まず最初に自分の方程式の中のすべての表現は相対性理論の要求を完全に満たすことを明白に示し、議論を進める中で、聴衆の一部にとっては彼の説明なしにはこれほど速くは通過できなかったような幾何学や微積分のわき道へはいって、そこから理論を導き出した。その場にいた物理学者の一部は、シュウィンガーの駆使するきらびやかな数学的技術の列にアンビバレントな反応を示した。彼らは、彼の講演を、名演奏の極致だが、音楽よりは技術的な誇示、美しいが冷たい独唱曲と評した[10]。彼が黒板に書いていったものの大半は、この理論にたどりついた道の記録に過ぎず、本当は物理ではない、と彼らは言った（シュウィンガーはそうは思わなかった）。とはいえ、居合わせた人は誰もが、自分は歴史的な場面に居るのだと感じた。新しい世代の物理学者がついに支配権を握った。ニールス・ボーアの眼前で、一人の若者——シュウィンガーはまだ三〇歳になったかならないか――が場の理論の正当性を立証し、量子電磁力学のくり込みに成功したのだった。

オッペンハイマーは、シュウィンガーの講演に歓喜はしたが、プリンストンに帰って日本からの一通の親書をみつけていっそう喜んだ。それは、朝永振一郎という若い理論家が、数年前にこの理論をほとんどリノーマライズ（くり込み）していたこと、だが、彼は大戦のためにその仕事を西洋に知らせることを阻まれていたことを、オッペンハイマーに知らせた手紙だった。困難な条件――朝永の言葉を借りれば「世界の物理学の進歩から完全に隔離された」――の下で研究しながら、この日本人は、シュウィンガーの推論と本質的に同じものを一九四三年に完成させていた。(11) 朝永もまた、ラムシフトのニュースを載せた『ニューズウィーク』誌が到着したとき衝撃を受けたのだった。アメリカ人と同様、彼もその実験に刺激されて猛烈な計算を始めた。(12) オッペンハイマーはその手紙のコピーを会議出席者全員に送り、朝永には折り返し電報を打った。(13)

テガミトロンブンアリガトウ」コチラノケンキユウケツカノオオクトソツクリニテキワメテオモシロクカチアリ」サイキンノジヨウタイトイケンノヨウヤクヲフイジカルレビユーニハヤクノセルタメゼヒカカレタシ」ヨロコンデセワスル」コチラノモツトモケンセツテキナシンポハシユウインガーガアナタノソウタイロンテキジコムドウチヤクヒキザンホウヲツカイイクツカノタシカナテイリヨウテキケツカヲエタコト」ヨ

ロシク」ロバート・オッペンハイマー

五月中旬までに、朝永はその要約をオッペンハイマーに届け、彼はそれを『フィジカル・レビュー』誌に送り、六月一日付受理となった。[14] それはまもなく出版されたが、それでも朝永はシュウィンガーより六カ月おくれた。[15] しかし、米国の物理学者たちは、特にシュウィンガー自身をも含めて、すみやかに朝永の功績を認めた。物理学者たちは寛大な気風の中にいた。量子電磁力学は、その誕生から二〇年後についに足を地につけた。ヴィクター・ワイスコップは後年こう書いている――

無限大との戦いは終わった。高次近似を恐れる理由はもはやなくなった。リノーマリゼーション（くり込み）は、あらゆる無限大をとりあげ、電子と電磁場との相互作用から生じるどんな現象をどんな精度でも計算できる明確な方法を提供した。だが、それは完全な勝利ではなかった。なぜなら、無限大を除去するには無限に多くの対立項を導入せねばならなかったからである。……それはヒドラに対するヘラクレスの戦いに似ている。ヒドラは多数の頭をもつ海の怪物で、どの頭を切り落としても新しい頭が一つ生えてくる。しかし、ヘラクレスは戦いに勝ち、物理学者もやはり勝った。[16]

もちろん、舞台は完全に幕を閉じはしなかった。シュウィンガーの計算は、最初の衝撃としては見事だったが、実際にはなかなか使いにくいことがわかった――むしろ、多くの理論家がそう思った。くり込み理論は、その数学的方式があまりにむずかしくて、シュウィンガー以外には誰も使えないとしたら、たいして役にたたないように思われた。パウリは結局、この方法に厳しい批判を加えた。ディラックは、自分はこの仕事全体を、根本的問題をおおいかくすように仕組まれた安っぽい手品だと思うと唱えた[17]（彼はこの意見を死ぬまで持ち続けた）。しかも、シュウィンガーも含めて誰もがわかったのだが、あらゆる可能な相互作用でのあらゆる可能な無限大を点検するのは、うんざりする仕事であった。

最も注目すべきことに、舞台が幕を閉じなかった理由の一つは、この第二回シェルターアイランド会議で、まったく思いがけないことが起こったからだった。もう一つのくり込み理論が提示されたのである。これは、あまりにもちがうやり方だったので、誰よりもまずボーアが、これを考えたリチャード・ファインマンは初等量子力学を理解していないと考えた。実は、ファインマンの方法はあまりにも先を行っていたので、かつて量子力学を生みだし偶像を破壊したが、今は長老になった人たちの世代には、最初は理解できなかったのである。

ファインマンもまた、天才児だったが、タイプは異なっていた。ファインマンが生まれたのはニューヨーク市クイーンズのファーロッカウェーで、A列車の終点として市内で有名な所である。彼は父に育てられて科学者になった。パズルマニアで、発明屋でいたずらっ子で、近所のラジオやタイプライターの修理屋だった。彼は高校の数学の教科書の記号を好まなかったので、自分独自のものを編みだした。[18] 第二回シェルターアイランド会議で彼がぶつかった困難の一部は、彼の理論が独特の新しい記号方式で書かれていたためだった。彼は一〇代で試みた新しい記号方式を作りあげようとする努力をすでに棄てていたが、これは、自分が言っていることが他人にはわからないことに気づいたからだった。しかし一九四八年には、彼は自分が言おうとすることを人びとにわからせようと決心していた。

彼は昔も今も遠慮をしない人で、鷹のような顔つきで、人を畏怖させるような風貌をもち、自分の頭に浮かんだことをすぐさまそのとおりに言う人である。彼と話していると、威圧されてどぎまぎしてしまう。いたずらが好きで、相手はいつも顔をしかめそうになる。最近、自伝的な寓話集を書いたが、それは、この独創的で真摯な学者をやっつける作品である。その大筋は、素粒子物理でノーベル賞をもらい、三度結婚したある男が、いつもきまって騒ぎを起こし、驚くほど定期的に向こうみずなことをして窮地に陥るという奇妙な話である。彼は若いときに原爆製造計画に参加し、その際ニールス・ボーアに会った。ボーアの存在は、ロス・アラモスの他のすべての人を畏れさせた。ボーアがある技術的な問題について何がしかの意見を述べた時、ファインマンは真っ向からきっぱりと「それではだめだ」という意味のことを言った。その後でボーアは、あれは今日自分が聞いた唯一の正直な言葉だと言い、ファインマンに、自分がロス・アラモスにいる間、話し相手になってくれと言った。[19] ファインマンはロス・アラモスで、いささか悪名を博した。というのは、錠前をつつきあけて、最高機密はすぐあく金庫で見られると吹聴したからだった。彼は当時、ひどく悲劇的なおどけ者だった。最初の妻アーリンは、結核でアルバカーキの病院に入院していた（一九四六年に死亡）。

ファインマンは、率直な話しぶりと我が道をゆくというようなやり方で常に得をした。「私には、他人の論文を読むよりは自分で最初からやるほうがずっとやさしかったのです。特に、その意図がわかった時は。論文を読んで見当がついたときは、たいていの場合、式を追ってゆくより自分で解いてしまうほうが好きですね」

「私はせっかちで、他人の論文を読むのがひどく苦手です」と彼はテレビで語った。

彼はきいきいいう椅子に掛けて大きな伸びをし、首を反らして片腕で支えた。だぶついた格子柄のワイシャツがたるみ、眼は鳥のようにらんらんと輝いていた。ロス・アラモスへ行くよりずっと前から、彼は量子電磁力学につきまとう無限大に関心を向けていた。ファインマンは問題をつかんだら手放すような人物ではない。彼はある種の数学的なトリック——特に「経路積分」という手法——を、戦後にコーネル大学の教授だった時に、使い始めた。少なくとも使おうと試みた。たぶん、妻の死による傷手がまだ癒えていなかったのだろうし、広島の破壊が科学にひずみを加えていたことなどもあったろう。彼は仕事を始める気になれなかった。

落ちこんでいた彼は、ニュージャージー州プリンストンの高等学術研究所からの招きを断わった。自分は何も貢献できないと感じたからだった。その後、彼の言うには、気が変わって、彼の才能を人びとが誤解するのは自分のせいではないと悟った。彼は、物理学で自分の好きなことを何でもやってやろうという気になった。「その日の昼すぎ」と、彼は語った。「私が食事をとっていると、カフェテリアにいたどこかの子どもが皿を一枚ほうりあげました。皿には青い印が一つついていました。コーネルの校章です。皿は上がってから落下し、ぐらぐらしながら回っていました。その青い印がこんなふうに回っていたんです」。彼は手でそれをまねてみせた。「するとふしぎなことに、その青い印が、皿のぐらぐらよりも速く回っているようにみえたので、私はその二つの運動の間にどんな関係があるのかと考えました。むろん、ほんの遊びです。どうでもいいことです。私は回転物体の運動方程式をもてあそび、もしぐらぐらが小さければ、青い印は皿のぐらぐらの二倍の速さで回ることをみつけました。そこで私は、なぜそうなるのかを複雑な方程式を使わずにニュートンの法則から直接ひきだすことができるかどうか突きとめようとしました。面白半分に解いてみたのです」。満足した彼は、ハンス・ベーテに話しかけた。ベーテは彼に、カフェテリアの皿の回転速度の発見は何の役にたつのかねと尋ねた。役にはたたないさ、とファインマンは答えた。彼は電子のスピンに関連したもう一つの類似の問題の思い出を語った。それは、彼を量子電磁力学へ連れ戻した。「まるで瓶のコルク栓を抜いたようなものでしたよ。全部がどっとながれでてきました」[20]

彼の言うには、もちろんその後で、ハンス・ベーテの行なったラムシフトの計算が、彼に「肘鉄」をくらわせた。ファインマンはハミルトニアンの代わりに、もう一つの型の式であるラグランジアンを使った。[21]ラグランジアンは古典力学以来よく知られたもので、量子力学がハミルトニアンを復活させるまで物理学者が好んで使ったものだった。ラグランジアン形式では、量子力学の基本的な電子＝光子相互作用は、電子に対する項と、光子に対する項と、相互作用の項から成り、各々はいくつかの波動関数とマトリックスから成る。複雑な相互作用の場合は、これらの方程式は非常に長くなるので、ファインマンはそれらの項を追跡する助けにするため、ちょっとした落書きをする癖がついた。展開式の中の各電子の項に対しては、たとえば一本の直線を引いた（図8－1）。

光子を表すには、波形の線を引いた（図8－2）。

両者が相互作用する場合は、両方の線を一点で出会わせた（図8－3）。彼は椅子にじっと坐っていることができないようにみえた。

「私がいつからこういう図を書き始めたのかはわかりません」。「確かに覚えているのは、ある特別な段階のときのことで、その頃はまだこの着想を育てている最中だったのです。私はさまざまな項を書く助けにするため、こういう図を書いていて、大変おもしろい形になると気付きました」。彼はコーネル大学の宿舎テルライドハウスの自分の部屋の床に腰をおろしていた。ある晩、遅くなって、この青年は鉛筆を手にした。髪は完全に突っ立っていた（ファインマンの若い頃の写真を見ると、「一風変わったちんぴら」と呼べるような身なりで、白いワイシャツにぺらぺらな小さいネクタイを結び、濃い髪が頭皮から一インチ半ほど突っ立っている）。机上には仕事をする余地がなく、床にもあいた場所がほとんどなく、部屋中に計算式や落書きが書き散らされていた。至る所に書かれた図形では、電子や光子や、電子と逆

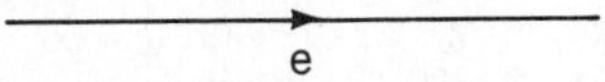

図 8－1

図 8－2

図 8－3

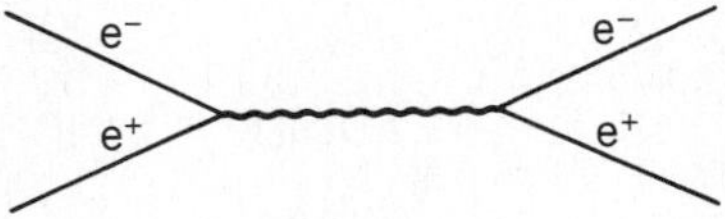

図 8－4

向きの矢印で表された陽電子の線が複雑に交差していた。ファインマンの小図形では、一個の電子と一個の陽電子が衝突して光子を一個作り、その光子がまもなく一対の陰陽電子になる（図8－4）。

「私は、まあ子どもみたいに、半分夢をみているような気持ちで、これがいつかは人びとの関心をひくかもしれないと思い、もしこういう面白い図が役にたつようになったら愉快だな、あの『フィジカル・レビュー』のやつがこういう奇妙な図でいっぱいになるだろうからな、なんて空想していました」彼は大笑いして言った。「ところが、その夢が結局正夢になったんです」

ファインマンは、自分のささやかな表記法が数学的性質をもっていることを発見した。図形を分類することによって、彼は、その中の線とバーテックス（分岐点）の数の和から、その図形に対応するものが発散するか収束するかをすみやかに当てることができた。簡単な目の子算ができたのである。これを使わなければ恐ろしく複雑な計算が、容易に巧妙にできることに有頂天になって、彼はポコノ・マナーの会議に自分の新方法を持ちこんだ。

ファインマンの講演はシュウィンガーのあとで、疲れ切った聴衆は、自分たちがついていけないアイディアにもう耳を傾けている余裕はなかった。ファインマンは、当て推量や直観や、見なれない数学的技巧や、その場限りの規則を使って、何時間も試行錯誤的な計算をやって結論に達した。彼は実は、自分のアイディアを包含（ほうがん）する「順序演算子」という数学の一分野を発明していたのだが、いつも正しい答が得られたということでしか、自分の正しさを知ることができなかった。当時は彼の順序演算子をすでに確立された理論から導き出すことはできなかったので、彼は自分のやり方を説明抜きで提示し、例題を解くことによって議論を進めようと試みた。そのため、彼はいっそう深い苦境に陥った。なぜなら、どの場合もファインマンはすでに問題を解いてしまっており、あれこれの原理に頭を悩ます必要はないことを知っていたが、聴衆はまさしくそれらの原理を案出した物理学者から成り、それらの原理を尊重させたがったからだ。物理学者たちは、ことが結局は正しい結論に落ちつくことを若い一教授から一方的に講義されることに満足しなかった。

説明は恐ろしくもつれあったものにならざるをえなかったので、ファインマンはまず、彼の図形の説明をしようとした。だが、彼が図を書き始めるや否や、ニールス・ボーアが口をはさんで、ファインマンの図形の中の経路の線は、不確定性原理によればまさしく不可能な種類のものだと言った。ファインマンはそれに答えて、この図形は現実の経路を示そうとしたものではなく、実はラグランジアンの中の諸項を扱う表記の道具だと答えた。

ボーアは聞き入れようとしなかった。彼は神聖なコペンハーゲン式解釈に対する、ファインマンの実用主義的で勘に頼ったアプローチを嫌悪した。そしてファインマンに、物理学には君が頭から取りだしたものよりずっと多くのものがあるのだと厳しく諭した。[22]「彼らにはあまりよく理解できなかったようです」とファインマンは語った。「とても説明しきれるものではありませんでした。ボーアは、すでに千九百何年とかに粒子の経路を言うことはできないとわかっており、量子力学の法則はそういうものをもはや許さないのだと言いました。私はおおよそのことがわかりました。そこで、突然言いました。『もう結構です』と」彼は哄笑した。「彼らはこう言いました。『このばかには量子力学が全然わかっていない』。私の考えは筋が通っていました。そして、彼の反対がまちがっていることもわかっていました。私は、彼らのために書いてやらなければならない時がきたと悟りました。私が覚えているかぎりでは、こんなふうでしたよ。

ところで、ハンス・ベーテは私に、当時私が非常に落ちこみ、彼が私の手をとって連れ戻らねばならなかったなどと言っています。そんなことがあったとは全然おぼえておりません。私はすぐ決心しました——」彼の声はおどけて、役人の辞意表明のまねのようになった。「ただちに論文にしなければならないと。それだけのことです。彼らはわかってはいないんだからと」。彼は前かがみに机にもたれかかって言った。「それはそれとして、私はホールでシュウィンガーに話しかけました。二人の間には何の障害もありませんでした。お互いに相手を信じていました。彼が何か言っても、彼の式がまちがっているのではないかとは言いませんでした。私が、『自分はこうやる』と言っても、彼はとやかく言いませんでした。彼はそれを理解しようともしなかったし、私も彼の式を理解しようとはしませんでした。しかし二人は、数学的な理解はともかくとしても、お互いに理解し合えました――なぜなら、同じ問題を片付けたからです。二人で、出てくるいろいろな種類の項について論じ、ノートを比べあい、楽しく話し合いました。それで私は、自分が狂っているのではないことがわかったのです」

　このような二人の若者の考え方は、古い考えの人たちを背後に残して進んでいった。物理学は確かに進歩しつつあり、根本的解決を好む気風の権化であるニールス・ボーアは、いつのまにか時代後れの頑固親父になっていたのである。ファインマンとシュウィンガーは各々のノートをもってきて見せあった。どちらのノートにも、未発表の仕事がいっぱい記されていた。二人の方法は、互いにはよくわからなかった。しかし、互いに喜んだことに、いつも答は一致していた。「二人は話し合いました」とファインマンは語った。「ノートを比べ、アイディアを交換し、助け合いました。私は積分をするのに彼の巧妙なやり方をいくつか盗み、いや、盗んだのではなく、使ったのですが、自分の発表の際にはそのことを述べ、そうすることを好みました。彼は聡明だと思い、いい奴だと思い、彼も私をそう思いました。自分が競争心の強い人間だとは感じなかったように思います。確かに楽しく競争していました。寛容な競い方でした。説明しにくいのですが、二人の友人がレースをしている時のような楽しい競争でした[23]」

　この競争は、のちにはもう少しきびしいものになっていたかもしれない。なぜなら、物理学者たちはファインマンの論文を読み、彼の図形を描くことをおぼえ、シュウィンガーの方法の多くを忘れてしまったからである。今は高等学術研究所にいる物理学者フリーマン・ダイソンが、ファインマンとシュウィンガーと朝永の方法は、数学的に等価だという、それまでは単にそうなんじゃないかと思われていたにすぎなかったことを証明して、多くの物理学者に対し、この仕事全体への信頼をはるかに高めた。[24] この三人はみな、同一の結果に到達し、同一のことを証明し、量子電磁力学が合理的なものであることを示した。量子力学と相対性理論は場の理論の土台になることができ、とうとう物理学者は足を地につけることができた。リチャード・ファインマン、ジュリアン・シュウィンガー、朝永振一郎は、量子電磁力学への貢献によって一九六五年度ノーベル物理学賞をわかち合った。

*

では、あのアルファはどうなったのか——微細構造定数 $e^2/\hbar c$ 、有名な$1/137$のことである。最近の物理学定数表によれば、その数値は $1/137.03604$ だが、それがなぜこの値をもち、それ以外の値ではないのかが、以前よりよくわかったわけではない。この謎の印として、シュウィンガーのきれいなイタリア製スポーツカーの自慢のナンバープレートの番号は137であり、ヴォルフガング・パウリが死んだ病室のドアには同じ番号がついていた。[25] アーサー・エディントン卿は、宇宙にはぴったり $(137-1)\times 2^{256}$ 個の陽子と、やはり同数の電子とが含まれると考えた。これは今でも正しいかもしれないが、もはやこの説を支持する物理学者をみつけることは困難である。[26]

微細構造定数は今でも、宇宙の広大さと美しさを純粋で単純な整数に基づいて説明しようとする昔の物理学者の夢に悩まされる理論家にとっては、じれったくて魅惑的である。数年前、ヴィクター・ワイスコップはユダヤ神秘主義の卓越した学者ゲルショム・ショーレムに会った。ショーレムはワイスコップに、カバラの教えの中には、ヘブライ語のあらゆる単語には、それに対応する数があり、その数は解読できる意味をもっている、というものがあると語った。その後でショーレムが、物理学者をとまどわせている問題のいくつかについて尋ねたとき、ワイスコップはただちに微細構造定数を頭に浮かべた。後年ワイスコップはこう語った。「彼の眼が驚きで輝いた。『137はカバラと結びついた数であることをご存じかな』って」。今日までワイスコップは、これが自分の知るかぎり最良の説明だと好んで言っている。[27]

素粒子物理学には、ヴォルフガング・パウリが天国に行った最初の日についての神々しいジョークがある。真珠の門のところで聖ペテロが「パウリさん、神さまがすぐにあなたに会いたいとおっしゃっています」と言い、ある方向を指さした。神殿につくと、神さまが「パウリ君、君は善良な人間だったので、何かごほうびをあげたい。何でも君の好きな質問をしなさい」。パウリは、ためらうことなく言った――「微細構造定数を説明してください」。そこで神さまは、黒板に書き始め、パウリは嬉しそうにじっとみていた。だが、っくと立ち上がって叫んだ。「まるっきりちがってる！」

二分たつとパウリの顔からほほ笑みが消え、五分後には首をふり始めた。そして、突然す

＊

われわれは、あの老男爵の友人の列に加わることはできなかった。会えたのはただ一度、古都ジュネーブの彼のアパートで、一九八四年二月のひどく寒い曇った日のことだった。ドアの外の目だたない真鍮の表札に、「E・C・G・シュテュッケルベルク　アンリ・ミュサール二〇番街」と記されていた。シュテュッケルベルク夫人がわれわれを風通しの悪い、暗くてむっとする研究室へ案内し、夫に来客を告げるため出ていった。彼女は夫を「先生（プロフェッサー）」と呼んでいた。その小部屋は、明かりはジュラ山脈の麓の青灰色の丘陵に面した窓からはいるだけで、室内にはグランドピアノやロールトップデスクや、木箱をいくつものせた特大のソファーなど、ビクトリア朝風の邪魔物がいっぱい詰まっていた。シュテュッケルベルク家代々の男爵の肖像が壁に並び、色あせた金色と黒の額縁に納められていた。至る所に何百冊もの本が散らばっていた。哲学や物理学や生物学や神学や系譜学、ゲーテやスウィンバーンやパウリ、英語やフランス語やドイツ語やデンマーク語、生涯の学問の蓄積がなんとなく魅力的に、ごたごたと積み上げられていた。

シュテュッケルベルクが二本の杖にすがって廊下に現れた。彼はスポーツジャケットを

だらりとひっかけていた。プラスチックのタバコ入れとパイプクリーナーが杖と椅子の肘掛けにテープでとめてあった。髪の毛はほとんどなくなっていた。窓の光が面長の角ばった顔をちらちらと照らし、重力との長い闘いで細った目鼻だちを浮かびあがらせた。彼はタバコ入れにもそもそ手をつっこみ、まもなく一本の太いがっしりした海泡石のパイプを取りだした。「私はまったく薬物に頼って生きているんです」と彼は突然言った。「ひどいアルトローシスにかかっているんです。アルスリティスとも言いますが〔どちらも関節炎のこと〕」。彼はめったに英語を口にださなかった。彼がプリンストン大学で教えていたのは半世紀も前のことだった。彼はシャツのポケットから厚い眼鏡をひっぱりだすと、マッチをすり、パイプを悠々と吸って、ほっとしたような表情をみせた。

エルンスト・カルル・ゲルラッハ・シュテュッケルベルクは、ゲルマン諸民族の神聖ローマ帝国領ブライデンシュタインのブライデンバッハおよびメルスバッハの男爵であり、ジュネーブ大学とローザンヌ大学の素粒子物理学教授を務め、量子電磁力学のくり込み理論をもう少しで最初に完成させるところだった人物である。彼は一九〇五年二月一日にバーゼルで生まれた。(28) 父の家系は一四世紀以来の同地の市民で、母は中部ドイツの小さな無名の封土の領主の娘だった。シュテュッケルベルクは二二歳のとき、ミュンヘン大学で博士号をとった。彼の指導教授はアーノルト・ゾンマーフェルトで、この師の名声のおかげで、彼はアメリカのニュージャージー州のプリンストン大学に就職することができ、大恐慌のため、大学が彼の解雇を余儀なくされるまで教職を務めた。

スイスに帰ると、シュテュッケルベルクはやがて陥ることになった長い不幸の発端にみまわれた。彼は、それまでプリンストン大学の準教授だったにもかかわらず、スイスの大学で教える資格がないことを発見した。そこで学位論文をもう一つ書かねばならなかった。何年もたってから、やっと私講師の職をみつけることができた。チューリヒ大学の薄給の教育助手の口だった。さらに悪いことに、彼は愚かにも投資に手を出し、一九三一年に結婚した最初の妻のもっていたかなりの財産を失った。破産に瀕して、彼はやむをえず軍隊に勤務して生活費を稼ぐことになり、学者としての研究がさらにおくれ、しかも彼の学問上の仲間に会うには僻地すぎるスイスを離れることが困難になった。少なからぬ経済的、個人的な圧力の下で、シュテュッケルベルクは今なら躁鬱（そううつ）病と呼ばれるような症状を呈し始めた。彼はたいていの時は理性的で、才気縦横（さいきじゅうおう）でさえあったが、時々気分が落ちこんで、数週間精神病院に入院した。長年にわたり、電気ショック療法も含めてさまざまな治療を受けたが、どれも効果がなかった。

種々の個人的困難にも負けず、彼は研究の独創性と難解さのために、ささやかな名声を獲得し始めた。不幸にも、その名声は口伝えで広まるほかなかった。なぜなら、シュテュッケルベルクの最も重要な考えの多くは、チューリヒにいた同僚のヴォルフガング・パウリによって即座に却下されてしまったからである。彼は大戦の前後に発見された何百もの素粒子の最初のものを予言したが、パウリがそれはたわごとだと言ったので、その考えを発表しなかった（のちに、日本の物理学者湯川秀樹が、同じアイディアでノーベル賞を受賞した）[29]。

シュテュッケルベルクが論文を発表した時にも、それはパウリにさえ理解できない込みいったスタイルで書かれていた。しかも、物理学の一般用語になっているいい加減な数学的記号の代りに使う特殊な記号法を発明するという彼の習慣――これは、極めて数学的傾向の強い理論家の間では必ずしも稀ではない――のために、いっそう複雑だった。シュテュッケルベルクは、普通は変数に使われる記号をパラメーターに使われるそれと交換し、指数を記号の反対側へつけ、方程式に曲がった矢印や色のついた文字をジャングルのようにいっぱいつけた。そのうえ、彼の論文は、普通はフランス語で書かれ、尊敬されてはいるが広くは読まれないスイスの雑誌『ヘルヴェチカ・フィジカ・アクタ』に発表された。「私はほとんどいつもその雑誌に発表しました」彼はわれわれに、長い会話の中で語った。「発表しやすかったし、私の秘書はフランス語しか知りませんでしたから。これが、私の論文が決して読まれなかった一つの理由です。当時は、ドイツ語と英語が物理学では共通の言語で、フランス語はそうではなかったのです。実を言うと、自分の論文をあとで読み返すと、ひどく複雑だと思いました。なぜかわかりませんが、私は非常に複雑な文体をもっているのです。ついでに言うと、私の友人の――その後亡くなりましたが――〔ジャン

・」ウィーグル教授がいつも、序論と要約をつけてくれましたが、それはわかりやすいものでした」

彼はまた、疑わしい研究計画に熱中し、孤独を招いた。あらゆる実在は、実数——たとえば1とか3/7とか2の平方根のような数——によって記述されるはずだと確信し、シュテュッケルベルクは虚数——たとえば−1の平方根——を量子論の方程式からなくそうとするドン・キホーテ的な試みに何年も没頭した。あいにく、虚数は図に描くことがいかに困難であれ、現代物理学の中心的な要素であり、幾何学のπのように、近代物理学に深くはめこまれている。彼は、そのような疑わしい研究計画のさなかで、時おり、もう一つのほとんど無関係だが根本的に重要なアイディアを提出した。たとえば、原子核に関するある論文の補足として、宇宙にある「重粒子」——彼は陽子と中性子をそう呼んだ——の総数が不変であるという公理をたてた。もしこれらの重粒子が崩壊して別の軽い粒子になることができるなら、物質そのものが不安定なものとなり、いかに微弱でも放射能をもち、現に存在するような世界は、結局は崩壊してしまうと考えたのである。彼が物質の安定性について唱えたこの公理は、長らく無視されていたが、一九七〇年代になって突然、統一理論への前進の鍵として再浮上した。

彼は一九三〇年代の半ばに、電磁力学の中の発散の問題を考え始めた[30]。その無限大がシュテュッケルベルクの生涯の中心課題となった。彼はこの無限大の除去に何年も費やし、それから数十年後にわれわれが会った時にさえ、彼は、自分の理論的策略、考案した簡素化、切り捨てと近似の話をする時は顔を輝かせた。記憶から方程式をひっぱりだして、彼はタバコのやにで染まった長い指を細かく動かして空中の記号をなぞった。ふんだんにアイディアをもつ彼は、量子論的路線と古典的路線という二つの別々の道を追って調べた。(31) どちらも特異な研究となり、どちらも理解されず、両方とも無視された。彼は自分の考えをパウリとワイスコップフに説明したが、どちらもその説明を理解しなかった。二人ともスイスを去り、シュテュッケルベルクはまだ陸軍に務めていたので、物理学からほとんど切り離された。それでも彼は、量子電磁力学のリノーマリゼーション（くり込み）の完全で正確な記述を概説した長い論文を――今度だけは英語で――書きあげたらしい。一九四二年か四三年に、彼はそれを『フィジカル・レビュー』誌に郵送したようだ。それは採り上げられなかった。「彼らは、それが論文ではなく、プログラムであり、概略図であり、提案だと言いました」シュテュッケルベルクは回想した。「その後、友人で教師のグレゴール・ヴェンツェルが――彼はエキスパート〔レフェリー、投稿採否の審査員〕でしたが――、私の論文をもらったという話を聞きました」。彼はそれを却下したんではないですか？「いいえ、それが極めてあいまいな仕方でそうなったのです」。シュテュッケルベルクは怨みを抱くような人間ではなかった。「その後、彼はその原稿をとりあげ、私が先にやったことを示すために出版しようとしました」。あなたはその原稿をもっていたのですか、とわれわれは尋ねた。そうなら、彼が先取権を確立するのに役だったはずだ。「その問題はあまり気にしませんでした」と彼は答えた。「もとの原稿に何が起こったのかは私にはわかりません。私の手許にはありませんでした。行方不明になってしまったのです」

戦争が欧州を席捲(せっけん)した。中立国スイスにいてさえ、シュテュッケルベルクは動員された。もっとも、彼は軍隊から特別の免除を得て、隔週で自分のセミナーをもつことができた。科学との接触はそれだけだった。しかし、彼は『フィジカル・レビュー』誌から却下された研究を続行しようと奮闘した。大戦の終わりごろ、一九四五年になって、やりとげたように思われる。

その勝利は、たとえあったとしても、短命に終わった。妻とは一年後に離婚した。ずっと前から彼は、結婚契約に関する妻の実家の要求に同意していた。失った妻の財産を取り戻すよう強いられるに至り、彼に破滅が訪れた。彼は、金をかき集める努力と時々の入院との間に時間があるとき、自分のアイディアの断片をあれこれ書き留めた。(32) 結局それらは、彼の学生の一人ドミニク・リヴィエの学位論文の中に、完全な形でまとめられて発表された。(33) しかし、その時にはすでにシュウィンガーが自分のやり方を発表しており、シュテュッケルベルクは、アイディアを最初につかんだものの、発表は遅れた。

彼はその後も重要な研究を続けた。たとえば、一九五一年に彼と学生のアンドレ・ペーテルマンは、リノーマリゼーション群（くり込み群）とよばれるものを発明したが、これは今では大統一理論の建設に不可欠なものである。[34] シュテュッケルベルクは、ジュネーブ郊外の新しい粒子加速器研究所CERNでのセミナーに出席するとき、カルロ三世という愛犬を連れていった。カルロが吠えると、人びとはいつもシュテュッケルベルクに眼を向けたものだった。彼はいつも黒板を調べて、「ここには誤りが一つある」と言い、その誤りを指摘したものだ。そのため、カルロが何らかの形で問題点を見つけるのだという噂がひろがった。彼は年をとるにつれて、セミナーにやってくることが次第に稀になった。一九六〇年代なかば、長年の試験的薬剤療法のため、言葉がはっきりしなくなり、思考が妨げられるようになった。関節炎のために歩行が困難になり、コロキウムには、彼の以前の学生たちの腕にだきかかえられてやってきた——厄介なことだった、とシュテュッケルベルクはその有様を超然としてこまごまと説明し、時々くっくっと笑いながら自分のからだの頼りなさを語った。彼は再婚し、ローマ・カトリックに帰依（きえ）した。

インタビューが二時間ぐらいになった時、彼は突然片手をひろげたが、それは枯葉のように薄くひからびていた。彼の疲労のため、インタビューは終わった。壁に並んでいた歴代男爵の肖像が、深まりゆく夕暮の光をあびてわれわれをにらんでいた。彼は二本の杖を引き寄せ、椅子からやっとのことで立ちあがった。柱時計がかちかちと時を刻んでいた。彼は時計に向かってちょっとうなずいて言った。「私は毎日、天国への最後の旅を待っています」。そのやせた頸からずっしりと金の十字架が下がっていた。彼のからだは、立っている努力のためにわずかに震えていた。「長生きし過ぎました」と彼は言った。(35)

それから七カ月後の一九八四年九月四日、エルンスト・シュテュッケルベルクは、ジュネーブのプレン・パレに埋葬された。カルヴァンが三世紀前に埋葬された墓地である。

9　奇妙な間奏曲——宇宙からの来訪者

一九一〇年三月三〇日、パリは寒かった。テオドール・ウルフ神父は、エッフェル塔最上階のエレベーターのドアを開けて、器具を外に引っぱりだした(1)。オランダの町ファルケンブルクのイエズス会高等学校の物理教師であるウルフは、アマチュア科学者でもあった。練兵場跡(シャン・ド・マルス)を見下ろす地上一〇〇〇フィートの高所で、ウルフは終日、ガラスや金属製の器具を操って、空気がどれだけ電気を伝えるかを測ったが、測定結果にはすっかり驚かされた。

世紀の変わり目の大勢の科学愛好者(ディレッタント)と同じように、ウルフもまた放射能にすっかり魅せられていた。放射能は一四年前にアントワーヌ・アンリ・ベクレルが発見して以来、ずっと新奇で神秘的なものだった。ベクレルは放射性物質の持つ特性の、いわば財産目録をこつこつ入念に作り上げていったが、その過程で、実験室に置いてあったウラン塊によって、その近くの空気が電気を伝えるようになることを発見した。大気は通常の状態では電気を伝えない。[2] しかし、放射性物質から放射されたアルファ線とベータ線が空気の分子から電子を叩きだすと、もともと中性だった分子は電気を帯びたイオンに変わる。このイオンが電気を運ぶのである。放射能が強いほど、空気が電気を伝える能力も大きくなる。

当時、電気量を測るのに用いられていたのは金箔検電器だった。ガラスびんの中に一本の棒を密封したもので、棒の先端には二枚の金箔が向かいあうようにぶら下がっている。金箔は電気を帯びると反発して下端が開き、逆立ちしたTVアンテナのような形に見える。「静電吸着」と似た電気の作用なのだが、この場合は引力ではなく斥力が働いている。そして、電気量の大小が金箔の下端の開き具合でわかる仕組みになっている。ところが、ウランの近くで検電器を充電すると、金箔のまわりの空気が電気を伝えるようになっているために、金箔から電気が空気を伝わって逃げ、開いた下端はしだいに閉じていく。この効果を利用すれば、検電器を用いて放射能を測ることができる。科学者たちはこのことに気づいた。つまり、放電の速さで放射源の強さが示せるのである。

しかし、初期の放射能研究者は間もなく、この測定装置には「漏れ」があることに気づいた。近くにウラニウムがなくても、電気はゆっくり逃げていくのである。[3] このように電気がゆっくり散逸する現象を残留放電と呼ぶが、これは放射能測定にも影響を及ぼす。[4] 困惑した実験家たちは、この逃電現象をなんとか抑えようとつとめたが、それはできなかった。[5] 五トンもの鉛の塊で遮蔽しても、検電器から電気が逃げていくのは食い止められなかったのである。[6] 何か奇妙なことが起きていることは、一九〇五年ごろには明らかになっていた。物理学者はそれまで検電器を使って放射能を測定していたのだが、ここに至って、首をかしげて検電器そのものを見つめることになった。

ウルフ神父がこの謎に対してはじめて貢献したのは一九〇九年のことだった。大変感度のよい検電器を考案したのである。この検電器はまたたく間に広く用いられるようになった。しかし、ウルフ検電器（電離箱）の感度のよさは、検電器から電気がどうしても逃げていくという事実、しかもその逃げ方が不可解であるということをいっそう際立たせた。こうして残留放電の謎の探究が本気で始められた。物理学者ばかりでなく、気象学者や地質学者もそれに加わった。放電の原因は気候や地球の構造とかかわりがあるかもしれない、とだれもが思ったからである。科学者はウルフ検電器を携えて世界中いたるところに赴き、場所を変え、気候や時期を変え、放電を測定した。ウルフ自身も検電器を携えて、ドイツ、オーストリア、スイス・アルプスの山々に出かけた。[7] ロバート・F・スコット大佐に率いられた一九一一～一二年のあの悲運の南極探険にも気象学者が一名同行しており、大洋の真中や南極大陸などでウルフ検電器を用いて測定を行なった。[8] 残留放電はどこでも起きたが、その大きさはまちまちだった。そこで科学者は、これはとにかく地殻中の微量放射能のせいではないか、と考えるようになった。[9] だが、本当にそうなのだろうか。ウルフはそれを確かめたかった。そのために彼が登ったのが、当時世界最高の建築物だったあの異様な鉄骨構造、エッフェル塔の頂上だったのである。

ウルフと地面とを隔てている一〇〇〇フィートの空気層が、地球の放出する放射線をあらかた吸収し尽すこと、また塔自体がほとんど放射能をもっていないこと、こうしたことを彼は知っていた。だが、頂上に四日間立てこもっていた間にも、検電器は放電しつづけた。何かが放電を引き起こしているのだが、それは塔でも地面でもなく、検電器自身でもありえなかった。こうして、八月ごろまでにウルフは一つの結論にたどりついた。「大気の上層部になにか別の〔放射〕源があるか、あるいは、空気が放射線を吸収する能力は、これまで考えられてきたのに比べてかなり弱いか、このいずれかである」[10]

この神父の意見に大いに興味をもったのが、新設のウィーン・ラジウム研究所に着任したてのヴィクトル・ヘスだった。ヘスは初期の放射能研究者の例にもれず、ラジウムを軽率に取り扱い、ついに放射性の火傷で親指を失う羽目になった。[11] 彼はまず、地面からの放射線がエッフェル塔の頂上に届くまでに、空気に吸収されてしまうことを実際に確認した。そして、「こういった実験で必ず起こる空気のイオン化には、なにか、まだ知られていない原因があるにちがいない」と考えはじめるようになった。[12]

粘り強くて負けず嫌いのヘスは、ウルフの実験結果を確認するためには、もっと高い所に登るしかない、と決心した。一九一一年当時、これは気球で空に昇ることを意味したが、どう考えても危険な方法だった。当時の最新式の気球に吊るした、小さくて気密室もないゴンドラでは、風のもてあそぶにまかせることになる。もっと悪いことには、たった一つの火花が起きても、ガス嚢(のう)の水素は爆発しかねない。現に、それ以前にも検電器を気球で吊り上げるという試みが二回なされたが、二回とも装置の故障でしくじっていた。[13]

しかし、ヘスにはこれ以外にいい方法は思いつかなかった。そして、一九一一年から一三年にかけて、都合一〇回、気球で上空に昇ったのである。彼はウルフ神父と同じように、残留放電は高度が増すにつれて減ってはいくが、その減り方は、残留放電が地上からのガンマ線によるものと考えたのでは少なすぎることを知った[14]（ガンマ線はアルファ線、ベータ線とならぶ第三の放射線で、その実体は高エネルギーの光子にほかならない）。一九一二年八月七日、夜明けから一時間ほどのち、ヘスはプラハに近いアウスジヒから第九回目の飛行に飛び立った。オレンジと黒の模様の気球は約六時間後、ベルリンの東三〇マイルの牧草地に着陸した。ゴンドラの吊り綱の間から顔をだして太陽を見上げ、微笑んでいる写真がある。ゴンドラのまわりには大勢の農夫が群がっている。ヘスは当時わずかに二九歳、なにか重大なことを発見したのだった。[15]

それ以前の飛行の場合と同じように、このたびの飛行でも検電器中の空気のイオン化は、気球が高度数百メートルに達するまで減少しつづけ、やがてほぼ一定の値に落ち着いた。ところが、高度がさらに増えて六〇〇〇フィートに達すると、検電器はそれまで見られなかったような速さで放電をはじめた。そして、一万五〇〇〇フィートでは、放電の速さはなんと地上の二倍を越えた。「非常に大きな透過力をもつ放射線が上方から大気中に降り注いでいる」これがヘスのたどりついた穏やかでない結論だった。彼は最初、この透過力の大きい放射線は太陽から来ているのではないか、と疑った。しかし、飛行の半数を夜間に行なったにもかかわらず、測定結果には昼夜のちがいは見られなかった。太陽が放射線源でないのは明白だった。[16] 放射線はもっと外側の宇宙からやってくるのだ。そうにちがいなかった。

ヘスの考えは一笑に付された。何十センチメートルもの厚さの鉛を楽々貫通するほどの強い透過力をもった星間放射がたえず地球に降り注いでいるというのは、多くの科学者には、あまりにも突飛な考えに思えたのだった。高所では気圧が下がるが、これがヘスの装置を狂わせたのではないかとか、高空にはなにか電気的な効果があってそのために検電器がだめになったのだろうとかいったことが囁かれた。要するに、ヘスは失敗したのだ、という者さえいた。[17] ウルフが検電器にさらに改良を加えているあいだに、ドイツ人ヴェルナー・コールヘルスターは気球飛行に五回挑戦し、一九一四年六月二八日には、エヴェレストの高さをわずかに越える、三万フィートのマラソン上昇を行なった。そして、この高度ではイオン化の強度は海面上の値の一二倍に達することを見いだした。[18] ヘスは正しかったのである。

不運なことに、コールヘルスターが検電器を新記録の高度に運び上げたちょうどその日、下界ではオーストリアのハプスブルク家の皇太子が暗殺され、これが引き金となって起きた一連のできごとのために、ヨーロッパはあれよあれよという間に全面戦争に巻き込まれた。気球飛行は中止され、山頂の実験所も閉鎖された。ヨーロッパ文明が自己破壊に精力を傾けている間、天空から訪れるこの奇妙な放射線の探究は、すべて中止されてしまった。

以上が、のちに宇宙線という名で知られることになる、強力な放射線の物語の発端である。宇宙の彼方からわれわれの地球に降りそそぐこの放射線の本性を、科学者は最近やっと理解できるようになった。宇宙線の物語は、ある意味では風変わりな物語である。そもそものきっかけは、実験装置の電気漏洩が止まらないという些細と言ってもいい偶然のできごとだったにもかかわらず、実験室に閉じこもることを好まないばかりか閉じこもることに耐えられない冒険好きの連中が寄ってたかってこの問題に手を出したおかげで、宇宙線物理学は独特な混血の学問に育ってしまった。[19] この連中は世界中を旅行したり、極寒の高空まで上ったりして、宇宙線がエネルギーを物質に転換できるほどの勢いで普通の原子にぶつかり、新しい奇妙な性質をそなえた粒子を何十個も作りだすことを発見した。素粒子の標準模型を作りあげるための素材を提供したのは、結局のところ宇宙線だったし、この模型によって分類される物質、そして記述される相互作用もまた、宇宙線が提供したものだった。シェルターアイランド会議を組織したカール・ダローはかつてこう書いた。「この分野は、現象の微細さ、観測の繊細さ、観測者の冒険じみた行動、分析の微妙さ、そして推論の華々しさなどの点で、近代物理学の中で抜きんでている」[20]

混迷の深さの点でも抜きんでていた、とダローは付け加えるべきであったろう。正しい考えが間違った推論に基づいて主張されるかと思えば、誤った考えが正しい推論に基づいて主張されることもしばしばあった。科学的な結論を形作るのに役だったのは、論理的な演繹よりもむしろ、偶然や対抗意識や先入観であった。すべての戦争を終わらせるはずの戦争〔第一次大戦〕が終わって宇宙線研究が再開されたとき、ごたごたを引き受けるのに最大の役割を果たしたのは、ロバート・A・ミリカンだった。彼はこの分野の新参者だったが、当時のアメリカで最も有名な科学者であった。[21]

ミリカンは会衆派教会の牧師の息子で、一九二三年度の、アメリカ人としては二人目のノーベル物理学賞受賞者である[22]（ミリカンは、電子の電荷を精密に測定した最初の人物である）。ミリカンの名声は、彼の父親の世代が抱いていた信仰と、彼自身が代表者の一人となった科学の成果との間に生じた、解決しがたいと思われた争いを、熱心に調停しようとつとめたことによるところが大きかった。アメリカ中が、禁酒法、クー・クラックス・クラン、およびスコープス（高校で進化論を教えた生物教師）の裁判でわき立っていた一九二〇年代に、ミリカンは科学者であると同時に敬虔なクリスチャンであった。彼は科学を欠いた宗教が、過去に「独断、狂信、迫害」を生んでいたことを認めながらも、「道徳的および精神的な価値の存在を信ずること」のほうが科学より重要であると主張した[23]。社会秩序の柱となる人びとにとって、これは歓迎すべき発言だった。たとえば『ニューヨーク・タイムズ』紙は、ミリカンの道徳的姿勢は彼の物理学「よりいっそう重要なものだ」とのべた[24]。謹厳で妥協することを知らないミリカンには、疑うという重要な資質が欠けており、彼は科学上の考えを、あたかも信仰上の信条であるかのように扱った。ミリカンの独断主義が招いた誤りは、彼が自己宣伝の才に長けていたために、さらに増幅された。彼のこの才が、電子が仮想光子や仮想電子の雲に取り巻かれているように、たえず記者の雲をまわりに引き寄せたからである。

ミリカンは一九一四年に、ヘスとコールヘルスターの研究報告を読み、透過力の大きなこの放射線を自分で探してみようと決心した。人間の搭乗する気球では充分な高度に達することができないと判断した彼は、無人気球に搭載するための、ごく軽量の自動記録式ウルフ検電器の開発にとりかかった。この研究は、アメリカが第一次大戦に加わったために中断されたが、戦争が終わると、ミリカンは弟子の大学院生といっしょに、重さ二〇〇グラムの小さな観測装置のパッケージをいくつか作り上げた。パッケージには、それぞれウルフ検電器、温度計と気圧計、それに目盛の読みを記録するためのカメラがひとまとめに組み込まれていた。一九二二年の春、ミリカンはテキサス州サンアントニオのケリー空軍基地から気球を放ったが、その中の一つは、コールヘルスターが到達した最高高度のほぼ二倍に当たる五万フィートにまで上昇した。この観測で判明したのは、高空では放電の速さが、ヨーロッパの研究者たちの得た値よりもずっと小さいということだった。透過性の大きい放射線の存在を確認するつもりで研究をはじめたにもかかわらず、ミリカンがたどりついたのは、「これまで想定されていたような特徴を備え、宇宙に起源をもつような放射線は存在しないという確定的な証拠[25]」が得られたという結論だった。海抜一万四一〇〇フィートの寒冷なパイクス山（コロラド州）の小屋で一週間にわたって雪の降る中で行なった二回目の実験でも、同じような結果が得られた[26]。

ミリカンの得たデータは正しかったが、彼が引きだした結論は誤っていた。科学者たちがのちに明らかにしたところによると、宇宙線の強度は、地球上では場所によってかなり偏りがある。ミリカンは偶然、アメリカ西部という宇宙線が異常に弱い地域で実験を行ない、それをもとにして、ヨーロッパの研究者たちが誤っているという、誤った結論を下したのである。それに腹を立てたヘスは、コールヘルスターのデータのほうがミリカンのデータよりも信用できると主張し、コールヘルスターは、アルプス氷河で実験を行ない、自分の気球のデータが正しかったことを再確認した[27]。

ミリカンは誤りという嫌疑をかけられて平然としていられるような人間ではなかったから、一九二五年には三回目の探索を行なった。宇宙線がもし存在するとすれば、星からやってきたガンマ線だろうと考えた。このガンマ線が一フィートの水を透過できるとすれば、空気なら一一一六フィートの厚さを透過できるはずだ。というのは、水は空気よりもそれだけ密度が大きいからである。このことを知っていた彼は、その年の八月、雪解け水をたたえた二カ所の深い湖に実験装置を運んだ。一カ所は南カリフォルニアのサンバーナディーノ山系のホイットニー山のきり立った斜面に臨むミュア湖で、海抜一万一八〇〇フィート。もう一カ所は、その南約三〇〇マイルのアローヘッド湖で、海抜はミュア湖より六七〇〇フィート低かった。ガンマ線吸収という点から見ると、二つの湖の高度差六七〇〇フィートは六フィートの水の厚みに相当する、とミリカンは計算した。彼の推論にしたがえば、ミュア湖の水面下六フィートとアローヘッド湖の湖畔とでは、同じ強さの放射線が検出されることになる。宇宙線が透過しなければならない物質量は、計算上どちらも同じだった。そして、実験の結果、測定された放射線の強度も同じだった。ミリカンは自説を翻（ひるがえ）し、こう主張した——自分は宇宙線の存在に本当に反対したことはない[28]、と（今にして思えば、ミリカンは誤った推論で正しい答を得たのである。宇宙線はガンマ線ではなく、ガンマ線とは違ったふるまいをする。したがって、同じ質量の水と空気であっても、吸収の度合は異なる。ミリカンの装置がもっと精密なものであったならば、ちがった結果が得られ、彼は再び誤った結論を引きだしていただろう）。

ミリカンの得た結果に大衆は興奮し、アメリカの科学界は納得し、ヨーロッパの科学者たちは喜んだ――少なくとも最初のうちは。しかし、アメリカ人がまもなく、ミリカンを宇宙線の発見者と呼びはじめると、ヘスやコールヘルスターは憤慨した。「宇宙線」という言葉を作りだしたのは確かにミリカンであったが、『ニューヨーク・タイムズ』紙は「傑出した才能をもち、なおかつ謙虚なこの人物」を称えるために、この放射線を「ミリカン線」と呼ぶべきだと主張し、アメリカの新聞雑誌は「M線」などと呼び始めた。[29] こうして、宇宙線の存在について、最初に確実な証拠を握ったのはだれかをめぐって、ミリカンとヨーロッパの宇宙線研究者のあいだで滑稽な争いが生じた。[30] ミリカンがこの分野の遅(ち)参者(さんしゃ)にすぎないことは、やがてアメリカのおおかたの科学者が認めるようになったのだが、一九三六年になっても、アメリカで出版された宇宙線の歴史に関するある書物は、ヘスとその仲間たちを「愛国心はあるが道を踏み外した科学者たち」と書いていた。[31] しかし、その同じ一九三六年、あの画期的な気球飛行からほぼ四半世紀後に、ヴィクトル・ヘスに「宇宙放射線の発見」の功績でノーベル物理学賞が授けられた。

一九二〇年代を通じて、宇宙線は普通より強力なガンマ線と見なされており、とりわけミリカンは、この説の強力な提唱者だった。この仮説に挑戦する実験を最初に行なったのは、コールヘルスターともう一人のドイツ人物理学者ヴァルター・ボーテだった。ボーテはハンス・ガイガーの勧めで物理学の道に入り、ガイガーから放射線を研究する新装置であるガイガー計数管について教わった。[32] 発明者の名をとってガイガー計数管と呼ばれたこの装置は、それ以前の粒子検出器——ウルフ検電器やラザフォードのシンチレーション・スクリーン——に比べて格段に改良されていた。その構造の基本は、気体を詰めた金属製のチューブで、中心軸にそって導線が張られている。チューブを貫通した荷電粒子は気体原子から電子をもぎ取る。導線を正に帯電させ、チューブを負に帯電させてあるので、もぎ取られた電子は導線に勢いよく引き寄せられるが、その途中で気体原子と衝突してそれからもさらに電子をもぎ取る。ドミノ倒しのようにこの作用は拡がり、やがておびただしい数に膨らんだ電子が雪崩（なだれ）をうって中央の導線に殺到すると、導線を流れている電流にはっきりそれとわかる変動が生ずる。ガイガー計数管の中には、この電流の変動を例の「ガーガー」という音に変換する仕組みになっているものもある。直接この装置に触れたことのない人でも、この型の計数管が音をたてる有様は、映画やテレビの画面でおなじみだろう。ガイガー計数管はすばらしい効率で荷電粒子を検出するが、電気を帯びていない光子はこれほどうまく検出できない。したがって、この計数管が有用であるといっても、それが適用できる相互作用の型は限られているのである。

一九二九年春に、ボーテとコールヘルスターは、ガイガー計数管のごく簡単な組み合わせ方を工夫し、それを用いて宇宙線の本性を調べた。[33] それは要するに、二本の計数管を上下に重ねて置いただけのものなのだが、二人がこの仕掛けで測ったのは、二本の計数管に信号が同時に生起する回数、つまり、両方が同時に粒子を記録する回数だった。別々の宇宙線がそれぞれの計数管に同時に当たるという、まったくの偶然はごくごく稀であろう。信号のほとんどすべては、ボーテとコールヘルスターの考えでは、二本の計数管を透過できるほどの勢いでガンマ線によって叩きだされた電子が引き起こしたものである。そこで二人は、電子が隣の計数管にまで貫入するのを防ぐために、二本の計数管の間に二インチの厚さの金の厚板を挿入した。原子核の中に多数の陽子を含んでいる金のような物質は、電子をたいへんよく捉えるのである。もし一般に信じられていたように、宇宙線が光子であれば、これで信号の同時生起はなくなるはずだ。入射した光子が一方の計数管で電子を跳ねとばしたあと、金の厚板を通り抜けて第二の計数管に入り込み、そこでも電子を跳ねとばすということは、とても想像できないからである。

ところが意外なことに、金の厚板を挿入しても、信号の同時生起の回数は少ししか減らず、たっぷり四分の三ほど残ってしまった。これは、そのさいに計数管が捉えていたのが跳ねとばされた電子ではなく、高エネルギーの宇宙線そのものだったことを強く示唆している。ボーテとコールヘルスターはこう考えた。つまり、現在広く流布している考えは誤っている。宇宙線はガンマ線ではなく、あっという間に金の厚板をぶち抜けるほど強力な荷電粒子なのである。

宇宙線の専門家たちは、この実験はどこか間違っているにちがいないと考えた。とりわけミリカンはそう考え、宇宙線は光子であると主張しつづけた。ミリカンにつきしたがっていた記者たちが、宇宙線はつまるところ荷電粒子であるのかないのか、と尋ねると、ミリカンはぴしゃりとこうきめつけた。「象がラディッシュであるかどうか尋ねるようなもんだね」[34]。ボーテとコールヘルスターが観測したのは、一次的な宇宙線粒子ではなく、二次的な粒子、つまり宇宙線にぶつけられたほうの粒子である、とミリカンは主張した[35]。ボーテとコールヘルスターはうまい反証を挙げることができなかった。しかし、一次宇宙線が荷電粒子でできているとすれば、その進路は磁場に影響されるはずである。とすれば、その問題は、宇宙空間の遠くのほうまで作用を及ぼすことのできる磁石を見つけだして、その磁石が地球に飛来してくる宇宙線にどんな効果を生じさせるかを調べることだった。だが、地球上にはそんな大きな磁石はない——ただひとつ、この地球自身を別にすれば。

一九二〇年代にすでに、ノルウェーのフレドリック・シュテルマーは、太陽のフレア（表面の局所爆発）から飛びだした荷電粒子が地球の高緯度地方上空では地球の磁力線をあまり横切らないために、曲げられずに大気の高層に達し、美しい極光の乱舞を作ることに気づいていた[36]。もし宇宙線が荷電粒子であれば、やはり極地へは地球の磁力線に沿って近づいてくるので、極地に一番多くたどりつくはずである。オランダの物理学者ヤーコプ・クライは、一九二七年に検電器を携えてオランダからジャワまで船旅をして、北ヨーロッパは赤道近辺に比べて、五割がた放射線が多いことを発見した[37]。ミリカンは一九二六年にボリヴィアまで船で旅をしたが、緯度による放射線の量のちがい、すなわち緯度効果を見いだせなかった――宇宙線は光子であると彼が確信した理由の一つに、この調査結果があった。[38] ボーテはこの両者の食い違いを自分で解決しようとして、北極点から数百マイルしか離れていないノルウェー領の大きな島スピッツベルゲンに逗留して調査を行なった。それでも緯度効果を示す証拠はやはり得られなかったが、彼はこの失敗は、シュテルマーの計算を自分がうまく適用できなかったために起こったのだ、と考えた。[39]

この論争に刺激されてヨーロッパの科学者たちは、いろいろ場所を変え、またできるだけ高い地点を選んで、宇宙線の強度を測定した。ヘスは同僚たちと謀(はか)って、アルプスの山岳観測所に検電器を設置した。[40] コールヘルスターは、ドイツ東部のシュタッスフルトの塩山に装置を持ち込んだ。[41] 気密性のゴンドラが開発されたおかげで、物理学はそれ以前には到達できなかった高さまで上昇して、宇宙線を探究できるようになった。成層圏への最初の有人気球飛行は、一九三一年五月二七日に行なわれた。この壮挙を成し遂げたのは、アインシュタインのかつての教え子オーギュスト・ピカールとピカールの助手シャルル・キプフェで、二人はドイツ西南部のアウグスブルクから、検電器を携えて離陸した。上空に昇ると、熱い日ざしは七フィートのゴンドラを焼き、乗員はゴンドラの壁をしたたる水滴をすすってやっと生きのびるというありさまだった。イタリアの詩人ガブリエーレ・ダヌンツィオは、知識のために命を捨てるという考えにとりつかれて、ピカールに同行を願いでた。突飛なことをする機会をつかむのに敏なダヌンツィオは、必要があれば、重量調節用のバラストの代わりに、自分をゴンドラから放りだしてくれても結構だと明言した。「シーツにくるまれて恥ずべき」最期を迎えるよりは、気球から投げだされるという名誉ある死のほうがずっとましだ、と詩人は言ったのだった。[42]

このような飛行はロマンチックな物語をつくりだす以外には科学にほとんどなんの貢献もしなかった。見せ場を作って宇宙線の強度をいき当たりばったりに測ってみせるというのは、緯度効果をめぐる混乱を解決する上からは、途方もなく効率の悪いやり方だった。大気上層での宇宙線の研究は、結局のところ、この小規模な初期の宇宙開発競争を正当化するための、いい加減な口実に使われたにすぎない。ヨーロッパ、アメリカ、それにソビエトの飛行士たちは、よりすぐれた成層圏気球を飛ばそうとしのぎを削っていたのだ。これで事故が起きなかったら、そのほうがよほど不思議だった。三人のロシア人は、高度一三マイルを記録したが、気球が爆発して地上に真逆さまに墜落した。「おれたちは宇宙線を研究したんだ」。彼らの最後の言葉をいくつかの報道はこう伝えている。彼らはクレムリンの壁に葬られた。[43]

とかくする間に、宇宙線探究の本場はアメリカに移っていた。そこではロバート・ミリカンが、もう一つの闘いを公衆の眼前で行なっていたが、今度の相手は、以前彼の学生だったアーサー・コンプトンだった。アメリカの物理学者としては三人目のノーベル賞受賞者となったコンプトンは、コンプトン効果と呼ばれる現象、つまり光子と電子が衝突したときに起こるできごとを調べて、一九二七年にこの栄誉に輝いた。彼はボーテとコールへルスターの実験から、宇宙線が荷電粒子である可能性を強く感じとっていた。ボーテと同じようにコンプトンもまた、論争に決着をつけるには緯度効果が本当にあるのかないのかを確認する以外に方法はない、と確信するようになっていた。

一九三〇年にコンプトンは、世界的な規模で宇宙線研究を推進するための資金をワシントンのカーネギー協会に申請した。資金が手に入ると、コンプトンは全世界を九つの地域に分け、それぞれの地域に調査隊を派遣した。計六〇人以上の物理学者がこの調査に参加した。アメリカ電信電話会社ニューヨーク研究所のアレン・カーペイはアラスカに派遣され、マッキンレー山の山腹を登る途中、もう一人の仲間とともにマルドロー氷河のクレバスにおちて命を失った（二人の持っていた装置は回収され、そのデータは論文に利用された）。コンプトン自身も妻と一〇代の息子をつれて、一九三二年三月に世界一周旅行を行ない、各地域の調査の間隙を埋めた。

一方、ミリカンもまた、一連の実験を行なうために、一九三一年にカーネギー協会に資金提供を申し込んだ。彼はカルテックで学位をとった若いヘンリー・ヴィクター・ネーアと共同で、新しいもっと感度のよい検電器を開発した。この検電器の信頼性を確かめるために、それを一九二八年型シヴォレーに積んででこぼこ道を走るという試みもした。あるテストドライブの際、ミリカンは接眼鏡をのぞきこんでいたが、馴れないクラッチの操作に手こずっていたネーアが不意にギアをローに切り替えたとたん、検電器にいやというほど強く鼻をぶつけ、危うく失明しそうになった。その傷痕は生涯消えなかった。一九三二年九月には、ネーアは検電器をもって船に乗り込み、ロサンゼルスから海路ペルーに向かった。

ミリカンは、一九二六年のアンデスへの旅行の際に緯度効果を見逃してしまった。それはロサンゼルスのすぐ南に、宇宙線の強度がぽっかり低下している、いわば宇宙線の「谷間」があったにもかかわらず、ミリカンが検電器のスイッチを入れたのがたまたま船がそこを通過したあとだったためだった[44]。まったく運の悪いことに、ネーアもまた、この「谷間」を見逃してしまった。彼は検電器を二台用意していたが、出航の際に正常に作動していたのは一台だけだった。その一台も、港をでて四八時間もたたないうちに調子が悪くなりだし、まもなくすっかりだめになって、それっきり動かなくなった。困ったことに、海がかなり荒れたため、メキシコ海岸のマサトランに寄港するまで、もう一台のほうを修理することはできなかった。そして、修理を終えた時分には、船は問題の海域を通過してしまっていた。ネーアはパナマに着くと、さっそくミリカンに電報を打って、緯度効果はなかったと報告した。

一九三二年九月一四日、コンプトンは、宇宙線は赤道から北極までの間で強度がかなり異なる、と発表した。彼は大勢の記者を前にしてこう述べた。「この放射線に地球の北磁極がなんらかの効果を及ぼしていることを考えると、放射線の本性は明らかに電気的なものであって、ミリカン博士の主張するような波動ではありえない〔つまり、電荷をもたない光子ではなく、荷電粒子である〕。私の実験で示された違いは、ミリカン博士に対する激烈な一撃となろう」[45]。ミリカンは、この発言に対して論評することを拒み、必殺の一撃はアメリカ科学振興協会（AAAS）の年次総会の席上で加えるためにとっておいた。ところが、この目論見を狂わせる電報が、講演の三日前にネーアから届いた。「帰路七パーセントノ変化ヲ認ム。以前ハ装置ノ故障ト他ノ船ノタメ見逃シタ」。ニューヨークに帰る途中、ネーアはふたたび宇宙線の「谷間」を通過したが、このときには検電器はうまく働いていたのだった[46]。動かぬ証拠をつきつけられても、ミリカンは講演の中でコンプトンをこき下ろすことをやめなかった。しかし、時間がたつにつれて、ミリカンもようやく理性を取りもどした。彼はコンプトンの指摘を認め、自説を忠実に報道した『ニューヨーク・タイムズ』紙に対して、厚かましくも長文の否認の電報を打った。この電文の中でミリカンは、自分とコンプトンは意見が完全に一致している、と主張した。AAASでの講演はやがて公刊されたが、内容はすっかり書き改められており、このことがミリカンの名声をいっそう傷つけた。実際、彼は後年、自叙伝の中で、宇宙線についてはほんのついでといった調子でしか触れていない。二〇年もの歳月を捧げた分野だったというのに[47]。

＊

一九三四年にロンドンで開かれた国際物理学会議の宇宙線部会では、二つのことがらが大きな話題となった。どちらも物理学の未来にとっては深い意義をもつものだったが、一方は人びとがその意味に気づくのに四〇年もかかったのに対し、もう一方の意味はただちに了解されたのである。この会議の五年前に、フランスとソビエトの共同研究によって、宇宙線の衝突が時として、散弾でも発射したような、霧箱一面に広がる炸裂の連鎖を引き起こすことが発見された。その後、ロンドン会議のころまでには、二〇個に上る粒子を巻き込んだシャワーのような衝突も見つかり、この現象のきっかけをなした宇宙線粒子を作りだすには、文字どおり天文学的な大きさのエネルギー、つまり太陽や星の中にしか現れない規模の大きなエネルギーが必要であると見積もられた。[48] この数値があまりにも大きかったので、素粒子と宇宙現象との関係は物理学の力の及ぶところではない、と多くの物理学者が考えたほどだった。[49] 素粒子という物質の最小の構成要素と宇宙という最大の領域が関連づけられたのはその四〇年後、一九七〇年代に入ってからのことだった。

これに比べて、ずっと取りつきやすかったのは、さまざまな量の物質に宇宙線が吸収されるときに起こる吸収の度合の不思議な変わり方をめぐる問題だった。[50] 会議の参加者の中には、宇宙線はエネルギーのいちじるしく異なる二つのグループに分かれて飛来してくるらしい、と指摘したものもいた。彼らが「軟」成分と呼んだ第一のグループの宇宙線は、数インチ程度の厚さの重金属板にたやすく吸収されてしまうので、明らかに電子と陽電子の混合したものだった。もう一つの成分のほうはそれよりはるかに「硬」くて、何メートルもの厚さの鉛板を、速度を落とさずにらくらく貫くことができる。では「硬」い粒子とは何なのか。これはロンドン会議ではだれにもわからなかった。この粒子は、中性子や陽子ほどではないが、かなり重かった。それでいて、軽い小さな電子よりももっとたやすく鉛を透過できるのである。この会議後しばらくすると、カルテックの実験家たちは、軟成分を「赤い」電子、硬成分を「緑の」電子と呼ぶことで、問題は「解決」されると提言して、素粒子物理学における気ままな命名法の伝統を開いた。(51)

一方、次のように考えた物理学者もいた。軟宇宙線も硬宇宙線も電子なのであり、ただ、後者はあまりにも高速度で動いているために、そのふるまいが量子電磁力学では理解できないだけなのだ、と。これはそれなりに筋の通った推論だった。荷電粒子は加速あるいは減速されるとエネルギーを放射するが、これは荷電粒子のもつエネルギーが自己エネルギーであることを思わせるような仕方で、粒子の運動に影響を及ぼす。(52)この効果は、粒子の速度が小さいときには無視できるが、粒子のエネルギーが大きくなるにつれて目立ってくる。物理学者たちはその当時、自己エネルギーについては全然説明ができなかったので、実験家の扱う粒子のエネルギーが次第に大きくなっていけば、やがて当時の理論による予測とまるで食い違う結果がでてくることになるだろう、と多くの人が予想していた。いつそういうことが起こるかは明らかだ、とさえ理論家は考えていた。それはつまり、電子のエネルギーが mc^2 の一三七倍になったときである（m は電子の質量で、mc^2 は静止している電子のもつエネルギーである）[53]。あの重要な定数アルファの値に近づくのを見て、これが理論の道の終点を告げる標識であると確信する研究者もいた。

ロンドン会議のあと、反物質の発見者カール・D・アンダーソンは大学院生セス・ネダマイヤーといっしょに、硬い「緑の」電子の正体を突きとめる仕事にとりかかった。彼らはアンダーソン自身が陽電子を発見するのに利用した、霧箱と磁石の組み合わせをもう一度利用することにした。彼らはカルテックに帰ると、霧箱の中央に薄い金属板を挿入し、また霧箱の上下にそれぞれガイガー計数管を配置して、荷電粒子が金属板を貫通したときに、必ず霧箱とカメラが起動するように細工した。ガイガー計数管を利用してカメラのシャッターを自動的に切る仕掛けは、P・M・S・ブラッケットとジュゼッペ・オキアリーニが一九三二年に発明しており、アンダーソンとネダマイヤーが硬い電子の探究にとりかかったころには、このやり方で何千枚もの写真を日常的に撮ることができるようになっていた。霧箱に入射した荷電粒子の進路は、磁石の磁場のためにどちらか一方に曲げられる。その曲がり具合、飛翔距離、および軌跡に沿って起きたイオン化の強さを調べれば、粒子の質量と電荷が正確にわかることになる。正電気を帯びた粒子はある方向に曲がり、負電気を帯びていれば反対の方向に曲がるし、また粒子が重ければ重いほど磁場の影響による曲がり具合は小さくなるからである。

カルテック・チームはこうして二年間も霧箱写真を撮りつづけているうちに、粒子が量子電磁力学の法則に従わないように見えるのは、理論の破綻を示すのではなく、そこに現れている粒子がかつて見たことのない種類のものであるためだ、と次第に確信するようになった。これらの粒子はアンダーソンの言葉でいえば「新型の粒子」であって、電子よりは重いが、陽子よりは軽い[54]。しかし、ロバート・オッペンハイマーは、彼らの見ているものは単なる高速の電子にすぎないと断定し、彼らに考え直すよう勧めた。あの優れた数学的洞察力をもつオッペンハイマーが反対に回ったことと、彼ら自身にも確固とした自信が欠けていたために、二人はひるんでしまった。一九三六年八月、アンダーソンとネダマイヤーは、新粒子が残したのかもしれないと思われる写真を何枚か公表した。だが、あとになって大いに悔やむことになるのだが、その際に、新粒子を発見したと主張することは差し控えたのだった[55]。

アンダーソンとネダマイヤーの報告は、太平洋の向こう側の日本でささやかな興奮を巻き起こした。湯川秀樹という名の理論家が、すでにこのような粒子の存在を予測していたのである。そればかりではなく、陽子の一〇分の一以下の質量をもつこの粒子が、陽子間に働く電気斥力にもかかわらず、陽子を原子核内にひきとめておく役割を果たしているということも予測していた。湯川はただちに、アンダーソンとネダマイヤーが見つけたものは自分の予測した粒子だと確信し、アンダーソンらが自分自身の発見をもて余している間に、日本で独自にその証拠を探しださなければならない、と同僚たちに訴えた。

湯川は一九〇七年に小川秀樹として東京で生まれた。誕生後まもなく、家族とともに京都に移り、そこで少年時代を過した。秀樹少年は引っ込み思案、勤勉、几帳面で、机を畳の目にそってきちんと置かないと気がすまないほどだった。[56] 背が低く、内気であどけない丸顔の秀樹は、たいてい一人ぼっちで、あまり口をきかなかった。そのために、京都帝国大学の地質学教授だった父親は、五人の息子の中、一人秀樹だけは大学教育を受けさせないほうがよいのではないかと思い迷ったほどだった。[57] 一九三二年、父親は秀樹と地方の開業医の娘湯川スミとの結婚話を取りまとめた。秀樹は湯川家に婿入りし、湯川姓を名乗ることになった。

湯川は大学に進むと、地質学という実際的な学問ではなく、最も抽象的な理論物理学を専攻し、父親をがっかりさせた。大学の同級生に、後年量子電磁力学のくり込み理論に重要な貢献をする朝永振一郎がいた。二人の青年は助けあって量子力学を勉強し、卒業後はそろって無給副手となった。一九三一年の春に、湯川は、理研の名で親しまれている東京の理化学研究所の研究者、仁科芳雄の講演を聞いた。日本物理学界の逸材、仁科は、キャベンディッシュ研究所やゲッチンゲン大学に留学し、コペンハーゲンではボーアのもとで六年間を過した。一九二八年に日本に帰ったが、新興物理学の精神を体得したものは日本では彼一人だけだった。[58] 仁科の講演は、主に、量子電磁力学と、まだ半ば未解決のままだった光子と電子の複雑な謎をめぐるもので、これを聞いた湯川に、この分野を探究しようとする決心を固めさせた。だが、この分野に入った湯川は、間もなく無限大の問題にぶつかった。

農学部の構内が眺めわたせる研究室で湯川は、量子力学の発散の問題に空しい闘いを挑んでいた。研究している間、窓の下ではヤギが嘲るように鳴いていた。希望と絶望がこもごも生じたこの時期について、彼自身は次のように書いているが、そこには同じように闘っていたヨーロッパの同僚たちと共通するものが見られる。

毎日毎日、無限のエネルギーという手におえない悪魔を相手にしている私には、山羊の鳴声までが、悪魔のあざけりのように聞える。

一日じゅう、自分で考えだしたアイディアを、自分でつぶすことをくりかえす。夕方、鴨川を渡って家路をたどるころには、私の気持ちは絶望的であった。平生は、私をなぐさめてくれる京の山々までが、夕陽の中に物悲しげにかすんでいる。

あくる朝になると、また元気を出して家を出る。夕方には、がっかりしている。こんな日がしばらく続いた。とうとう私は悪魔退治に見切りをつけた。何かほかの、もう少しやさしい問題を、見つけ出そうと思うようになった。[59]

こうして湯川は目を原子核に転じた。

しかし、原子核のほうが「もう少しやさしい問題」だとその当時考えた物理学者は少なかった。この問題に取り組んでいたのはハイゼンベルクで、彼は一九三二年から三三年にかけて、『ツァイトシュリフト・フュル・フィジーク』誌に、三部からなる長篇の論文を書いたばかりだった。[60]陽子どうしが電気的に反発しあっているのに、飛び散ってしまわないのはなぜか。これが核に関する理論の困難の核心だった。ラザフォード以来物理学者は、なにかが陽子どうしをくっつけ合わしているのだろう、そして、それはたぶん電子だろう、と大ざっぱに考えていた。だが、陽子＝電子間の引力が陽子どうし、あるいは電子どうしの間の斥力(せきりょく)を実際どのように打ち消しているのか、だれにもうまく計算できなかった。湯川がこの問題に目を向けたころには、理論家は、陽子どうしを結びつけている力を漠然と「核力」と呼ぶようになっていた。核力は日常世界には直接影響が現れてこないところを見れば、その到達距離は極端に小さいにちがいない。10のマイナス13乗センチメートル以上離れるとそのとたん、作用はまったく及ばなくなる。この消え方の唐突さは、地球の表面に人びとを縛りつけているあの強い重力が、ほんのちょっと踏台の上に登っただけで届かなくなり、体が宙に浮かんでしまうといった情景を想像してみればよくわかるだろう。ハイゼンベルクはこの三部作の論文で、陽子と中性子の間の引力を、水素分子というもっと身近な状況になぞらえて考えた。二つの水素原子の原子核は、電子をやりとりすることによって結ばれ、分子を形作っている。ハイゼンベルク自身はそれほど明確な像を描いていたわけではなかったが、とにかく、原子核がまとまっていられるのは、核内で「キャッチボール」が行なわれているためだ、と想像した。つまり、陽子と中性子は、かなり奇妙な種類の電子をおたがいの間ですばやく投げあっているのだ。

すでに知られている二つの基本的な力、重力と電磁気力はいずれも場の理論で記述される（正確さにこだわってつけ加えれば、重力を扱う一般相対論は古典場の理論であり、これに対して、量子電気力学は量子場の理論である）。このことを念頭に置いていた湯川は、原子核を結びつけているのがこれらとは別の基本的な力であり、それを記述するのにもやはり場の理論が必要だという、ハイゼンベルクの洞察に対して喝采を送った。そして、ハイゼンベルクの研究の一部を日本語に翻訳し、自ら解説を付して紹介することまでした[61]。湯川はハイゼンベルクのこの図式がすっかり気に入り、それをそっくりそのまま受け入れたときに噴出してくるさまざまな問題について、真剣に考察しはじめた。このモデルによれば、中性子は電子を放出して陽子に転化することができる（全電荷はこの過程の前後を通じて、つねにゼロに保たれている）。放出された電子は近くの陽子に引きつけられ、陽子はそれを吸収して中性子に転化する。二つの核内粒子（核子）の間を仮想的な電子がたえずせわしく行きかうことによって、両者はしっかり結びつけられるというわけだ。しかし、中性子と陽子は同じスピンをもっているのであるから、電子を創りだすということは、無からスピンをもった量子を創りだすことにほかならず、エネルギーと運動量の保存法則に反することになる。こうしたことを考えると、交換される粒子は実在の電子ではないかもしれない。ハイゼンベルクはそう予感していた。この難題を片付けてくれる、新しい「スピンのない電子」が存在する可能性を彼は頼みにしていたのだが、湯川には、この考え方は本末顚倒だと思われた。何か別の道をとらねばならない、と湯川は考えた。

核力を担（にな）わせるにはどんな型の粒子が必要なのか、この点をもっと慎重に考察してみるというのが、だれの目にも明らかな戦略だった。「こういう風に推論すると、今にも結論が出てしまいそうであるが、私の頭はそう速くは回転しなかった」と湯川は後年回想している。「一足飛びに結論に到達するまでに、一度、より道をせざるを得なかった。〔中略〕未知の世界を探求する人々は、地図を持たない旅行者である。地図は探求の結果として、できるのである。目的地がどこにあるか、まだわからない。もちろん、目的地へ向っての真直ぐな道など、できてはいない」(62)

湯川は袋小路の中で、二年間も暗中模索した。意気消沈し苦悩した彼は、その生真面目で内気な性格に加えて、京都と大阪の二つの大学の間を講義のために行ったり来たりしなければならないこともあって、ますます孤独をかこつようになった。大阪の新しい研究室からは、駅に通じる大通りが望め、大型トラックの轟音が、あのヤギの鳴声にとって代わった。湯川は、だれも見たことのない粒子を考えなくてもすむような核力理論を作り上げようと苦闘していた。

一九三四年の夏のこと、ベータ崩壊に関するエンリコ・フェルミの論文[63]を、イタリアの雑誌で偶然読んだ湯川は、思いがけず心が弾《はず》んだ。ベータ崩壊とは、ベータ線を放射する放射性の核反応で、中性子が電子を放出して陽子に転換するときに起こる。ベータ崩壊が存在することは一八九六年の放射能の発見以来明らかだったが、この過程を理論的に説明しようとすると、ハイゼンベルクの核力理論につきまとっていたのとまったく同じ困難にどうしてもぶつかってしまう。ベータ崩壊の際、核内の粒子が実際に電子を作りだしているように見えるのだが、これは見たところエネルギーとスピンの保存法則に背《そむ》いている。フェルミはこの問題に対して、一つの解決策を提案したが、それと同じ内容のことを、パウリはその三年前に思いつきながら、論文にするのはためらったのだった[64]。パウリは電子が作りだされると同時に、なにか未知の中性粒子も放出されており、それが電子と反対のスピンをもっているために、両者のスピンが打ち消しあっているのではないか、と考えた。だが、彼もやはり、理論上の難点を一つ解消するだけのために、物質の基本構成要素を一つひねくりだすのはやりすぎだと思い、あえてその考えを公表しようとしなかったのだった。この粒子は「中性子（今で言う中性子が発見される前に、パウリがつけた名前）」、「パウリ粒子」あるいは「ニュートリノ（中性微子）」など、さまざまな名前で呼ばれたが、結局、フェルミが冗談半分につけた最後の名前、ニュートリノに落ち着いた。(65) この新しい粒子は核力についてもなんらかの役割を演じているのでは、という希望的観測のもとに、二人のソビエト人科学者が核の安定性を説明するニュートリノ理論を作ろうと努力した。だが、核力とニュートリノとは無関係だということを証明する結果に終わった。二人はすっかり失望してしまった——だが、湯川はそうではなかった。(66)

ニュートリノの話を知った湯川は、自分はそれまで本当に想像力を働かせてきたのだろうか、と思い返したのだった。自分はそれまで既知の粒子ばかりに注目し、そこから場に向かって進んでいこうとしてきたが、ひょっとすると、場から出発し、その場を伝えるのに必要な粒子が何であるかを考えるべきではなかっただろうか。しかし、そうだとしても、どこから手を着けたらよいのか？(67) 一〇月のある夜、小さな寝室でまんじりともしなかった湯川の頭に、突然ある考えが閃いた。核内で陽子と中性子とを結びつけている粒子の質量は簡単に計算できるではないか。

核力の到達距離はすでに知られているから、計算はそこから出発すればよい。核力に関わる新粒子が崩壊するには、かなりの時間がかかるとすれば、その時間内にこの粒子はかなり遠くまで進むことができ、したがって、核力は相当の距離まで及ぶことになる。だが、核力の及ぶ範囲がごく小さいことを考えると、この粒子は速やかに消失するにちがいない。湯川はこのようにして、核力を担うこの粒子の寿命を近似的に求めることができた。その際に、ハイゼンベルクの不確定性原理を援用したのだが、この原理はエネルギーと時間を用いてつぎのように表すことができる。

$$\Delta E \Delta T \geq \hbar/2$$

時間ΔTがゼロに近づくと、エネルギーΔEは、この両者の積を$\hbar$に近い数値に保つために、限りなく大きくなっていかざるをえない。湯川は粒子の生存期間（つまりΔT）と不確定性関係とから、仮想粒子のエネルギー（ΔE）を計算することができた。ここでさらに、例の有名な方程式 $E = mc^2$ を用いれば、静止しているときの粒子の質量mが容易に求められる。核力の到達範囲が10のマイナス13乗センチメートルであるとすれば、この力を伝える粒子の重さは電子のほぼ二〇〇倍、つまり陽子のほぼ一〇分の一であるはずだ。湯川はこう推論した。

一一月のはじめ、湯川は英文の論文をまとめはじめ、何回も書き改めた末、一九三五年初頭にそれを発表した[68]。でき上がった論文は、文章がぎこちなく、語法もいささか変格で、湯川が英語に充分習熟していなかったことをうかがわせる。この論文の中で、彼はまず、核力も電磁気にならって一つの場、彼のいうU場で記述するのが当然だ、と主張した。「量子論によれば、電子場が光子を伴うように、この場も新しい種類の量子を伴うはずである」[69]。新たに考えられたこのU場に伴うU量子が、核内の陽子と中性子の間で電荷を運んで往復する、核の「接着剤」なのだ。中性である光子とは異なり、U量子には正負二通りの電荷がある。たとえば、陽子は正のU量子を放出すると中性子になり、負のU量子を放出した中性子は陽子に変わる。これは図式としてはつじつまがあっている。しかし、「大きな質量と正、負の電荷をもったこのような量子が、まだ実験を通じて見いだされていないところをみると、この理論は誤っているのではないか」[70]、そのような異論ももっともだと湯川は認めた上で、それに対しては、この粒子はあまりにも速く崩壊するので、よほど努力しなくては見つからないのだ、と反論した。そして、さらにつぎのように論じて、いうなれば、一石で二鳥をみごとに仕留めたのである。彼によれば、ベータ崩壊とは、仮想的なU量子が電子とニュートリノに崩壊することに他ならない。では、U粒子はどこに姿を現すのだろうか。湯川はこれにさりげなく次のように答えている。宇宙線の中、あるいはそれに関連した高エネルギー相互作用の中であろう。

湯川はこの論文の内容について何回か講演を行なった。だが、真面目に受けとめたのは仁科ぐらいのものだった[71]。湯川は期待をこめて、ヨーロッパとアメリカの何人かの物理学者に別刷を送って批評を待ったが、反応ははかばかしくなかった。ニールス・ボーアが日本を訪れたとき、湯川は*U*量子についてボーアに語ったが、ボーアは「新粒子作りがそんなに好きなのかね」と返事をしただけだった。(72) 後に湯川は、次のように書いている。「このときの私の心境は、坂路を上ってきた旅人が、峠の茶屋で重荷をおろして、一休みする気持ちにたとえることもできよう。この時、私は前途にまだまだ山があるかどうかを、しばし考えずにいたのである」(73)

湯川は『フィジカル・レビュー』誌にアンダーソンとネダマイヤーが発表した写真(74)を見て、ふたたび新しい粒子について考えはじめた。この二人が用意を整えて、新しい形態の物質を発見したと主張する以前に、湯川はいち早く、この写真に写っているのは*U*量子であると判定を下した。仁科は新しい粒子について、自分たちの手でなにかつかもうと考え、二人の実験家と組んでただちに仕事にとりかかった。一九三〇年代の理研は私的な組織であって、所員がとった酒の新しい醸造法の特許料が大きな財源だったぐらいで、(75) 宇宙線を曲げられるような大きな電磁石には手がとどかなかった。資金に恵まれた外国人グループと競争になっているのに気付いた仁科は、熱烈な愛国者だったので、帝国海軍を説得して、潜水艦の蓄電池充電用の発電機を使わせてもらうことにした。(76) 死にもの狂いのスピードで何千枚もの写真をとった理研チームは、一九三七年の夏に、霧箱の中で止まっている一本の宇宙線の飛跡を得て、粒子の質量を推定するところまでなんとかこぎつけた。その値はまさに湯川の予測どおり、電子の一八〇倍から三六〇倍の間にあった。だが、こうした努力にもかかわらず、彼らは機先を制されたのである。

その何カ月か前のこと、アンダーソンとネダマイヤーはマサチューセッツ工科大学を訪れ、ハーバードの二人の実験家、ジャベズ・ストリートとE・C・スティーヴンソンが、霧箱に乾板を入れるという同じ方法で同じ新粒子を発見し、そのことを宣言しようとしているという噂を聞いた。これでは持ち札を出さないわけにはいかない。アンダーソンは急いで『フィジカル・レビュー』誌に論文を送り、「単位電荷を有するが、質量（単一の値をもたないかもしれない）は自由電子よりも大きく、陽子よりもずっと小さい粒子が存在する」と主張した。[77] アンダーソンはオッペンハイマーのおかげできりきり舞いさせられたのだった。

論文は五月に公表された。出鼻をくじかれた日本人はその三カ月後に、ようやく得た一枚の写真を『フィジカル・レビュー』誌に送ったが、ただちに突き返されてしまった。写真はそれに付けた本文を大幅に削除しないかぎり、印刷に回すわけにはいかない。編集部はこういって断わった。ごたごたが起きたおかげで、論文の発表は遅れ、日本側はストリートとスティーヴンソンにも先を越される羽目になった。[78]

新粒子が発見されるまで、湯川の論文、無名の日本人理論家が『日本数学物理学会紀要』という目立たない雑誌に発表したこの純理論的な論文は、欧米ではほとんど注目されなかったが、アンダーソンとネダマイヤーの宣言がこの論文の記憶をいくらか呼び起こした。オッペンハイマーは、二年前にほっておいたままになっていた湯川論文を棚から取り出し、それについてサーバーと共著の短報を『フィジカル・レビュー』に投稿した。[79] オッペンハイマーは立場を翻し、新粒子は確かに存在し、しかも、それは核力を伝える粒子、つまり湯川のU量子である、と論じた。ただし、オッペンハイマーとサーバーは大変ためらいがちにそう述べたのだった（このためらいは、まもなくわかるように、まったく正当だったのである）。同誌の次の号には、もっと積極的な調子で同じことを確認するシュテュッケルベルクの論文が掲載された[80]（いつもながら不運なシュテュッケルベルクは、独立にU量子を考えだしていたのだが、パウリによって妨げられていたようで、ようやく発表したときには、その論文は無視された）[81]。その後すぐに、湯川粒子と新しい宇宙線粒子を同一視する他の論文がいくつも出た。物理学の取引所では湯川の株価が急騰した。

新粒子に湯川が与えたU量子という名前はさっぱり人気がなく、さまざまな奇怪な名称が出回った。貫通子（ペネトロン）、力動子（ダイナトロン）、重電子、X粒子、重粒子（バリトロン）、湯川粒子から、果ては「ユーコン」というのまであった。この混乱に終止符を打つために、アンダーソンとネダマイヤーは発見者という地位を利用し、『ネイチャー』誌に手紙を送って「メソトン」という名前を提案した（メソは「中間」を意味するギリシャ語に由来する）。アンダーソンの指導者ロバート・ミリカンはさっそく、異議を申し立てた。後年、アンダーソンは次のように回想している。

そのときミリカンは不在だったので、帰ってきてから彼に、『ネイチャー』誌に送った短報のコピーを見せた。彼は即座に反対の態度を示し、名称はメソトロンでなければならない、と語った。彼はエレクトロン〔電子〕とニュートロン〔中性子〕という言葉を考慮すべきだと言った。私はプロトン〔陽子〕という言葉を考慮すべきだと言った。ネダマイヤーと私は『ネイチャー』にrの字を電報で送った。幸か不幸か、rの字は締切に間に合い、論文はメソトロンという言葉を用いて発表された。私もネダマイヤーもこの言葉を好かなかったし、私の知っている人たちは皆そうだった(82)。

メソトロンも大歓迎を受けるに至らなかったので、解決はその翌年、シカゴで開かれた宇宙線研究者の国際会議の投票に委ねられることになった。なり損いの古典学者であるミリカンは、メソンという広く用いられていた簡略形に対して、それが「中間のもの」を表す普通のギリシャ語であることを理由に、金切り声を上げて不満を述べた(83)。メソトロンとメソンの人気が群を抜いていたとはいえ、どちらの名前も多数をとることはできなかった(84)。科学者は混乱のまま両者を用いつづけたが、第二次大戦後になってメソンがついに優勢を占めるに至った。

短く輝かしい瞬間、つまり一九三七年末の数カ月の間、宇宙線は理解しうるものであった。軟成分は量子電磁力学の法則に従う電子にすぎないし、一方、硬成分はメソトロンかられ成っており、その作用は生成中の物理学の新分野、メソトロンないしメソン理論で記述されるものと考えられたのだった。中間子論のやり口の大筋は、一九三八年のハイゼンベルクとハンス・オイラーの大部の論文で示されていた。[85] 彼らのいうには、メソトロンは依然謎めいている宇宙線粒子と大気分子が高高度で衝突して生ずる。メソトロンの一部は海面にまで到達する。五年前にすでに観察されている硬成分はこれに他ならない。硬成分の一部は近くにある原子と相互作用して電子のなだれを生ずる。これが軟成分である。

もっとも重要なのは、量子電磁力学が電子と光子の相互作用の説明を引き受けたように、メソトロン理論が陽子と中性子の相互作用を説明するだろう、と物理学者が信じたことである。光子が電磁気の量子であるように、メソトロンは原子核をまとめている力の量子であった。量子電磁力学における発散を無視しようと心に決めさえすれば、事実、一九三七年には大勢の人がそうしたのだが、あらゆる既知の粒子と力を説明できる一大総合の実現は遠くはないと改めて信ずることは容易だった。

アインシュタインが、神は老巧だが老獪ではない、と述べたことは有名である。多くの物理学者はこれを真実だと考えているが、この信念は、一九四〇年代に手ひどい試練を受けた。期待されていたメソトロン物理学の勝利が彼らの手中から逃げ去ったのだった。宇宙線はまたもや、人びとが考えていたようなものではなくなった。メソトロンは湯川粒子ではなく、夢想だにしなかった謎をはらみ、今日ミュー粒子と呼ばれているものだった。メソトロンは核力を解く鍵ではなく、ベータ崩壊の解決でもなかった。自然の不親切さに対する苦い賛辞として、これを「一〇年間のジョーク」と呼んだのはオッペンハイマーであった。(86)

このジョークは劇的な状況下で公になった。一九三八年七月、ムッソリーニはユダヤ人が大学教授のような公職につくことを禁ずる、「人種法」を通過させた。職を追われたブルーノ・ロッシは一〇月に国を離れ、若干の曲折はあったが、旧友のコンプトンがシカゴ大学に地位を提供した。(87)ボーアはノーベル賞をめぐる伝統的な秘密を破って、フェルミに彼が次回の受賞者であることを告げ、ユダヤ人の妻をもっていたフェルミが脱出計画を立てられるようにはからった。フェルミはストックホルムで賞を受けると、その足でコロンビア大学に向かった。

フェルミ、ロッシ他、国中の秀でた物理学者があらかた出国したために、イタリア物理学界は荒廃した。(88)戦争が近づいたとき、フェルミのグリエルモ・マルコーニ研究所に最後まで残った物理学教授エドアルド・アマルディは、物理学をつづけるには残された研究者を一つのグループにまとめるしかないことを悟った。この小さな士気のあがらぬグループの中に、マルチェルロ・コンヴェルシとオレステ・ピッチョーニがいた。二人は若者特有の傲慢さで物理学者の「新世代」を自認していた。真空管や電子部品の扱いに熟練していることを誇りにし、ガラス細工や大工仕事を尊重する古い世代を軽蔑した。(89)

彼らはメソトロン理論について知っていたし、それが新粒子の性質の精密な測定で検証されなければならないことも知っていた。コンヴェルシとピッチョーニは、メソトロンの寿命を確定するためになされてきた試みは、エレクトロニクスが不適切だったために欠陥が生じていたのだと信じ、宗教的といっていいような情熱で、時間差を一〇〇万分の一秒まで測れる回路の製作に取り組んだ。もっとも、ガラス細工世代の一人アマルディも二人のためにできるだけの助力を惜しまなかった。

コンヴェルシは左目の弱視のために徴兵を免れた。ピッチョーニは召集されたが、なんとかローマに留まることができた。アマルディは徴兵されている物理学者が新兵訓練の始まる前に出席できるように、早朝の六時半から講義を行なった。夜になると、コンヴェルシとピッチョーニは闇市で買ったＲＣＡの真空管で回路の製作にとりかかり、ありあわせのがらくたと盗品の電線で、世界最高速の電子回路を組み立てていった。(90) 最初の工房は大学構内にあって、仲間たちと一緒に仕事をすることができた。しかし、大学は重要な軍事目標であるサンロレンツォ貨物駅と隣り合わせだった。一九四三年七月の連合軍シチリア進攻後、アメリカ軍機がパラティーノ丘の上空にはじめて飛来した。何十発もの爆弾がキャンパスをずたずたにした。コンヴェルシとピッチョーニは、その翌日、一日がかりで抵抗器の箱やオシロスコープをバチカンに近い無人になった高校へ運んだ。そこではバチカンの神聖と政治的中立性が多少保護してくれた。飢餓寸前の都市で、空襲の合間をぬって、二人は、反ファシスト・レジスタンスが武器の隠し場所として使っていた地下室で装置をもう一度作った。彼らは秘密送信機とライフル銃の番をした。喜んだレジスタンスの隊長は、どこからか漁(あさ)ってきた真空管をお礼にくれた。

九月のはじめ、イタリア南部のカラブリアに連合軍が進攻するに及んでイタリア政府は崩壊し、ローマはナチに占領された。二人はドイツ軍につかまるのをたえず恐れながら、それでも遮二無二(しゃにむに)仕事を進めた――研究だけが唯一の楽しみだった、とピッチョーニは話してくれた(91)(彼は一度捕えられたが、友人の父親が身代金としてひと山の絹の靴下を支払って釈放された(92))。メソトロンを停止させるのにどれだけの物質がいるかを決定するために、二人は計数器と金属板を何十層も積み重ねた。一九四四年六月、連合軍がローマを解放する直前に、二人はメソトロンがばらばらになるまでに二・二マイクロ秒よりも少し長い時間存続することを示した(93)。これは短い寿命だが、それでも湯川の予測した寿命の何倍も長い。廃墟となった都市の地下室で二人は悟った。何かが見逃されているのだ。

戦闘が終わるともう一人の若者、エトーレ・パンチーニがコンヴェルシとピッチョーニの仲間に加わった。パンチーニは学者としての道を歩みはじめるとまもなく、ファシスト軍から逃れ北部でパルチザンに加わらねばならなかったため、研究の中断を余儀なくされていた。三人は、謎の多いメソトロンを研究するために新しい実験を計画した。アンダーソンとネダマイヤーの発見した粒子が本当に湯川理論のいう粒子だとすれば、物質の中に叩き込まれたとき、正と負のメソトロンはたがいに異なるふるまいをするはずだ。正のメソトロンは電磁気力のため正の原子核から反発されるが、核力によって吸引される。しかし結局、大きい作用範囲をもつ電磁気力が勝って粒子は遠ざけられ、崩壊するに委ねられる。これに対して、負のメソトロンは両方の力に引っ張られるので、多くの場合には、崩壊するひまもなく核に吸収されてしまう。[94]三人の実験家は一組の磁気「レンズ」を用いて、宇宙線粒子の進路を曲げ、炭素棒にぶつけた。正のメソトロンはすべて炭素中で通常の速さで崩壊をした——だが、負のメソトロンの多くもそうだった。言いかえると、負のメソトロンは核に吸収されずにただ捕獲されるだけで、崩壊するまで核のまわりの軌道上に置かれる。[95]湯川の核力粒子なら核の中にまっしぐらに駆けこむはずだ。このことを三人は心得ていた。してみると、メソトロンは核力の伝達者ではないのだ。[96]

一九三九年の夏、戦争の影が迫ってきたとき、イギリス政府はマンチェスター大学の一群の物理学者を動員して、ある秘密レーダー施設に配置した。それはイギリスの東海岸と南海岸に沿って設置されたいくつかの施設の一つだった。[97]科学者の中にジョージ・ロチェスターがいた。ロチェスターはP・M・S・ブラッケットにそそのかされて宇宙線研究に乗り換えたのだった。ブラッケットはラザフォードの弟子でありながら、小さくて安いものに対する偏好を師と共有してはいなかった。ブラッケットがマンチェスターに持ち込んだ霧箱には、一一トンもある電磁石がくっついていた。

最近われわれは、北部イングランドのダラム大学名誉教授であるロチェスターから素粒子物理学の黎明(れいめい)の熱狂的な日々について話を聞いた。彼はレーダー施設には長くいなかった。物理学者は他の目的に必要とされたのである。穏やかな丸顔ですらりとした体つきのロチェスターは、温かいツィードの服を着て寒さに備えていた。彼は研究室の窓から見えるダラム寺院を指差した。高く堂々としており、清らかな姿で保存されている教会は、爆撃に遭っていない。北部全体が空襲にほとんどやられていない。「戦争努力を進めているうちに、どこかの時点で人的資源委員会は、やがて科学者が必要になると判断したのでしょう」とロチェスターは語った。「第一次大戦では、だれもかも戦線に送り込み、最良の若い科学者を大勢殺すという、恐ろしい誤りを犯しましたからね。私はマンチェスターに戻されて、物理学の優等生課程を担当しました。

工場や大学のように、たくさんの建物のある大きな施設は、自前の消防隊を作れと言われました。本当の空襲の際には、市の消防隊はしなければならないことが多すぎますからね。私は六日ごとに、それに週末もたくさん潰して、大学消防班を指揮しました。もっともマンチェスターは空襲が少なかったので、ひまでしたがね。民間防衛隊のほうに、物理学者が一人勤務していました。ハンガリー人のラヨーシュ・ヤーノシーで、ブラッケットがマンチェスターに連れてきたのです。当番に当たった人たちの多くはブリッジやビリヤードで遊んでいましたが、私とラヨーシュはいつも宇宙線物理学の話ばかりしていました。もちろん、訓練の時間もあります。私は班員を連れだしては、梯子を登らせたりしました。楽しいもんですよ。でも私たちはそのあと、メソトロンの創生について語りあったものです。ヤーノシーはすでに結論にたどりついていました。メソトロンは大きな爆発——電子シャワーではなく核に関わるできごと——の中で創られたにちがいないと。そして、彼は一五トンもの鉛の中にガイガー計数管を巧みに配置して、このようなできごとを選び出す方法を考え出していました。大きな電子シャワーのような、よけいなできごとを鉛が切り捨てるのです」。一九四〇年以後、彼らはいわゆる「貫通性シャワー」を研究し、それが光子ではなく陽子と中性子によって引き起こされることを示した。「ありとあらゆる奇妙なことが現れました」とロチェスターは語った。「貫通性の荷電粒子、気体中での奇妙な偏向。でも、粒子は確認できませんでした。磁場がなかったためです。ブラッケットの磁石は電力を食いすぎるので、使わせてもらえませんでした」。ロチェスターとヤーノシーは、霧箱をひたすら見つめた。なにかとはいえないが、面白いことがきっと始まると確信しつつ、音声を切った映画の画面に見入っているかのようだった。[98]

日本の物理学者も軍事目的に動員された。仁科は日本における原爆製造の努力の指導者であったが、この努力は材料の不足と製造不可能だろうという思い込みのためにはなはだしく妨げられた。[99] 日本にはウランがなく、必要な技術も乏しかったが、仁科は広島の壊滅で戦争が終焉を迎えるまで、原子爆弾を組み立てようと苦闘した。朝永はレーダー用のマイクロ波技術を開発するために帝国海軍に雇われた。湯川秀樹は一人ぽっちだった。平和主義的傾向のある彼は軍務を避けて（訳者註　この書きかたはあまり適切でないが、わざと原文のままにしておいた）、平時に行なったであろうことを戦中にも行ない、京都と東京という二カ所の職場を行き来していた。空襲で列車はしばしば止まった。すると湯川は、ヘルメットと肩当て（防空頭巾）をつけて、黙々と線路伝いに隣り駅まで歩くのだった。[100]

『フィジカル・レビュー』は一九四〇年七月に日本に届いたのが最後となった。羽根が生えそろったばかりの日本の理論家グループはこれ以降、欧米の同業者とすっかり切り離されてしまった。[101] 戦争によって日本が疲弊するにつれて、科学者の中には論文を書く紙にもこと欠き、反古（ほご）の裏面で計算しなければならない者も現れた。[102] 真珠湾攻撃以前にも、宇宙線研究者の多くは、メソトロンになにかおかしいところがあることに気づいていた。吸収のされ方が充分でないし、寿命が長すぎる。[103] 持ち上がってくる食い違いに、湯川は頭を悩ませた。この問題に取り組むために「メソン・クラブ」が組織された[104]。一九四二年六月、会員の坂田昌一は二種類の中間子があるという、明快な提案を行なった。これはのちに正しかったことが判明する。実験家が霧箱の中で見ているものと湯川が予測したものは別のものであり、後者はまだ見つかっていないと坂田は考えたのだった。坂田はこの示唆をその年のうちに日本語で書き上げたが、それが世界の他の部分に届くには長い歳月がかかった[105]。

広島に原子爆弾が投下された。惨禍にびっくりした軍は、湯川の師である仁科に広島行きを命じた。落とされたのが原子爆弾であるというトルーマンの言葉が正しいかどうかを判定するためである。爆弾投下の翌日に到着した彼が見たのは、だれもまだ描写に成功したことのない光景であった。衝撃で黙りこんだ彼は、あちこち歩き回って、死体の火傷を調べて爆発の規模を推定するという、ぞっとする仕事を行なった。潰れた病院からは、未使用のX線乾板が見つかった。仁科は半世紀前のベクレルと同じように、それを現像してみた。乾板は放射線ですべて感光していた。路上の死体の骨もガイガー計数管で測定した。この心からの愛国者は、原爆製造競争で後れをとったことを恥じていたとしても、そのことを決して口にしなかった。仁科はアメリカの研究者に、この地域に生じた突然変異を調査すべきだ、と語った。彼はこのような装置を自分が作ろうとしたことを、決して認めなかった[106]。

アメリカの占領下では、日本の物理学者は厳しく監督され、雑誌に接することも制限されていた。外国の科学者と話し合える機会は稀だった。湯川はやっとかき集めた、しみのある黄ばんだ紙を用いて、『プログレス・オブ・セオレティカル・フィジックス（理論物理学の進歩）』という英文誌を創刊した。第一巻第二号には量子電磁力学のくり込み可能性に関する朝永の論文が、第四号には坂田らによる二中間子仮説に関する論文が掲載された[107]。この雑誌は一九四七年一二月にやっと合衆国に届いた[108]。そのときには、アメリカ人はすでにこの二つの考えを自分たちの手で作り上げていた。

一九四七年六月のシェルターアイランド会議では、参加者は自己エネルギーに関する実験以外にも、一日を費やして、イタリアのコンヴェルシ、パンチーニ、ピッチョーニの発見を論じた。議論が盛り上がったとき、ヴィクター・ワイスコップはかなり風変わりな提案を行なった。陽子や中性子は宇宙線に遭遇すると、「妊娠」して、メソトロンを放出できるようになる、というのである。懐胎期間が粒子の寿命をめぐる食い違いを説明するかもしれない、と彼は示唆した[109]。この不様な解決法にうながされて、コーネル大学の理論家ロバート・マルシャックは考えられるかぎり最も単純な説明を思いついた。要するに、異なる質量をもつ二種類のメソトロンがあると考えればよいのだ。一方は宇宙線衝突によって大気圏上部で作られ、もう一方は前者が崩壊して生ずるのである。

シェルターアイランドで自分の考えが受けたことで気をよくしたマルシャックは、会議から帰ると、『ネイチャー』の最新号に彼が説明してきた過程をそっくり示す写真が掲載されているのを見て仰天した。[110] この写真はイギリスの四人の実験物理学者が、宇宙線中の大部分の荷電粒子に感ずる、特別に開発した乾板を用いて撮影したものだった。写ってい る黒い線は、霧箱の飛跡とまったく同じやり方で測定できる。一本一本の軌跡の濃さと散乱の具合が、粒子の質量とエネルギーの手がかりを与える。イギリス人たちはこのやり方で多数の乾板を感光させたが、その中の一枚には、メソトロンがスピードを落としてフィルムの中央で停止し、そこで別のいくらか軽い粒子に崩壊するありさまが写っていた。マルシャックはただちに、宇宙線に広い知識をもっていたハンス・ベーテの助力を求めて、新しい論文の作成にとりかかった。[111]

二つの粒子のうち、最初の重い方のものは今日、パイ粒子あるいはパイ中間子（メソン）と呼ばれている。湯川粒子に対応するのがこれであり、核内の陽子と中性子のあいだでやりとりされる。電子の約二七三倍の重さで、寿命は約10のマイナス8乗秒、湯川の推定にほぼ合致する。実験家はまもなく三種類のパイ粒子、正、負および中性のものを発見した。二番目のもう少し軽い粒子は、パイ粒子が崩壊するときに作られ、まったく別種の物質である。アンダーソンとネダマイヤーが発見したのはこちらの方である。核の相互作用に関与せず、通常の物質の基本的な過程にもなんら関与しない。電子の約二〇七倍の重さである。これとパイ粒子の質量がたまたま近かったことが、二つの粒子の間に、オッペンハイマーが「一〇年間のジョーク」とのべた混乱を招いたのである。この二番目の粒子は、電子の短命な類似品であり、それ以上でもなければ以下でもない。存在する理由も機能も知られていない第二の電子なのである。今日、ミュー粒子と呼ばれている、理論も予測せず、自然も必要としていないこの粒子は、作り出されてから一〇〇万分の一秒たつと電子に変わってしまう。長つづきもできないのに、いったいなぜ存在しているのだ、と物理学者はいぶかった。物理学界にみなぎった当惑をI・I・ラービの捨て科白《ぜりふ》がうまくまとめている。「こいつを注文したのはだれだ[112]」

しかし、ミュー粒子は驚きのはじまりにすぎなかった。大戦が終わるとマンチェスターのロチェスターとC・C・バトラーは、ブラケットの磁石を使うことを許され、新しい霧箱でいわゆる中間子シャワーの撮影をはじめた。彼はこの装置を用いて、一九四六年一〇月に、新粒子のものと思われる飛跡を見つけた。そして、さらに七カ月後には、別の一組の飛跡に出会った。最初のものは中性の粒子の崩壊と解釈された。二番目のものは電荷を帯びていた。どちらも質量は電子の約一〇〇〇倍だった。どちらも崩壊の際に、霧箱にフォークの形をした飛跡を残したので、「*V*粒子」と命名された[113]。多くの科学者は最初、この二枚の写真を実験中に起きた突発事故の類《たぐい》と見なして、けりをつけたがった。物質の新しい状態の存在を承認するのは、ロチェスターとバトラーが、証拠をもっと見つけだしてからでよい、というわけだ。[114]

「残念なことに、愛すべき神は親切にも二つ贈り物を贈ってくれたのに、それ以上贈ろうという親切心はまるでなかったのだ」とロチェスターは述懐した。[115] 二人はもっとたくさんV粒子を捕えようと、一年間、むだな試みを重ねた。そして、一つも姿が見えないことにしだいに困惑を深めた。一九四八年の夏、ロチェスターは大西洋を渡り、ロバート・ミリカンの八〇歳の誕生日を祝って開かれた学会に出席し、礼儀正しいが熱意のない聴衆の前でV粒子について話をした。「その折りにパサディナでカール・アンダーソンに会いました」とロチェスターは語った。「カールはたいへん興味を示しました。そして、この会議のあとで彼の最良の霧箱をもっぱらこの問題にふり向けるためにホワイトマウンテンの頂上に据えたのでした」。そのような高所では、V粒子は、かりに存在するとすれば、もっと頻繁に出現するはずだった。V粒子を作りだす宇宙線がそこではずっと多いからだ。ロチェスターは、彼とブラッケットに宛てたアンダーソンの手紙を受けとって、大いに胸をなでおろした。手紙には「約三〇個の」V粒子を見つけたこと、彼らの分析に同意する旨(むね)したためてあった。[116]

V粒子の発見は、多くの科学上の発見と同じように、発見しそこなった人たちに手持ちの証拠を再吟味するよう促した。それ以前に撮った高エネルギー宇宙線シャワーの写真にも、確かに、V粒子の飛跡がまき散らされていた。パイ粒子ややっかいなミュー粒子以外の、別の風変わりな型の物質の発見に惹かれて、ヨーロッパ、日本、合衆国の研究者は山登りをはじめた。一九五〇年代のはじめごろには、全地球上の山頂を宇宙線研究所が点々と占めた。山頂は住めないことはないといっても、生活条件は厳しかった。実験物理学者は小さな山小屋に何週間も住みこまねばならなかった。とはいうものの、物理学者の中には、すばらしい孤独に一種のヘミングウェイ風のスリルを感じる人たちもいた。一九世紀の探険家のような貴族的な雰囲気をもつフランスの物理学者ルイ・ルプランス＝ランゲは、エギュイーユ・デュ・ミディ山の一万一〇〇〇フィートの高所の雪に埋もれた小屋に科学機器と救急用のブランデーを備えて何年間もこもった。高高度生活の功徳(くどく)を讃える彼の言葉にはいかにもフランス人らしい闊達(かったつ)さがある。

仕事は休みなく日夜つづいた。どんな邪魔も入らず、どんな日常の瑣事(さじ)もなかった。嵐は絶えることなく吹きつづけた。このようなすばらしい孤立の中では、一年分の仕事を一カ月ですることができる。まるまる二週間、戸口を一歩も出ることができず、雪に閉じ込められ、何日間も窓から外が見られなかった。しかし、籠城戦が終わると、スキーをはいて、クレバスも何のその、高山の美しい、結晶のように輝く粉雪の上を有頂天になって矢のようにとばすという楽しみがあった。晴れた日の朝は壮観だ。平原から立ち昇ってくるもや、まったく穏やかで平坦な雲の海。本当の海だ。緩慢な揺れ動きがうねりを止めたり起こしたりする。クリームのような青みがかった海の深みは、夕方にはピンクに染まる。偉大な峰々はまさしくわれわれの世界の一部だ。セルヴァン、モンローズ、モンブランはあまりにも近く、手が届きそうに見えるので、地球のその他の部分は雲の海の下で、アトランティスのように縮んで見える。[117]

しかし、美しい白髪をそなえたイタリアの実験家アントニノ・ジキーキと話していて気づいたのだが、これほど有頂天にはならなかった人もいた。一九五三年、二四歳のジキーキは、ローマのアマルディの研究所からスイスアルプスのユングフラウヨッホに派遣された。[118] 風と雪の荒地に着いたときジキーキを出迎えたのは、観測所の主任で、ハンス・ヴィーダーケールと自ら名乗った。圧政者型のヴィーダーケールは、自分の配下のおびえた物理学者たちに完全服従を強いることで、観測所の機能を維持していた。最初到着したとき、ヴィーダーケールは出口をさし示し、そこを決して使ってはならないと長々と説明した。ジキーキは、自分は字が読めるし、ドアには大きな字で「出ることを禁ず」と注意書きがある、と答えた。ヴィーダーケールは新来者に図書室についてくるように無愛想に命じた。図書室は氷河を見渡せる大きな窓のついた、羽目板張りのすばらしい部屋だった。山麓のスキー街から旧式のケーブルでひっぱり上げた棚の上には、雑誌、地図、図表が気軽に放り出されていた。[119] ヴィーダーケールは壁に掛かっている一列の、きちんと額縁におさまった白黒の肖像写真を指さした。写真の主はいずれもここで働いていた物理学者だった。ジキーキの回想によると、会話はつぎのように運んだ。

ヴィーダーケール　（どなるように）あの男たちが見えるか。全員死んでしまったんだ。

ジキーキ　何が起こったんです？

ヴィーダーケール　注意書きを守らなかったのさ！

「それから彼は」とジキーキは語った。「ここでは平均年一人物理学者が死ぬ、と説明してくれました。事実、私がそこにいたとき、グループのリーダーだったインペリアル・カレッジの〔アンソニー・〕ニュース博士が、天気のいいある日、スキーに出かけてクレバスに落ちてしまったんです。彼が生き残ったのは、五時三〇分にヴィーダーケール氏が『ニュース博士はどこにいる？』と聞いたおかげでした。ヴィーダーケール氏はすぐさま出発し、足跡をたどって、彼をクレバスから引き上げたんです。もうだめだと思った、とニュース博士はあとで私にいいましたよ。すっかり怖くなりました。なにしろ物理学者が平均年に一人死んでいるんですからね。死んだ人たちの写真がずらっと図書室に並んで掲げられているんですから」。ここでジキーキは、体を乗りだすようにして語った。「しかも、信じられないことですが、当時、だれ一人として自分たちの探しているものが何かわかっていなかったんです[120]」

*

一九四七年から一九五三年までの間に、宇宙線研究者は何十というきゅうくつな山の研究所で、まったく新しい物理学の世界を発見した。霧箱のピストンを押したり引いたり、あるいは電子回路のスイッチを入れたり切ったりして、ミュー粒子、パイ粒子、V粒子の写真を撮った。それればかりではなく、さらにいくつかの粒子を見つけだした。すべて高エネルギー宇宙線の束の間の輝きから生まれたものばかりであった。もっとも面白いのは、写真フィルムを平行に立てて置いて撮った写真だった。宇宙線がこれを貫通すると小さな白い航跡が残る。この方法で研究する人が増えるにつれて、稀に起こるめざましい事象に人びとは——たぶん、否応なく——気づくようになった（専門家の間では、素粒子の相互作用を「事象(イベント)」と呼ぶ）。フィルムを引っ掻いたような線は、何かが、壊れて隔てられた三個のパイ粒子になったことを示していた。別の組の研究者は別の一連の写真をつなぎ合わせて、未知の実体が崩壊してミュー粒子と電子になって四散したのを見た。さらに第三の研究者は、フィルムの乳剤中の原子核に宇宙線粒子が衝突して星のような閃光を生じ、原子より小さな曳光弾(えいこうだん)が驚異的に多数飛びだしたのを見つけた。予期しなかった粒子と崩壊の大盤振舞いに面食らった物理学者は、一つの粒子にさまざまな名前を付けるかと思えば、第二の粒子を確認しそこない、第三の粒子は存在さえも否定し、他の研究所のデータを見て自説を翻すといったありさまだった。はじめてV粒子を観測してから五年もたたないうちに、V粒子のいくつかの仲間や、適当にシータ、タウ、Kなどと呼ばれたいくつかのものが存在すると考えられるようになった——すべて、わずか数百枚の写真から知られたものであり、あるといえばあるし、ないと思えばないかもしれないものばかりだった。どの研究所も、それぞれの型の事象についてわずかな事例しかもっておらず、それがあちこちの雑誌にばらばらに報告されたために、全体を大局的に一つの像にまとめることは不可能だった。その結果、自分たちが何を見ているのか、なぜそれが存在するのか、だれにもわからなかったし、それを何と呼んでよいのか、同じものを他の人がすでに見ているのかどうかもわからなかった。物理学はここでは完全に実験家の手中にあった。シェルターアイランド会議ののち、あれほど自信に溢れていた理論家は、いまやすっかり打ちひしがれ、あいまいな仮説を立てたり、根拠のない推測をするだけになった。

ミステリーが数多くあった中でも、V粒子の謎は特にきわだっていた。新時代のはじまりのころに見出されたV粒子は、エネルギーが充分あれば大量に作りだされるように思われた。このことはV粒子を存在させている力が強力であることをうかがわせた。力の強さの大きいことは、その効果の現れやすさで示される。したがって、新たに作られる粒子のおびただしさは、それを生みだす力の強大さの証(あかし)である。このような強い力は、V粒子を速やかに崩壊させるにちがいない――「得やすいものは失いやすい」のが通則である。霧箱写真を眺めることによって、物理学者はこの強い力がV粒子を崩壊させるのに要する時間を推量できるようになった。しかし、計算はかなり見当がはずれた。V粒子の寿命は計算で予想された値の一〇兆倍もあった。[121] 理論的な予測が一三桁も狂うのは、ごった煮の中にとんでもないものがまざっているしるしだ。

謎を解く鍵はアイソトピック・スピンと呼ばれる古い概念の中にあった。この名称ではないが、この概念を考えだしたのはハイゼンベルクであり、それも核力の理論のほんのおまけとしてであった。まったく便宜上のことだが、ハイゼンベルクは陽子と中性子を同一の粒子の異なる状態だと想定した。これは同重核(アイソバー)の炭素12と窒素12が質量は同じでも異なる電荷をもっているのにいささか似ている（本当は、「アイソトピック(アイソトープ)（同位元素的）・スピン」ではなく「アイソバリック（同重元素的）・スピン」と呼ぶべきであった。なぜなら、この考えの元になった陽子と中性子の喩(たと)えは、質量は異なるが、同じ電荷をもつ炭素12や炭素14のような同位元素とは何の関係もないからである（アイソスピンとも呼ばれ、近年の日本の物理学用語ではもっぱらアイソスピン））。ところで、このような関係を形式的に記述するために、ハイゼンベルクは、各々の粒子がある想像上の空間でこまのように回転していると想定した。回転軸が上を向いていれば粒子は正電荷をもち、陽子である。もし軸が下向きならば電荷をもたず中性子である。そうすれば、陽子と中性子に、½という同じ値の、のちにアイソトピック・スピンと命名されたある仮説的な量を割り当てることができる、とハイゼンベルクは述べた。[122] 普通のスピンも方向と結びついていることを想い起こそう。電子はスピン½といってもある方向についてみれば、その方向の成分（次頁図表のS_z）は回転の向きによって＋½だったり－½だったりする。同じように、アイソトピック・スピンも方向と関係しており、陽子はアイソトピック・スピンが上向きで、その方向の成分（図表のI_z）が＋½であり、中性子は下向きで、I_zは－½である。[123]

ハイゼンベルクが提案した内容の限りでは、アイソトピック・スピンは複雑で要領を得ないばかりか、その上、さっぱり実用的でない代物（しろもの）だった。彼の仲間はほとんどだれも、ろくに注意を払わなかった。しかしながら、その四年後、三篇の論文をおさめたたった一号の『フィジカル・レビュー』がこのハイゼンベルクの着想を劇的に復活させた。最初の論文は核内で陽子どうしにかすがいをかけている力の大きさを実験的に与えた。第二の論文はこのデータを解析し、二つの陽子間の力と陽子＝中性子間の力が等しいことを示した。第三の論文はアイソトピック・スピンを再提起する根拠を以上の二つの論文に求め、核力は、それが何であれ、陽子と中性子の違いを「見分ける」ことはできず、したがってこの二つの粒子は核子と呼ばれる一つの粒子の二つの状態とみなすべきである、と論じた。[124] 一

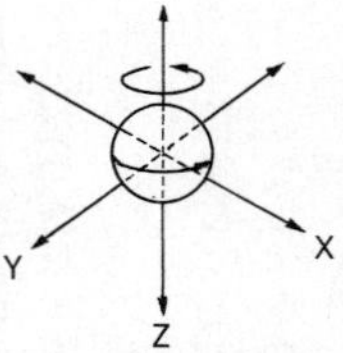

スピンの軸の向き

普通のスピン	粒　子	磁場の中でのスピンの向きと量子数 (Sz)
S=½	電　子	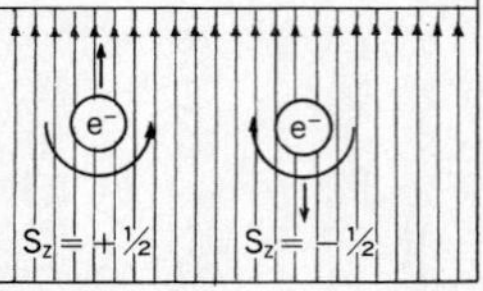

アイソトピック・スピン	粒　子	仮想荷電空間でのアイソトピック・スピンの向きと量子数 (Iz)
I=½	核　子	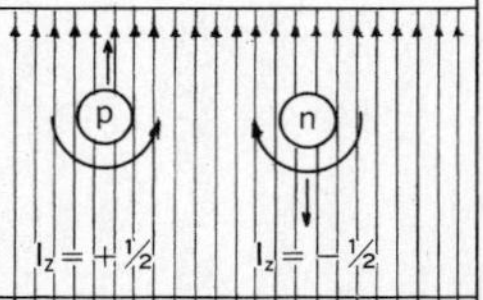
I=1	湯川粒子 (パイ中間子)	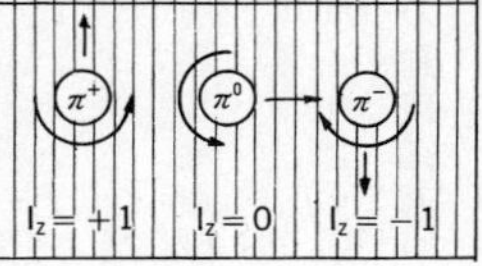

普通のスピンとアイソトピック・スピン（アイソスピン）

図 9－1

九三八年、パウリの助手でニコラス・ケンマーという名の亡命ロシア人が、この考えを核子以外に拡張した。核力を伝える粒子という湯川の考えを正面から受けとめれば、実際には、上向き、下向き、横向きの三つの異なるアイソトピック・スピン軸をもつ一つの粒子の三つの状態として、三つの実体——今日の言葉でいえば、三つのパイ粒子——が存在すると想定しなければならない。ケンマーはこう論じた[125]（注意　パイ粒子のような場合には、アイソトピック・スピンは1という値をもち、そのある方向の成分は＋1, 0, −1 の値をとる）。

オッペンハイマーとサーバーはこれを受けて、一篇の重要な論文を書き、アイソトピック・スピンは粒子の相互作用の際に、全エネルギー、運動量、電荷が変わらないのと同じように、同じ値を保つ、と仮定した[126]。この四つの量はすべて「保存」されるというのである。違いは、アイソトピック・スピンの保存は近似的だという点にある。エネルギー、運動量および電荷がどんな場合にも保存されるのに対し、アイソトピック・スピンは核力の関わる相互作用の場合にだけ保存される。

それまで知られなかった自然法則がこうして姿を見せたが、それも、眼の端をかすめた閃光のように、つかの間のことだった。ずかずか割り込んできたのはエイブラハム・パイスであった。パイスはオランダ人で、当時、プリンストン高等学術研究所にいた。ヘンドリク・ローレンツの生誕一〇〇年を記念する一九五三年のある会議で、パイスは注目すべき講演を行ない、素粒子物理学がその後二〇年間たどることになる道を指し示した。[127] パイスはそのとき三五歳だった。彼は通常、物理学者の生涯でもっとも生産的な歳月とされる二〇代の大半を、ドイツ人の手から逃れるためにアムステルダムに潜んで過した。パイスは最後にはとうとうゲシュタポの監獄に入れられたが、幸い生き延びることができた。パイスは新しい宇宙線粒子がたいへん重要なものであるという予感を、おおかたの欧米の理論家に先んじてもっていた。[128] ローレンツ会議の数年前から、パイスと何人かの日本人は、互いに独立に一つの結論に到達していた。それは、今にして思えば、まるっきり自明の結論であった。V粒子の創生と崩壊は同じ作用因によるものではない、というのである。しかし、なぜそうなっているのか、という本当の理由を考えつくことができなくて、パイスは手がかりの乏しさを訴えた。「素粒子の世界に秩序をもたらす原理を探究することは、結局のところ、一ダースかそこらの古い元素しか与えられずに周期律表を作ろうとしている化学者の試みに似ざるをえないのかもしれません」[129]。ローレンツ会議での講演では、彼は「特に興味あると思われる中間子物理学のいくつかの問題」を冒頭に列挙した。

第一の問題は、アイソトピック・スピンに関するものであります。陽子と中性子はたがいに転換しあうことができ、また多くの場合に核の中で交換可能であることが明らかになって以来、われわれが直面しているのは、この二つの粒子が、いまや核子と呼ばれている一つの実体の異なる状態であるかのごとくふるまうように見えるという事実に、理論的基礎を与えうるか否かという問題であります。アイソトピック・スピンという形式的な略記法は、この状況を承認した上でなされているのですが、もちろん、それだけでは何も説明したことにはなりません。[130]

つづいてパイスは、一般的に述べたり、例を挙げたりしながら、大発見は今後に残されていると論じた。というのも、アイソトピック・スピンのような新しい変数が、核力研究と宇宙線粒子研究の両者の鍵になると思われたからであった。このような本性上保存される性質をもっと探さねばならない。そのような性質を記述するためなら、二五年来はじめて新しい量子数を導入することも価値があるというものだ（今日の言葉でいえば、パイスは高次の対称性の探究を促した最初の人である）。これらの性質を押したり引いたり、ひねったりして数学の結び目を作ってしまえば、素粒子の相互作用を一つの階層構造に整頓することができ、その内部をのぞいて内的な働きをうかがうこともできるようになるだろう。パイスはこのように論じた。

これ以外の半ダースほどの思いつきや全然間違ったモデルもその中にあって、それに邪魔されていたとはいえ、パイスの創造性を示す力強い証言であるこの講演の中には、次の世代のためのプログラムが産着(うぶぎ)にくるまれて横たわっていた。にもかかわらず、この論文は直接的な影響をほとんど及ぼさなかった。それというのも、パイスが鼓吹（こすい）したような探究の具体例が現れて、これをたちまち凌駕（りょうが）してしまったからである。新しい探究は、流星のように登場してきたマレー・ゲルマンの提案した、新しい量子数という形をとって行なわれた。生意気（ブラッシュ）という言葉に、豊かな新しい意味を付け加えたこの若者は、パイスのアイディアについてほとんど何も知らなかった。独立に同じ考えにたどり着いたのである。(131) パイスの語り口が散漫で打ちとけたものであったのに対し、ゲルマンの語り口はきびきびして、ひねりが効いており、省略が多かった。前者の論文は暗示であり、後者は宣言であった。もう一つの時代は、すでに幕を開いていたのだった。

ゲルマンの論文『アイソトピック・スピンと新しい不安定な粒子』は、すばらしい、現代様式の小交響楽である。曲はテンポの速いファンファーレで始まる。

「通常の粒子（核子とパイ粒子）」と「新しい不安定な粒子」（V粒子の一覧表がここに入る）はともに三種類の相互作用を有するものと仮定する。すなわち、

（1）アイソトピック・スピンを厳密に保存する相互作用（これらは強いものであると想定する）。

（2）電磁相互作用（質量差効果はこの分類に含めるものとする）。

（3）その他の電荷依存相互作用。これは非常に弱いものとみなす。

音楽通にはおなじみのこの種の交響曲も、かってこれほど明確な音を響かせたことはなかった。現代的な用語で言えば、ここで語られているのは相互作用の階層である。電磁気は電子を核のまわりに束縛し、電荷を保存し、場の理論、量子電磁力学で完全に記述される。強い力は原子核を一つにまとめ、アイソトピック・スピンを保存し、パイ中間子によって伝えられると考えられている。これを記述する理論はなに一つない。弱い力は粒子をもっと軽い粒子に崩壊させ、何ものも保存しないように見える。この力を伝える粒子はなに一つ知られておらず、エンリコ・フェルミのベータ崩壊理論で不完全ながら扱われているにすぎない。重力は惑星を太陽のまわりに、太陽を銀河の中に保ち、一般相対論で完全に記述される。原子以下のレベルでは何の役割も演じておらず、最近までは量子力学とは折合いがつかないように見えていた。電磁気、強い力、弱い力、それに重力の四つが宇宙の基本的な力であり、他の力はすべてこれから導かれる、と今日では考えられている。

力のこの序列はほぼ同じころに、この力の作用する粒子の序列と合致させられた。強い力の効果を感ずる粒子は今日、ハドロン（強粒子）と呼ばれている。ハドロンはさらに、陽子や中性子のような重いバリオン（重粒子）と、パイ中間子のような、もっと軽い中間子という二つの小分類に分けられる。ニュートリノや電子のような粒子は、強い力の効果を感じず、レプトン（軽粒子）と呼ばれている。[132] レプトンとハドロン、そしてこれらに働く四つの相互作用。宇宙は一個条にまとめればこうなる。

相互作用の階梯(かいてい)をこのように明確に設定してから、ゲルマンは、パイスともう一人の理論家デヴィッド・ピーズリーの論文[133]を検討した。ゲルマンは彼らの研究に関連してこう書いた。「著者〔ゲルマン〕はしばらく前から考察してきた、別の仮説を代案として提出したい……」。導入部の主題は、見かけ上は控え目である――V粒子は、通常の粒子とはアイソトピック・スピンが½だけ異なると仮定する。核子とパイ中間子のそれがそれぞれ½および1に設定してあれば、重いV粒子と軽いV粒子のそれはそれぞれ1および½となる。

そこでゲルマンは、冒頭のファンファーレとこの主題を織り合わせる。(1)型の強い相互作用が、V粒子を作りだせるのは、一挙に二個作りだすときに限る。たとえばz成分が+1および−1のアイソトピック・スピンをもつ重いV粒子を作ることはできる。(+1)+(−1)=0なので、新しいアイソトピック・スピンは生じておらず、正味のアイソトピック・スピンは不変だからである。そして、重いV粒子から核子を作ること、および軽いV粒子からパイ中間子を作ることは、強い力にはできない。正味のアイソトピック・スピンを変えることは許されていないからである。それゆえ、ゲルマンは次のようにのべた。「(1)に関する限り、新しい不安定な粒子が通常の粒子に崩壊することは禁じられる……アイソトピック・スピンに関わりのない(3)型の相互作用だけが、このような崩壊を生じうる」。アイソトピック・スピンの値をずらすことで、V粒子の謎はきれいに解けた。

粒子が、それを崩壊させることのできない力によって、いかに作りだされるかが、簡単な足し算と引き算で示されたのである。

これと並行してゲルマンは、V粒子の問題にもっと深く切り込んだもう一篇の論文を書いた。[134] その原稿をいま読んでみると、内心に秘めた信念を暴露するのを用心深く避けたマーク・トウェーンのような作家の秘密の原稿を読んでいるような気持ちになる。この論文は原稿のまま広く回覧され大きな影響を及ぼしたが、流行遅れになるまで著者が内密のままにしておき、結局、公刊されずに終わった。一つの重要な着想がこのようにして、裏口から学界の中に静かに滑り込んだのである。というのは、ゲルマンはこの論文で、どんな相互作用にも、あるいはどの単一の粒子にもあてはまる一つの公式を事実上、提唱したのである。これは現代的な形で書けば、次のようになる。

$$Q = I_z + B/2 + S/2$$

ここで、Qは電荷、I_zはアイソトピック・スピンのz成分、Bはバリオン数、Sは新しい量子数で、ゲルマンはSに「ストレンジネス（奇妙さ）」という気まぐれで挑発的な名称をつけた。そこで、Sがゼロでない粒子は「奇妙な粒子」と呼ばれた。V粒子は奇妙な粒子、つまりSがゼロでない新粒子である（日本の物理学者西島和彦も、同じアイディアを独立に展開していた)[135]。

実に奇妙だった。「奇妙さ」は、式中にQが出現していて電荷のような古い性質とも関連することを示しているとはいえ、高エネルギーで作りだされる粒子にだけ現れてくるまったく新しい現象だった。公式はもっぱら素粒子の性質だけで言い表されており、原子核にはなに一つ言及していない。観測データを簡潔にまとめているが、その原因については沈黙している。この公式は、一つの山場にさしかかったこと、学ばなければならないことが山ほどあることを物理学者に告げた。新しい学問分野、素粒子物理学の完全な登場をこの公式はしるした。

ある時、われわれはエイブラハム・パイスに、一九五〇年代初期にかえったつもりで答えてほしいと念を押してから尋ねた。五〇年代初期は、今日、宇宙の基本的な構成要素の姿だと思われているものを、人間がはじめて目にした時期であった。もしその当時、だれかが物理学者に、三〇年後に統一理論の最初の試みが現れるだろうと述べたとしたら、物理学者はどう考えただろうか？　物理学者はショックを受けただろうか？　「まさにそのとおり！」と彼は答えた。彼の声には過去を懐かしむやさしい響きがあった。「そのころはすばらしい、すばらしい混沌でした。すばらしい！　痛快そのもの！　大混乱でした——なにもかも混乱していましたが、角を曲がればその向こうには重大なものがある、とわかっている時、それが物理学の最良の時です」[136]

一九五三年の夏、世界各地から宇宙線研究者がバニェール・ド・ビゴールに集まった。それはバスク地方の小さな町で、ピレネー山脈の麓の丘にあり、ピク・デュ・ミディ研究所から何千フィートも下ったところにある。昨今の会議は部会がまた部会に分かれ、報道陣が熱心につきまとい、何千人という研究者と職探しの大学院生が参加するが、バニェールの集会はこぢんまりしたもので、一五〇人の宇宙線狂、安ブドウ酒、それに町の学校の教室に置かれた簡易ベッドといった程度の催しであった。第二次大戦以後、これらの宇宙線実験家が一堂に会するのはこれがはじめてだった。この科学者の多くが、霧箱の中に奇妙な代物を見ているのは自分たちだけではないことを、確かに感じとったのもこれが最初であった。それればかりではなく、このVやらKやらシータやらは――何であろうと、何と呼ばれようと――、偶然の拾い物やつまらぬ小物ではなく、重大な関心の的になるものだった。

バニェールに集まった実験家の多くは、あんなすばらしい会議はかつてなかった、と回想している。彼らは自分たちの置かれた立場を確かめるために集まった。六日後、彼らは素粒子の物理学はどの一部をとっても原子核の研究に劣らない意義をもつ科学領域だという感触をつかんで、その地を去った。既知の粒子を分類し、将来発見される粒子の命名法を定める委員会が設けられた。新粒子ごとにギリシャ文字が割り当てられた。軽い粒子には小文字、重い粒子には大文字である（巻末の素粒子表参照）。この規約は世界中の雑誌に同時に発表された。バニェール会議の参加者は、新粒子への来たるべき総攻撃について、興奮した口調で語った。[137]

新粒子は多数発見された。しかし、発見したのは宇宙線物理学者ではなかった。バニェールでも、マーセル・シャインという実験家が、シカゴ大学の新しい巨大なサイクロトロンを使った報告でセンセーションを巻き起こした。サイクロトロンとは、近代的な粒子加速器のはしりの一種であるが、シャインは、シカゴのそれを使って充分な高エネルギーで陽子の群を金属板にぶつけることによってV粒子の噴射を作りだすのに成功した、と報告したのである（シャインの主張は間違いであることがのちほど判明した）。実験室内の加速器がエネルギーの点で大気上層の宇宙線にたやすく対抗できると会議の参加者たちは感じた。物質の新形態を求めて実験家が山頂へ登る必要はもうなくなるだろう。新粒子は何万個という数で、まるでスープの缶が機械から出てくるように加速器から吐き出されるだろう。閉会に際して、ルプランス゠ランゲは、バニェールの学校の談話室に集まった仲間たちにはっぱをかけた。「急がねばならない」と叫んだのである。

われわれはペースを落とさずに走らねばならない。われわれは追いすがられている。機械に！……私の見るところでは、われわれは登山者の群れにいささか似ている。山は高い。限りなく高いのかもしれない。しかも、条件がますます悪化する中で、われわれは登らねばならない。だが、止まって休むことはできない。というのは、下から、足もとから、海水が、洪水が、湧水が、たえず高まりながらわれわれを追い上げているからだ。状況は明らかに居心地のよいものではない。しかし、なんと生き生きとしており、心をそそるものではないか？[138]

だが、遅すぎた。宇宙線の中で見出された物質の新領域を探究するために、物理学者は実際上、宇宙線そのものを見捨てたのである。バニェールの幸福感は宇宙線物理学の絶頂であった。町が宇宙線粒子を讃えて広場を新粒子の名に因(ちな)んでハイペロン広場と命名したにせよ、検電器の漏れとともに世紀の初頭に始まった科学の劇中劇は、いまや幕を閉じることになった。

Ⅲ 弱い力

10　対称性

一九七九年一二月一〇日午後四時三〇分、シェルドン・グラショウ、アブダス・サラム、スティーヴン・ワインバーグの三人は、ファンファーレに迎えられて、ストックホルム・コンサートホールの式場に入った。三人にこれからノーベル物理学賞が授けられるのだ。これは弱い相互作用と電磁相互作用をまとめた単一の理論を建設した功績に対してである。これは奇妙な粒子の発見以後の長い歳月の中で、それと気づかれることなく始まった偉大な業績であった。受賞者は観客席の間の広い通路を進みでた。グラショウとワインバーグは燕尾服に飾りボタン。サラムは上から下までパキスタンの公式礼装で、履物は念入りなことに爪先がくるりと曲がって何インチも突きでている。壇上に登ると、スウェーデン科学アカデミーの中年の会員が受賞者を紹介し、一人ひとりに祝辞をのべた。結びのことばがのべられ、この儀式の主宰者であるスウェーデン国王グスタフ一六世に謁見するために受賞者が中央のステージに進むと、二〇〇〇人の観衆はいっせいに拍手を送った。物理学者たちはめいめい国王と握手を交わし、革装の賞状、ずっしりと重い金メダル、それに、いつどのようにして賞金を受け取るかをしるした書類が手渡された。[1]

式典のあと、三人の物理学者、それに化学、医学、文学、経済学の受賞者たち、王族、コンサートホールにいた人びとのほぼ半分が、一団のリムジンとバスに詰め込まれて、寒空の下をストックホルム・シティホールに案内された（平和賞の授与はオスロで行なわれる。あとから設けられた経済学賞は、正式にいえばノーベル記念賞である）。世紀の変わり目にふんだんに資金を投じて海岸沿いに建てられた、ヨーロッパでもっともすばらしい建物とスウェーデン人が口々に称えるシティホールの見どころは、単独の展示品としては世界でもっとも大きな純金のモザイクをならべた「金の間」である。受賞者はそこで何回も乾杯につきあわされ、あいさつをさせられたのち、国王の案内でもう一つの広大な場所、「青の間」を見渡すバルコニーにでる。青の間のむきだしの高い壁は、一個一個に彫りものある赤い煉瓦でできており、その荒々しい美しさに、工事に当たった建築家は予定どおり青く塗るのはやめたほうがいいと確信したのだった。凝った大理石の階段が広間の灰色の床に通じている。ノーベル賞の夜には、ストックホルム大学の学生がそこにぎっしり詰めかけて、自分たちの宴会を待ちかまえている。王家の人びとと、かなりぼーっとなっている受賞者たちを見ると、学生たちは跳び上がって、だれも翻訳の必要を感じないスウエーデンの酒飲みの歌を威勢よくがなり立てる。踊りが始まり、金の間にも拡がる。夜中の二時を回ると、何人かの学生が物理学者たちをヴィックニングと呼ばれるスウェーデンの伝統行事に引っ張り込んだ。これは食後のどんちゃん騒ぎで、要するにもっと食え、もっと飲めというのがその主旨である。シャンペンとキャヴィアはここで強いオランダジンとニシンに代わる。明け方になって乱痴気騒ぎはやっとお開きになる――しかし、朝早く銀行に行って小切手を受け取らなくては。(2)

ノーベル賞を受けるということは、スウェーデンのワールドシリーズ、ワールドカップそれにオリンピックがいっしょになったような一週間のお祭り騒ぎに付きあうことを含んでいる。受賞者は、あまりにも多くの都市、あまりにも多くの粋(すい)をこらした宴会の間を行ったり来たりさせられるために、肝腎の授賞式は、それ自体は感動的なものであるにもかかわらず、彼らの記憶の中では、きらきらとしてぼやけたものになってしまうことが多い。しかし、受賞者はめいめい、ある時点で公式講演を行なうことになっている。平和賞と文学賞の受賞者の講演はしばしば世界中の注目を集めるのだが、科学分野の受賞者の講演は無視されるのが普通だ。それらは研究者の世界ではすでに知れわたっている発見を改めて称えるものであるからだ。しかし、一九七九年の講演はやや例外だった。それは、同年の物理学賞が、一世代にわたる素粒子物理学における最も重要な進歩と、あらゆる物理学者の夢である自然の完全な統一へ向かう一歩を祝うものだったからである。

ワインバーグの講演も、グラショウやサラムの講演と同じように、自分が歩んできた統一への足どりをたどる歴史的散策であった。ワインバーグは、同僚たちの羨望の的でもあり、科学の通俗解説者という彼のもう一つの職業における成功の源泉でもある単純明快な語り口で語り始めた。

私たちが物理学で行なっている仕事は、物事を単純に見ること、多数の複雑な現象を統一したやり方で、わずかな数の簡単な原理で理解することです。ときには、輝かしい実験が私たちの努力に光明をもたらすことがあります……。しかし、実験のめざましい進歩の間にはさまれた暗い時期にも、理論はたえず着実に進展をつづけていきます。そして、古い信念にいつのまにか変化を与えてゆくのです。今日のこのお話では、理論物理学の考え方の二つの流れについて考えてみたいと思います。その一つは対称性、とりわけ対称性の破れ、あるいは隠れた対称性に対する理解の遅々とした成長です。もう一つは、量子場の理論に現れる無限大をなんとか処理したいという以前からの努力についてです。素粒子の相互作用について私たちが現在もっている精緻な理論は、対称性の原理と、無限大を処置するために担ぎだされたくり込み可能性の原理という二つの原理から導かれる帰結として、かなりの程度まで演繹的に理解できるものなのです。(3)

くり込み可能性という規準の重要性が認められるようになったのは、一九三〇年代の終わりから一九四〇年代の初めにかけてであった。対称性とそれが宇宙の中で果たしている役割とを理解することが、そのあとにつづいた。その結果現れたのが、空間と時間のすべてを一つの理論でおおってしまおうという最近の試みである。

ワインバーグがノーベル賞を受けてから何年かのちに、われわれはくり込み可能性と対称性について彼と語りあう機会があった。彼は背が高く、波打つ赤毛は首の後ろのほうで広がり、灰色になって渦を描いていた。そのとき彼は、テキサス州オースチンにあるテキサス大学物理学科の理論グループの長であった。白い顔にいくらか赤味がさしており、黒い眼が目立つ。シャツのポケットから半月形の読書用拡大鏡がはみでていた。挙動にはいくぶん、重々しさ、堅実さ、威厳があった。彼は話し上手で、ゆっくり、よく練った簡潔な文章で語った。彼の研究室の窓の右側には、理論物理学における彼の功績に対する報奨が目に見える形で飾ってあった。ワインバーグ一家とスウェーデン国王および王妃、オランダのベアトリックス王女、それに、当時の合衆国大統領ジミー・カーターとの記念写真だ。

ここではあまり仕事はしない、と彼は語った。歩き回りながら考えごとをするという著作家にありがちの癖をもつ彼は、家で物理学をやるほうが好きだという。家でなら、デスクの上のテレビをつけっ放しにできる。想像するだに楽しい光景だ。男が書斎にいて方程式の網を通してなにか意味をひねりだそうとしている。デスクの上では、テレビ番組『夜の縁』かなにかが、ひとりで勝手にちかちかしている。そのとき男は自問する、さて、いまこの中で重要なのはなにか？

われわれは彼に、どうして量子場理論に関わるようになったのですかと尋ねた。「私が大学院生だったころ、というと五〇年代の後半ですが」と彼は答えた。「あれはいささか混乱した時期でした。量子電磁力学の発展で量子場理論は大勝利を収めていましたが、そのあと量子電磁力学の領域を超えようとして完全に失敗しました。私は一九五二年に書かれたフェルミのシリマン講演にちょっと目を通したことがあります。フェルミの二五年後、一九七七年に、私もシリマン講演をすることになったものでね。これはエール大学で行なわれている連続講演です。フェルミの述べたことをふり返ってみて、驚きましたね。核力を理解しようとする試みは、あらかた、保存法則と当て推量と弱い相互作用に関するまったく奇妙な考え、そんなものに基づいていたんです。これではにっちもさっちもいかないはずです。夢があって文句なしに業績だといえるのは、なんといっても量子電磁力学の成功でした。あごが出るほど根気よく計算していけば、小数点のどんな先のほうまでだって、実験と合致する正しい答が得られたんですから。物理学には、こんなにうまくいくものは他にはありません。これこそ物理学のあるべき姿の理想的見本、そう思いましたね。

でも、そう考えていたからといって、私は決して特別な人間ではなかったと思いますよ。一九五〇年代のたいていの大学院では、理論物理、それも現象論的ではなく根本的なのをやりたいという野心的な連中は、みんな量子電磁力学を理想にしていました。しかし、ほかの人にはそれほどでなくても、私にとっては大事だったと思えることが一つあります。それは、量子電磁力学のユニークさに感銘したことです。この理論には、ご存じのように、無限大があふれていました。その後、質量と電荷の意味を適当に定義してやれば、無限大が消えることが発見されました。しかし、無限大をそっくり消去できるのは、理論を元来の量子電磁力学に限ったときだけなんです。それ以上単純なものは考えられないような量子電磁力学の場合だけです。私はこの事実にすっかり魅せられてしまいました。もし量子電磁力学を、たとえばパウリが示唆したやり方で、余分な項を付け加えたりしていじくり回せば、くり込み理論の適用はすっかり駄目になります。とにかくいじくってはいけません。

しかし、多くの人はこう考えました。それはくり込み理論が、この特殊な場合に偶然うまくいっただけのことで、本当はそれほどの意味はないのだから、そんなに深刻に考えてはいけない。量子場理論をそんなに深刻に考えてはいけない。みんなそういうんです。しかし、そこに私を最も興奮させるものがあったんです。単純性についていろいろ議論があったんですが気に入りませんでしたね。自然は方程式を、それが単に単純だからという理由で選ぶとは、私は思いません。万象の背後にはなにか単純な原理があるから、方程式もそのとおりに単純になるんだと思います。だから、単に量子電磁力学は可能な限り単純な最小限の理論であるから、という主張は私の興味をひきつけませんでした。そこには一つの原理があったのです。無限大は消去されなければならない、という原理です。これが、その理論はなぜそのようなものであるのかを説明する黄金の鍵でした。純粋思考の力のすばらしい拡張でした」

言い換えると、単純性という規準から必然性という規準へ移ったのでは？

「そう、そのとおり」。ワインバーグはコーヒー沸しに近づいて、コーヒーを注ぎ始めた。窓の向こうには何百マイルというテキサスの丘陵地が広がっており、柔らかな緑の稜線は、奇妙にも北カリフォルニアの霧のかかった斜面を思わせた。いまでも単純な方程式を探し求めている人がいるが、これはほめられたことではない、とワインバーグは語った。「さて、ディラックもかつてそういう態度をとりました。彼はただ、自分にはもっとも単純だと思えた方程式〔電子の〕を書いた。美しい式でした。だから、その方程式は正しいのだとされた。私は、このような態度を好みません。私のものの考え方は、それと正反対です。でも、くり込み可能性は違います。この理論が意味をもつためには、無限大があってはならないのは自明でした。それを要請として物理理論に課すのは妥当なことでした。これが、物理学がなぜこのようになっていたのかを説明する鍵だと思いましたね」

ワインバーグが学位を取ったあとに書いた最初の論文の一つは、量子電磁力学のくり込み可能性の証明をとことんまで厳密に仕上げたものだった。(4) 一九六〇年に発表されたこの論文は、いまでもワインバーグの全著作の中で、数学の専門家の尊敬を受けるに足ると彼が自負している唯一の作品である。事実ワインバーグは、物理学者のくせに数学にのめり込んでしまったプリンストン大学のアーサー・ワイトマンに議論をすっかりチェックしてもらったのだが、ワイトマンは論文を返すとき、どの命題にも血が通っていると太鼓判を押したのだった。「私はこの論文を大変誇りにしています。それにしょっちゅう引用されるのです」とワインバーグは言い、顔にちらりと笑いを浮かべてつけ加えた。「めったに読まれちゃいないと思うんですがね」

ほぼ同じころ、ワインバーグは対称性の問題にはっきり興味を抱くようになった。対称性は、物理学の中にずっと以前から存在していたのだが、その重要性が充分に評価されることはめったになかった。(5) ところで対称性（シンメトリー）という言葉は、漠然とした意味で使われるときには調和とか釣り合いを指す。しかし、物理学者と数学者は、この言葉をもっと正確に定義している。ある事物の一つ、あるいは一つ以上の側面が変化に無関係であるとき、科学者はその事物は対称的であるという。ゴムボールは自由に回すことができるが、回しても見かけは変わらない。そこで物理学者は、ボールは「回転に対して対称的である」というふうにいう。もっと重要なのは、空間と時間がそれ自体いくつかの対称性をもつことである。たとえば、空間は「並進《へいしん》不変性」という武骨な名前で呼ばれる一種の対称性を備えている。その意味はごく簡単で、空間はどこをとってもまったく同一だ、ということである。ニューヨークにおいても長崎においても、月の上でも海の底でも、物理学の法則は同一である。時間にも「時間並進不変性」がある。前の例と同じぐらい簡単なことがらをいい表すのに、それに輪をかけたぶざまな表現だが、要するに、どの特定の時刻も他のいかなる時刻と本来的に変わるところはない、ということだ。別の言葉でいえば、昨日も明日も、この前の日曜日からの一週間も千年前も、物理学は同一だということである。時間と空間のこの二つの対称性のおかげで、トロントにいる実業家は、来週ブリュッセルの会議に出席したとき、その地でも水は丘の斜面を流れ下り、朝のカフェオレがコップのふちを上って溢れでることはないと、あらかじめ知ることができるのだ。

もし並進不変性が成立しなければ、天空を疾駆しているロケットは、空間の別の領域に入りこんだというだけの理由で遅くなり、運動量を失うかもしれない。運動量保存の法則は、いわば空間そのものに直接配線されており、この法則の存在は並進不変性という対称性に含意されているのである。また、もし時間並進不変性が成立しなければ、つまり物理法則が刻々変わるものであれば、エネルギーが保存されることは請けあえなくなる。同じように、角運動量の保存は、空間の中で物体がどのような向きを向いていてもその性質は変わらないという事実に関連する。

ニュートンは彼の法則の基礎として、暗黙裡にもう一種類の対称性を仮定していた。それはガリレオ・ガリレイの研究から導きだされたもので、その名をとってガリレイ不変性と呼ばれている。[6] 自動車に乗っていて、一杯のコーヒーを飲もうとしている情景を想像してほしい。車がたとえば時速五五マイルを保って走りつづけているときには、コーヒーは車が止まっているときと同じように、コップの中にじっとしている。この簡単な事実は、物理法則が、それを観測する座標系がどんな速度で動いているかに関わりなく、同じであることを示している。厳密に言うと、これは系の速度が一定不変である場合にだけ成り立つ。このことは、停止信号が消えてアクセルを踏んだときや、止まろうとしてブレーキをかけたときに、コーヒーがこぼれそうになることからわかる。

アインシュタインの特殊相対性理論は、マクスウェルの方程式が、光の速さはどんな速さで動いている人が観測しても一定であると気づいたことから始まった。このことは別の言葉で言えば、電磁力学の法則はそれを観測する座標系の速度に関して対称的だということだ。ただ困ったことに、マクスウェルの電磁気学とニュートンの力学の両方の対称性を共存させることは数学的に不可能だった。アインシュタインは、この両者を両立させる方法を考えだしたのだが、両立させるための代価としてあることを想定しなければならなかった。それは、ガリレイ不変性とは真っ向から矛盾することだが、質量や長さなどいくつかの物理量は、それらを測定する座標系の速度によって変わるという想定であった。相対性理論が予測したこの特殊な効果は、実は速度が極めて大きい場合にしか目立ってこない。ということは、高速道路で車を高速度で飛ばしているぐらいのことでは、速度が一定な限りモーニングカップの中のコーヒーには影響は起きないことが請(う)けあえる、ということだ。このような関係を表す式そのものは、実際はヘンドリク・ローレンツが別の意図ですでに考案していたものなので、この新種の対称性はローレンツ不変性と呼ばれている。しかし、アインシュタインはローレンツのこの研究を全然知らずにいたし、この式の物理的意味を最初に見抜いたのはアインシュタインだった[7]。ところが、アインシュタインはこのように対称性を利用していながら、この対称性というものが、自分の取り組んでいる基本的な性質であることに、そのころもそれ以後も、あまり気づいていなかったと思われる節(ふし)がある。相対論の教科書を著(あらわ)している物理学者たちが抱いている現代的な見解は、ずっとこのようなものである。たとえばワインバーグもその一人で、この主題に関する彼の著書は広く読まれている[8]。

「一九三〇年代の物理学者の考え方の枠組は、いまの物理学者にはなかなか理解しにくいでしょうね」とワインバーグはわれわれに語った。「アイソトピック・スピンを例にとりましょうか。今日(こんにち)、かりに原子核についてなにも聞いたことのない物理学者がいて、突然原子核に関する大量の情報に接したとしましょう。この物理学者はただちにこう尋ね始めるでしょう。核をひとまとめにしている相互作用の対称性とはいったいなにかってね」。

ワインバーグは物理学者が答にたどりつくためにたどる数学的推論の大筋を描いて見せてくれた。「このやり方は三〇年代に人びとがしていた考え方とはちがいます。私はそのころ物理をやっていたわけではありませんが、私の理解するかぎりでは、当時の人びとの態度はこういうものでした。相互作用はどんな力学に従うか、核力の理論はなにか、と尋ねたんです。そして、核力の理論を作る過程で陽子と中性子の間の対称性に気づくかもしれません。そうなれば、核が多重項を形成しているといったような結論に到達します。でも、対称性は副次的なことです。それは、ある特定の核力理論をテストするのにたまたま役立つ付随的なこと、といった程度の重要性しかなかったのです。でも、いまなら対称性の問題を、それ自体独自の研究に値する、まったく別個な主題として切り離して取り上げ、力学はあと回しにする。これがより現代的な考え方です」。自分自身の考えを話しているうちに夢中になって、ワインバーグは、きれいに片付けられた机の上にぐるっと円を描いた。彼はアインシュタインが特殊相対論を作りあげるのに対称性を利用したことを取り上げた。「電子が発見されると、次にやることは電子の模型作りです。これが一九〇五年の雰囲気でした。明らかなのは電子が純粋な電磁的自己エネルギーだということでした。ローレンツ、〔フランスの大数学者アンリ・〕ポアンカレ、〔マクス・〕アブラハムといった人たちが、そんな模型を作った……でも、アインシュタインのアインシュタインらしい寄与は、次のように言ったことです。実際にこのとおり言ったわけではありませんが、彼の態度はこうだったにちがいないと思いますね。『電子がなんであるか、わしは知らん！　いろいろな電子模型でわしの邪魔をしないでくれ！』。多くの人たち、たとえば〔J・J・〕トムソンは電子を唯一の基本的な粒子と考えました。しかし、アインシュタインはこう言ったんです。『電子がなんであるかを論ずる時期じゃない。電子にかかわる自然法則を支配している対称性はなにか？　このことだけを考えようじゃないか』。そして、自分でこう答えたのです。『それはローレンツ不変性だ。これは新たな対称性だ。あんた方が考えていたようなものじゃない』ってね。

対称性は二つの役割を再三演じてきたんですよ。一つは、前進するための唯一の道として対称性を考察しなければならない場合が非常にしばしばあったということです。一九〇五年は電子模型を作るには時期が早すぎたので、アインシュタインには、対称性について考える以外に前に進む道がありませんでした。アインシュタインはそのことを見抜いていました。どうしてそんなことができたのか、私には見当がつきませんがね。とにかくアインシュタインは、電子の模型を作る時期じゃない、対称性について考える時期だ、と知っていたんです。一九六〇年代のはじめは、強い相互作用の理論を作る時期ではありませんでした。そのための部品もまだそろっていなかった。当時は、相互作用の対称性について考える時期でした。ゲルマンと〔ユーヴァル・〕ネーマンは、それをやって大きく前進しました。しかし、対称性のもう一つの登場の仕方がはっきり見えるのは、一九一五年のアインシュタイン〔の一般相対論〕や、一九五四年のヤン〔楊振寧〕と〔ロバート・〕ミルズ、そして一九六七年の電弱理論の発展の場合です。つまり、この対称性は取っかかりになる唯一のものであるだけではなく、実際に力学を動かすものなんです。これが中心的な問題です」

彼が自然の単純さというのは、この第二種の対称性を意味しているのか、とわれわれは尋ねた。

「ええ。ごく深いレベルでは」ワインバーグは言葉を少し補った。「まあ、私はそう思いますよ。自然界になぜこれらの対称性があるのかは知りませんが、たとえばローレンツ不変性といったもっとも重要な対称性は、方程式の形を支配するだけではなく、この方程式がなにについての方程式なのかも、教えてくれます。

粒子はエネルギーと運動量の束(たば)です。では、エネルギーと運動量とはなにか。並進〔時間と空間の並進変換に対する不変性〕によって定義される量子数じゃありませんか？　角運動量とはなにか。回転〔に対する不変性〕によって定義される量子数じゃないですか？　なにか素粒子があったとして、それが並進、回転、ゲージ変換を含むさまざまな対称的変換の下でどのようにふるまうかが記述できれば、ある意味では、この素粒子についていうべきことはいい尽されています。その素粒子が何であるかは、対称性に関するその性質だけできまります。素粒子は、その対称群の表現にほかなりません」。ワインバーグはここで笑いだした。「宇宙は対称群の表現の巨大な直積です。宇宙はこれ以上、端的にいい表せっこありませんよ」[9]

現代物理学における対称性の役割を確定したのは、今世紀のもっとも重要な数学者の一人、アマーリエ・エミー・ネーターである。[10] エミー・ネーターは、一八八二年、ドイツの大学都市エルランゲンに生まれた。父親はそこの大学の数学教授だった。大学の学則は、女性の入学を原則的に禁じていたが、ネーターは特に聴講を許可された。エルランゲン大学の学生九六八人中、女性は二人だったが、どちらも正式に入学を許可されていなかった。しかし、一九〇四年に学則が変わり、ネーターは卒業資格を取得した。四年後、彼女の博士論文は同じ大学で、最優等で受理された。[11] 彼女には気負った気持はまるでなかった。ただただ数学が、それもごく抽象的なものが好きだったのだ。一九〇八年から一五年まで、彼女は無給で、エルランゲン数学研究所で教え、ときおり大学で父親の代講を務めた。一九一五年にはゲッチンゲン大学に移り、相変わらず無給だったが、アインシュタインの一般相対論を定式化する計算チームの重要な一員になった。

彼女の才能は歴然としており、数学者の支持も受けていたにもかかわらず、彼女が無給のポストに応募したとき、言語学から物理学に至る広い学問分野をおおっていたゲッチンゲン大学哲学部は、それさえ拒んだ。しかし、大数学者ダーヴィット・ヒルベルトは彼女に自分の名義で講義をさせた(物理学の数学的側面に深い関心を寄せていたヒルベルトは、「物理学は物理学者にはむずかしすぎる」と確信していた[12]。事実、彼は一般相対論のかなりの部分を、自分で導きだした[13])。同じころ、彼女の昇格を強く主張したヒルベルトは、哲学部のある会議の席上で、怒ってこう啖呵を切ったそうだ。「候補者の性別が私講師になれない理由だというのは合点がいかない。なんたって、ここは大学で、浴場じゃないんだ[14]」。ヒルベルトのこの意見を説得的というよりも挑発的だと列席の教授連中が受けとめたのは明らかで、ネーターの応募は蹴られた。彼女がやっと教職につけたのは一九一九年だった。三年後、彼女は私講師〔公的給与を伴わない講師〕から「定員外助教授」に昇格したが、それにはプロイセン文化大臣のつぎのような意地の悪い訓令がついていた。「この任命は彼女の職務の変更を伴わない。特に、彼女の私講師の地位および学部との関係には変化はない。また、公式の地位に伴う給与も彼女には支払わない[15]」。翌一九二三年に、彼女ははじめて仕事に対する報酬を得るようになったが、彼女はそのポストにすでに一〇年以上も常勤していたのだった。

ネーターの最良の研究は彼女の晩年になされた。数学者にはめずらしいことである。彼女は公式いじりの名人でもなく、計算の熟練者でもなかった。彼女はその代わりに、数学の全分野の核心に潜んでいる観念を探し求め、真の数学の基礎となりうる概念の岩床を発見しようと努めたのだった。彼女はその研究の抽象性の高さと一般性ゆえに、同僚から広く尊敬された。だが、こうしたこともナチスによる追放を防ぐ助けにはならなかった。ゲッチンゲンの誇る物理学と数学の学派は、一九三三年にネーターや、哲学部のその他のユダヤ系構成員——マクス・ボルン、ジェームズ・フランクなど——が地位を追われるに及んで崩壊してしまった。多くの亡命者は合衆国で、必ずしも彼らの名声にふさわしいものではなかったが、職を見つけた。ドイツを逃れたネーターは、フィラデルフィア郊外のブリン・モア・カレッジにやっと臨時の職を得た。一九三五年、彼女は手術で不慮の死を遂げた。友人で、やはり亡命者だった数学者・物理学者のヘルマン・ヴァイルが彼女の追悼演説を行なった。その終わりのほうでヴァイルはこう述べた。「彼女は神の芸術的な手で調和のとれた形にこね上げられた粘土ではなく、人間の原始的な岩石の塊であり、それに神が御自身の創造的な生命の息を吹きこまれたのであった[16]」

ネーターがもし男性だったなら、その風貌、立ち居ふるまい、教室での態度は、浮世離れした高い才能をもつ男性にしばしば見られる形のものだとすぐに認められただろう。彼女は肥っていて声が大きく、野放図で、身なりにも食べ物にも無頓着だった。講義の最中に問題点を説明するために、ブラウスの下に押しこんでいたハンカチを取りだして激しく打ち振り、またしまいこむといったことをくり返した。論戦を仕掛けられれば喜んで相手になったし、いったん話しだすとなかなか止まらなかった。ヴァイルが告白したところによると、彼やその仲間たちは、ぶしつけにもときどきドイツ語の男性冠詞を使って彼女を

「デア・ネーター」と呼んだそうである。[17] アメリカに逃れる直前にゲッチンゲン駅で撮ったネーターの写真がある。少し憂鬱さを漂わせたユーモラスな仕草、厚い眼鏡とだぶだぶのしわくちゃコート、目深にかぶった飾り気のないつばつきの平たい帽子のせいで、彼女はまるでアインシュタインの女性版である。[18]

現在の素粒子物理学の大きな部分の礎石となっているネーターの定理は、彼女の全業績のほんの一部分であり、数学者たちは普通はそれを無視して、彼女の可換環の理論と代数的整数論に関する根本的な発想のほうにずっと多く関心を寄せている。ネーターの定理は、彼女が学位をとったあと、ドイツの大学制度で大学教授資格取得に必要な論文のために作りだされたもので、ダーヴィット・ヒルベルトが相対論に興味をもっていたことから派生したものである。[19] 彼女は、アインシュタインが格闘していたのと同じ種類の関係と取り組んだのだが、この場合にも、彼女はもっと数学的な問題を扱った論文の場合と同じように、最も根本的な命題に単刀直入に迫ったのだった。ネーターの定理は一言で言えば、自然に対称性が一つあればそれに対応して保存法則が一つあること、そして、その逆も真であることを証明したのである。[20] 言い換えると、空間と時間の対称性は、エネルギーと運動量と角運動量の保存につながっているだけではなく、実は両者はたがいに相手を包含している。つまり、保存法則は対称性の必然的な帰結であり、対称性は必然的に保存法則をもたらすのである。

ネーターの定理の単純さ、力強さ、深遠さが人びとの眼に明らかになるには時間がかかった。今日では、この定理は現代物理学の基礎の不可欠の一部になっており、科学者たちは十指に余る重要な保存法則と、それに関連した対称性の一覧表をまとめ上げている。対称性にはさまざまな型のものが発見されているが、なかでも最も重要なのはゲージ対称性である。

ゲージ対称性を物理学に導入したのはネーターの友人、ヘルマン・ヴァイルである。一九一八年、ネーターが彼女の名前を冠されることになった定理を証明したのと同じ年のことだった。ヴァイルはヒルベルトの弟子で、彼もまたスイスでアインシュタインと共同研究したことがある。彼もアインシュタインと同じく、物理学を統一したいという衝動に駆られていた。そして、三篇からなる連作論文を書いて、電磁気が重力と同じように、空間の対称性と関連していることを示そうとした。この労作は、この二つの力が同一のものの二つの側面にほかならないことを示すための一歩となるはずだった[21]。彼が議論の土台にしたのは、今日「ゲージ不変性」と呼ばれているものだった。ただし、この名称はさっぱり中身を示していないので、物理学者の中にさえ、できれば名前を変えたいと考えている者が大勢いる。

ゲージとは要するに、規準となる物差しにすぎない。たいていの事物を測るときには、規準となる大きさは勝手に変えることができ、変えても結果は同じである。たとえば、大工の使う巻尺の目盛がインチとフィートであっても、センチとメートルであっても、できる一枚の板の長さは同じだ。適当な換算を行なうかぎり、どちらの単位系を用いても、同等な木片が切りだされるはずだ。ヴァイルはこの種の対称性を「物差し不変性」と呼び、のちに「ゲージ不変性」と呼び変えた。鉄道技師が軌道の幅を測るのに用いる金属製の道具である「ゲージ」を念頭に置いて命名したことは明らかだ[22]。ヴァイルはまた、ゲージ不変性には局所不変性と大局不変性という二種があること、そして局所ゲージ不変性が極めて重要な概念であることを見抜いた。

局所ゲージ対称性は、眼に見えるような例を挙げることも、やさしい言葉で述べることも難しいが、おそらく大局ゲージ対称性と対照させながら説明するのが最もわかりやすいかもしれない。大局ゲージ対称性の手ごろな例は、地図製作者によって経線と緯線で分割されている地球である。その際、イギリスのグリニッジ天文台を通る経線が恣意的に経度〇度と定められている。もしこのシステム全体を西に九〇度回転させたとすると、〇度はアメリカのテネシー州メンフィスの中心部に移り、日付変更線はバングラデシュのダッカ郊外を通ることになるだろう。しかし、たとえこのような変化があっても、パイロットの航行には問題は起きないだろう。航路図の経度に九〇を加えるだけでいいからだ。これは、いうならばゲージを変えたのである。数学者ならつぎのような言い方をするかもしれない——地球上の航行は九〇度の経度変化に関して対称的である、と。これが大局ゲージ対称性である。大局と呼ぶのは、すべての経度の読みが同じだけ変化するからである。経度は以前に比べて、いっせいに西に九〇度寄るのである。

大局ゲージ対称性の例としてもう一つ、金融が高度に発達した世界、あるいは少なくともその一部分で、経済学の初等教科書に描かれているような領域を挙げることができる。このような世界で、各人の収入とすべての商品の価格が、ある時突然すべて一〇倍になっても、たいしたことは起こらないだろう。支払い小切手と値札にゼロが一つ余分につくことを除けば、人びとは自分の収入を前と同じ品物に同じ仕方で振り向けることになる。だから、どの商品をとってみても、需要と供給には攪乱(かくらん)は生じない。すべての市場はいずれ均衡をとりもどすにはちがいない。需要と供給の力は経済学的物差し、つまり通貨の変化に対して、大局的に対称的だということができる。

では、収入と価格がランダムに乱高下すると想像してみよう。あるものは上がり、あるものは下がる。しかも変化の大きさは、いき当たりばったりだ。状況はこの場合、劇的に変わるはずだ。まず、需要と供給は嚙み合わなくなるだろう。現に売りに出されている以上の量を買いこみたがって騒ぎたてる人も出るだろうし、これまでの生活水準を維持できなくなる人も生じるだろう。古典経済学者によれば、このような状況は市場の力という「見えざる手」の介入を招く。それによって、すべての市場が再び均衡に達するまで、価格はあっちで上がり、こっちで下がるというふうに調整されていく。見えざる手は、このシステムの中に生じた一つ一つのランダムな変化を自動的に埋め合わせながら、もとの対称性を維持していくのだが、この場合の対称性は局所的である（経済学者は実際には、小さいランダムな攪乱が起きている場合についてだけを論じているのだが、上で述べたことは原理上広く成立する）。

局所対称性では、変化は恣意的に起こるのだとすると、どんな物理系もそのような対称性を持ちうるとは信じにくい。実は、系の一部分で起きたランダムな変化が、他の部分で起きた変化によってぴったり埋め合わされ、そのために両者に関係するある量が保存される仕組になっていなければ、ゲージ対称性は生じないのである。さらに、このような埋め合わせは、なにか力が関与しているのでない限り、起こりえない。要するに、局所対称性には力の存在が前提されているのである。だから、局所ゲージ不変性を維持することは、安易で受動的な仕事ではない。これを保持するためには、宇宙の働きかけが必要なのだ。このように見ていくと、力を理解するということは、その起源である対称性にまでさかのぼることを意味する。もっとも、物理学でいう力はこの世界で作用している実在の力であって、経済学でいう力が多数の個人の活動の、わかったようなわからないような総和であるのとはちがう[23]。

ヴァイルは空間が局所ゲージ対称性をもつ、と仮定した。彼はつぎのように論じた。空間と時間のふるまいは、実は場所ごと、時刻ごとにランダムに変わることができる。しかし、このランダムな変化は宇宙に満ちている電磁場の作用によって打ち消される。[24] ネーターの定理を適用すれば、この局所ゲージ対称性から電荷の保存がもたらされる。しかし、ヴァイルの論文の原稿を読んだアインシュタインは、ただちに次のことを指摘してヴァイルの着想をつぶしてしまったかにみえた。ヴァイルのいうような局所ゲージ不変性は、究極的には、たとえば部屋の中をひと回りした時計はゲージの変化のせいで、もとの場所にずっと置かれたままになっていた同等な時計と同じ時刻を示さなくなるという誤った予測を導く。こうアインシュタインは指摘したのだった。[25]

だが、一九二七年、もう一人の理論家フリッツ・ロンドンが、ヴァイルの考えは正しかったが、ただそれを見当ちがいの対称性に適用したのだ、と示唆して、ヴァイルの仕事を蘇らせた。[26] ロンドンは、電荷は確かに保存されるが、それと結びついている対称性は時間と空間の尺度の対称性ではなく、もっと抽象的な性質、シュレーディンガーの波動方程式に関連して現れる位相についての対称性なのである、と述べた。位相とは、いま注目しているのが波のどの個所であるか、すなわち波の山か谷か、あるいはその中間のどこであるかを指すのに用いられる術語である。二つの波が出会ったとき、位相がずれていると、山と谷がぶつかることになって、二つの波は打ち消しあってしまう。二つの波の位相がそろっているときには、波は強めあう。量子力学が確立した恒久的な教えの一つに、粒子は波動の性格をもち、波動方程式で記述されるというのがある（ボーア、ハイゼンベルク、シユレーディンガーらがまさにこの点をめぐって長い議論をかわしたことを想い出されたい）。素粒子のもつ波としての特徴の一つは位相であり、これが電荷のような特性と密接に結びついている。それゆえ、波動関数の位相を変えることは通常、電荷の変化につながる。だが、電荷、たとえば電子の電荷は絶対的に変わらないことが知られている。位相が変わりうるにもかかわらず、電荷に影響を与えない理由は、フリッツ・ロンドンが示したように、ゲージ対称性がこの変化を埋め合わせるように仮想光子、ひいては電磁場を作りだし、その作用によって電荷の保存を保証することにある。この電磁場が位相の変化の効果をそっくり打ち消し、電荷を保護する。このように、位相のゲージ対称性は電場の力学的な作用を含意しており、それを創造することさえするのだ。なんとも信じがたいことだが、絨緞を敷いた室内で起こる小さな静電ショックから、荒れ模様の空をかぎ裂きに裂いて横切る稲妻に至るまで、われわれのまわりのあらゆる電磁現象が起こるのは、原子以下のレベルで起こる保護作用のおかげなのである。たった一つの対称性が、これらすべてを生みだすのだ。

このような考えを最終的に定式化したのが、ヴァイルその人だったのは、うなずけることである。とはいえ、彼が「ゲージ対称性」という名称を残したことだけはいただけない。その実体はいまや、位相の対称性にほかならないのだから。[27]

チェスを知らない人は、しばらくゲームを観戦してからでないと、めったに動かすことのないキングがもっとも重要な駒であることに気づかないのと同じように、どんな現象を相手にする場合でも、科学者の手がその核心に及ぶのにはしばしば時間がかかる。電磁気が局所ゲージ場として記述できることに物理学者は充分気づいていたのだが、それが特に重要な意義をもつとは知らなかった。実際、ゲージ場の概念は、その後二五年間、ほとんど休眠状態だった。(28)

現代のゲージ場理論は、一九五四年のはじめごろ、主として楊振寧（ヤン・チェンニン）とロバート・ミルズの手によって、ブルックヘヴン国立研究所で作られた。楊とミルズは、その年の『フィジカル・レビュー』に発表された「ゲージ不変性とアイソトピック・スピン」という一篇の短い論文で、今日の量子場理論を組み立てる枠組を築いたのだった。彼らの考えは最初、疑いの目で見られた。物理的な意味のない純粋数学ではないか、と馬鹿にさえされた。ところがいまでは、楊＝ミルズのゲージ対称性の理論は、ほとんどすべての粒子と力を説明できるほど強力なのである。

この論文の原動力となった発想を楊がつかんだのは一九四八年、まだシカゴ大学の大学院生のころだった。彼は中国の数学教授の息子で、戦火に傷ついた故国を去って、エンリコ・フェルミの許で学ぶためにアメリカに来たばかりだった。(29)名前のチェンニン（Chen Ning）がアメリカ人には呼びにくかろうと考えた彼は、尊敬するベンジャミン・フランクリンにあやかって、自分で「フランク」というニックネームをつけた。楊はゲージ対称性が量子電磁力学の理論全体を築きあげる基礎として使えるという考えに胸をときめかせた。彼は最近、われわれにこう語った。「私が大学院生だったころは、ゲージ不変性の話でもちきりでした。この計算は正しくない、なぜなら結果がゲージ不変でないからだ、といった調子です。計算に対する一種の検算法にはなってました。しかし、ゲージ不変性が力を生みだすことのできる原理になるとは認められていませんでした。私たちは今日、それが力を生みだせる唯一の原理だということを認識しています。電磁気に対しては、一九二〇年代にすでにそのように理解されていたんですが、私のころはなぜかそれが注目されてませんでしたね。この原理が電磁気以外の状況に応用できることも理解されていなかったんです[30]」

別の言い方をすると、楊はいま述べたような局所ゲージ場による記述が電磁気の理解にとって本質的であるばかりではなく、局所ゲージ場には別の種類のものもあるのではないかと思い始めたのだった。しかし、彼はこの思いつきをそれ以上推し進めることができなかった。未完成の着想を抱いた理論家は、歌いたい歌が思いだせそうでなかなか思いだせない人に似ている。曲を思いだすまでは、とても落ち着かないものだ。楊は学位論文を完成し、ニュージャージー州プリンストンの高等学術研究所に移ったが、そこでもゲージ不変性をこね回しつづけた。一九五三年、ブルックヘヴンにしばらく滞在したときにも、相変わらずその考えが気になっていた。彼は同室のミルズにそのことを話した。「なにかもっと直接的な動機があったわけじゃない。彼と私はただこう自問しただけですよ。『一度あったことは二度あってもいいじゃないか』とね」ミルズは私たちにこう語っている[31]。電荷に似た保存量を見つけるために、楊とミルズはアイソトピック・スピンを取り上げた。論文は快調にこう説き起こしている。

アイソトピック・スピンの保存という考えは、近年多くの論議を呼んでいる。歴史的にいえば、アイソトピック・スピン・パラメータは、核子の二つの荷電状態（すなわち陽子と中性子）を記述するために、一九三二年、ハイゼンベルクがはじめて用いたものである。中性子と陽子が同一粒子の二つの状態に対応するという考えを彼がそのとき思いついたのは、それらの質量がほぼ等しく、〔多くの〕核に、それらが等しい個数で含まれているという事実からだった。

強い力はアイソトピック・スピンの軸が上向き（陽子）であるか、下向き（中性子）であるかを区別しない。楊とミルズはこの点に注目した。

こうした仮定の下で、核子と核子の相互作用で保存される全アイソトピック・スピンという概念に到達する。軽い核のエネルギー準位（じゅんい）に関する最近の実験は、この仮定が正しいことを強く示唆している。

強い力がアイソトピック・スピンを保存すると述べることは、陽子と中性子の間にちがいが見られない、と論ずるに等しい。そこで、楊とミルズは次のように述べた。強い力に関する限り、「陽子と中性子を区別することはまったく恣意的な区別である」

このように問題点を提示しておいてから、二人は論文の本体の議論に専念した。電磁気では、波動関数の位相は空間と時間の中で任意にずらすことができる。これは、そのために生じる変化が電磁場の作用で必ず打ち消されるからである。彼らはこのことを読者に想起させたのち、アイソトピック・スピンについても同じことをしようと提案した。アイソトピック・スピンの第三の軸をランダムに回転させたのち、つまり頭の中で全宇宙の「陽子」と「中性子」のラベルをでたらめに並べ変えておいてから、この変化に対抗するために「B場」が存在している、と仮定した。電磁場の存在理由が、位相に関する電磁相互作用のゲージ対称性を保証することにあるのと同じように、B場はアイソトピック・スピンの向きに関する強い相互作用のゲージ対称性を維持するために存在するのである。

ついで三ページほど費やして楊とミルズは、このB場が存在するとすればどういうものなのか、この場を伝える仮想B粒子はどんな特性をもつだろうか、といったことを解明した。論文は次のように結論している。

B場の量子は明らかにスピン1とアイソトピック・スピン1をもつ。その電荷もわかっている。それはここで提案された相互作用はすべて、厳密に成立している電荷保存法則を満たすはずだからである。核子の二つの状態、すなわち陽子と中性子は、電荷が一単位だけ異なる。これらは一個のB量子を放出、あるいは吸収することによって、たがいに変換しあうことができるのであるから、B量子には電荷が±1と0の三つの荷電状態があるはずだということになる。

B粒子は今日ではベクトル・ボソンと呼ばれている。これはスピン1の粒子を指す専門用語である（もっともこの名称はくどい。ボソン――ボース粒子とも言う――はもっと一般的に整数スピンをもつ粒子を指し、スピン1の粒子は特にベクトル粒子と呼ばれているのである）。楊とミルズは、もっぱら思弁の産物であるこのB粒子が、強い力と同等な力を伝えることが、計算によって方程式から導けると期待していた。もしそうなれば、模範となった理論、つまり量子電磁力学と同じ言語で、強い相互作用が説明できたことになるはずだった。

だが、残念なことに、楊とミルズが計算を進めていくうちにわかってきたのだが、得られた数値が示唆しているのは、どうやら彼らの推測していたベクトル・ボソンは電荷はもっているが質量はもっていないらしいということだった。二人は、すっかり落胆した。光子のように質量のない粒子は実験で容易に作れるし、電子のように電荷をもつ粒子は簡単に検出できる。かりに電荷をもった質量のないベクトル・ボソンが存在するとしたら、すでに発見されていてもいいはずだ。なぜ、まだ発見されていないのか。これが二人には理解できなかった。「満足な答をわれわれは知らない」と二人は認めた。[32]

一九五四年二月二三日、楊はプリンストンで小人数の聴衆を相手に、自分とミルズがやっている研究について話をした。聴衆の中には、パウリや、忠誠審査の査問と闘っている最中のオッペンハイマーなど著名人もいた。楊には知る由(よし)もなかったが、パウリはすでにその前の年にゲージ不変性を一般化する可能性を探究しており、質量の問題にひっかかって発表を断念していたのだった。[33]このときの会合のありさまを、楊は最近次のように回想している。[34]

私のセミナーが始まるとすぐ……パウリが質問した。「この〔ベクトル・〕ボソンの質量はいくらですか？」。わかりませんと私は答えた。そして話をつづけた。しかし、パウリはすぐ同じ質問をくり返した。私は、これは複雑な問題で、計算してみたがはっきりした結論に行きつかなかった、という主旨の返事をした。すると、彼は即座に切り返した。私はその言葉をいまでも憶えている。「そんなことは言い訳にならない」。私はすっかり不意をつかれてしまって、ちょっとためらったのち、思い切って席に坐ってしまった。みんな当惑した様子だった。とうとうオッペンハイマーが口を切った。「フランクに話をつづけてもらおうじゃないか」。そこで私は話をつづけたのだが、パウリはセミナーが終わるまで二度と質問しなかった。セミナーがどう終わったのかは憶えていない。しかし、翌日、つぎのようなメッセージが届いた。

ヤン様

セミナーのあと、私が貴君に話しかけられなくなるような態度をおとりになったことは遺憾です。

敬具

W・パウリ

ベクトル・ボソンの質量の問題は未解決だったが、楊とミルズは研究を発表することに決めた。楊はこう語った。「理論を実験にどう適合させたらよいのか、私たちにはわかりませんでした。でも、アイディアは美しい。それだけでも注目に値する。私たちはそう判断したのです」[35]

この考えは充分理解されるのに一五年もかかることになるのだが、楊とミルズは量子物理学における対称性の役割を転換したのだった。彼らは対称性に筋肉を与えた。そして、それが力を創りだすことができ、粒子を動かすことができることを示した。彼らのメッセージは、本質的に次のようなものであった。「粒子の性質に目を向けよ。なにか変化しない性質があるかどうか見てみよ。そして、それを説明できるようなゲージ場を想像してみよ。この虚構の場とそれに伴う仮想粒子の性質を計算せよ。現実世界の中に、それに似ているものはないか?」。もしあれば、それは統一への大きな一歩だ。科学者がたった一つの原理から宇宙の諸法則をたぐりだせるようになる日に向かって進む大きな一歩となるだろう。この原理には、たった一枚の説明の網で全宇宙をおおうほどの大きな拡がりがあるのだ。世界の多様性を理解する手掛かりが対称性の中にあるという希望を、楊とミルズは掲げたのである。

しかし、物理学者はとりあえず、この新しい洞察をいかに利用するかという問題に取り組まねばならなかった。楊とミルズ、その他大勢の仲間たちは、強い力、およびこの力の作用を受ける重い粒子に着目する道を選んだ。初期の加速器からこれらに関連したデータが続々と現れてきたからである。しかし、彼らには知るすべもなかったが、この道は袋小路だった。楊゠ミルズ・ゲージ場——この言葉はまもなく、あらゆる局所ゲージ場を指すようになったのだが——に関するさまざまな思索の大部分は、物理学者のノートブックに書かれたきりになった。ゲージ対称性ははるかのちに、スティーヴン・ワインバーグ、アブダス・サラム、シェルドン・グラショウが弱い相互作用に適用する日まで、長い休眠に入った。

11　弱い力

今日(こんにち)、弱い相互作用という名で知られているものは、歴史的に見れば、一八九六年にベクレルが偶然に発見して以来、途方もない実験上の混乱につきまとわれていた。ベクレルが写真乾板を包むのに用いていた厚い黒紙を苦もなく貫いた見えない光線は、今日の言葉でいえば、ベクレルが持っていたウラン結晶中の中性子のベータ崩壊で放出された電子がその主な成分だった。ベータ崩壊という名前は、これをその仲間たちと区別するためにラザフォードが与えたものである。ベクレル自身は、「ベータ線」は速い電子であるという仮説を立てた。これは広く受け入れられて信じられていたが、実はそれが完全に証明されたのは、はるかのちの一九四八年のことであった。ガートルードおよびモーリス・ゴールドハーバーが実験によってベータ線と原子中の電子が同じものであることを示したのだ。(1)しかし、なぜ原子がときどき電子を吐きださなければならないのか、だれにも見当がつかなかった。ラザフォード、ガイガー、マースデンのアルファ粒子散乱実験のあと、この現象は原子核で起きていると考えられるようになったが、だからといってベータ崩壊の不思議さは減ったわけではなかった。

ベータ崩壊でもっとも謎めいていたのは、電子が原子の中から実にさまざまな速さで飛びだしてくることであった。放射性原子からは電子が雨のように途切れなくでてくる。しかし、そこには特に速さや方向の選り好みはありそうもなかった。(2) エネルギー保存法則から見れば、放出された電子のエネルギーはそれを放出した原子核が失ったエネルギーに等しいことが期待される。だが、そうなっていないことを実験が示した。(3) 一九二七年、キャベンディッシュ研究所の二人の実験家は、少量の放射性物質の熱エネルギーを全部寄せ集め、それを放出された電子のエネルギーと比較した。二つの数値の間には大した関連はなかった。(4) これとは別にもっと精密な実験が行なわれたが、結果は同じだった。(5) ニールス・ボーアは、エネルギー保存法則は放射性崩壊にはあてはまらないことを、これらの実験が、抗(あらが)いがたく証明していると述べた。(6)

ヴォルフガング・パウリは、保存法則を放棄する代わりに別の提案をした——たぶん、不承不承(ふしょうぶしょう)だったのだろう。日頃の威勢のよさは確かに欠けていた。ベータ放射は、実は二つの粒子から成るというのである。一つは既知の電子で、もう一つはのちに「ニュートリノ」と名づけられた、これまで考えられなかった粒子である。この革命的な考えを発表するについて、パウリはどっちつかずの態度を示した。彼は一九三〇年の暮れに、同僚に宛てたある会議への出席を断わる手紙の中で――彼は同僚たちを「親愛なる放射性の紳士淑女」と呼んでいた――自分の推測を述べている（パウリは会議よりも舞踏会に行きたかった）[7]。ニュートリノは小さく、軽く、電気を帯びておらず、検出は困難で、これが失われたエネルギーを運び去ったというのである。

同じころ、電子が正確にはどこから現れるのかをめぐる謎もあった。ハイゼンベルクの不確定性原理の発展によって問題が蒸し返されるまで、電子はとにかく原子核の中にあるに違いないとみなされていた。この原理によれば、粒子の位置の不確定さは運動量の不確定さに反比例するので、電子の所在を極めて小さい原子核に押し込めることは粒子の運動量に大きな不確定さがあること、ひいては運動量そのものが極端に大きくなりうることを意味する。大きな運動量は大きな速度を意味する。もし、電子が大きな速度で原子核の中を駆け巡っているのだとすると、ベータ崩壊で蹴とばしだされるはるか以前に、振り跳ばされてしまわないのはなぜか？　他方、ベータ崩壊電子が核内からでたのでないとすると、電子はいったいどこから来たというのか？

（ハイゼンベルクは、そもそも電子が核内にあるということさえ疑っていた。一九三一年春のある暑い一日、ハイゼンベルクはこの懐疑をヴィクター・ワイスコップに伝えた。その日、二人は水泳プールの出入口の外に坐っていた。ワイスコップの回想によると、ハイゼンベルクは彼に次のように語った。「ここに来る人たちは、きちんとした服装で出入りしているが、君はこのことから、彼らが服を着たまま泳いでいるという結論を出すのかね」[8]

理論的な面では、一九三三年にエンリコ・フェルミが整理の第一歩を踏みだした。フェルミは発見されたばかりの中性子とパウリのニュートリノという示唆をうまく利用して、ベータ崩壊の現代的な像を作った。それによれば、ベータ崩壊の際に、中性子は電子とニュートリノを放出して陽子に変わる。[9]のちになって、粒子の創成は必ず反粒子の創成と対をなし、釣り合いがとれていることがいっそうはっきりすると、この像は修正されて、新しく創造された電子は反ニュートリノを伴うという言い方になった。

たとえそうであっても、この像に当惑した物理学者もいた。シャボン玉はもともと管の中になく、吹かれてはじめて生ずるが、電子とニュートリノもそれと同じようにもともと原子核の中にはなかったと想像するのは行き過ぎと感じられた。[10]宇宙を成り立たせている煉瓦の一つである素粒子が割れてしまうというのも考えにくかった。中性子に関する最初の実験がなされたときの驚きを、キャベンディッシュ研究所にいたモーリス・ゴールドハーバーは、最近次のように述べた。「中性子が陽子と電子でできている水素原子よりも確実に重いことを私たちは発見しました。そこで、中性子が崩壊して陽子と電子になるかもしれないということはすぐ理解できたのです」。事実、のちに判明したように、自由中性子はベータ崩壊をやらかすまでに平均一八分かかる。「放射性であるべき素粒子が存在する、と私たちは判断しました。素であるはずの粒子が崩壊する——この考えに衝撃を受けたことを私は憶えています。今日では当たり前のこととされていますが、素粒子が崩壊しうるというような基本的な概念はなかなか——もちろん原子核が崩壊すること、核の中の粒子が変わることは知っていましたが、素粒子は私には……」

ゴールドハーバーは上唇に指を当てて考えこんだ。窓の外では冷たい風が鳴っていた。彼の研究室はブルックヘヴン国立研究所にあった。彼はそこで、中性子の寿命の測定のような初期の研究から生まれてきた統一理論を吟味するといったことに携（たずさ）わっている。かつて粒子の終焉に当惑した彼も、いまでは万物の終焉を検証しているクリーヴランド近郊の岩塩坑共同研究グループの一員である。「ショックを感じるべきではなかったのかもしれません。しかし、当時は、基本粒子が崩壊するというのは衝撃的な考えに思えたのです」[11]

弱い相互作用の理論が世に出たのは、一九三三年のクリスマスと大晦日の間、ボルツァーノの東約二〇マイルのアルプスに抱かれたイタリアの小村セルヴァのホテルの質素で寒々とした小さな一室からであった。ローマ大学の四人の物理学者エンリコ・フェルミ、フランコ・ラセッティ、エドアルド・アマルディおよびエミリオ・セグレがクリスマス休暇を過すために来ていた。ある夕方、一日中スキーをしたあとだが、フェルミは彼が発表するために送ったばかりの論文について論じてもらうために、残りの人をホテルの自室に招いた。椅子が足りなかったので、四人はベッドの縁に、体をくっつけあって腰かけた。フェルミは膝の上に紙を拡げてしきりに計算をしており、ラセッティ、アマルディとセグレは首を伸ばしてフェルミの書いたものを読んでいた。氷のような雪の上で何回も転んで体の痛いセグレは、ひっきりなしに姿勢を変えていた。しかし、三人はフェルミの膝の上から現れてくる大胆な理論に、少々わからない点もあったが、すっかり感動していた。ベータ崩壊はまだ聞いたことのない中性子の転換とまだ見ぬニュートリノに関連しているばかりではなく、自然のまったく新しい力の作品なのだ、とフェルミは彼らに説いた。[12]

理解できない現象に直面したとき理論家は、似たようなもので自分に理解できるものを探し回り、その理論を借用し、それをできる限り多く新しい現象に押し込もうとすることがしばしばある。フェルミの戦略がちょうどそれだった。そのころ理論家は無限大のために気が狂いそうだったとはいえ、もっとも有望な似た理論は量子電磁力学をおいて他になかった。そこでフェルミは、電磁気にならってベータ崩壊の模型を作ることにとりかかった。

電子はある状態から別の状態に変わる際に光子を放出する。この状態変化はおなじみの自然の力、電磁気力によって引き起こされる。たとえば、電子の散乱の過程では、二つの電子が、二個のビリヤードの球のように近づいて、仮想的な光子を交換してから離れていく。この相互作用は今日では、二つの「カレント（流れ）」からなるというふうに言われる。このカレントとは、あらっぽく言えば、図11-1(a)の電子の流れを表すV字型の二本の線である。フェルミは同じように、ベータ崩壊の過程を図(b)のような二つのカレント、つまり中性子-陽子カレント（図中のnからpにつながる線）とニュートリノ-電子カレント（図(b)のνからe）の組み合わせとして描いた。二本のカレントが接近する場所で何

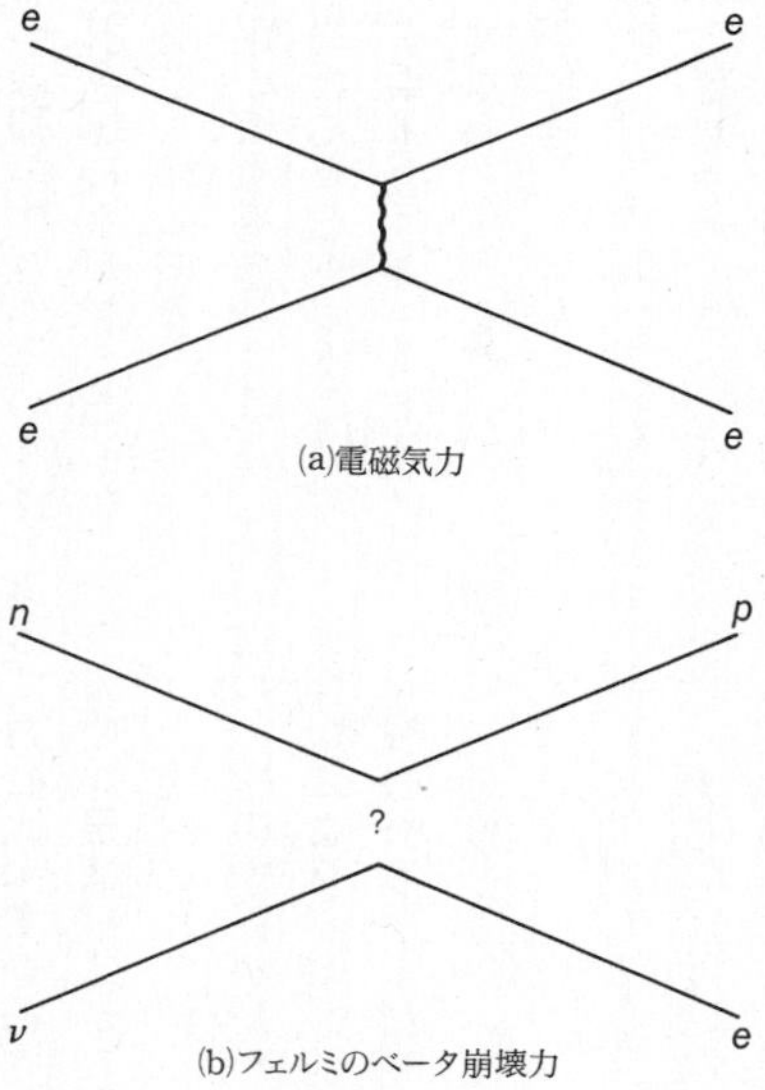

図11-1

が起きているのかを臆測するのを避けるために、フェルミはただ、極端に弱い、電磁気力あるいは強い相互作用の本体である核力に比べて一〇兆分の一でしかない力がこの状態変化を引き起こすのだと論じた。この力の効果は、二つの超大国に挟まれた弱小国の政治路線と同じように、もっと強い力にいつも圧倒されている。とはいえ、この小さな力でも、不安定な核の場合のように、他の二つの力の効果がたがいに相殺しあっているときには、決定的な効果を生じうる。この小さな力により、中性子は自然に崩壊して陽子へ転化しそのさい電子と反ニュートリノ（$\bar{\nu}$）を放出する。これがベータ崩壊である（図(b)の逆の過去、すなわち陽子が核外電子を吸収して中性子とニュートリノを生じる現象もあり、これは電子捕獲と呼ばれる）。

　電子と光子の間の電磁相互作用の強さは、その結合定数αで表される。その値は忌まわしい$1/137$であり、ある意味では、これが電磁力の絶対的な値を示している。フェルミは図(b)のような相互作用の結合定数を含むようにベータ崩壊の理論を書き上げた。そして、実験家の収集した数値表からその値を導くことができた。フェルミの得た値は、このような弱い相互作用にふさわしく極端に小さなものだった。その正確な値はどんな記法体系を用いるかにもよるが、物理学者がときどき用いるいい方によれば、電磁気力と比べた弱い力の相対的な大きさは10のマイナス13乗程度である。その小ささをしみじみ感じていただくには、指数など用いずに一〇、〇〇〇、〇〇〇、〇〇〇、〇〇〇分の一と書いた方がよかったかもしれない。

フェルミは電磁気との類推およびベータ崩壊結合定数の値を用いて、ベータ崩壊が起きたときに放出された電子がもつはずのエネルギーの幅やこの過程のその他の多くの特徴を計算することができた。この主題について彼が矢つぎばやに発表した一連の論文は異例なほどすぐれたものである。この理論は、ベータ崩壊に関するフェルミの最初にして唯一の労作である。あまりにも完璧なので、この現象に対するその記述は、今日まで、本質的に変わっていない。ベータ崩壊をはじめて正確に記述すること、その原因がまったく別の本性のものであることをはじめて確認すること、その本質的特徴の多くをはじめて予測すること、これをフェルミは一挙になしとげた。「一個の物理理論がこのような決定的な形で生まれることは滅多にない」とラセッティは書いている[13]。

フェルミの最初の論文を受け取った『ネイチャー』の編集者はそれほど高く評価しなかった。同誌の読者層を形作っている練達した科学者たちの興味を引くには、臆測の度が物理的実在から離れ過ぎている、という評言をつけて、フェルミの原稿はつき返された。そのためにこのアイディアはイタリアの目立たない雑誌『リチェルカ・シエンティフィカ』に最初に発表されることになった。続篇はイタリア語とドイツ語で発表された[14]（なお、モーリス・ゴールドハーバーは、フェルミのイタリア語の論文をキャベンディッシュの物理学者に解説した）。しかし、これらの論文が現れたころには、二〇世紀の物理学者のうちで理論と実験の両方に偉大な貢献をした最後の人フェルミの関心は、彼の名声の大きな根源となった実験の方にすでに向かっていた。それはあらゆる元素の核に中性子をぶつけて、そのあるものを放射性のものに変えるという実験であった。これによってフェルミはついに、核物理学および原子爆弾の父の仲間入りをするようになるのである。イギリスの何人かの実験家は、これこそまともな科学への道だと気づいた。フェルミが若干の予備的なデータを発表した翌年の四月末、ラザフォードから一通の手紙が届いた。結びの挨拶はほとんど条件反射と言ってよい。「理論物理学という殻を首尾よく破られたことをお祝い申し上げます！　すばらしい路線を探り当てたのだと思います。ディラック教授も実験を行なっていることをお知らせすれば、興味を感じていただけるのではないか、と思っております。これは理論物理学の未来に対する好ましい前兆です！[15]」（いうまでもないが、実験はディラックの全業績の大きな部分にはならなかった）

フェルミの主張には小さな理論上の修正が加えられた。数学上の理由からフェルミは、始まりと終わりの核を構成しているすべての陽子と中性子のスピンの総和が等しくなければ、ベータ崩壊はめったに起こらない、と論じた[16]（ここで論じているのは、通常のスピンであって、アイソトピック・スピンではない）。しかし、二人の理論家ジョージ・ガモフとエドワード・テラーは、スピンの和が1だけ異なっている場合でも、ベータ崩壊は数学的に可能だということを示し、適当な方程式を導きだした[17]。それ以来、核のスピンが変わらないようなベータ崩壊はフェルミ遷移と呼ばれ、核のスピンが1だけ変わるものはガモフ＝テラー遷移と呼ばれている。ガモフとテラーは単なる理論上の可能性として方程式を導いたのだが、ガモフ＝テラー遷移の実例もまもなく発見された。

フェルミ理論は、理論上の成功を収めたにもかかわらず、まもなく実験と衝突することになった。フェルミの論文は、放出された電子はさまざまなエネルギーをもつが、ベータ線の電子数を速度に対してグラフで示せば、曲線はある特定の形をとると予測していた。この曲線は、大人数の学生の成績をグラフにした場合に現れる、例の名高い吊り鐘状のものにいささか似ている。[18] そこで、イギリスの二名とソビエトの三名の実験家は、さっそく、ラジウムと放射性リンから放出される電子について、この曲線を作ってみた。結果は、遅い電子が予測に比べてあまりにも多すぎた。[19] スピンの共同発見者であるジョルジュ・ウーレンベック、それにエミール・ヤン・コノピンスキーの二人はミシガン大学に移ったばかりであったが、データに合わせるために新しい修正理論を作り上げた。これは、この二人の名前の頭文字をとってUK理論と呼ばれるようになった。[20] 電子の速度を識別するのは容易なことではなく、おまけに弱い力はあまりにも弱くて、ベータ崩壊は非常に頻繁に起こるわけではないという事情が重なって、研究はいっそう困難だった。測定する電子をかき集めるために、イギリスおよびソビエトの実験家は放射性物質の部厚い塊を用いていた。だが、困ったことに、放射源が厚いと、材料の中央から放出された電子は外界にでるまでに、あちらこちらでぶつかりながらたくさんの原子層を貫いて進まなければならなくなる。こうして生ずる偏向とエネルギーの損失のために、データの読みとそれに基づいたグラフは歪んでしまう。放射性物質のもっと薄い薄片を用いてみると、遅い電子はそれまでに比べて少なくなっていた(21)。

新しい実験はUK理論を無効にしてしまったが、低エネルギー電子の曲線は依然、フェルミ理論に一致せず、ベータ崩壊の理解は従来の混乱状態の中に再び取り残されてしまった。そこへ戦争が割り込み、核物理学と電磁力学の研究者の多くは、兵器製造やファシズムからの避難にかかりきりになってしまった。例外の一人は、コロンビア大学のウィリス・ラムで、水素の微細構造の測定について考えていた。もう一人は呉健雄（ウー・チェンシュン）で、戦時中はほとんど、スミス・カレッジとプリンストン大学で物理学を教えていた。呉女史は一九一二年に中国で生まれ、二四歳のときにアメリカに渡り、やがて学位をとった。彼女の仕事の巧みさと注意深さはすぐ明らかになったが、女性であることが、彼女を無名にとどめた。しかし、戦争の末期にはついにコロンビア大学の戦時研究部門に採用された。大戦が終わると、彼女はベータ崩壊から生ずる低エネルギー電子の問題について考えはじめた。遅い電子は散乱効果に特に敏感である。これはたとえば、ゴルフ場のグリーンのわずかなむらは、速いボールにはなんの影響も与えないのに対し、かろうじて動いているボールは曲がってしまってホールからそれてしまうのに似ている。どんなに薄い放射線源でも、表面が平らでないと、遅く動いている電子を、妙なやり方で投げだすだろう。電子は補強材や検出器自体によって曲げられたりしうる。一九四九年、呉は、銅で非常に放射能の強い薄膜を作り――この種のものを作る技術はロス・アラモスの遺産であった――、それによって、フェルミの理論が速い電子から遅い電子に至るまで正しく成り立っていることを、信じざるをえないほど完全に示すことができた。(22)

実験家はベータ崩壊の電子の側をはっきりさせるのに一六年間もかかったが、その間に、もう一方のニュートリノが存在するかどうかを確認する試みも行なっていた。(23)フェルミがその理論を提唱したときには、その図式のもっともらしさはニュートリノの検出が不可能に近いことに依存していた。だから、なぜそれがまだ観測されないのか説明がついていたのである。しかし、この粒子がいかに捕捉しがたいものなのかは、当時フェルミにわかっていたとは思えない。ハンス・ベーテとルドルフ・パイエルスは、平均的なエネルギーをもつニュートリノは、水中を一回も原子にぶつかることなく一五〇〇億マイル進めると算出した。(24)粒子は物質と相互作用しない限り、見つけだせない。歳月とともにニュートリノの検出不能は困惑の種(たね)となった。質量がなく、電荷がなく、かろうじて存在しているが必要この上ないニュートリノは、物理学者の物質像にぽっかり開いた大きな空洞であった。一九五〇年代のはじめごろには、科学者はそれを一種の認識論上の小細工、独自なカテゴリーに属する精霊のような存在と考えはじめるようになっていた[25]。

一九五二年、ロス・アラモスのフレデリック・レインズという三三歳の科学者が、生涯をかけて答えるに値する問題について考えるために休暇をとった。彼はのちにこう語った。からっぽのオフィスを何カ月も見つめたあと、「潜在意識からやっとすくい上げることができたのは」原子爆弾の爆発の恐ろしい副産物には大量のニュートリノが——もし本当に存在するとしたら——含まれているという思いだけだった。検出器に充分な数のニュートリノを通してやれば、そのいくつかが陽子にぶつかり、中性子と陽電子を生じる可能性があると彼は考えた[26]。

レインズはニュートリノを見つけるために原子爆弾を破裂させる話を友人のクライド・コーワンにした。結局、二人は、検出器が充分敏感であれば、ずっと危険の少ない原子炉の周辺でも実験ができることに気づいた（レインズが原子炉で試すことに決めたと聞かされたフェルミは、この新実験についてすげない意見を述べた。結果をだれかが確認したいといいだすたびに原爆を爆発させないですむことだけでも、大いにましじゃないか[27]）。彼らの案によれば、炉からでる反ニュートリノを希薄な二塩化カドミウム溶液を入れた大きな容器に注ぎ込む。中性子と陽電子の対が発生するだろう。陽電子はただちに電子にぶつかり、つれ立って消滅し、一対の光子を放つ。中性子はカドミウム核に吸収され、やはり光子を数個放出することで確認されるだろう。この二組の続いて起こる反応によって生ずる光子は外側に向かい、極めて燃えやすいトリエチルベンゼンの層を通る。これは家庭用の液体洗剤に似た芳香物質で、高エネルギーの光子が当たると光るという好都合な性質がある。この光をエレベーターの自動ドアについている光電管の精巧な兄貴分のような光電増倍管で拾う。こうして、二組の閃光を見つけて測定することが実験家の仕事となった。

ワシントン州ハンフォードのハンフォード技術工場で行なわれた第一回目の実験は、鉛の遮蔽物を積んではまた積み、汚れたパイプを洗滌し、検出器の液体が乾いて膜を作るのを防ぐのに苦労するなど、まるで悪夢だった。にもかかわらず、ニュートリノの存在を示唆するものが得られたとレインズとコーワンは考えた[28]。そのほぼ三年後、鉛のブロックで囲む前にすでに一〇トンの重さがある、もっと大きな装置を用いて、レインズとコーワンは、ニュートリノが提唱以来二五年にして発見された、とパウリに電報が打てるような信号を見出すことができた[29]（この発見が、これとは独立に確認されるには、さらに八年の歳月が必要であった[30]）。レインズはつづいて、ニュートリノが電子を散乱させることができるかどうかという、もう一つの問題にとりかかった。そして、二〇年後に、そうだということを証明したのである[31]。

何千年にもわたるとぎれとぎれの思索ののち、重力の本性の謎が解かれ、物体を地上に引っ張っている何物かが月を地球に縛りつけている何物かと同じであることがわかった。

人間は稲光、静電気、磁気を知ってから何百年もかかって、これが実は同一のもの——つまり電磁気——の異なる側面であることを理解した。弱い力が認識されたのもまた、科学者がそれまでいくつかの異なる現象と考えていたものの本源は実は同一のものであることを知ってからのちのことであった。しかし、この新しい力の場合は、その作用はわれわれの目にはほとんど見えないにせよ他の二つの力に劣らず基本的なものだが、この新しい力が明るみにでたのは、科学の歩みが多重に折り重なって生じた激動の時代の中においてだった。この弱い相互作用は、たった一世代のうちに発見され、命名され、一つの統一理論の中に取り込まれた。しかし、そうなったのは、それが本当は何であるかをめぐってすさまじい実験上の混乱を経てからであった。

弱い力のさまざまな側面を結びつける仕事が始まったのは、利発な研究者たちがフェルミのベータ崩壊の力はミュー粒子の吸収放出においてもひと役を演じているのではないかと考えたときからだった[32](思いだしていただきたいが、ミュー粒子は、パイ粒子と見誤られたあの宇宙線をめぐる「一〇年間のジョーク」の粒子である)。一九四八年と四九年に、理論家の四つのグループが、ミュー粒子崩壊、ミュー粒子捕獲およびベータ崩壊にかかわる力の結合定数はすべて等しく、したがってこの三つの現象はすべて同一の力に支配されている、と互いに独立に主張した。[33]どの論文にも、ベータ崩壊は原子以下の世界の新しい部類の作用の一例にすぎないということが暗に含まれていた。この主張はのちに「普遍フエルミ相互作用」という名で知られるようになった。奇妙な粒子（V粒子）の崩壊もまた、まもなくこの分類に編入された。もし普遍フェルミ相互作用仮説が本当であれば、共通点がないと思われていたいくつかの相互作用は、同一の力の仕業として統一できる。もし本当でなければ、素粒子物理学はだれも夢想だにしなかったほど絶望的に複雑なものになるだろう。

普遍フェルミ相互作用仮説は二つの試練に耐えるものでなければならない。第一に、この新しい力は独自の性質をもつことを示さなければならない。第二に、その現れであると主張されているものは形式が同一であると証明されなくてはならない。驚いたことに、普遍フェルミ相互作用――今日、物理学者はこれを弱い相互作用と呼んでいる――はたった一年でこの二つの試練に合格したのである。

弱い相互作用を特徴づける性質はたまたま、パリティ（偶奇性）と呼ばれる対称性と関連している。ふつうの対称性と同じように、パリティにも模糊とした一般的意味ともっと厳密な科学的定義とがある。日常的にはパリティは同等性を意味する。二人の人物が地位あるいは身分など、何らかの点で等しい場合に、この二人はこの点で同等（オン・ア・パー）であるとかパリティをもつといわれる。しかし、科学者にとってパリティとは、ある特殊な変換――すべての空間座標があべこべにされ、右が左に、上が下に、後が前になる変換――のもとで保たれる不変性に関する特性を意味する。この変換はややこしく思われるかもしれないが、ごく単純なことで、要するに一八〇度回転プラス鏡映という変換である。まず垂直軸の周りに一八〇度回転させると、左は右に、後は前に転じる。次にそれを水平な鏡面に映せば、上と下が逆になり、結局、上下、左右、前後とも最初とあべこべになる。このさいの鏡映での不変性（対称性）が問題なのである（なお、鏡の前に立って自分と自分の鏡像を比べると、実は前後だけが逆になっているが、われわれはふつう頭の中で像を垂直軸の周りに一八〇度回転させて頭に描くため、前後でなく左右が逆になっていると感じる）。

物理法則は回転変換に対してだけでなく鏡映変換にも不変とみなされていた。左、上、前についていえることは、右、下、後についても同じようにいえる。右巻きの貝殻や人間の心臓が左側にあることは物理学の結果ではなく進化の歴史の結果である。貝殻が左巻きであったり、心臓が右にある「鏡像」人間が存在してはならない物理学的理由はない。生物学者にとって心臓が左側にあるのにはそれなりの理由があるにしても、物理学ではそういうことは考えられない。

素粒子のパリティについて語るとき、物理学者が考えているのは、定常状態の粒子に対するシュレーディンガーの波動関数で、空間座標（位置を表すX、Y、Z）の前に負号をつけたとき何が起こるか、ということである。これらの操作は、方程式をパリティの鏡の中に投げこむことに等しい。波動関数が変化しなければ、粒子は偶のパリティをもつといい、量子数＋1を与える。もし波動関数の符号が逆になれば、粒子は奇のパリティをもち、パリティの量子数−1が与えられる（粒子が動いているときには、いくつかの余分な複雑さが入り込む）。実験家が長年観察してきていたことだが、一つの系のすべての粒子について、各々のパリティを全部掛け合わせると、この全パリティは電荷と同じように保存されていたのである。

素粒子のパリティは、普遍フェルミ相互作用の候補者である奇妙な粒子の崩壊に関連して、突然、目立ってきた。バニエール会議の参加者は、宇宙線中に見出されたさまざまな粒子をグループ分けしているうちに、やがて、二つの奇妙な粒子シータとタウに関連する些細（ささい）な不思議に気づいた。この二つの粒子は質量も寿命もほとんど同じで、崩壊の仕方でしか区別できなかった。シータ粒子は二個のパイ粒子に変わるが、タウは三個のパイ粒子になる。定常状態のパイ粒子のパリティは−1である。いくつかの付加的な因子を無視すれば、2パイ崩壊の全パリティは −1×−1＝＋1である。また、3パイ崩壊の全パリティは −1×−1×−1＝−1である。タウとシータはこのやり方で区別される。オーストラリアの物理学者リチャード・ダリッツが会議のあとで示したように、このような計算が物理学をひどい苦境に追いこんだ(34)。一方では、ほとんど同じ物理的性質をもつ二つの異なる粒子を記述しようとすれば、自然界でかつて見たことがないほど複雑な理論が必要であった。もう一方では、タウとシータが同じものだと主張すれば、この粒子は偶の全パリティあるいは奇の全パリティをもついくつかの粒子に、好むままに喜々として崩壊できること、ひと言でいえば、この崩壊ではパリティは保存されないことを認めることになる。

一九五六年四月、フランク・ヤンこと楊振寧はニューヨーク州ロチェスターで開かれたロチェスター会議に出席した。シェルターアイランド会議の伝統を維持するためにロバート・マルシャックが組織したロチェスター会議は、合衆国における物理学の主要な集いの場、この分野の有名人が集まって自分たちが置かれている状況を論じあう年ごとの重要行事だった。シェルターアイランドの場合とは違って、ロチェスター会議には理論家と実験家が半々で参加した。ときには同室になることさえあった。たとえば、リチャード・ファインマンの一九五六年のルームメートはマーチン・ブロックというデューク大学の実験物理学者であった。ファインマンは身近にいる人ならだれかれかまわず議論を吹っかけることで悪名が高かった。二人はさっそく、タウ＝シータ・パズルについてやりあった。その最中に、ブロックはパリティが保存されないかもしれない、とほのめかした。ルームメートの反応を、ブロックはつぎのように回想している。「ファインマンはいつもの上品な調子ですぐこう言おうとした。『君はなんという阿呆だ!』。しかし、『阿呆』という言葉が口から出るまでに、少し考えたらしく、――これは彼の言葉そのままですが――『まあ、そういうこともあるかもしれん』と言いました。一週間の間、毎晩、われわれは早朝まで議論を闘わせました(35)」

会議の最後の日は、「新粒子の理論的解決」という分科会で始まった。オッペンハイマーが座長を務め、楊が導入的な総論を述べた。[36] いくつかの話がつづいたが、いずれも、タウとシータを一つの粒子とみたり、別々の粒子とみたりすることに関わる苦心の取り組みだった。オッペンハイマーは託宣を下すように意見を述べた。「タウ中間子は内乱あるいは外紛のいずれかにぶつかるだろう。どちらの戦線も一筋縄ではいかない」[37]。何分かたってから、ゲルマンが彼自身の考えうる探究法をならべたてた。しかし、ゲルマンもやはり困惑していた。この問題に対処する自分のアイディアをうまく弁護することができなくて、ただいくつかアイディアをもっていると語っただけであった。議事録は次のように伝えている。「ファインマンは先入観にとらわれない研究路線を求めて、ブロックの疑問に注意を喚起した。シータとタウが、確定したパリティをもたない同一の粒子の異なるパリティ状態だということがありうるか、すなわちパリティは保存されないのであろうかという疑問である。自然には右巻きあるいは左巻きを一意的に確定する方法があるのだろうか？」[38]。楊が自分はパリティの破れやその他のいくつかの可能性を探したが結論は出なかったと述べたあと、オッペンハイマーはそろそろお開きにすべき時間だと言った。楊の答はどうだった、とブロックがあとでファインマンに尋ねると、ファインマンは答えた。「わからん。理解できなかったんだ[39]」

会議の二週間後、楊は夏を過すためにブルックヘヴンに赴いた。[40] 近くには、李政道がコロンビア大学にいた。李も中国からの移住者で、二人はしばしば共同研究もしており、長年の友人であった。二人は週に二回会っていっしょに研究をしたが、もっとも関心をもっていたのはタウ＝シータ・パズルであった。四月末か五月初めのある朝のこと、楊はブルックヘヴンからはるばる車を運転してきて、研究室にいた李を誘った。二人は一二五番通りとブロードウェイに近いところに車をとめた。そこには最近まで、何軒か素敵な中華料理屋があった。店がまだ開いていなかったので、近くのホワイト・ローズ・カフェに入った。二人はコーヒーを飲みながら、パリティがタウとシータを産みだす強い相互作用では保存されるが、これらの粒子を崩壊させる弱い相互作用では破れるという可能性について論じあった。パリティがなぜ破れていくのか見当はつかなかったが、この可能性をもっと探究するべきだという点で二人の意見は一致した。

　李はその近くにいるベータ崩壊の専門家呉健雄（ウー・チエンシユン）をピューピン・ホールの一三階の研究室に訪ね、弱い相互作用におけるパリティについてなんでもいいから決定的に示すような実験を知らないか、と尋ねた。呉は文献に当たってみるべきだ、と李に語り、「文献」を貸してくれた。それは一〇〇〇ページ近い、部厚い『ベータ線およびガンマ線分光学』で、出版されたばかりだった。[41] グラフや小さな活字の表で埋まったこの書物には、何百人もの物理学者の四〇年にわたる研究が要約されていた。そこに引用されている実験の中にはパリティの保存を直接検証したものが一つもないことを確かめる、これが李と楊のなすべきことだった。

数週間集中的に仕事をした結果、答がでた。信じがたいことだが、パリティ保存が弱い相互作用で成立していることを、まだだれも証明していなかった。一九五六年六月二二日、彼らの骨折りの成果「弱い相互作用でパリティは保存されているか？」が『フィジカル・レビュー』誌の編集部に届いた。この論文は「弱い相互作用におけるパリティ保存への疑問」という標題で発表された。編集者のサミュエル・ハウトスミットが、疑問符のついた標題は物理学の不名誉だという信念を抱いていたためである。この論文は異例の文書であった。まず、タウ＝シータ・パズルについて自信たっぷりに語りはじめる。タウ粒子とシータ粒子はほぼ同じ性質を備えているが、パリティだけは異なり、そのために別個の粒子と考えられていた。

　この困難から脱けだす一つの道は、パリティは厳密には保存されず、それゆえ、シータとタウは、当然ながら単一の質量値と単一の寿命をもつ同一粒子の、二つの異なる崩壊様式であると想定することである。本論文でわれわれはパリティ保存に関する既存の実験的証拠を背景に置いて、この可能性を分析しようと望んでいる。

この証拠とは何か？

一見したところ、ベータ崩壊に関連した多数の実験は、弱いベータ相互作用がパリティを保存していることを証明しているかのように見える。われわれは、この問題を詳細に検討し、そうではないことを見出した。

李と楊はパリティが実際に弱い相互作用で破られている、と論じたのではなかった。彼らは世界に関する科学者の知識に驚くべき空白があることを指摘し、問題に決着をつけるように実験家を説き伏せようとしたにすぎない。

弱い相互作用でパリティが保存されているかどうかを異論なく判定するには、弱い相互作用が右と左を区別しているか否かを決定する実験を行なわなければならない。[42]

馬鹿げた考えを検証するために、ベータ崩壊という、むずかしいことで名高い領域の研究に労力を払いたがる実験家は少なかった。理論家の中にも、この論文を気がきいてはいるがとるに足りないもの——はっきりした目的がほとんどないものに発揮された科学上の名人芸——と見なして放っておこうとする人たちがいた。たとえば、フリーマン・ダイソンはこの論文を二度読み返して「これは面白い」と考えたきり、雑誌を棚に戻してしまった。[43] その年にコロンビア大学で学位をとったばかりのジェラルド・ファインバーグは、火曜の夜の理論セミナーで李がパリティと格闘していることを聞いていた。ファインバーグはパリティの破れという考えには興味を起こしたが、信じ込みはしなかった。「どう理解してよいのかわからなかったのです」と彼は回想している。「まったく新しい考えの場合にはいつでもそういえます——最初はどう考えてよいのかわかりません。李はこれまでにもいろいろな考えをたくさん世に問うてきました。この論文にしても、『今度は本物だ！』というただし書きがついていたわけでもありませんし[44]」

呉（ウー）は李（リー）と楊（ヤン）の仕事について聞いた最初の人物であり、それを検証しようと考えた最初の人物でもあった。彼女は夫の袁家騮（イエン・チアリウ）と、中国出国二〇周年の記念に極東訪問旅行を何カ月も前から計画していた。クイーン・エリザベス号の予約もすんでいたが、呉は突然それをキャンセルし、夫をたった一人でセンチメンタル・ジャーニーに旅立たせた。あの論文の重要性をだれもまだ理解していないうちに実験を始めたかったのである。六月のはじめ、李と楊が論文提出の用意を終える三週間前に、呉はすでに実験協力者の手配をしていた。

呉は実験のむずかしさを充分心得ていた。彼女自身が、その遂行の可能性についてすでに李と楊に知らせていたからである。簡単にいえば、それは一個の原子核の中の個々の粒子のスピンをそろえる、言うなれば、同じ向きを向くようにしてやるという仕事であった。そのあとでベータ崩壊を観察する。もしフェルミ力がパリティを尊重していれば、電子は空間のどの方向に向くこともでき、ランダムに対称に放出されるだろう。ベータ崩壊がパリティを破っていれば、放出は非対称的となるだろう。非対称性が中性子自身のランダムな運動で隠されてしまうことがないように、中性子の向きをそろえておく必要があった。

中性子の整列は核の「偏極」と呼ばれている。当時は核を偏極させることは、控え目に見ても、一つの挑戦であった。唯一知られていた方法は、物質をほとんど絶対零度まで冷却することを必要とした。核がほぼ静止してしまえば、磁場を注意深くかけることによって、個々の原子がまとう外套の電子を配置変えさせ、それが今度は、凍りついた陽子と中性子を押したり引いたりして一種の整列をさせることができる。信じられないほどの低温でも、整列はあまり長くは維持できない。原子がゆっくりぶつかりあうからである。運がよければ、偏極は何分間かもつだろう。呉はコバルト60を使うことに決めた。これは強い放射性のコバルトで、核は六〇個の陽子と中性子からなり、好都合な電子配置ももっている。

コバルトだけではなく、電子検出器も冷やしておかねばならない。ベータ崩壊で放出される電子は装置を囲んでいる重い遮蔽材を貫通できそうもないからである。検出器は薄いアントラセン結晶で、電子がぶつかると小さな閃光を放つ。この閃光は遮蔽材に開けられているガラス窓と四フィートの透明な樹脂の管を通って光電増倍管の列に導かれる。コロンビア大学の小さな低温実験室ではこの仕事ができないことを知った呉は、六月のはじめごろ、核整列のパイオニアでワシントンの国立度量衡局にいたアーネスト・アンブラーに共同実験を申し入れた。アンブラーは応諾し、彼らは装置の建造にとりかかった。七月まで呉は装置組み立てのため、定期的にワシントンとの間を行き来した。呉とアンブラーは、アンブラーの上司R・P・ハドソン、それに二人の核物理学者R・W・ヘイワードとD・D・ホップスも仲間に引き入れた。

コバルトはセリウム・マグネシウム窒素化合物（CMN）の小さな結晶の表面上の薄い層の形にしなければならなかった――薄層にする重要性を、呉は充分知っていた。これを同じ物質の大きな結晶の枠に貼って保護するのである。実験の途中で、チームは大きな結晶の作り方をだれも知らないことに気づいた。彼らはCMNの結晶の性質に関する、部厚い塵まみれの忘れ去られた一九世紀ドイツの書物を参照しながら、加熱ランプの列の下にビーカーをならべ、水中に溶けこめる限界までCMN粉末を注ぎこんだ。それから、ゆっくり温度を下げ、CMNがガラス容器の底に氷砂糖のような結晶を作るのをながめた。結晶をはり合わせると、呉と仲間たちはCMNとコバルト60の塊を、絶対零度にいたるまであと数分の一度という低温で凍らせた。すると、全体がばらばらになってしまった。デュポン社の接着剤がこのような低温では粘着力を失うことを、彼らはこのやり方で知ったのである。

結晶をナイロンの糸で結いつけてみても、一五分間しか核を整列しておけなかった。それにもかかわらず、六カ月の仕事の終わりごろには、電子がある方向に他の方向よりも多く放出されていることはチームにはほぼ確実だった。装置の集中的な点検の期間がそれにつづいた。ホップスは装置になにか具合の悪いことが起こるのをおそれて、その近くの床の上で寝袋に入って寝た。一九五七年一月九日、朝の二時ごろ、すべての点検は完了した。ハドソンが、一九四九年のシャトー・ラフィット＝ロートシルトのボトルの栓を抜き、紙コップに儀式ばって注いだ。全員がパリティ転覆のために乾杯した。(45)

大晦日の前に、呉は非対称性のことを李と楊に告げ、チームにはまだ公表の用意がないと語った。しかし、どこからか話が洩れた。だれかがレオン・レダーマンに知らせたのだ。この人物もコロンビア大学の実験家で、李と楊は以前に彼にしきりにパリティ研究を促したのだがうまくいかなかった。レダーマンの同僚のリチャード・ガーウィンは、コンヴェルシ＝パンチーニ＝ピッチョーニ効果を自分の手で追試するために、ミュー粒子線を作っていた。一月四日に、レダーマン、ガーウィン、それにコロンビア大学物理教室の連中の半分が、シャンハイ・カフェで食事をしながら、ミュー粒子線について論じあった。もしパリティ非保存が弱い相互作用の一般的な特徴であれば、ミュー粒子の崩壊で作りだされる電子もやはり、どちらかの方向に多く現れるだろう。実験は賭けだった。というのは、ミュー粒子を停止させる過程で、そのスピンの整列がだめになるかもしれないからである。あらゆる困難を越えて、レダーマンとガーウィンは前進した。一月八日火曜日の朝食前に、レダーマンは李に電話をかけてこう告げた。「パリティは死んだよ」。効果は大きく、間違いようのないもので、呉のものよりも明確だった。それまでだれもそれを見なかったとは、信じがたいことだった。当然ながら、レダーマンのチームは呉グループが仕事を仕上げるまで、論文の投稿を差し控えた。(46)

ヴァレンタイン・テレグディはシカゴ大学の実験家で、その助手の一人がミュー粒子線を作っていた。八月に李と楊の論文の予稿《プレプリント》に出会ったテレグディは、同僚の多くの者とは違い、ただちに興味をもった。彼は呉の研究を知らずに、学生といっしょに実験を始めた。多くの点で、レダーマンのものに似た実験だった。家族が病気になりさえしなければ、彼が一番早く完了できたかもしれなかった。彼のパリティ論文は、他の二つの論文に二日遅れて『フィジカル・レビュー』に届いた。差し戻されて書き改めた論文が発表されたのは、二週間後だった。(47) そのころには、ニュースはすでに、物理学界を大騒ぎの中に投げ込んでいた。

ヴォルフガング・パウリの反応は典型的なものであった。ただ、パウリにとっては実にタイミングが悪かった。というのは、ニュースが入るちょうど三日前に、ヴィクター・ワイスコップ宛ての手紙で、彼は次のような意見を述べていたのである。

> 神が弱い左利きだなんていうことを、僕は信じない。実験結果が対称的であること

に大金を賭けてもよい[48]。

一〇日後、パウリは再び手紙を書いた。

最初のショックが過ぎて、(ミュンヘンのある人の言い方を借りれば)いまなんとか元気を掻き集めているところだ。確かにたいへんドラマチックだった。二一日月曜午後八時一五分、ニュートリノの「過去および最近の歴史」について講演することになっていた。そこへ、五時に三篇の実験論文が郵便で届いた。……さて、どこから書き始めるべきか? 賭けをしないでよかった。大金を失うところだった(僕には払えそうもない大金をね)。とにかく僕は、馬鹿なことをした(それなら僕にもできる)。手紙や話だけで、とにかく印刷物でなくてよかった。しかし、連中は僕を笑う権利がある。ショックを受けたのは「神がまさしく左利きである」という事実ではなく、このことがあるにもかかわらず、神が強く現れるときには左右対称な姿で現れるという事実だ……相互作用の強さが対称群や不変性や保存法則をいかにして生みだしたり創造したりすることができるのか?……疑問は多く、答はない![49]

パウリだけではなかった。ヴァージン諸島に休暇をとって引っ込んでいたオッペンハイマーは、楊が電報を打って知らせると、すぐ電報を打ち返した。「幽霊が出た」。I・I・ラービは新聞記者にこう説明した。「ある意味では、かなり完全な理論構造が土台から砕けてしまった。破片をどう寄せ集めたらよいのかわれわれにはわからない」[50]。その年の秋、ノーベル賞委員会は李と楊に賞を与えた。この研究がなされてからまだ一年もたっていなかった。

革命は何か苦い遺産を残さずに完成することはめったにない。テレグディは『フィジカル・レビュー』に論文をはねられたことに大いに憤慨し、アメリカ物理学会から退会した[51]。何人かの実験家はのちになって、一九二〇年代にすでにパリティの破れを観察していたのに、自分たちにはそれが理解できなかったことを知ってくやしがった[52]。ブロックはロチェスター会議で彼が投げかけた疑問がすべてのはじまりだったのに、物理学界は彼の貢献を認めていない、と思っている[53]。最も永続的な割れ目は李と楊の間に生じた。二人の友情は高まる名声の犠牲になったのである。一九六二年、二人は十年来の協力関係を公式に打ち切った。物理学者仲間は、二人のうち一方が不在のときにだけ他方を招くといった気遣いを見せ、二人の傑出した学者が、みごとな出来栄えの著作集の中でたがいに非難しあっているのを見て憂鬱になった[54]。科学は普通は集団の事業であり、そのいろいろなアイディアの流れは、測定することも監視することも不可能である。思考や概念は自由に流れ、どんな孤立した思考家も、廊下での立ち話や実験の噂の影響を受ける。しかし、配当が大きいときには、先取権と名声に対する顧慮が入り込む。李と楊の結びつきは、彼ら自身の成功に耐えきれなかった。

パリティ非保存は、提案されている普遍フェルミ相互作用にかかわるすべての現象を特徴づけるものであることが間もなくわかった。しかし、その相互作用の存在の論議にけりをつけるには、物理学者はその相互作用——ベータ崩壊、ミュー粒子の崩壊と捕獲、および奇妙な粒子の崩壊——が同じような性質と強さをもつことを示すだけでは足りない(「同じような強さ」はさまざまな崩壊が見かけ上、同一の結合定数をもつことを意味するだけである)。たとえば、一台の小型トラック、何頭かの駄馬、あるいは一群のエスキモー犬を用いて、そりを同じ力で引くことができるが、このことだけからそりを引いている実体の本性は同じであるとは言えない。これが同じであることを示すには、すべての場合に相互作用が同じ形式であることを実験的に証明しなければならない。

物理学者は、素粒子の相互作用を五種類の形式に分類し、それぞれにスカラー、ベクトル、テンソル、擬スカラーおよび軸性ベクトルというラベルを貼っている。このいかめしい名前は通例S、V、T、PおよびAと略記されているが、これらの記号は、一方の粒子の波動関数が相互作用によって(ベータ崩壊における中性子と陽子の波動関数のように)他方の波動関数へ変換するさいに許され、相対論と量子力学の双方の要請を満たす唯一の変換の仕方を指定する。物理学者は相互作用の形式がどれであるかを発見することによって、その相互作用について多くのことを知ることができる。たとえば、量子電磁力学はベクトル（V）型の相互作用である。これは、ある波動関数から他の波動関数に遷移するときに、必ず、スピン1で負のパリティをもつ仮想粒子、つまり光子の創生を伴うことを意味する。この理由で、どんな粒子でもスピンが1、パリティが負ならば「ベクトル」粒子と呼ばれている。同じように、軸性ベクトル（A）相互作用にはスピン1、パリティ正の粒子が結びついている。また、スカラー（S）相互作用はスピン0、パリティ正の粒子によって媒介される。

フェルミは電磁気をそっくり真似て、ベータ崩壊はベクトル相互作用であるという仮説を立てた。しかし、ガモフ＝テラー型のベータ崩壊はこのやり方では記述できない。放出された電子の速度の測定から、フェルミ型ベータ崩壊はVかSのどちらかであるのに対し、ガモフ＝テラー型はAとTのどちらかであることがわかった。普遍フェルミ相互作用に残った可能性はVA、VT、SAおよびSTの四通りしかない。呉が冷凍コバルト原子核の整列を始めたとき、状況はこのようなものであった。

第七回ロチェスター会議はパリティの破れの発見のちょうど三カ月後、一九五七年四月一五日に開かれた。高揚した雰囲気が依然ただよっていた。みんなが待ち焦がれていたものの一つは、弱い相互作用について論ずる部会であった。その会では楊が座長を務め、李が概論的な話をした。李は「10のマイナス13乗程度の結合定数で特徴づけられる一群の相互作用が存在し」、「すべての弱い相互作用が〔パリティの破れのような〕いちじるしい特徴を共有しているように見える」にもかかわらず、これらが一つの実体によって惹き起こされていると信ずべき根拠はないし、それどころか、そうではないと考える理由もいくつかある、と述べて、いきなり聴衆の希望に冷水を浴びせた。[55]

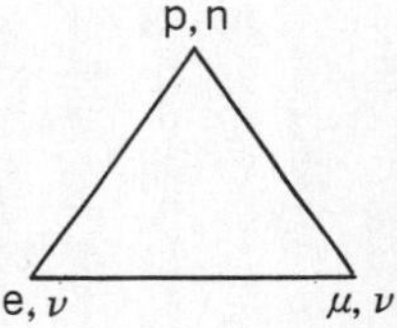

図11－2

李は、提案されている普遍フェルミ相互作用に影響される粒子を表す三角形を描いてみせた。各頂点は一つのカレント——またもや、適当なファインマン図式の上半分あるいは下半分である——を表し、各辺は二つのカレントの間の相互作用を表していた。左の斜辺（陽子、中性子——電子、ニュートリノ）はベータ崩壊で、これにはフェルミとガモフ＝テラー遷移の二つの形式がある。そのいずれについても、どの文字があてはまるかを決定するには、別々の検討が必要であった。

その二年前のことだが、中性子、ネオン19（ネオンの同位元素で核の中に一九個の粒子をもつ）、およびヘリウム6について、そのベータ崩壊の形式を決定する実験がなされていた。なかでもヘリウム6の実験は、呉健雄の指導でなされており、特に注目された。ヘリウム6の実験はガモフ＝テラー遷移がTであることを明確に示したのに対し、残りの二つの実験はフェルミ遷移がSであることを示した。[56]

これはこれでよい、と李は述べた。STはフェルミ理論に完全に合致する。しかし、テレグディ、レダーマンおよびガーウィンのパリティの破れの実験は、ミュー粒子崩壊――三角形の底辺――がVであることを示した。同一の力が、ある場合にはスカラーとテンソルであり、別の場合にはベクトルであるというわけにはいかないから、ベータ崩壊はミュー粒子崩壊と同じではない。結合定数が似ているのは自然の意地悪な偶然の一致であるように思われる。ミュー粒子とパイ粒子の質量が似ていたために、一〇年間もこの二つの粒子が混同されていたのに似ている。

その数分後に、呉は別の型の放射性コバルトに関する未発表の実験について述べ、普遍フェルミ相互作用に対する反対論を強く主張した。新しいデータは、フェルミ崩壊がSであることを示す先ほどの二つの実験と矛盾した。フェルミ崩壊はVであると信ずる、と呉は語った。そして、これをガモフ＝テラー遷移に関するヘリウム6の結果と結びつければ、ベータ崩壊はVとTの結合であり、これはSとTと同様にフェルミと両立する、こうすればテレグディ、レダーマンおよびガーウィンの実験との矛盾が取り除かれ、普遍フェルミ相互作用の主張者たちを満足させるはずだと主張した。[57]

しかし、彼女の話は会議を混乱に陥れた。VとTはパリティの破れのもとでは完全に異なったふるまいをする。具体的に言えば、パリティの破れはベータ崩壊で放出されるニュートリノが、つねに一つの方向を向くスピンをもっていることを意味する。「左手型」スピンをもつニュートリノは運動の方向に対して、前方からみて時計回りに回転する。「右手型」スピンは反時計回りに回る（この呼び名は、親指を伸ばして自分の顔を指し、残りの指を掌の方に曲げる仕草から来ている。左手の指は時計回りになり、右は反時計回りになる）。パリティの破れる方程式にVとTをつっこむと、ベクトル項が左手型のニュートリノを予測するのに対し、テンソル項は右手型の粒子を持ちだす。言い換えると、もし呉が正しければ、二つの型のベータ崩壊で放出されるニュートリノはまったく異なったものになるだろう。普遍フェルミ相互作用が存在しないばかりではなく、ベータ崩壊そのものが、異なる力のごちゃ混ぜによってひき起こされているかもしれないのだ。

会議の参加者でこの成り行きに特にびっくりしたのは、会議の組織者ロバート・マルシャックであった。(58) 彼の大学院生E・C・G・スダルシャンは「10のマイナス13乗程度の結合定数によって特徴づけられる相互作用の部門」に関する実験データを、入手できるかぎりすべて検討していた。もし普遍フェルミ相互作用が本当に存在していれば、それはVとAの混合、はっきり言えば、$V-A$でなければならない。スダルシャンとマルシャックはこう結論した。これはベクトル相互作用であり、パリティの破れを説明するために、ある軸性ベクトルを付加したものである。スダルシャンとマルシャックは、この考えを提示するつもりでいたが、呉の話によってすっかり調子を狂わされてしまった。それはかりではなく、呉を支持する別の二つの実験もやがて発表されるだろうという噂もとんでいた。スダルシャンはいらいらした。上位の共同研究者であるマルシャックが、新しいデータが現れるまで黙っていようと言いだしたのである。

噂の実験の一つは、カルテックのフェリックス・ベームが行なったものであった。マルシャックは六月の後半に、サンタモニカのランド研究所で偶然ベームの同僚のゲルマンに出会い、ベームに引き合わせてくれるよう頼んだ。二人ともこの研究所でコンサルタントをやっていたのである。マルシャックとスダルシャンは昼食をとりながら、ゲルマンとベームに $V-A$ の考えの大筋を説明し、ベームたちの実験について尋ねた。データは V と T には矛盾するが、$V-A$ とは両立する、とベームは答えた。安心したスダルシャンとマルシャックは数日間で論文を仕上げ、イタリアのパドバでの会議[59]で $V-A$ を公開する決心をした。マルシャックはパドバでは、弱い相互作用はすべて同じものによってひき起こされているに相違なく、したがって $V-A$ が唯一の進む道だ、と大胆に宣言した。「私はこう言いましたよ」とマルシャックは回顧した。「普遍相互作用は $V-A$ でなければならない。そのためには、四つの実験は殺さねばならない。殺すという言葉を使ったのです。ヘリウム6の実験も含めてね。コーヒーブレークのときにある物理学者がレダーマンに言ったそうです。マルシャックはクレージーだ。ヘリウム6が間違いだなんてことがあるものか[60]」

ゲルマンも $V-A$ をいじくっていた。ベームを囲んだ昼食会のおり、彼はスダルシャンとマルシャックがやはりこの考えを追究しているのを聞いて関心を抱いた。[61] その後、ゲルマンが同僚に $V-A$ について語ると、その人はそれをリチャード・ファインマンに伝えた（物理学における情報網の働きはこんな具合なのである）。ファインマンも弱い相互作用についてしばらく考えたことがあったが、核子のベータ崩壊が S と T であるとすれば、他のことがらとどう調和できるのか、合点がいかなかった。ファインマンはその夏をブラジルで過し、カルテックに戻ると、何人かの実験家に頼んでベータ崩壊についての知識を詰め込んでもらった。

とうとう彼らは私に全部詰め込んで、こう言った。「状況は入り乱れているので、長年確立していたことにも疑問が投げかけられている。中性子のベータ崩壊が S と T であるということがその例だ。マレーは V と A ということだってありうると述べている。それほど混乱しているのだ」。私は立ち上がって叫んだ。「わかったぞ、なにもかも！」。連中は私が冗談を言っていると思ったらしい。私がロチェスター会議でもてあましていたもの、中性子と陽子の崩壊。すべて合致するのに、これだけはだめだった。しかし、S と T ではなく V と A だとすれば、これも合致する。だから私は全理論を手に入れたのだ！

喜んだ彼は、仕事をしに家に戻った。

私はどんどん進んだ。別のいくつかのものに当たってみると、それも合う。新しいものも合う。どんどん合っていく。私は興奮した。他のだれも知らない自然法則を私が知っていたのは、私の生涯でもこのときが最初で最後だった。私がそれまでやってきたことは、他人の理論をもってきて計算法を改善することだった……私はディラックのことを考えた。彼はしばらくの間、自分の方程式をもっていた――電子がどうふるまうかを教える方程式だ。私には、ベータ崩壊に対するこの新しい方程式がある。ディラック方程式ほど重要なものではないが、良い方程式だ。新しい法則を発見したのはこのときだけだった。[62]

ファインマンはゲルマンといっしょに、V－Aに関する論文を書き、『フィジカル・レビュー』に送った。これにはマルシャックとスダルシャンの考えていなかったいくつかの特徴があったが、同じように、ヘリウム6の実験は誤っていると主張していた。スダルシャン＝マルシャック論文は発表に手間どったために、ファインマン＝ゲルマン論文に何カ月か遅れて現れた。

パドバ会議から何カ月もたたないうちに、$V-A$ が確かに正しいという実験結果が集まり始めた。[63] 問題が一件落着したのは、モーリス・ゴールドハーバーが二人の協力者とエレガントで単純な証明を行ない、ニュートリノが左手型であり、反ニュートリノが右手型であることを示したときであった。[64] この実験以後、$V-A$ はベータ崩壊だけではなく、弱い相互作用のすべての現れの形式として確立された。普遍フェルミ相互作用に成長していたフェルミ力は、いまや、自然の基本的な力、弱い力として受け入れられたのである。

$V-A$ 理論に関与したものは全員、喜ぶ理由がたくさんあった。ゲルマンは特に、果実がやっと手に入ったという感じを抱いた。実験が現象と格闘する年月がつづいたが、理論派はとうとう充分堅固な立脚地を手に入れた。新しい弱い相互作用像は、少なくとも部分的には、物理学が巨大な歩みを進める希望を代表している。弱い相互作用の V（ベクトル）と A（軸性ベクトル）という性格は、電磁気のベクトル形式と深いところで調和している。二つのベクトル相互作用――この二つは同一のものであろうか？　ゲルマンは一九五八年と一九五九年にかなりの時間を費やして、弱い力の存在を説明するような原理について考えをめぐらせた。それは、楊とミルズが対称性から場がどのように生じてくるかを示したやり方に似ていた。しかし、使いものになるモデルが考えつかず、スケッチブックになぐり書きされたことはどれ一つ発表されなかった。しかし、彼は確信していた。弱い相互作用を真に理解するには、それを電磁気とからみ合わせ、抱き合わせなければならな

いだろう、と。(65)

（以下下巻）

ハドロン

（　）内は反粒子

	粒子名	記号	電荷	クォークの組み合わせ	アイソスピン	スピン・パリティ	質量 (MeV)	寿命（秒）
中間子	パイ中間子	π^+ (π^-)	+1 (−1)	$u\,\bar{d}$ ($d\,\bar{u}$)	1	0^-	140	2.6×10^{-8}
		π^o	0	$u\,\bar{u}$, $d\,\bar{d}$			135	8.4×10^{-17}
	エータ中間子	η	0	$u\,\bar{u}$, $d\,\bar{d}$, $s\,\bar{s}$	0	0^-	548	5.1×10^{-19}
	K中間子	K^+ (K^-)	+1 (−1)	$u\,\bar{s}$ ($s\,\bar{u}$)	1/2	0^-	494	1.2×10^{-8}
		K^o ($\bar{K}^o$)	0 (0)	$d\,\bar{s}$ ($s\,\bar{d}$)			498	K_S 9.0×10^{-11} K_L 5.1×10^{-8}
	ロー中間子	ρ^+ (ρ^-)	+1 (−1)	$u\,\bar{d}$ ($d\,\bar{u}$)	1	1^-	776	4.4×10^{-24}
		ρ^o	0	$u\,\bar{u}$, $d\,\bar{d}$				
	オメガ中間子	ω^o	0	$u\,\bar{u}$, $d\,\bar{d}$	0	1^-	781	7.8×10^{-23}
	ファイ中間子	ϕ^o	0	$s\,\bar{s}$	0	1^-	1019	1.5×10^{-22}
	D中間子	D^+ (D^-)	+1 (−1)	$c\,\bar{d}$ ($d\,\bar{c}$)	1/2	0^-	1869	1.0×10^{-12}
		D^o ($\bar{D}^o$)	0 (0)	$c\,\bar{u}$ ($u\,\bar{c}$)			1865	4.1×10^{-13}
	D_S中間子	D_s^+ (D_s^-)	+1 (−1)	$c\,\bar{s}$ ($s\,\bar{c}$)	0	0^-	1968	5.0×10^{-13}
	J・プサイ中間子	J/ψ	0	$c\,\bar{c}$	0	1^-	3097	7.6×10^{-21}
	B中間子	B^+ (B^-)	+1 (−1)	$u\,\bar{b}$ ($b\,\bar{u}$)	1/2	0^-	5279	1.6×10^{-12}
		B^o ($\bar{B}^o$)	0 (0)	$d\,\bar{b}$ ($b\,\bar{d}$)			5279	1.5×10^{-12}
	ウプシロン中間子	Υ^o	0	$b\,\bar{b}$	0	1^-	9460	1.2×10^{-20}
バリオン	陽子	p ($\bar{p}$)	+1 (−1)	$u\,u\,d$ ($\bar{u}\,\bar{u}\,\bar{d}$)	1/2	$1/2^+$	938	安定（$>10^{32}$年）
	中性子	n ($\bar{n}$)	0 (0)	$u\,d\,d$ ($\bar{u}\,\bar{d}\,\bar{d}$)			940	8.9×10^{2}
	ラムダ粒子	Λ ($\bar{\Lambda}$)	0 (0)	$u\,d\,s$ ($\bar{u}\,\bar{d}\,\bar{s}$)	0	$1/2^+$	1116	2.6×10^{-10}
	シグマ粒子	Σ^+ ($\bar{\Sigma}^-$)	+1 (−1)	$u\,u\,s$ ($\bar{u}\,\bar{u}\,\bar{s}$)	1	$1/2^+$	1189	8.0×10^{-11}
		Σ^o ($\bar{\Sigma}^o$)	0 (0)	$u\,d\,s$ ($\bar{u}\,\bar{d}\,\bar{s}$)			1193	7.4×10^{-20}
		Σ^- ($\bar{\Sigma}^+$)	−1 (+1)	$d\,d\,s$ ($\bar{d}\,\bar{d}\,\bar{s}$)			1197	1.5×10^{-10}

	粒子名	記号	電荷	クォークの組み合わせ	アイソスピン	スピン・パリティ	質量 (MeV)	寿命（秒）
バリオン	クシー粒子	Ξ^0 ($\overline{\Xi}^0$)	0 (0)	u s s ($\bar{u}$ $\bar{s}$ $\bar{s}$)	1/2	$1/2^+$	1315	2.9×10^{-10}
		Ξ^- ($\overline{\Xi}^+$)	−1 (+1)	d s s ($\bar{d}$ $\bar{s}$ $\bar{s}$)			1321	1.6×10^{-10}
	デルタ粒子	Δ^{++} ($\overline{\Delta}^{--}$)	+2 (−2)	u u u ($\bar{u}$ $\bar{u}$ $\bar{u}$)	3/2	$3/2^+$	1232	5.6×10^{-24}
		Δ^+ ($\overline{\Delta}^-$)	+1 (−1)	u u d ($\bar{u}$ $\bar{u}$ $\bar{d}$)				
		Δ^0 ($\overline{\Delta}^0$)	0 (0)	u d d ($\bar{u}$ $\bar{d}$ $\bar{d}$)				
		Δ^- ($\overline{\Delta}^+$)	−1 (+1)	d d d ($\bar{d}$ $\bar{d}$ $\bar{d}$)				
	シグマスター粒子	Σ^{*+} ($\overline{\Sigma}^{*-}$)	+1 (−1)	u u s ($\bar{u}$ $\bar{u}$ $\bar{s}$)	1	$3/2^+$	1383	1.8×10^{-23}
		Σ^{*0} ($\overline{\Sigma}^{*0}$)	0 (0)	u d s ($\bar{u}$ $\bar{d}$ $\bar{s}$)			1384	1.8×10^{-23}
		Σ^{*-} ($\overline{\Sigma}^{*+}$)	−1 (+1)	d d s ($\bar{d}$ $\bar{d}$ $\bar{s}$)			1387	1.7×10^{-23}
	クシースター粒子	Ξ^{*0} ($\overline{\Xi}^{*0}$)	0 (0)	u s s ($\bar{u}$ $\bar{s}$ $\bar{s}$)	1/2	$3/2^+$	1532	7.2×10^{-23}
		Ξ^{*-} ($\overline{\Xi}^{*+}$)	−1 (+1)	d s s ($\bar{d}$ $\bar{s}$ $\bar{s}$)			1535	6.6×10^{-23}
	オメガ粒子	Ω^- ($\overline{\Omega}^+$)	−1 (+1)	s s s ($\bar{s}$ $\bar{s}$ $\bar{s}$)	0	$3/2^+$	1672	8.2×10^{-11}
	ラムダ・シー粒子	Λ_c^+ ($\overline{\Lambda}_c^-$)	+1 (−1)	u d c ($\bar{u}$ $\bar{d}$ $\bar{c}$)	0	$1/2^+$	2286	2.0×10^{-13}
	クシー・シー粒子	Ξ_c^+ ($\overline{\Xi}_c^-$)	+1 (−1)	u s c ($\bar{u}$ $\bar{s}$ $\bar{c}$)	1/2	$1/2^+$	2468	4.4×10^{-13}
		Ξ_c^0 ($\overline{\Xi}_c^0$)	0 (0)	d s c ($\bar{d}$ $\bar{s}$ $\bar{c}$)			2471	1.1×10^{-13}

基本粒子

（　）内は反粒子

	粒子名	記号	電荷	スピン・パリティ	質量	寿命（秒）
レプトン	電子ニュートリノ	ν_e $(\overline{\nu_e})$	0 (0)	$1/2$		
	ミューオンニュートリノ	ν_u $(\overline{\nu_u})$	0 (0)	$1/2$		
	タウニュートリノ	ν_τ $(\overline{\nu_\tau})$	0 (0)	$1/2$		
	電子	e^- (e^+)	−1 (+1)	$1/2$	<0.51MeV	安定
	ミュー粒子	μ^- (μ^+)	−1 (+1)	$1/2$	<105MeV	2.2×10^{-6}
	タウ粒子	τ^- (τ^+)	−1 (+1)	$1/2$	<1.78GeV	2.9×10^{-13}
クォーク	アップクォーク	u $(\overline{u})$	$+2/3$ $(-2/3)$	$1/2^+$	数MeV	
	ダウンクォーク	d $(\overline{d})$	$-1/3$ $(+1/3)$	$1/2^+$	数MeV	
	ストレンジクォーク	s $(\overline{s})$	$-1/3$ $(+1/3)$	$1/2^+$	約100MeV	
	チャームクォーク	c $(\overline{c})$	$+2/3$ $(-2/3)$	$1/2^+$	約1.3GeV	
	ボトムクォーク	b $(\overline{b})$	$-1/3$ $(+1/3)$	$1/2^+$	約5GeV	
	トップクォーク	t $(\overline{t})$	$+2/3$ $(-2/3)$	$1/2^+$	約170GeV	
ゲージ粒子	光子	γ	0	1^-	0	安定
	W粒子	W^+ (W^-)	+1 (−1)	1^-	80.4GeV	3.1×10^{-25}
	Z粒子	Z^o	0	1^-	91.2GeV	2.6×10^{-25}
	グルーオン	g	0	1^-	0	

本書は、一九九一年十二月に早川書房より単行本『セカンド・クリエイション　素粒子物理学を創った人々（上）』として刊行された作品を改題、文庫化したものです。

◎訳者略歴

鎮目恭夫（しずめ・やすお）　1925年生。1947年東京大学理学部物理学科卒。評論家・翻訳家。著書に『人間にとって自分とは何か』ほか。訳書に『生命とは何か』シュレーディンガー、『歴史における科学』バナール、『宇宙をかき乱すべきか』ダイソン、『人間機械論』ウィーナーほか多数。

林一（はやし・はじめ）　1933年生。1958年立教大学理学部物理学科卒。昭和薬科大学名誉教授。著書に『シュレディンガーのアヒル』ほか。訳書に『ホーキング、宇宙を語る』ホーキング（早川書房刊）、『なぜビッグバンは起こったか』グース（共訳、早川書房刊）、『ゲーデル、エッシャー、バッハ』ホフスタッター（共訳）、『エレガントな宇宙』グリーン（共訳）ほか多数。

小原洋二（こはら・ようじ）　1942年生。1972年東京大学大学院理学系研究科物理学専門博士課程修了。2007年12月まで日本大学生物資源科学部教授。訳書に『「プリンキピア」講義』チャンドラセカール（共訳）ほか。

岡村浩（おかむら・ひろし）　1941年生。1971年東京大学大学院理学系研究科物理学専門博士課程修了。東京大学原子核研究所教務補佐員を経て2009年3月まで工学院大学教授。著書に『現代の古典物理』（共著）、『新訂　相対論』ほか。訳書に『ディラック現代物理学講義』ディラック、『神は老獪にして…』パイス（共訳）、『「プリンキピア」講義』チャンドラセカール（共訳）ほか。

人名索引

［ア］

アインシュタイン（Einstein, Albert） ㊤28, 33, 56, 66-68, 85, 86, 92, 94-99, 107, 126-128, 145, 156, 159, 166, 167, 179, 180, 182, 183, 205, 264, 276, 324, 346, 391, 394, 396, 399, 400, 404 ㊦56, 88, 100, 190, 194, 208,

アドラー（Adler, Stephen L.） ㊦238, 245, 405, 431, 432, 434, 446

アバデッサ（Abadessa, John P.） ㊦347

アブラハム（Abraham, Max） ㊤393

アマルディ（Amaldi, Edoardo） ㊤348, 419, 420

アングレール（Englert, François） ㊦72-74

アンダーソン（Anderson, Carl D.） ㊤194-197, 331-333, 342-344, 350, 356, 359

アンダーソン（Anderson, Philip） ㊦69-71

アンブラー（Ambler, Ernest） ㊤441

イェンチュケ（Jentschke, Willibard） ㊦289, 305, 329, 330

池田峰夫 ㊦105

イムレイ（Imlay, Richard） ㊦309-311

イリオポロス（Iliopoulos, John） ㊦207-210, 212, 214, 215, 217-224, 314, 316, 371

ウー（呉健雄） ㊤426, 436, 439-443, 447, 449-451 ㊦14

ヴァイル（Weyl, Hermann） ㊤124, 191, 398, 400, 401, 403-405, ㊦431

ヴァンヴレック（Van Vleck, John H.） ㊤155, 161

ヴィアーユ（Vialle, Jean-Pierre） ㊦206, 307

ウィグナー（Wigner, Eugene） ㊤154

ヴィーダーケール（Wiederkehr, Hans） ㊤360, 361

ヴィデレーエ（Wideröe, Rolf） ㊦93, 94

ヴィトルズ（Vitols, Milda） ㊦319, 320

ウィリアムズ（Williams, Robley） ㊤241, 242, 244, 245, 247-252

ウィリアムズ（Williams, William E.） ㊤252, 254, 257, 261, 270

ウィルキンソン（Wilkinson, Sir Denys） ㊦48, 49
ウィルソン（Wilson, Charles Thomson Rees） ㊤192-194
ウィルソン（Wilson, Kenneth） ㊦253, 254
ウィルソン（Wilson, Robert Rathbun） ㊦278-283, 286, 304, 307
ウィルソン（Wilson, Robert W.） ㊦416, 417
ウィルツェク（Wilczek, Frank） ㊦255, 256, 258, 260, 261, 391, 414
ヴィーン（Wien, Wilhelm） ㊤109, 134
ヴェネツィアノ（Veneziano, Gabriele） ㊦439
ウォード（Ward, John） ㊦29, 58, 79, 395
ウォルトン（Walton, E. T. S.） ㊦95
ウルフ（Wulf, Theodor） ㊤309, 311-314
ウーレンベック（Uhlenbeck, George） ㊤103-106, 277, 278, 425
エディントン（Eddington, Sir Arthur） ㊤298
エーレンフェスト（Ehrenfest, Paul） ㊤103-106, 171, 208
オイラー（Euler, Hans） ㊤346
大貫義郎 ㊦106, 125
小川修三 ㊦106
オキアリーニ（Occhialini, Giuseppe） ㊤331
オスクラティ（Osculati, B.） ㊦277
オッペンハイマー（Oppenheimer, J. Robert） ㊤166, 207-212, 216, 220-222, 226, 227, 231, 243, 244, 256, 257, 262-265, 267, 269-271, 273, 279, 284-287, 332, 344, 347, 356, 367, 411, 412, 435, 444 ㊦13, 177
オベール（Aubert, Bernard） ㊦306, 307, 310

[カ]

ガイガー（Geiger, Hans） ㊤49-51, 77, 416
ガイヤール（Gaillard, Mary Kay） ㊦272, 273
ガーウィン（Garwin, E. L.） ㊦376
ガーウィン（Garwin, Richard） ㊤442, 449
カシミール（Casimir, H.B.G.） ㊤171
ガットー（Gatto, Raoul） ㊦216
カディク（Kadyk, John） ㊦348

カーペイ (Carpé, Allen) ㊤326
カメリーニ (Camerini Ugo) ㊦277, 287, 290
ガモフ (Gamow, George) ㊤424, 425
カラン (Callan, Curtis, Jr.) ㊦251, 254, 255
ガリレイ (Galilei, Galileo) ㊤391
カルタン (Cartan, Elie - Joseph) ㊦40, 125, 411
カルツァ (Kaluza, Theodor) ㊦438
カント (Kant, Immamuel) ㊤262, 263 ㊦432
ギッブズ (Gibbs, Josiah) ㊤186
ギッブズ (Gibbs, R. C.) ㊤241, 242, 244, 245, 247, 248, 251, 261
キッブル (Kibble, Thomas) ㊦79, 81
木下東一郎 ㊦458, 459
キプフェ (Kipfer, Charles) ㊤324
キャビボ (Cabibbo, Nicola) ㊦216-219
キュリー (Curie, Irêne) ㊤79
キュリー (Curie, Marie) ㊤47, 197
キュリー (Curie, Pierre) ㊤47
ギルバート (Gilbert, Walter) ㊦72, 73
クイン (Quinn, Helen) ㊦414, 415
クーパー (Cooper, Leon N.) ㊦63
クライ (Clay, Jacob) ㊤323
クライン (Klein, Abraham) ㊦72
クライン (Cline, David) ㊦301-306, 310-312
クライン (Klein, Oskar) ㊤184 ㊦283, 299, 438
クラウザー (Crowther, J. A.) ㊤51
グラショウ (Glashow, Sheldon) ㊤86, 381, 384, 414 ㊦17-20, 22-42, 44, 59, 64, 65, 68, 72, 73, 77, 81, 88, 111, 113, 114, 119, 151, 160, 165-171, 181, 184, 207, 211, 214, 217-224, 233, 242, 264, 313, 314, 316, 318, 369-371, 380, 392, 402-404, 406-408, 411, 412, 414, 415, 419-421, 444
クラマース (Kramers, Hendrik) ㊦264-266, 270, 272
グリーンバーグ (Greenberg, Oscar) ㊦180
グレーザー (Glaser, Donald) ㊦131
グレース (Grace, Norman) ㊤241, 244, 245, 247, 249
グレン (Glenn, Woody) ㊦358

サーバー (Serber, Robert) ㊤153, 155, 156, 159, 161, 220-223, 225, 226, 228-230, 232, 267, 273, 344, 367 ㊦145, 146, 149, 225

サハロフ (Sakharov, Andrei) ㊦19, 26

サミオス (Samios, Nicholas) ㊦90, 91, 98, 101, 127-130, 133, 134, 137, 140, 316-319, 321, 322, 370, 457

サラム (Salam, Abdus) ㊤381, 384, 413 ㊦29, 30, 42, 44-63, 65, 67, 70, 73, 79, 80, 81, 111, 121, 122, 125, 211, 229, 243, 268, 386, 392-402, 405, 406, 408, 410, 422

サンダース (Sanders, Patrick) ㊦376, 377

ジー (Zee, Tony) ㊦260

シウリ (Sciulli, Frank) ㊦304

シエ (Hsieh, Y. M.) ㊤241, 243-245

シェイン (Shane, C. D.) ㊤241, 244, 245, 247, 249

ジキーキ (Zichichi, Antonino) ㊤360, 361 ㊦241

シッフ (Schiff, Leonard) ㊦189

ジマンツィク (Symanzik, Kurt) ㊦236, 251, 254, 256, 257

シャイン (Schein, Marcel) ㊤376

ジャキフ (Jackiw, Roman) ㊦238, 245

シャーク (Scherk, Joël) ㊦439, 440

シュウィッタース (Schwitters, Roy) ㊦356, 357, 359

シュウィンガー (Schwinger, Julian) ㊤166, 266, 270, 271, 275-285, 287, 288, 294, 296-298, 306 ㊦11-18, 24-26, 28, 29, 35, 58, 69, 70, 80, 124, 154, 226, 326, 408, 445, 458

シュウェーバー (Schweber, Silvan) ㊤167 ㊦23

シュテッケルベルク (Stueckelberg, Ernst Carl Gerlach) ㊤300-308, 344 ㊦102, 252

シュテルマー (Størmer, Frederik) ㊤323, 324

シュトラウホ (Strauch, Karl) ㊦306

シュリーファー (Schrieffer, John R.) ㊦63, 178

シュレーディンガー (Schrödinger, Erwin) ㊤128-136, 139, 142, 150-152, 158, 166, 176, 179, 188, 250, 404, 405, 432 ㊦373, 431

シュワルツ (Schwarz, John) ㊦439, 440

シュワルツ (Schwartz, Mel) ㊦158-163, 165, 337, 343, 352, 353,

[タ]

328-339, 342-344, 349-355, 358, 359, 362, 364-368, 371
ディンキン (Dynkin, E. B.) ㊦124, 125
デヴォンズ (Devons, Samuel) ㊤81-83, 170, 171 ㊦49, 50, 267, 268
テラー (Teller, Edward) ㊤424, 425
デルブリュック (Delbrück, Max) ㊤186
テレグディ (Telegdi, Valentine) ㊤443, 445, 449
ドイッチュ (Deutsch, Martin) ㊦350, 351, 355, 363, 367, 368
ドップラー (Doppler, Christian) ㊦415
ド・ブロイ (De Broglie, Prince Louis Victor) ㊤126-128, 157, 159
トホーフト ('t Hooft, Gerardus) ㊤166 ㊦235-244, 257, 258, 272, 284, 381, 395, 408, 433, 434, 436, 437
トムソン (Thomson, G. P.) ㊦47
トムソン (Thomson, J. J.) ㊤40-45, 47, 50, 51, 58-60, 69, 79, 83, 96, 130, 137, 166, 192, 193, 203, 252, 259, 394
朝永振一郎 ㊤285, 298, 352, 355 ㊦175, 326
トライマン (Treiman, Sam) ㊦171, 172
トラスカール (Toraskar, Jayashree) ㊦352
トリリング (Trilling, George) ㊦362
ドリンクウォーター (Drinkwater, John) ㊤252-255, 257
トロウブリッジ (Trowbridge, John) ㊤35

[ナ]
ナラシムハム (Narasimham, V. S.) ㊦423, 425, 426
南部陽一郎 ㊦65, 66, 174-181, 183, 246, 439
西島和彦 ㊤373 ㊦99, 104
仁科芳雄 ㊤342, 353 ㊦175
ニュース (Newth, Anthony) ㊤361
ニュートン (Newton, Sir Isaac) ㊤93, 95, 96, 107, 120, 140, 390 ㊦28, 428
ネーア (Neher, Henry Victor) ㊤326-328
ネイフ (Nafe, John E.) ㊤270 ㊦457
ネーター (Noether, Amalie Emmy) ㊤396-400 ㊦12, 103

ネダマイヤー (Neddermeyer, Seth) ㊤331-333, 342-345, 350, 356, 394
ネーマン (Ne'eman, Yuval) ㊤394 ㊦122-130, 136, 154, 172
ネルソン (Nelson, Edward B.) ㊤270 ㊦457
ノーベル (Nobel, Alfred) ㊤39
ノルドジーク (Nordsieck, Arnold) ㊤228, 231, 267

[ハ]
パイエルス (Peierls, Rudolf) ㊤185, 427
パイス (Pais, Abraham) ㊤211, 367-371, 374 ㊦98
ハイゼンベルク (Heisenberg, Werner) ㊤85, 107-115, 118-121, 123-125, 129-136, 142-144, 146-152, 157, 159, 161, 166, 172, 174-180, 188, 197, 199, 200, 206, 208, 210, 219, 226, 227, 229, 230, 233, 238, 250, 264, 270, 334, 336-339, 346, 364, 365, 404, 408, 417 ㊦40, 61, 80, 326, 431
ボイス＝バロット (Buys-Baillot, Christoph) ㊦415
ハウトスミット (Goudsmit, Samuel) ㊦102, 103, 105, 437 ㊦400
パウリ (Pauli, Worfgang) ㊤101-103, 106, 120-125, 132, 133, 143-146, 148, 149, 166, 177, 180, 186, 188, 197, 199-201, 204-208, 210, 211, 217, 219, 229, 233, 270, 277, 298-300, 302, 303, 338, 339, 365, 411, 412, 416, 418, 443, 444 ㊦54, 56, 57, 180, 326, 431
ハザート (Hasert, Franz) ㊦291
パスコス (Paschos, E. A.) ㊦199
パステルナック (Pasternack, Simon) ㊤251, 253, 256, 257, 261
ハッブル (Hubble, Edwin) ㊦416
パティ (Pati, Jogesh) ㊦395, 396, 398-400, 402, 405, 406, 422
バーディーン (Bardeen, John) ㊦63
バーディーン (Bardeen, William) ㊦246
ハドソン (Hudson, R. P.) ㊤441, 442
バトラー (Butler, C. C.) ㊤357 ㊦105
パノフスキー (Panofsky, Wolfgang) ㊦187, 188, 194, 365
バーバー (Bhabba, Homi) ㊦422
パーマー (Palmer, Robert) ㊦131, 133-135, 287, 288, 296, 304, 317, 321, 322, 370

ハミルトン (Hamilton, William Rowan) ㊤72
バリッシュ (Barish, Barry) ㊦304
バルマー (Balmer, Johann) ㊤71, 73-75
ハワース (Hawarth, Leland) ㊦93
ハン (Han, Moo-young) ㊦181
バンス (Bunce, Gerry) ㊤18-20, 22, 24-26, 31-35 ㊦456, 459, 460
パンチーニ (Pancini, Ettore) ㊤350, 355
ピカール (Piccard, Auguste) ㊤324
ピーズリー (Peaslee, David) ㊤371
ヒッグス (Higgs, Peter) ㊦72, 408
ピッチョーニ (Piccioni, Oreste) ㊤348-350, 355
ピプキン (Pipkin, Francis) ㊦325-331, 343
ヒューズ (Hughes, Vernon) ㊦380
ビョルケン (Bjorken, James) ㊦166-170, 181, 189-191, 193, 197-199, 201, 392, 399, 413
ヒルベルト (Hilbert, David) ㊤124, 166, 396, 397, 399
ファイスナー (Faissner, Helmut) ㊦292
ファインバーグ (Feinberg, Gerald) ㊤439 ㊦20-23, 25, 31, 98, 157-159
ファインマン (Feynman, Richard) ㊤269, 283, 288, 289, 292-298, 434, 435, 452, 453 ㊦22, 111, 194, 195, 198, 199, 201, 326, 409, 445, 447
ファウラー (Fowler, Ralph H.) ㊤115, 171, 172, 177
ファウラー (Fowler, W.) ㊦135,
ファブリ (Fabry, Charles) ㊤246
ファラデー (Faraday, Michael) ㊦430
ファリ (Furry, Wendell) ㊤212, 216, 217
ファン・カンペン (van Kampen, Nicholas) ㊦236
ファン・デル・メール (van del Meer, Simon) ㊦392
フィールツ (Fierz, Markus) ㊤238
フェルトマン (Veltman, Martinus) ㊦224-232, 234-244, 257, 272
フェルミ (Fermi, Enrico) ㊤277, 278, 338, 347, 370, 386, 406, 418-426, 430, 447 ㊦13, 98, 104, 110,

176, 211, 216
フォートソン (Fortson, Edward) ㊦374-377
フォン・ダーデル (von Dardel, Guy) ㊦161, 162
ブシア (Bouchiat, Claude) ㊦209-212, 217, 373, 376
ブシア (Bouchiat, Marie-Anne) ㊦209, 373, 376
ブスザ (Busza, Wit) ㊦341
フーストン (Houston, William Valentine) ㊤241, 243-245, 247, 249, 251, 256, 261
フライ (Fry, William) ㊦277, 287, 290
ブライデンバッハ (Briedenbach, Martin) ㊦348
ブラッケット (Blackett, P. M. S.) ㊤331, 350-352, 357, 359
プラトン (Plato) ㊤108
フランク (Franck, James) ㊤65, 124, 247
プランク (Planck, Max) ㊤62-67, 85, 110, 134, 136, 148, 151, 179
プリア (Pullia, Antonio) ㊦277, 290
ブリッジマン (Bridgman, Percy) ㊤161, 162 ㊦443
フリッチ (Fritzsch, Harald) ㊦245, 246
フリードマン (Friedman, Jerome) ㊦192
フリプロヴィッチ (Khriplovich, I. B.) ㊦260
ブルー (Brout, Roger) ㊦72-74
プレスコット (Prescott, Charles) ㊦378-381, 383-387, 391
フレンチ (French, J. Bruce) ㊤263, 283
プレントキ (Prentki, Jacques) ㊦153, 210, 211, 212, 217, 272, 273
ブロック (Block, Martin) ㊤434-435
ブロック (Block, Richard) ㊦114
ブロッホ (Bloch, Felix) ㊤227, 231
ヘイワード (Hayward, R.W.) ㊤441
ベクレル (Becquerel, Antoine-Henri) ㊤36-40, 44, 47, 48, 309, 415
ヘス (Hess, Victor) ㊤312-314, 317, 318, 320, 324
ベッカー (Becker, Ulrich) ㊦336, 339, 340-342, 350, 351, 361
ベーテ (Bethe, Hans) ㊤247, 248, 250, 267, 272, 273, 277, 279, 281, 282, 291, 292, 296, 356, 427
ペーテルマン (Petermann,

［マ］

[ワ]

原　註

1章

1　インタビュー, Gerry Bunce, ブルックヘヴン研究所, 1995年1月26日; E821 共同研究 “Design Report, BNL AGS E821”1995年3月1日; Farley, F. J. M. and Picasso, E. “The Muon *g*-2 Experiment（Kinoshita, T., Quantum Electrodynamics. Singapore: World Scientific, 1900 に所収）

2　V. Guillemin, *The Story of Quantum Mechanics*（New York: Scribners, 1968）に引用されている。

3　L. Badash, Isis 63: no. 1（1972年1月）: 52。〝小数点以下の数字〟云々は〝ある優れた物理学者〟の見解では，と述べられている。P. Galison, L. Graham他編 *Functions and Uses of Disciplinary Histories,* Vol. Ⅶ（Amsterdum: D. Reidel, 1983）: 35 も参照。

4　この話は, A. Romer, *The Restless Atom*. Rev. ed.（New York: Dover, 1982）, p. 15-29とM. Shamos, *Great Experiments in Physics*（New York: Dryden, 1982）: p. 213ff を含む多くの場所で詳述されている。ベクレルの研究論文は *Memoires de l'Academêmie des Sciences 46*（1903）: 1 に収録。ベクレルの論文を英訳したものは, A. Romer 編 *The Discovery of Radioactivity and Transmutation*（New York: Dover, 1964）に。

5　O. Glasser, *Wilhelm Conrad Röntgen und die Geschichte der Röntgenstrahlen*（Berlin: Springer-verlag, 1959）: 26 に引用。

6　*CR* 122: 150, 1896年1月20日号。

7　H. Becquerel, *CR* 122: 420, 1896年2月24日号。

8　H. Becquerel, *CR* 122: 502, 1896年3月2日号。

9　ベクレルは回想録の中で, G. Le Bon という男の著作をよく読みさえすれば「その著者は, その研究をしたとき, 放射能現象というものをまったく理解していなかったことがよくわかる」と冷笑的に指摘している。前掲 Becquerel, *Memoires*, p. 6。

10　同上 p. 3。

11　トムソンに関する定評のある書物には, J. W. Strutt, Lord Rayleigh, *The Life of J・J・Thomson, O. M.*（New York: Cambridge University Press, 1943）, J. J. Thomson, *Recollections and Reflections*（London: G. Bell and Sons, 1936）, そして一風変わって面白い J. G. Crowther, *British Scientists of 20th Century*（New York: Routledge

and Kegan Paul, 1952)［金関義則他訳『20 世紀の科学者』みすず書房］などがある。

12 D. Moralee他編 *A Hundred Years of Cambridge Physics*（2d ed.), Cambridge University Physics Society, 1980

13 A. Pais, *RMP* 49, no. 4（1977年10月）: 925 によれば, 同様の声明が3カ月前にプロイセンの物理学者 Johann Weichert から出されているが, Weichert自身はその後の出来事になんの役割も果たしていない。ベルリンの Walter Kaufmanも e/m を見つけている。

14 J. J. Thomson, *PM*, series 5, 44, no. 269（1897）: 293（全般的な歴史については, D. L. Anderson *The Discovery of the Electron*［Prinston : Van Nostrand, 1964］を参照)。この PM という雑誌のタイトルは注目に値する。これは物理学の起源にある種の洞察を与えてくれるからである。昔, 物理学と哲学は連合した学科であり, 物理学者はみなしばしば自然哲学者とも呼ばれていた。人間界でなく自然界の真理を理性的論証によって追究する人という意味である。物理学と哲学の連合は, 前世紀末に崩壊しはじめた。現在われわれは, このふたつを別の学科へ区分し, それぞれを追究するには異なる才能が必要と考えている。最近の慣例では, 物理学者はしばしば哲学という言葉を「粗末な物理学」という意味で使っている。古い用法の名残のなかには, 今世紀まで生き残っているものがある。たとえば, アインシュタインはチューリヒ大学の哲学部で講義をしたことがある。もうひとつ, この雑誌のタイトルに philosophical（哲学的な）という言葉が残っている。ラザフォードの時代には Philosophical Magazine に, 科学の大部分の分野を扱った論文が載っていた。現在, 同誌のタイトルはそのままだが, 固体物理学のみを対象とする雑誌になっている。

15 影響力の大きかったドイツの化学者 Wilhelm Oswaldは, さらに「実際には, エネルギーは世界に実在する唯一の素材であり, 物質はエネルギーの担体ではなく, 顕われである」とまで述べた。

16 Thomson, *Recollections* p. 341

17 H. Becquerel, *CR*130 : 106, 1900 年 3 月 26 日号。

18 A. S. Eve, *Rutherford*（New York : Macmillan, 1939）: 15 に引用。ラザフォードが母親と婚約者に宛てた手紙のオリジナルは紛失してしまったようである。イヴの著作は標準的な伝記だが, 以下の文献も参照されたい。L. Badash 編 *Rutherford and Boltwood : Letters on Radio-activity*（New Haven: Yale University Press, 1969), J. B. Birks編 *Rutherford at Manchester*（New York : W. A. Benjamin, 1963); M. Oliphant, *Rutherford : Recollections of the Cambridge Days*（New York : Elsevier, 1972); D. Wilson, *Rutherford : Simple Genius*（Cam-

bridge, Massachusetts : MIT Press, 1983)。原子核の発見については, J. L. Heilbron の優れた論文 *AHES* 4（1967）: 247 に大いに依存した。

19　Wilson の前掲書 *Rutherford* p. 90。

20　Oliphantの前掲書 *Rutherford* p. 29。

21　E. Rutherford, *PM*, series 5, 47, no. 284（1899年1月）: 116

22　Eve の前掲書 *Rutherford*, pp. 54 - 55

23　数字は Champlin 編 *The Young Folks Cyclopedia*（New York : Holt, 1916）より。ラジウムがどれほど貴重視されていたのかの典型は, 1921 年度版 *The American Educator encyclopedia* 参照。この中には, ラジウムは「世界で最高の価値があり, おそらくは最高にすばらしい物質である……。ラジウムは, 単位重量あたりでは, ダイヤモンドの百倍もの価値があり, 一オンスあたり320万ドルである」ときっぱり書かれている。

24　E. Rutherford, *PM*, series 6, 5, no. 49（1903年2月）: 177, *Nature* 79, no. 2036（1908年11月）: 12

25　H. Becquerel, *CR* 136 : 1517, 1903 年 6 月 22 日号, *CR* 141 : 485, 1905 年 9 月 11 日号。

26　この結論はベクレルにとっても衝撃的だった。粒子の運動量はその質量と速度が生み出すものであるから, ベクレルは増加しているのは速度でなく〝質量〟のほうで, アルファ粒子はどうしてか, 坂をころがる雪玉のように, 飛行中に別の物質を取りこんでいるにちがいないと主張した。

27　E. Rutherford, *PM*, series 6, 11, no. 61（1906年1月）: 166

28　同上, p. 174

29　Eve の前掲書 *Rutherford* p. 183 参照。

30　手紙, W. H. Bragg から E. Rutherford へ。1908年10月1日付。Heilbronの前掲論文 p. 262 に引用。Wilson の前掲書 *Rutherford* も参照。

31　E. Marsden, 前掲のJ. B. Birks編 *Rutherford at Manchester* の p. 1

32　H. Geiger, E. Marsden, *PRSA* 82, no. 557（1909年7月31日）: 495

33　おそらくラザフォードの指導によるが, ガイガーとマースデンは「たとえ粒子の速度の速さと重量を考慮に入れたとしても, アルファ粒子のいくつかが実験が示すように 6×10^{-5} cm の金箔の層の中で九〇度からそれ以上に方向を変えるというのは驚くべき現象と思える」と書いている。磁石で同じ効果を得ようとすれば, 膨大な磁場が必要になるだろうと彼らは述べている。（同上書p. 498）

34　J. A. Crowther, *PRSA* 84, no. 570（1910 年 9 月15日）: 226

35　たとえば, ラザフォードは, 1911 年 2 月 9 日, 友人であり放射能に関するもうひとりの専門家 William Henry Bragg に手紙を送っている。「わたしはクラウザーの数少ない論文を入念に調べて, 検討すればする

ほど,彼がＪＪの説に合わせた（あるいは,合わせたと考えた）やり方にはおどろくばかりだ……。私の思うに,彼は想像力を使い,しかもあの説が当てはまらない場合を理解しそこなったからこそ,あんなにぴったり合う数値をひきだすことになったのだ」。ブラッグは嬉々として三日後に返事を送ってきた。「クラウザーの論文に関するきみの意見に,わたしも同感だ。ご存じとは思うが,あれはまったく不道徳きわまる論文で,不正直と紙一重だ。ただし,その不正直さは意図的なものではないにちがいない」嬉々としながら,ブラッグは容赦なく指摘を続けている。「徹底的に非難してやるべきだと感じるときには,しばしば自分のほうが間違っていることがあるんだが,今度ばかりは間違っていないと思う……。〔クラウザーの論文には〕実験論文にあってはならない,最悪の欠陥があるからね。なぜって,あれはたくさんの事実を大物の支持する学説に合うように,おべっかたらたらこねあげているからで,まちがいなくひどいものだ」Heilbron の前掲論文 p. 294-5 に引用。

36 E. Rutherford, *Proceedings of the Manchester Literary and Philosophical Society,* series 4, 55 no. 1（1912 年 3 月）: 18

37 「(原子) 核」という用語は,すぐに使われることになった。これはボーアが提案したものかもしれない（G. Hevesy へのインタビュー, *AHQP*［1962 年 5 月25日］: 2)。ラザフォードは,この言葉を六カ月後に初めて *PM*, series 6, 24, no. 142（1912年10月）: 453で使用した。

38 日本人物理学者の長岡半太郎はこれに先立って,少々似通った原子模型を提唱した。（*Proceedings of the Tokyo Physico-Mathematical Society,* series 2, no. 2［1904 年 2 月］92, *PM*, series 6, 7, no. 42［1904 年 5 月］: 445）しかし, G. A. Schottは,長岡の考えた模型は,不安定だと指摘した（*PM*, series 6, 8, no. 45［1904年9月］: 384)。しばしの議論の後,長岡はそれを認めた。議論の内容については, E. Yagi［八木江里］*Japanese Studies in the History of Science* 3（1964）: 29 参照。

39 E. Rutherford, *Radioactive Substances and thier Radiations*（Cambridge, England : Cambridge University Press, 1913)

40 多くの歴史書は,ボーア原子の難点を放射性不安定性に帰着させているが,科学的,歴史的観点から見ると,もっと根本的な難点は,力学的不安定性だった。J. L. Heilbron, T. S. Kuhn, *HSPS* 1（1969）: 211 参照。

2 章

1 インタビュー, J. Franck, *AHQP*（1962年12月 7 日）: 11。意気消沈した共著者とは, Dirk Coster のこと。

2　以下の記述は, S. Rozental編 *Neils Bohr*（New York : Wiley, 1967）の中の諸論文, とりわけ p. 40のL. Rosenfeld と E. Rüdingerのもの ; J. L. HeilbronとT. S. Kuhn *HSPS* 1（1969）: 211 ; L. Rosenfeld編 *Neils Bohr Collected Works*（New York : Elsevier, 1972）の中のボーアの手紙 ; N. Bohr, *Essays 1958-1962 on Atomic Physics and Human Knowledge*（New York : Wiley, 1963）［井上健訳『原子理論と自然記述』みすず書房］の中の自叙伝的記述 ; *AHQP* の中のインタビュー ; および以下に列挙した資料に基づく。

3　インタビュー, Niels Bohr, *AHQP*（1962年11月1日）: 1

4　手紙, Niels Bohrから Margrethe Nϕrlund へ, 前掲の Rosenfeld, Rüdinger の p. 40 に引用。Heilbron, Kuhn（前掲論文 p. 223）はこの手紙の日付を 1911 年 9 月 26 日としている。

5　インタビュー, Niels Bohr, *AHQP*（1962 年 11 月 1 日）: 6。読みやすさを考慮し本書では, 最初の二文と最後の二文を入れ換え, 句読点を少々改めている。

6　手紙, Niels Bohr から Harald Bohr へ, 1911 年 10 月 23 日, Rosenfeld 前掲書 p. 529。われわれのここでの見解は, ボーアはケンブリッジで楽しくやっていたと主張する HeilbronとKuhn の前掲論文とは異なっている。*AHQP* のインタビューの中で Margrethe Bohrは夫の失意について語っている（インタビュー, Margrethe Bohr, *AHQP*［1963年1月 30日］: 2-3)。R. Steuwer 編 *Nuclear Physics in Retrospect : Proceedings of a Symposium on the 1930 s*（Minneapolis : University of Minnesota Press, 1977）: 236ffの中でJ. Wheelerもボーアの憂鬱を描いている。

7　N. Bohr, 前掲の *Essays*, p. 31

8　M. Planck, *AdP* 4, no. 3（1901 年 3 月 1 日）: 553

9　M. Planck, F. Gaynor 訳 *Scientific Autobiography and Other Papers*（New York : Philosophical Library, 1949)。原子論への彼の敵意は p. 32-33に記載されている。プランクの教師の助言を p. 8 に引用している M. von Laue による序文も有用である。以下の資料の多くは, M. Planck, *Physikalische Abhandlungen und Vorträge*（Braunschweig : Vieweg, 1958）に収められている。とりわけ, vol. 3 には歴史に関する記載がある。同様の話を *Science* 113, no. 2926（1951 年 1 月 26 日）: 75 で W. Meissner が語っている。一般読者向けのいい解説は, E. Segré, *From Atoms to Quarks*（San Francisco : W. H. Freeman, 1980）: 61ff［久保亮五・矢崎裕二訳『X線からクォークまで』みすず書房］にある。

10　物理学者 Abraham Pais は, 彼の著したアインシュタインの優れた伝

記の中で，プランクの数学的論法は「古典的な想像力をいかにふくらませようとも」道理に合わないと書いている（*SIL*, p 371)。T. S. Kuhn は *Blackbody Theory and the Quantum Discontinuity, 1894-1912*（New York : Oxford University Press, 1978), chap. 4でそれと反対の主張をしている。

11 A. Hermann, *Frühgeschichte der Quantentheorie 1899-1913*（Baden : Mosbach, 1969）: 32。プランクは「どんな条件の下でも，いかなる犠牲を払っても，明白な結果を得なければならなかった」と語っている。

12 h は 6.6262×10^{-27}erg-sec という非常に小さい量である。

13 インタビュー, J. Franck, *AHQP*（1962年9月7日）: 6

14 A. Einstein, *AdP* 17, no. 1（1905 年 6 月 9 日）: 132。アインシュタインは，ある型の自由運動をしている電磁放射は，〝まるで大きさが〔$h\nu$〕のはっきり独立したエネルギー量子からなっているかのようにふるまう〟という仮説を立てた（彼は $h\nu$ でなく当時の慣用の別の記号を使った)。彼は，もし光が「大きさ〔$h\nu$〕のエネルギー量子からなる不連続な媒質のようにふるまうなら，光の放出と変換の法則は，光がこれらの同じエネルギー量子からなっているかのように構成されているのか否かを調べることが妥当である」と指摘した。

15 それぞれ, *SIL* 382 と 357 に引用。

16 光子（フォトン）という言葉の誕生については, G. N. Lewis, *Nature* 118, no. 2981（1926 年 12 月 18 日）: 874を見よ。

17 手紙, E. RutherfordからW. H. Braggへ，1911 年 12 月 20 日付。A. S. Eve, *Rutherford*（New York : Macmillan, 1939）: 208 に引用。

18 インタビュー, Niels Bohr, *AHQP*（1962 年 10 月 31 日）: 4,（1962 年 11 月 1 日）: 13。興味深いのは, Heilbron, Kuhn の前掲書 p. 246 に示されているように, ボーアがこの時トムソンのモデルを断固として拒絶したのは, あるていどまでは数学的誤りに基づくものだった。

19 手紙, Niels Bohrから Harald Bohr へ, 1912 年 6 月 19 日。Rosenfeld の前掲書 p. 559。

20 手紙, Niels Bohr から Margrethe Nørlund. Rozental の前掲書中の Rosenfeld, Rüdinger の論文 p. 49 に引用。そこには「七月の初め」という日付が見られる。

21 このメモの大部分は N. Bohr, *On the Constitution of Atoms and Molecules*（Copenhagen : Neils Bohr Institute, 1963）への L. Rosenfeld の序文の中に再掲されている。

22 ラザフォードへの短い手紙の中でボーアは，この仮説には「力学的根拠」を与えることは「(絶望的と思われるので）自分は試みようとさえ

思わない」と述べ, さらに,「これは, そうだと期待されるものにほかならないように思われる。なぜなら, あれ〔通常の物理学的仮定〕では実験事実を説明できないことが厳密に証明されるように思われるからだ」と付け加えた。（上掲書序文, p. xxvi-xxvii）

23 インタビュー, Niels Bohr, *AHQP*, no. 2（1962 年 11 月1日）: 13

24 この間, ボーアもまた, アルファ粒子の吸収を研究し, その研究は, もっと有名な彼の原子に関する研究を刺激するのに役立った。新婚旅行の最後に, ボーアは, アルファ線の論文をラザフォードのところにもってゆきスモッグのたちこめたマンチェスターを花嫁に楽しませた。

25 J. Balmer, *AdP*, series 3, 25, no. 1（1895 年 4 月15日）: 80。

26 前掲の Bohr, *Constitution*, p. xxxix の Rosenfeld の序文。

27 ハミルトニアンは, その名のもとになった一九世紀アイルランドの天才数学者で, 九歳のころには十数ヵ国語をマスターしていたという William Rowan Hamilton が考え出したものである。彼はまだ 22 歳の在学中に, ダブリンのトリニティ・カレッジの天文学教授に任命された。ハミルトンは不幸な結婚生活を送り, アルコール中毒に苦しみ, 下手な詩をたくさん作ったが, 自分ではその詩をひどく自慢していた。彼は天文学者としては無能で, 女きょうだい三人のしぶしぶながらの助力を借りてやっと天文台長の務めを果たした。1827 年に教授に任命された直後に, 光学という科学分野をそれまでより一般的な形へ再構成し, 現在でも彼の名を冠している関数を考え出した。そのすぐあとの 1833 年に, 自分の光学の方法を使ってニュートン力学全体を再編成した。

28 手紙, Niels Bohr から Ernest Rutherford へ, 1913 年3 月 6 日付。A. S. Eve, *Rutherford*（New York : Macmillan, 1939）: 220-21 に引用。ボーアはラザフォードの意見が欲しかったのだが, 自分の手で論文を提出することは許されなかったからでもあった。1930 年代まで若い科学者たちは, 論文を先輩たちの手で雑誌に伝えてもらっていた。

29 手紙, Ernest Rutherford から Niels Bohr へ, 1913 年 3 月 20 日付。同上 p. 220-21 とRosenfeld と Rüdinger 前掲論文 p. 54 に一部引用。

30 N. Bohr, *PM*, series 6, 26 ; no. 151（1913 年 7 月）: 1 ; no. 153（1913 年 9 月）: 476 ; no. 155（1913年11月）: 857。

31 R. Millikan, *Nobel Lectures 1922-1941*（New York : Elsevier, 1965）: 54。

32 ラドン, 1902 年発見。

33 E. Rutherford, *PM*, 37, no. 222（1919 年 6 月）: 536。ラザフォードは軍の会議を欠席して譴責を受けたが, これに対し「わたしは, 原子を人工的に崩壊させる可能性を示唆する実験に没頭していたのです。もしこれが真実ならば, 戦争よりずっと意義は大きい」と言い返したという話

がある。この発言はあまりに先見の明がありすぎて，本当かどうか疑わしく思われる。（R. Jungk, J. Cleugh 英訳 *Brighter Than A Thousand Suns* ［New York : Harcourt Brace Jovanovich, 1958］: 1）［菊盛英夫訳『千の太陽よりも明るく』平凡社ライブラリー］。

34 1920 年にカーディフで行われた British Association for the Advancement of Science の会議の前に行われたスピーチ, Rutherford, *Collected Papers,* vol. II（New York : Interscience, 1964）中に。

35 I. Curie, *CR*, 193, 1931 年 12 月 21 日の会合 p. 1412 ; F. Joliot の同上 p. 1415 ; I. Curie, F. Joliot *CR*, 194, 1932 年 1 月 11 日号 p. 273。

36 J. Chadwick, *Nature*, 129, no. 3252（1932 年 2 月 27 日）: 312。J. Chadwick, *Proceedings of the Tenth International Congress of the History of Science,* Ithaca, N. Y. , 1982 年 8 月 28 日-9 月 2 日（Paris : Herman）: 159 も参照のこと。

37 D. Wilson, *Rutherford* : *Simple Genius* (Cambridge, Massachusetts : MIT Press, 1983）: 391。読みやすくするため句読点と大文字・小文字の使い方に少し手を加えてある。

38 インタビュー, Samuel Devons, 彼のオフィスにて, 1984 年 5 月 23 日。S. Devons, *PT* 24, no. 12（1971 年 12 月）: 38 も参照のこと。

3 章

1 インタビュー, Howard M. Georgi III, ハーバード大学の彼のオフィスにて, 1983 年 6 月 14 日。

2 H. Georgi, S. Glashow, *PRL*, 12, no. 8（1974 年 2 月 25 日）: 438

3 インタビュー, Howard M. Georgi III, ニューヨークのレストランにて, 1985 年 1 月 29 日。

4 インタビュー, Howard M. Georgi III, ハーバード大学の彼のオフィスにて, 1983 年 6 月 14 日。

5 〝量子力学〟という用語が初めて使われたのは, 1919 年ごろのことらしい（インタビュー, P. A. M. Dirac, *AHQP* ［1963 年 5 月 10 日］: 6 - 9)。マクス・ボルンの主張では, 最初の使用は M. Born, *ZfP* 26, no. 6（1924 年 8 月 20 日）: 379 の中でだという（M. Born, *My Life* : *Recollections of a Nobel Laureate* ［New York : Scribners, 1975］: 215)。

6 アインシュタインと相対性理論に関する文献は莫大な量に及び, ここでは間接的にいう以上のことはできない。信頼のおける伝記としては, *SIL* ［金子務他訳『神は老獪にして…』産業図書］, B. Hoffman, H. Dukas共著 *Albert Einstein, Creator and Rebel*（New York : Viking,

1972) ［鎮目恭夫・林一訳『アインシュタイン——創造と反骨の人』河出書房新社］がある。また P. Schilpp 編 *Albert Einstein : Philosopher -Scientist*（New York : Tudor, 1949）も参照。相対性理論の一般向け解説書はたくさんある。アインシュタイン自身のものは R. W. Lawson 英訳 *Relativity*（New York : Crown, 1961)。

7　*SIL* 参照。アインシュタインが 1905 年に提出した特殊相対性理論は，素粒子物理学に密接な関係がある部門である。

8　H. Lorentz, 別掲の論文集 vol. 5, 1 中の *Versuch einer Theorie der Electorischen und Optischen Erscheinungen in Bewegten Körpern*

9　*SIL*, chap. 6 の議論参照。

10　J. J. Thomson, *PRSA* 96 : no. 678（1919 年 12 月 15 日）: 311

11　*Times*（London), 1919 年 11 月 6 日, p. 12

12　*New York Times*, 1919 年 11 月 9 日, p. 1

13　同上, 1919 年 11 月 10 日, p. 17。次の週には連日アインシュタインに関する記事が掲載された。

14　インタビュー, Walter Heitler, *AHQP*（1963 年 3 月 18 日）: 4 の中に引用。アインシュタインが訴えたように〝相対性理論の原理の中では, 万事が明快だ。しかし, 量子論の中では, 万事鼻もちならない。なんたる混乱か！〟（インタビュー, James Franck, *AHQP*［1962 年 7 月 9 日］: 12）フランクはこれがいつの言葉だったかは確かでないといったが, 内容から考えると, 1915 年以後の発言にちがいない。

15　厳密にいえば, 電子の電荷 e は, 4.8×10^{-10} 絶対静電単位。陽子の電荷も同じ。

16　さらに専門的な話をすれば, これらの量子数は n, l, m であり, n は電子の波動関数（許容エネルギーはこれで決まる）の節の数を示し, l は角運動量, そして m は 3 次元空間内の角運動量の Z 軸方向の成分（Z は任意に選んでいい)。

17　W. Pauli, *ZfP* 31, nos. 5/6（1925 年 2 月 19 日）: 373。Wolfgang Pauli から Alfred Landéへの手紙, 1924 年 11 月 24 日付 *LET* も参照。当時は, これらの量子数は, 電子よりもむしろ原子核のもつ特性なのではないかと考えられていた。

18　この記述は, *AHQP* の行ったふたつのインタビューであるS. A. Goudsmit, *PT* 29 : no. 6（1976年6月）: 40 とG. Uhlenbeck, 同上, p. 46, および *Theoreteical Physics in the Twentieth Century*（New York : Interscience Publishing, 1960), 199の Van der Waerden, さらに, ファン・デル・ヴェルデンとハウトスミットとウーレンベックの間の手紙 *AHQP* microfilm 66, section 6 に基づいている。

19　Uhlenbeck, 前掲 p. 43。

20 インタビュー, George Uhlenbeck, *AHQP*（1962 年 3 月 31 日）：11
21 インタビュー, George Uhlenbeck, ロックフェラー大学の彼のオフィスにて, 1984 年 5 月 10 日。
22 R. D. Kronig, 前掲 *Theoretical Physics*, 21, Van der Waerden, 前掲 p. 211–12
23 Uhlenbeck, 前掲 p. 43
24 妙な話ではあるが, 多くの著述家がハイゼンベルクの生涯と仕事を別のテーマの研究の一部として扱ってきているのに, 英語で一冊の本として彼の伝記を著したものは, 奇妙にもひとつもない。ドイツには, A. Hermann, *Heisenberg*（Hamburg : Rowolt, 1976）がある。ハイゼンベルク自身による自叙伝的, 哲学的著作には *Physics and Beyond : Encounters and Conversations*（New York : Harper & Row, 1971）［山崎和夫訳『部分と全体』みすず書房］; *Physics and Philosophy*（New York : Harper & Row, 1962）; F. C. Hayes 訳*Philosophical Problems of Quantum Physics*（Woodbridge, Connecticut : Ox Bow Press, 1979）; International Center for Theoretical Physics 編 *From A Life of Physics*, Supplement to the IAEA Bulletin（Vienna : International Atomic Energy Agency, n. d.）中の " Theory, Criticism, and a Philosophy ", 冗長でロマンチックな作りの *AHQP* のインタビュー, そして *HDQ* がある。
25 Heisenberg, 前掲 *Physics and Beyond*, p. 8–9
26 インタビュー, Werner Heisenberg, *AHQP*（1962 年 11 月 30 日）：3
27 Heisenberg, 前掲 *Physics and Beyond*, p. 8–9
28 M. Born, 前掲 *My Life* p. 212–13
29 制度に関することは, *F. Paulsen*著, *E. D. Perry*訳 *The German Universities*（New York : Macmillan, 1895）参照。
30 Heisenberg, 前掲 " Theory " p. 34–35
31 手紙, Heisenberg から Pauli へ。1925 年 7 月 9 日, *LET*
32 この記述は, ハイゼンベルク自身の説明によるものだが, M. Beller, *AHES* 33, no. 4, 1985 年冬号, p. 337 も参照されたい。もっと懐疑的な見解が, E. Mackinnon, *HPSP* 8（1976）：137 に見られる。
33 W. Heisenberg, 前掲 *Physics and Beyond*, p. 60
34 同上, p. 61（引用両方とも）
35 " 交換（commute）"という用語は一年後に, ポール・ディラックを含む多数の物理学者によって導入された（*History of Twentieth Century Physics*［New York : Academic Press, p. 129］のP. A. M. Dirac 参照）。この用語が初めて活字になった論文は, M. Born, W. Heisenberg, P. Jordan, *ZfP* 35, no. 8/9（1926 年 2 月 4 日）：557。

36 W. Heisenberg, *ZfP* 33, no. 12（1925 年 9 月 18 日）: 879。ハイゼンベルクは「古典理論においては［*ab*］はつねに［*ba*］と同等であるが，これは必ずしも量子論の場合にはあてはまらない」（p. 884）と結論している。角括弧内の文字は，この論文では他の箇所では使われないある記号を表わすものとして使われている。Mackinnon は前掲引用文中 p. 178-81 で，ハイゼンベルクの数学的操作は完全に正しくはなかったと述べている。

37 インタビュー, Werner Heisenberg, *AHQP*（1963 年 2 月 22 日）。

38 ハイゼンベルクがスペクトル線の状況についての講演で自分の新理論の話をしたかどうかは，はっきりしていない。インタビュー，Werner Heisenberg, *AHQP*（1963 年 7 月 5 日）: 1-2参照。

39 マトリックスの一般読者向けのうまい解説は，E. Kramerの *The Nature and Growth of Modern Mathematics*, 2d ed.（New York : Princeton University Press, 1982）の中に見られる。

40 *HDQ*, vol. 3, 43-44, ボルンの前掲 *My Life*, p. 218-20も参照。

41 このときの神経障害は比較的軽かった。ボルンは 1928-29 年にもっと完全にまいってしまった。ボルンの前掲 *My Life*, p. 218ff（ここから引用がとられている）の物語はそのつもりで読まねばならない。信頼できる年代記は，他にないとすれば，膨大でいらいらさせられる *HDQ*, vol. 3, 特に chap. 2 である。

42 M. Born, P. Jordan, *ZfP* 34 : no. 11/12（1925年 11 月 28 日）: 858, 9 月 27 日に受理された。

43 インタビュー, Werner Heisenberg, *AHQP*（1963 年 2 月 27 日）: 22

44 手紙, Heisenberg から Pauli へ, 1925 年 10 月 23 日, *LET*

45 Born, Heisenberg, Jordan, *ZfP* 35, no. 819, 1926 年 2 月 4 日, p. 557。この論文は 1925 年 11 月 16 日に受理された。

4 章

1 手紙, Werner Heisenberg から Wolfgang Pauli へ, 1925 年 11 月 16 日, *LET*

2 これは, M. Bellerの *The Genesis of Interpretations of Quantum Physics, 1925-27*（博士号論文, University of Maryland, 1983）の中に慎重に収められた一連の複雑な議論をやむなく刈りこんだ要約である。われわれがベラー博士の論文から受けた恩恵ははかりしれないほど多い。彼の論文のいくつかの部分は，いくぶん異なった形で *Isis* 74, no. 274（1983 年 12 月）: 469 と *AHES*, 33, no. 4（1985年冬）: 337 に発表さ

れている。ほかにも有用な二次的情報源として, E. Mackinnon, *HSPS* 8（1977）: 137 ; P. Suppes 編 *Studies in the Foundations of Quantum Mechanics,* PSA, 1980 の中の E. Mackinnon の論文 ; J. Mehra 編 *The Creation of Quantum Mechanics and the Bohr-Pauli Dialogue*（Dordrecht : D. Reidel, 1984）の中の Van der Waerdenの論文, および以下に挙げる資料がある。

3 W. Pauli, *ZfP* 36, no. 5（1926 年 3 月 27 日）: 336, 1 月 17 日に受理された。

4 パウリが自分の解釈を説明したものについては, *Naturwissenschaften* 18, no. 26（1930 年 6 月 27 日）: 602 を参照。ハイゼンベルクの喜びは, パウリへの手紙（1925年 11 月3日）, *LET*, vol. 1にうかがえる。

5 P. A. M. Dirac, *PRSA* 110, no. 755（1926 年 3 月 1 日）: 561。その少し後に, G. Wentzel がほぼ同様の推論を発表している。*ZfP* 37, nos. 1/2（1926 年 5 月 22 日）: 80。

6 厳密にいえば, 彼らは水素のスペクトル線の強さを計算することができず, さらに複雑なシステムへ進むためにはこの情報が必要だった。

7 ルイ・ド・ブロイの良質な伝記としては, *Louis de Broglie, physicien et penseur*（Paris : Albin Michel, 1953）がある。E. Segré, *From X-Rays to Quarks*（San Francisco : W. H. Freeman, 1980）: 149-53も参照。論文そのものは, Lewis de Broglie, *Recherche sur la théorie des quanta*（University of Paris）で, 1924 年 11 月 25 日に審査された（出版は Paris : Masson et Cie, 1924)。

8 E. Schrödinger, *AdP*, series 4, 79, no. 4（1926 年 3 月 13 日）: 361。面白いことに, シュレーディンガーが考え出したこの最初の公式は, 非相対論的なものだった。つまり, 電子が非常に高速度で運動する場合の相対論的な効果を考慮に入れていなかったのだ。シュレーディンガーはまず, 相対論的なモデルに取り組んだが, 出てきた答は正しくないと思われるものだった。実際には, その答に見られたずれは, 彼が電子のスピンに関する知識を持っていないために起こったものだった。こういう事情で, 彼は非相対論的な論文を発表したのである。

9 この用語の最初の使用例は, Schrödinger から Albert Einstein への手紙, 1926年4月28日, （*DSB* 中の " Schrödinger " の項目に引用あり）の中で使われたものと思われる。

10 J. Bernstein, *Science Observed*（New York : Basic Books, 1982）: 149

11 E. Schrödinger, 前掲 *AdP*, series 4, 79, no. 4, p. 375

12 典型的な肯定的反応は, M. Jammer, *The Conceptual Development of Quantum Physics*（New York : MacGraw-Hill, 1966）271 に引用。

13　手紙, Max Bornから Erwin Schrödinger へ, 1926 年 11 月 6 日, *AHQP*

14　E. Schrödinger の前掲 *AdP*。英語版は J. F. Shearer, W. M. Deans 共訳, Schrödinger, *Collected Papers on Wave Mechanics*（London : Blackie&Son, 1928）。われわれはこの英語版を使用しているが, ぎこちない言い回しについては修正を加えている。論文のオリジナルは, E. Schrödinger, *Die Wellenmechanik*（Stuttgart : Ernst Battenberg Verlag, 1963）に写真で再掲されている。

15　同上, p. 506（ともに引用は著者による英訳, 傍点は原文のまま）

16　同上, p. 514

17　ボルンに宛てたハイゼンベルクの手紙は, M. Born, *My Life : Recollections of a Nobel Laureate*（New York : Scribners, 1975）: 233 に載っている。パウリへの手紙の日付は 1926 年 6 月 8 日（*LET*, vol. 1）。〝そして今度は, 物理学に関する非公式な発言をさせてもらう。シュレーディンガーの理論の物理学的側面を考えれば考えるほど, 胸が悪くなってくる……。シュレーディンガーが彼の理論を視覚化できるという可能性について書いているが, たわごと〔Mist〕だ〞

18　W. Heisenberg, *Physics and Beyond : Encounters and Conversations*（New York : Harper&Row, 1971）: 72［山崎和夫訳『部分と全体』みすず書房］, J. Mehra, *The Birth of Quantum Mechanics*（Geneva : CERN service DSB d'information scientifique, 1976）: 39。

19　手紙, Wolfgang Pauli から Pascual Jordan へ, 1926 年 4 月 12 日, *LET*, vol. 1。B. L. van der Waerden の前掲書 p. 282 ff に英語への翻訳がある。ファン・デル・ヴェルデンが明らかにしているように, この手紙には, 現在クライン＝ゴルドン方程式と呼ばれているものも含まれている。

20　E. Schrödinger, *AdP*, series 4, 79 : no. 8（1926 年 5 月 4 日）: 734。シュレーディンガーが論文を提出した二週間後, アメリカの物理学者, カリフォルニア工科大学のカール・エッカートが独自に三つめの等価性証明を提出した（C. Eckart, *Proceedings of the National Academy of Sciences* 12, no. 7［1926年7月15日］: 473)。

21　たとえば, K. Przibaum 編 M. J. Klein 訳 *Letters on Wave Mechanics*（New York : Philosophical Library, 1967）中の彼からローレンツへ宛てた 1926 年 6 月 6 日付の手紙, とりわけ同書 p. 64-65を参照。年長の物理学者たちへの態度については, *HDQ*, vol. 3. p. 167 を参照。

22　Schrödinger, 前掲の *AdP* p. 736。

23　手紙, Erwin Schrödinger から Hendrik Lorentz へ, 1926 年 6 月 6 日, 前掲 Przibaum 編 *Letters* p. 63-65。シュレーディンガーは〝しかし, 私

があの時点で〔二,三週間前〕まだはっきりと気づかなかったことは,この目的のためにボルン,ヨルダン,ハイゼンベルクによって主張された規則は,一般化座標にあてはめてみれば実は間違いであるということである……〃と書いている。ハイゼンベルクはのちに自分は生涯を通じて〝かなり汚い数学〃を使用してきたと告白したが,このおかげで彼は〝いつも実験のシチュエーションを考えねばならなかった……〔そうすれば〕厳密な方法を探すというやり方によるよりも,どうにか現実に近い結果を得られるものだ〃とも述べた。(W. Heisenberg, International Center for Theoretical Physics 編 *From a Life in Physics,* Supplement to the IAEA Bulletin [Vienna : International Atomic Energy Agency, n. d.] : 39)

24 J. Van Vleck 著, Price, Chissick, Ravensdale訳 *Wave Mechanics : The First Fifty Years*(New York : Wiley, 1973):26。ヴァンヴレックは淡々とコメントしている。〝古い量子論の最後の日々は,経験主義の黄金時代だった。そこでは物理学者たちはしばしば疑わしい理論に基づいた公式を適当にあやつることによって正しい答を得た。こういった経験主義は,量子力学の初期の時代にもまだいくらか生き残っていた〃(p. 31)。ハイゼンベルク,ボルン,ヨルダンは彼らの単純な二次元モデルを作る方法を発達させ,そのあとで方程式に三次元の項を押しこんだ。この誤った手続きをシュレーディンガーは少なくとも見抜きはした。

25 E. Schrödinger, *AdP*, series 4, 80, : no. 13(1926年7月13日):437。シュレーディンガーの論文が次々と着実に出てくること――月に一篇ずつ五カ月――は,同じ時期に自分のますます手に負えなくなってきたマトリックスに苦しみもがいていたハイゼンベルクにとっては,とりわけ警戒すべきものに思えたことだろう。

26 Heisenberg, 前掲 *Physics and Beyond*, p. 73

27 E. Schrödinger, *AdP* 83, no. 15(1927 年 8 月 9 日):956

28 W. Heisenberg, S. Rozental 編 *Niels Bohr*(New York : Wiley, 1967):p. 103。本書では問題のある英訳についてはわずかながら修正を加えている。同じような話が,ハイゼンベルクの前掲 *Physics and Beyond*, p. 73-76 に見られる。

29 インタビュー, I. I. Rabi, 彼のアパート, ニューヨーク市, 1984 年 5 月 9 日。*TP*, p. 213-14 も参照のこと(引用はすべて,同じインタビューから)。

30 たとえば,ボルンの前掲 *My Life*, p. 226 および *AHQP* の彼のインタビューを参照。

31 M. Born, *ZfP* 38, no. 11/12(1926 年 9 月 14 日):803

32 手紙, Pauli から Heisenberg へ, 1926 年 10 月 19 日, *LET*

33　同上。
34　手紙, Heisenberg から Pauli へ, 1926 年 10 月 28 日, 同上。
35　ヨルダンの生涯について書かれたものは驚くほどわずかしかない。われわれは, *AHQP* の彼のインタビューに依拠した。
36　P. Jordan, *ZfP* 30, no. 4/5（1924年12月29日）: 297, A. Einstein, *ZfP* 31, no. 10（1925年3月21日）: 784
37　P. Jordan, R. d. L. Kronig, *Nature* 120:（1927年12月3日）: 807
38　この問題は Jammerの前掲 *Conceptual Development*, p. 331 に詳しく述べられている。しかし, Beller が指摘しているように, Jammer の結論はもう時代遅れになっている。
39　P. Jordan, *Naturwissenschaften* 15, no. 5（1927 年 2 月 4 日）: 105, 特に 108。また, ベラー, 前掲 *AHES*〔註 2〕も参照。
40　手紙, Heisenberg から Pauli へ, 1927 年 2 月 5 日, *LET*
41　これは, ハイゼンベルクが彼の一連の思考について書き上げたいくぶん矛盾したいくつかの論述に基づいて再構成されたものである。たとえば, W. Heisenberg のインタビュー *AHQP*（1963 年 2 月 22 日）: 26（1963 年 7 月 5 日）: 10,（1963 年 2 月 11 日）, Heisenbergの前掲 *Physics and Beyond*, p. 77-78, および前掲の Rozental 編 *Niels Bohr* p. 105 ff のハイゼンベルクの論文を参照。これらの報告の中に見られる矛盾の一部は, 活動している頭脳の中の創造的なごたごたを通常の言語で伝えることの難しさから来ている。できのいい総合的記述は, P. Robertson, *The Early Years, The Niels Bohr Institute 1921-1930*（Copenhagen: Akademisk Forlag, 1979）: 117-23に見られる。
42　手紙, Heisenberg から Pauli へ, 1927 年 2 月 23 日, *LET*。本書では, 現代的な表記を使用して文字をいくぶん修正してある。
43　インタビュー, W. Heisenberg, *AHQP*（1963 年 2 月 25 日）: 17
44　この点は, 前掲〔註 2〕のBeller, *Genesis*, p. 245 ff に非常にはっきり描かれている。その情報源は註 41 にあげた諸資料である。
45　インタビュー, W. Heisenberg, *AHQP*（1963 年 2 月 25 日）: 17
46　W. Heisenberg, *ZfP* 43, no. 3/4（1927 年 5 月 31 日）: 172
47　手紙, Erwin Schrödinger から Max Planck へ, 1927 年 7 月 4 日, Przibaum 前掲 *Letters*, p. 17-18 に再掲された。
48　註2 の Beller, *Isis*, p. 490-91。ハイゼンベルクとシュレーディンガーのアプローチを統合したものは, 1927 年 10 月に行われた第 5 回 Solvay Conference of Physics で認知された。このとき多くの物理学者は量子力学を本質的には完全なものと見なした（*Proceedings of the Fifth Solvay Conference*［Paris: Gauthiers-Villars, 1928］）。しかしながらアインシュタインは, いまでは有名になった一連の討論の中で, 激しく反

論した。会期中の毎日, 朝食の席で彼は, いささか Rube Goldberg 的な［やけに手の込んだ意味ありげな］仕方で, 粒子を「トリックにかけて」, その正確な位置と運動量を同時に露呈させられるように仕組んだ仮想的実験を提出した。ボーア, パウリ, ハイゼンベルクは, 席上でアインシュタインの質問に答えようとやっきになった。夕食ごろになると, 三人は成功し, アインシュタインはまた別の実験を夢想するためにその場から退却した。会議が終わったときには, アインシュタインの反論は, 量子力学にはどこか誤りがあるという彼の本能的な感情を除けば, すべて解決されていた。アインシュタインの反論については, *SIL*, p. 444-57 を参照。

49 E. P. Wigner, E. P. Wigner 編 *Symmetries and Reflections*（Bloomington, Indiana : Indiana University Press, 1967）: 172［岩崎洋一他訳『自然法則と不変性』ダイヤモンド社］。

50 このジャンルの有名な例には, G. Zukav, *The Dancing Wu Li Masters*（New York : William Morrow, 1979）［佐野正博・大島保彦訳『踊る物理学者たち』青土社], F. Capra, *The Tao of Physics*（New York : Random House, 1975）［吉福逸造他訳『タオ自然学』工作舎］がある。

51 Zukavの前掲書中 p. 53

52 インタビュー, Robert Serber, 彼のオフィス, コロンビア大学, 1985 年 4 月 1,8 日。

53 P. W. Bridgman, *Harper's Bazaar*, 1929 年 3 月, p. 451

5 章

1 S. Schweber, " Some Chapters for a History of Quantum Field Theory : 1938-1952 " 1983 Les Houches lectures, 未出版原稿, p. 19。すぐれた調査の草稿をお見せくださったシュウェーバー博士に謝意を表わしたい。この記述は, 主にディラックへの *AHQP* のインタビュー, 自叙伝的著作, および *HDQ*, vol. 4 に基づいている。

2 インタビュー, P. A. M. Dirac, *AHQP*（1962 年 1 月 4 日）: 5-6

3 インタビュー, P. A. M. Dirac, *AHQP*（1963 年 5 月 7 日）: 15

4 ロシアの物理学者で 1920 年代をキャベンディッシュ研究所で過ごしたカピッツァ（Peter Kapitsa）が, ディラックに『罪と罰』を読むように命じ, 後で彼の反応を聞いたという話がある。まず〝おもしろい本ですね〟という外交辞令。〝けれど, 章のひとつで作者は間違いをしでかしてますね。太陽が同じ日に二度昇ったと書いています〟これはガモフ

(G. Gamow) の寓話的な著作 *Thirty Years That Shook Physics* (New York : Doubleday, 1966) : 121-22に出てくる。
5 *HDQ*, vol. 4 : 11 に引用。
6 P. A. M. Dirac, *BPP*, p. 46
7 インタビュー, Samuel Devons, 彼のオフィス, バーナード・カレッジ, 1984年5月23日。また, インタビュー, H. B. G. Casimir, *AHQP* (1963年7月5日) : 8 も参照。
8 インタビュー, I. I. Rabi, 彼のアパートメント, ニューヨーク, 1984年5月9日。
9 インタビュー, H. B. G. Casimir, *AHQP* (1963 年 7 月 5 日) : 8
10 W. Heisenberg, *ZfP* 33, no. 12 (1925 年 9 月 18 日) : 880
11 P. A. M. Dirac, *The Development of Quantum Theory* (Oppenheimer Memorial Lecture ; New York : Gordon and Breach, 1971) : 23-24
12 P. A. M. Dirac, *Rendiconti della Scuola Internazionale di Fisica "Enrico Fermi,"* 57 th Course (Rome: Università degli Studi, 1974) : 134
13 手紙, Heisenberg から Dirac へ, 1925 年 11 月 20 日, *HDQ*, vol. 4, p. 159-60に引用。
14 P. A. M. Dirac, C. Weiner 編 *History of Twentieth Century Physics* (New York : Academic Press, 1977) : 125
15 同上, p. 128
16 E. Schrödinger, *AdP*, series 4, 79, no. 4 (1926年3月13日) : 361
17 P. A. M. Dirac, *BPP*, p. 44
18 インタビュー, P. A. M. Dirac, *AHQP* (1963年5月10日) : 28
19 Gamow, 前掲 *Thirty Years*, chap. 6 ; Diracへの *AHQP* インタビュー ; Werner Heisenberg へのインタビュー, *AHQP* (1963 年 2 月 27 日) : 17
20 L. P. Williams, *The Origins of Field Theory* (Lanham, Maryland : University Press of America, 1980) ; W. D. Niven 編 *The Scientific Papers of James Clerk Maxwell* (New York : Dover, 1966) : 489のJ. C. Maxwell, "On Physical Lines of Force, III"
21 A. Einstein, *AdP* 17 : no. 1 (1905年6月) : 132
22 1910 年にポール・デバイがやってみたときは, 物理学者たちは場を量子化しようと考えてはいたが, それに必要な量子力学技術がなかった (P. Debye, *AdP*, series 4, 33, no. 16 [1910 年 12 月 20 日] ; 1427)。
23 ディラックはまた, A. Einstein, *Verhandlungen der Deutschen Physikalischen Gesellschaft*, series 2, 18, no. 13/14 (1916 年 7 月30日) :

318 で初めて記述された生成演算子と消滅演算子をも導き出した。

24 P. A. M. Dirac, *PRSA* 114, no. 747（1927 年 3 月 1 日）: 243。（これと他の重要な量子電磁力学に関する論文が， J. Schwinger, *Selected Papers on Quantum Electrodynamics*［New York : Dover, 1958］に再録されている）

25 同上, 243

26 これは同じような言葉で V. F. Weisskopf によって指摘された。*BPP*, p. 56-57

27 P. A. M. Dirac, *PRSA* 114, no. 747（1927 年 3 月 1 日）: 243（引用文ふたつとも）

28 Schweber（前掲註 1 の論文 p. 36）は簡潔かつ注意深くこの点を主張している。

29 空虚な空間という概念それ自体が, 比較的新しいものであったということは, 注目に値する。世紀の変わり目まで, 〝宇宙〞は, 霊気（エーテル）という名で知られ, 宇宙（コスモス）を構成するものと考えられていた形のない物質で満たされていると思われていた。ディラックは真空という考えを追い払ったとき, 古い物理学者の一部がやっと受け入れるようになっていたひとつの概念を取り除いたのである。

30 P. A. M. Dirac, *BPP*, p. 50-52

31 O. Klein, W. Gordon, *ZfP* 45, no. 11-12（1927 年 11 月 18 日）: 751。厳密にいえば, クラインとゴルドンは, シュレーディンガー方程式のために相対論的不変性を回復したのだが, 波動方程式を運動の方程式に変えた。

32 P. A. M. Dirac, *BPP*, p. 51

33 P. A. M. Dirac, *PRSA* 117, no. 766（1928 年 2 月 1 日）: 610, P. A. M. Dirac, *PRSA* 118 : no. 779（1928 年 3 月 1 日）: 351

34 クライン゠ゴルドン方程式はまた, ふたつのエネルギー値をもっており, そのことをディラックは充分承知していた（同上 p. 612 参照）

35 V. F. Weisskopf, *BPP*, p. 63参照

36 C. Møller, *AdP* 14, no. 5（1932 年 8 月 15 日）: 531, O. Klein と Y. Nishina（仁科芳雄）, *ZfP* 52, no. 11-12（1929 年 1 月 9 日）: 853, そして Dirac の電子に関する二論文。

37 インタビュー, Sir Rudolf Peierls, *AHQP*（1963 年 6 月 18 日）: 5-6。オックスフォード大学のオフィスで行ったパイエルス卿へのインタビュー（1984年10月9日）で追認。

38 *TP*, chap. 14 参照。

39 アメリカ人が初めて量子論に大きく貢献したのは, 1926 年にカリフォルニア工科大学のカール・エッカートがシュレーディンガーの波動力学

とハイゼンベルクのマトリックス力学が同じものであることを論証したときである。第4章の註20参照。

40 インタビュー, I. I. Rabi, 彼のアパートメント, ニューヨーク市, 1984年5月9日。

41 W. Heisenberg, W. Pauli, *ZfP* 56 : no. 1-2（1929年7月8日）: 1, 同上 59, no. 3-4（1930年1月2日）: 168。

42 L. Rosenfeld, *ZfP* 76, no. 11-12（1932年7月12日）: 729

43 P. A. M. Dirac, *PRSA* 126, no. 801（1930年1月1日）: 360, P. A. M. Dirac, *BPP*, p. 50

44 L. Halpern, W. Thirrling 共著, H. Brose 訳, *The Elements of the New Quantum Mechanics*（London : Methuen, 1930-31）: 101

45 V. F. Weisskopf, *BPP*, p. 63

46 P. A. M. Dirac, 同上 p. 51

47 同上。

48 P. A. M. Dirac, *PRSA* 126（前掲）: 360

49 H. Weyl, H. P. Robertson 訳 *The Theory of Groups and Quantum Mechanics*（New York : Dutton, 1931, reprinted New York : Dover）: 234。また, J. R. Oppenheimer, *PR* 35, no. 5（1930年3月1日）: 562 も参照のこと。

50 彼は実際にやった。P. A. M. Dirac, *PRSA* 133, no. 1（1931年9月1日）: 60

51 インタビュー, P. A. M. Dirac, *AHQP*（1963年5月14日）: 30。本書ではふたつの文章の順を入れ換えている。

52 C. T. R. Wilson, *Nobel Lectures in Physics 1922-1941* 中の彼の Nobel Prize lecture, 1927年12月12日（New York : Elsevier, 1965）: 194

53 ウィルソンは何年もかけてこの理解に到達した。彼の著作リストは, *Biographical Memoirs of the Royal Society*, vol. 6, 1960, p. 294ffのP. M. S. Blackett, "Charles Thomson Rees Wilson 1869-1959" に挙げられている。

54 決定的なファクターは, 膨張比, つまり, ピストンを引く前と引いた後の箱内の体積である。空気中に埃があると, 霧は非常に小さい膨張比で形成される。埃がない場合は, 比は少なくとも1.25まで上がる（L. Janossy, *Cosmic Rays* [Oxford : Clarendon Press, 1948] : 56-58参照)。

55 C. D. Anderson（およびH. L. Anderson）*BPP*, p. 136。アンダーソンは, 水蒸気にエチルアルコールを加えると, 飛跡が明るくなることを発見した。宇宙線の研究に霧箱を初めて使用したのは, ロシアの科学者ド

ミトリー・スコベルツィンで, 1920 年代の終わりころのことである。D. Skobeltzyn, *BPP*, p. 111 参照。

56 インタビュー, G. D. Rochester, 彼のオフィス, ダーラム大学, 1984 年10 月 8 日。

57 C. D. Anderson, *American Journal of Physics* 29, no. 12 (1961年12月) ; 825

58 C. D. Anderson, *PR* 43, no. 6 (1933 年 3 月 15 日) : 491

59 C. D. Anderson, *Science* 76, (1932 年 9 月 9 日) : 238

60 N. R. Hanson, *The Concept of the Positron* (Cambridge, England : Cambridge University Press, 1963) : 139, note 2

61 P. M. S. Blackett, G. P. S. Occhialini, *PRSA* 139, no. 839 (1933年3月3日) : 699 ; Dirac の前掲 *Development*, 59-60。

62 J. R. Oppenheimer, M. S. Plesset, *PR* 44, no. 1 (1933 年 7 月 1 日) : 53 ; E. Fermi, G. Uhlenbeck, *PR* 44, no. 6 (1933 年 9 月 15 日) : 510。

63 D. J. Kevles, *The Physics Teacher* 10, no. 4 (1972年4月) : 175 は, 当時の興奮を描いている。

64 E. Rutherford の会議後のコメント。*Structure et Propriétés des Noyaux Atomiques, Rapports et Discussions du Septième Conseil de Physique tenu à Bruxelles du 22 au 29 Oct. 1933* (Paris : Gauthiers-Villars, 1934) : 177-78にある (英訳は本書の著者による)。

6 章

1 手紙, Pauli から Dirac へ, 1928 年 2 月 17 日, *LET*。イタリック [訳書では傍点] は原文のまま。〝あなたはこれをどうお考えですか ?〟(Was meinen Sie dazu ?) は, パウリが好んで使った言葉。これらの問題は, S. Weinberg, *Daedalus* 106 (1977年春) : 17, とくに p. 24-30でやや異なる仕方で論じられている。

2 本書では, π等々の因子は問題にしない。

3 J. J. Thomson, *PM*, series 5, 11, no. 68 (1881年4月) : 229

4 *SIL*, p. 157 参照。

5 H. Lorentz, *Collected Papers*, vol. 5 (The Hague : Nijhoff, 1937) : 127。また, H. Lorentz, *The Theory of the Electron* (Laiden : Teubner, 1916) も参照。この議論は, A. Pais, *Developments in the Theory of the Electron* (Princeton : Institute for Advanced Study, 1947) や S. Salam, E. P. Wigner編 *Aspects of Quantum Theory* (New York : Cambridge University Press, 1972) : 79 の A. Pais の論文の中でずっ

と専門的な形で示されている。

6　インタビュー, Sir Rudolf Peierls, 彼のオフィス, オックスフォード大学, 1984年10月9日。

7　1929年3月16日の Oskar Klein への手紙の中で, パウリは, 自分はまだ〝あなたとこの永遠に不明瞭な問題について議論したい。自己エネルギーが単に［方程式の中で］因子を入れ換えるだけで除去できるだろうか……〟といっている。*LET*。

8　その同僚とはヴィクター・ワイスコップのこと。*DSB* のパウリの項, 参照。パウリの助手 Ralph Kronig についての話（3章）は, アブダス・サラム教授からうかがったもの。パウリの完全な伝記は存在しない。

9　W. Pauli, *Encyklopädie der mathematischen Wissenschaften*, vol. 5, part 2（Leipzig : Teubner Verlag, 1921）

10　W. Pauli, *ZfP* 31, no. 10（1925年3月21日）: 765

11　O. Darrigol, " Les débuts de la théorie quantique du champs（1925-1948）" Thèse pour le Doctorat de Troisième Cycle, Université de Paris-Panthéon-Sorbonne, 未刊行, 1982（catalog no. I 8211-4）: 6

12　オッペンハイマーに関する文献は, 大量で, 奇妙に不完全である。彼の物理学への貢献は, 彼の軍事研究や忠誠審査に比べるとほとんど注目されていない。たとえば, I. I. Rabi, R. Serber, V. F. Weisskopf, A. Pais, G. Seaborg の共著 *Oppenheimer*（New York : Scribners, 1967）; A. K. SmithとC. Weiner共編の, J. R. Oppenheimer, *Letters and Recollections*（Cambridge, Massachusetts : Harvard University Press, 1980）; 強い批判を受けたふたりの伝記 P. N. Davis, *Lawrence and Oppenheimer*（New York : Simon and Schuster, 1968）がある。

13　*HDQ* 1A（Preface, p. xxv）によれば, オッペンハイマーは, 世間に伝えられるようにサンスクリット語をうまく話すことはできなかった。

14　手紙, Ehrenfest から Pauli へ, 1928年11月26日, *LET*。Born, *My Life*（New York : Scribners, 1975）: 210 ff も参照。

15　手紙, Pauli から Ehrenfest へ, 1929年2月15日, *LET*

16　インタビュー, George Uhlenbeck, 彼のオフィス, ロックフェラー大学, 1984年5月10日。

17　当初, この論文はハイゼンベルク, パウリ, オッペンハイマーの三人の署名にしてもいいと思われた。それはハイゼンベルク-パウリの量子電磁力学の定式化の続篇だったからである。そうもいかない事情があったらしく, オッペンハイマーはあとの二名のアイディアを使用したにもかかわらず, この論文は単独で発表した。インタビュー, J. Robert Oppenheimer, *AHQP*（1963年11月20日）: 22（この点に注意を喚起してくださったパイス博士に感謝する）。相互作用はまったく無視されたわけ

ではなかった——物理学者が「質量核外」と呼ぶ部分だけは（第16章参照）。

18 J. R. Oppenheimer, *PR* 35, no. 5（1930年3月1日）: 461。これにともなう計算は，パウリの影響を受けたもうひとりの若い理論家 Ivar Waller によって行われた。しかし Waller は，水素原子の中に縛られている電子ではなく，空間に漂っている電子の自己エネルギーを探究していた（I. Waller, *ZfP* 62, no. 9/10［1930 年6 月 15 日］: 673)。

19 対談, Abraham Pais, ロックフェラー大学のカフェテリア, 1984 年 10 月 31 日。オッペンハイマーはあまりにもヒンズー教の運命論的世界観の影響を受けすぎたのかもしれないという者もいる（I. I. Rabi, Rabi 他の前掲 *Oppenheimer*, p. 7 ; W. M. Elsasser, *Memoirs of a Physicist in the Atomic Age*［New York : Science History Publications, 1978］: 52-53)。

20 軌道関数の名前の由来は，昔の分光学者たちのスペクトル線の近似的記述法から来ている。“sharp” “principal” “diffuse” “fundamental” がそれぞれ *S, P, D, F* となっている。第7章参照。

21 J. R. Oppenheimer, W. Furry, *PR* 45, no. 4（1934年2月15日）: 245。〝式の書き方に単純な変更を加える〟というのは，もちろん後から見ての説明である。

22 同上, p. 253。イタリック［傍点］は本書の著者による。

23 同上, p. 260

24 同上, p. 260-61

25 P. A. M. Dirac, *Structure et propriétés des noyaux atomiques, Conseil de Physique Solvay, VII*, rapports et discussions（Paris : Gauthiers-Villars, 1934）: 203。ソルベー会議は 10 月の終わりに開かれたが，それはちょうどオッペンハイマーとファリが論文に取り組んでいたころだった。

26 引用はディラックの英語のオリジナル原稿 “Theory of the Positron” Churchill College Archives, Section 2, File 8, p. 4 から。

27 同上, p. 6

28 手紙, PauliからHeisenberg, 1934年6月14日。パウリは，ディラックの〝引き算物理学〟には〝うんざり〟させられたといっている。パウリからディラックへの手紙（1933 年 5 月 1 日）も参照のこと（ともに *LET*）。

29 V. F. Weisskopf, *Physics in the Twentieth Century*（Cambridge, Massachusetts : MIT Press, 1972）: 10-12

30 V. F. Weisskopf, *ZfP* 89, no. 1/2（1934 年 5 月 15 日）: 27-39

31 V. F. Weisskopf, *ZfP* 90, no. 11/12（1934年9月17日）: 817-18

32　インタビュー, Victor F. Weisskopf, 彼のオフィス, CERN, ジュネーブ, 1984 年 9 月 24 日。
33　インタビュー, Werner Heisenberg, *AHQP*（1963 年 7 月12日）: 11
34　W. Heisenberg, *ZfP* 90, no. 3/4（1934 年 8 月 10 日）: 211
35　それはまた, 第 10 章で論じられるように, ゲージ不変性ももたねばならない。これをじかに指摘した最初の人のひとりはR. Peierlsだった。*PRSA* 146, no. 857（1934 年 9 月 1 日）: 420
36　これを最初に指摘したのは, N. F. Mott, *Proceedings of the Cambridge Philosophical Society* 27, no. 2（1931年4月）: 255（口頭発表は, 1931年1月26日）; A. Sommerfeld, *AdP*, series 5, 11, no. 3（1931年 9 月 29 日）: 257; H. Bethe, W. Heitler, *PRSA* 146, no. 856（1934 年 8 月 1 日）: 83。
37　手紙, Pauli から Ralph Kronigへ, 1935年11月20日, *LET*
38　インタビュー, Victor F. Weisskopf, 彼のオフィス, CERN, ジュネーブ, 1984 年 9月 24 日。ワイスコップ博士は, われわれとの懇談のさまざまな時点で話した数々の言葉をここでまとめることを気持ちよく許してくださった。
39　インタビュー, Robert Serber, 彼のオフィス, コロンビア, 1985 年 5 月 6 日。
40　米国研究評議会（NRC）は, 第一次世界大戦中に American Academy of Sciences によって戦争努力を助けるために設立されたものである。〝国民の安全と福祉〞を増進し保護するような科学研究を推進するというのが目的だった。1919 年に NRC は, 合衆国の歴史上初めて博士課程修了者へ奨学金を支給する国家事業を開始するための補助金を受け取った。（この事業の歴史は, 名著 *TP*, とりわけ p. 110-13 とp. 149-51 に詳述されている）
41　Robert Serber, Edward Uehling, Wendell Furryへのインタビュー; D. ter Haar, M. Scully 編 *Willis E. Lamb, Jr : A Festschrift on the Occasion of his 65th Birthday*（New York : North-Holland Publishing, 1978）: Ⅶ 中の P. Franken; 前掲 *Oppenheimer* の I. I. Rabi 論文, p. 6; W. Lamb, *BPP*, p. 311 とりわけ p. 313-14
42　R. Serber, *PR* 48, no. 1（1935 年 7 月 1 日）: 49; E. A. Uehling, *PR* 48, no. 1（1935 年 7 月 1 日）: 55。カリフォルニア工科大学の分光学者たちが出した結果は次章に記述されている。
43　E. A. Uehling, 同上 p. 61
44　インタビュー, Robert Serber, 彼のオフィス, コロンビア, 1984 年 11 月 26 日。
45　V. F. Weisskopf, *Det Kongelige Danske Videnskabernes Selskab,*

Mathematiskfysiske Meddelelser 14, no. 6（1936)。サーバーとユーリングは不変の場だけを考えた。ワイスコップは変化する外からの場をも扱った。
46 R. Serber, *PR* 49, no. 7（1936 年 4 月 1 日）: 545
47 インタビュー, Robert Serber, 彼のオフィス, コロンビア, 1985 年 5 月 6 日。
48 F. Bloch, A. Nordsieck, *PR* 52, no. 2（1937年7月）: 54
49 *BPP*, p. 212, 270参照。Serber へのインタビューは前掲。
50 R. Serber, *PR* 49（前掲）: 546
51 インタビュー, Robert Serber, マンハッタンのレストラン, 1983 年 11 月 22 日（全引用)。
52 V. F. Weisskopf, *Physics in the Twentieth Century*（Cambridge, massachusetts : MIT Press, 1972）: 13
53 W. Heisenberg, *AdP*, series 5, 32, no. 1/2（1938 年 4 月 8 日）: 20-33
54 この試みについては, 大量に文献が残っている。*LET* vol. 2
55 P. A. M. Dirac, *PRSA* 167, no. 929（1938 年 8 月 5 日）: 148（ここで彼はまた, 信号が電子の中では光より速く動けるとも仮定せねばならなかった); P. A. M. Dirac, *Annales de l'Institut Henri Poincaré* 9 : no. 2（1939）: 13 ; P. A. M. Dirac, *Communications of the Dublin Institute for Advanced Studies*, series A, vol. 1, 1943（p. 35参照)
56 S. Sakata（坂田昌一), O. Hara（原治), *PTP*（京都）2, no. 1（1947年1月-2月）: 30, A. Pais, *Verhandlungen Koninklijke Akademie van Wetenschappen te Amsterdam*, 19, 1947
57 V. F. Weisskopf, *PR* 55, no. 7（1939 年 4 月 1 日）: 678（ニューヨークのアメリカ物理学会の議事録 1939 年 2 月 23-25 日）; V. F. Weisskopf, *PR* 56, no. 1（1939 年 7 月 1 日）: 72
58 インタビュー, Victor Weisskopf, 彼のオフィス, CERN, 1984 年 9 月 24 日。

7 章

1 電話によるインタビュー, Markus Fierz, 1984 年 9 月 21 日。水素原子にとって, 定数アルファは基底状態にある電子の速度を光速度で割ったものである。これはまた, 原子の中の他のすべてのエネルギー・レベルの位置を決定するものであり, 分光学者たちにとって決定的に重要である。

2　たとえば，全面的な量子電磁力学と基礎的引き算法の両方を公式化した論文の結論の部分で，ハイゼンベルクは〝量子論の諸条件と，それに対応する場の理論の予言とを矛盾なく統合することは，ゾンマーフェルトの定数 $e^2/\hbar c$ に特定の値を与える理論の中でこそ可能だ″と主張した（W. Heisenberg, *ZfP* 90, no. 3/4［1934年8月10日］: 231, 著者による英訳）。また，Heisenberg から Pauli への手紙，1934年6月8日と1935年3月25日，*LET*；M. Born, *Proceedings of the Indian Academy of Sciences*, 2A（1935）: 533も参照。

3　この情報を提供してくださった Richard Learner に感謝する。

4　この話は，S. Chandrasekhar, *Eddington: The Most Distinguished Astrophysicist of His Time*（New York: Columbia University Press, 1985）に詳述されている。エディントンの奇術は当時の文献にたくさん登場する。たとえば，G. Beck, H. Bet, W. Riezler 共著 Naturwissenschaften 19（1931）: 39; M. Born, *Experiment and Theory in Physics*（Cambridge: Cambridge University Press, 1944）: 37を参照。

5　物理定数を研究することの重要性を提唱した主要人物は，Raymond T. Birge（1887-1980）だった。彼は 1918 年にバークレーへ行き，1932 年には学部長になった。

6　F. H. Spedding, C. D. Shane, N. S. Grace, *PR* 44, no. 1（1933年7月1日）: 58

7　W. V. Houston, Y. M. Hsieh, *Bulletin of the American Physical Society* 8, no. 6,（1933 年 11 月 24 日）: 5; W. M. Houston, Y. M. Hsieh, *PR* 45, no. 2（1934 年 1 月 15 日）: 130（スタンフォードでのアメリカ物理学会の会合，1933 年 12 月15-16日）。本書の引用は *PR* から。彼らの長い論文（註14）は9月16日に受理されたが，五カ月後まで発表されなかった。Houston の名は，〝ヒューストン″ではなく〝フーストン″と発音されている。

8　E. C. Kemble, R. D. Present, *PR* 44, no. 2（1933 年 12 月 15 日）: 1031

9　N. A. Kent , L. B. Taylor, N. H. Pearson, *PR* 30, no. 3（1927 年 9 月）: 266

10　電話によるインタビュー，Robley Williams, 1984 年 11 月20-21日。

11　R. C. Williams, R. C. Gibbs, *PR* 44, no. 5（1933 年 8 月 15 日）: 325。*PR* 44, no. 12（1933 年 12 月 15 日）も参照。

12　この線はまったく関連のない理由によってアルファ線と呼ばれており混乱を呼ぶ。

13　R. C. Gibbs, R. C. Williams, *PR* 45, no. 3（1934 年 2 月 1 日）: 221

14　W. V. Houston, Y. M. Hsieh, *PR* 45, no. 4（1934 年 2 月 15 日）: 263

15 同上, p. 263
16 同上, p. 272
17 電話によるインタビュー, Edward A. Uehling, 1984 年 7 月 20 日。
18 E. A. Uehling, *PR* 48, no. 1（1935 年 7 月 1 日）: 55, とりわけ p. 61
19 R. C. Williams, R. C. Gibbs, *PR* 45, no. 7（1934 年 4 月 1 日）: 475
20 F. H. Spedding, C. D. Shane, N. S. Grace, *PR* 47, no. 1（1935 年 1 月 1 日）: 38。以下の引用は p. 38 から。p. 43-44 も参照。
21 電話によるインタビュー, Robley Williams, 1984 年 11 月 20-21 日。
22 R. C. Williams, R. C. Gibbs, *PR* 49, no. 5（1936 年 3 月 1 日）: 416（セントルイスでの米国物理学会, 1935 年 12 月 31 日-1936 年 1 月 2 日の議事録）
23 W. V. Houston, *PR* 51, no. 6（1937 年 3 月 15 日）: 446。著名なヨーロッパの実験家, Hans Kopfermann は不一致を見つけた者たちの側に参入した（H. Kopfermann, *Naturwissenschaften* 22, no. 14 [1934 年 4 月 6 日] : 218)。彼の最初の結果は, パウリとワイスコップの自己エネルギーの問題を続けたいという欲望を高めた。そのあと, コッパーマンはその問題を彼の学生 Maria Heyden に与えた。彼女はどこにも不一致を見いだせなかったが, これはおそらく使用した写真器材の品質が劣悪だったためと思われる（M. Heyden, *ZfP* 106, nos. 7/8 [1937 年 8 月 3 日] : 499)。
24 原子の速度は, ドップラー効果と呼ばれる振動数の変化を引き起こす。この名称は, オーストリアの物理学者兼天文学者で1842 年 に初めてその効果の存在を予言したJohann Christian Doppler（1803 - 53）の名に由来する。
25 この装置は大変巧妙なものなので, 詳しく説明する。水素を 20 センチのU字型の管（1928 年 にこれを発明した R. F. Wood にちなんでウッドのチューブと呼ばれる）に入れ, 液体空気の密閉タンクへ突っ込む。2000 ボルトの電源を管に封入した端子に接続する。この刺激によって水素は放射, つまり光を放つ。光は干渉計にはいるが, その構造の核心は, ほぼ懐中時計大の 2 枚のきわめて平らなガラス板を小さなドーナツ形の枠に接着したもので, ガラス板の内側の両方の表面にごく薄い銀の鏡面膜をかぶせ, 2 枚の鏡面を約 1 センチ離す。水素管から出た光は第 1 のガラス板を透過し, 第 2 のガラス板の鏡面にぶつかって反射し, 第 1 の板の鏡面にぶつかってまた反射し, こうして減衰するまでに30回ほど往復をつづける。しかし各反射のさい少量の光が銀膜を透過して前方のレンズへ進む。次々の反射で干渉計から出てくる約30本の光束は, たがいに波の山がわずかずつずれている。鏡面をうまく作り, ガラス板の間隔をうまく調節すると, ある方向に進む光束の山がたがいに強めあうよ

うに装置を同調させることができる。こうして強めあった光束をレンズで集めて一連の明るい同心円環を作らせ写真にとることができる。

26 H. Bethe, *Handbuch der Physik* 第2版（H. Geiger, K. Scheel編）vol. 24, pt. 1（Berlin : Julius Springer, 1933）: 273, とりわけ sections 10, 43, 44

27 実は, これはシュタルク効果とゼーマン効果である。フランクは一時滞在しただけだったが, ベーテはコーネル大学の教授になって, 実験家たちといっそう緊密に接触した（手紙, Hans Betheから著者へ, 1985年10月21日）。

28 電話によるインタビュー, Hans Bethe, 1984年12月4日。

29 電話によるインタビュー, Robley Williams, 1984年11月20日。

30 R. C. Williams, *PR* 54, no. 8（1938年10月15日）: 558

31 電話によるインタビュー, Robley Williams, 1984年11月21日。

32 S. Pasternack, *PR* 54, no. 12（1938年12月15日）: 1113。以下の引用は p. 1113から。Houstonは弟子のC. F. Robinsonの文献 *PR* 55, no. 4（1939年2月15日）: 423（ロサンゼルスでの米国物理学会会合の議事録, 1938年12月19日）に見られるように, 依然問題に取り組んでいた。とはいえ, その学会報告は公式の論文にできるほど練り上げられてはいなかったらしい。

33 電話によるインタビュー, Robley Williams, 1984年11月20日。パステルナックは1982年没。

34 電話によるインタビュー, J. W. Drinkwater, 1984年10月19日。

35 J. W. Drinkwater, O. Richardson, W. E. Williams, *PRSA* 174, no. 957（1940年2月1日）: 164

36 同上, p. 184

37 同上, p. 187

38 インタビュー, Dick Learner, 彼のオフィス, インペリアル・カレッジ, ロンドン大学, 1984年10月5日。

39 W. E. Lambからの伝記的情報, *BPP*, p. 311 ; W. E. Lamb, *A Festschrift for I. I. Rabi*, ニューヨーク科学アカデミー会報 series 2, 38（1977年11月4日）: 82 ; R. Marshak編, *Perspectives in Modern Physics*（New York : Wiley, 1966）: 261 の W. E. Lamb 論文

40 電話によるインタビュー, Willis Lamb, 1984年8月9日。

41 この提案は, Lambの前掲 *Festschrift* に再掲。

42 専門的な記述は, W. E. Lamb, *PR* 79, no. 4（1950年8月15日）: TK ; G. L. Trigg, *Landmark Experiments in Twentieth Century Physics*（New York : Crane, Russak, 1975）: 99 に見られる。

43 電話によるインタビュー, J. Bruce French, 1984年7月11日。イン

タビュー, Victor Weisskopf, 彼のオフィス, CERN, 1984 年 9 月 24 日。

44 これに関しては本書は, S. Schweber " Some Chapters for a History of Quantum Field Theory : 1938–1952, " (1983 Les Houches Lectures の未刊の原稿) に大きく依拠している。

45 たとえば, J. R. Oppenheimer からH. A. Kramers への手紙, 1947 年 4 月 14 日 (National Archives, Oppenheimer Collection, Case File, Box 44, Kramers file) を参照。オッペンハイマーは, 自分は〝6 月初旬にイースタン・ロング・アイランドでのこの変わった会合に出席する予定だが, それがどういうものなのかは, あなたと同様, 何も知らない〟と書いている。

46 手紙, V. F. Weisskopf, からK. K. Darrow, 1947 年 2 月 18 日, Schweberの前掲 p. 131 に引用。

47 V. F. Weisskopf, " Foundations of Quantum Mechanics, Outline of Topics for Discussion," 未刊の原稿, 1947 年 4 (?) 月, National Archives, Oppenheimer Collection, Case File, Box 72, File " Theor. Physics Conf. — Corres. — Shelter Isl.'47 "

48 H. Kramers, *NC* 15 (1938) : 108 ; H. Kramers, *Nederlandsch Tijdschrift voor Natuurkunde* 11 (1944) : 134 および彼のシェルターアイランド報告 (註 47 と同様) も参照。

49 インタビュー, Julian Schwinger, ロサンゼルスのレストラン, 1983 年 3 月 4 日。

50 インタビュー, Robert Serber, 彼のオフィス, コロンビア大学, 1984 年 7 月 18 日。

51 電話によるインタビュー, Hans Bethe, 1984 年 8 月 8 日。

52 インタビュー, Richard Feynman, *AHQP*, 1966, p. 454

53 手紙, J. Robert Oppenheimer からAlfred N. Richards へ, 1947 年 12 月 1 日。Alfred N. Richards から J. Robert Oppenheimer へ, 1947 年 12 月 2 日。ともに Library of Congress, Manuscript Division, Oppenheimer Collection, General Case File, Box72, folder labeled " Theor. Physics Conf. — Corres. — Poconos 1948 " に所収。

54 インタビュー, I. I. Rabi, 彼のアパートメント, ニューヨーク市, 1984 年 5 月 9 日。

55 J. E. Nafe, E. B. Nelson, I. I. Rabi, *PR* 71, no. 12 (1947 年 6 月 15 日) : 914。また, P. KuschとH. M. Foley, *PR* 72, no. 12 (1947 年 12 月 15 日) : 1256

56 このまとめは, インタビューと Steven White のすばらしい好記事 *the Herald Tribune* (1947 年 6 月 3 日) に基づく。

57 インタビュー, Julian Schwinger, ロサンゼルスのレストラン, 1983 年

3 月 4 日。
58　第 9 章および R. Marshak, *BPP*, p. 381を参照。
59　J. Schwinger, *BPP*, p. 332
60　インタビュー, Hans Bethe, *AHQP*（1966 年 5 月 9 日）: 168
61　電話によるインタビュー, Hans Bethe, 1984 年 8 月 8 日。ベーテは直接クラマースに影響されたのだが, 自由電子と $2S_{1/2}$ の電子の自己エネルギーを比較してみようというクラマースのアイディアは, $2S_{1/2}$ と $2P_{1/2}$ 状態を比較したワイスコップとフレンチのアイディアより単純なものだった。（手紙, Hans Betheから著者へ, 1985 年 10 月 21 日）
62　National Archives, Oppenheimer Collection, General Case File, Box 20, Bethe folder. ベーテの弟子たちによってさらに数値計算が行われたのち, 二週間後に論文は提出された。
63　W. E. Lamb, *BPP*, p. 324。ワイスコップのくやしがりようはほとんど憤慨に近かった。ワイスコップは, 自分が出したアイディアをベーテが謝辞なしに使ったのだと考えた（インタビュー, Victor Weisskopf, 彼のオフィス, CERN, 1984 年 9 月 24 日）。事実, オッペンハイマー文庫にあるベーテの草稿はワイスコップのことには触れていない。
64　電話によるインタビュー, Willis Lamb, 1984 年 8 月 9 日。

8 章

1　電話によるインタビュー, Lloyd Motz, 1984 年 12 月 10 日。伝記的情報は, J. Schwinger, *BPP*, p. 329 からも。
2　インタビュー, I. I. Rabi, 彼のアパートメント, ニューヨーク市, 1984 年 5 月 9 日。
3　インタビュー, Julian Schwinger, ロサンゼルスのレストラン, 1983 年 3 月 4 日。
4　インタビュー, George Uhlenbeck, 彼のオフィス, ロックフェラー, 1984 年 5 月 10 日。
5　電話によるインタビュー, Lloyd Motz, 1984 年 12 月 10 日。
6　手紙, Victor Weisskopf からJ. Robert Oppenheimer へ, 1948 年 8 月 22, 29 日と12 月 14 日, Library of Congress, Manuscript Division, Oppenheimer Papers, General Case File, Box72, folder labeled " Theor. Physics Conf. — Corres. — Poconos 1948 "。手紙, Victor Weisskopf から著者へ, 1985 年 8 月 5 日。電話によるインタビュー, J. Bruce French, 1984 年 7 月 11 日。V. Weisskopf, *Physics in the Twentieth Century*（Cambridge, MIT Press, 1972）: 17-18

7 J. Schwinger, *PR* 73, no. 4（1948 年 2 月 15 日）: 416（1947 年 12 月 30 日に受理）,J. B. French, V. Weisskopf, *PR* 75, no. 8（1949 年 4 月 15 日）: 1240 ; N. Kroll とW. Lamb, *PR* 75, no. 3（1949 年 2 月 1 日）: 388
8 ニューヨーク市での米国物理学会の会合はコロンビアで 1948 年 1 月 29-31 日に開かれた。
9 インタビュー, Julian Schwinger, ロサンゼルスのレストラン, 1983 年 5 月 4 日。
10 F. Dyson, *Disturbing the Universe*（New York : Harper&Row, 1979）: 55［鎮目恭夫訳『宇宙をかき乱すべきか』ちくま学芸文庫］
11 手紙, 朝永振一郎から J. Robert Oppenheimer へ, 1948 年 4 月 2 日, Library of Congress, Manuscript Division, Oppenheimer Papers, General Case File, Box 73, Tomonaga folder。また, S. Tomonaga *PTP* 1, no. 2（1946 年 8-9 月）: 27（日本語の論文は 1943 年 に出ている）
12 T. Takabayashi（高林武彦） *BPP*, p. 280
13 夜間書信電報, J. Robert Oppenheimerから朝永振一郎へ, 1948 年 4 月 13 日, 朝永のfolder で見つかったもの（上記, 註11）。オッペンハイマーの手紙は General Case File, Box 72, folder labeled " Theor. Physics Conf. — Corres. — Poconos — 1948 " に。
14 手紙, 朝永振一郎からJ. Robert Oppenheimer へ, 1948 年 5 月 14 日 ; *Physical Review* の受取状, 1948 年 6 月 1 日, ともにBox 73, Tomonaga folder（上記参照）に。
15 J. Schwinger, *PR* 73, no. 4（1949 年 2 月 15 日）: 416
16 V. F. Weisskopf, *BPP*, p. 76
17 パウリの反応は, Library of Congress, Manuscript Division, Oppenheimer Collection, General Case File, Box56, Pauli file 所収のOppenheimer への手紙（1948 年 1 月 6 日, 1949 年 2 月 22 日, 1949 年 2 月 28 ? 日）に見られる。ディラックの態度については, たとえば, P. A. M. Dirac, *BPP*, p. 39を参照。
18 ファインマンのハイスクールの思い出は, R. P. Feynman, " *Surely You're Joking, Mr, Feynman!* "（New York : W. W. Norton, 1985）: 15-30［大貫昌子訳『ご冗談でしょう, ファインマンさん』岩波書店］
19 L. Badash, *Reminiscences of Los Alamos*（Dordrecht, Holland : D. Reidel, 1980）105 の R. P. Feynman の著述。Feynman の前掲 " *Surely* " p. 107-55 にもいくぶん似た記述がある。
20 R. P. Feynman, " *The Pleasure of Finding Things Out* " Nova broadcast, WGBH, Boston, 1983 年 1 月 25 日［上記 " *Surely* " に載っているが, そこでは校章の色が「赤」となっている。本書では他はほぼ

同じだが「青」, テレビから取材のためか？]。

21　これが量子物理学へ初めて導入されたのは, P. A. M. Dirac, *Physikalische Zeitschrift der Sowjetunion* 3, no. 1（1933 年 1 月）: 64

22　インタビュー, Robert Serber, 彼のオフィス, 1984 年 10 月 22 日。インタビュー, John Wheeler, コロンビア大学教員クラブ, 1983 年 12 月 14 日。インタビュー, Richard Feynman, *AHQP*, vol. Ⅶ, p. 450-86

23　インタビュー, Richard Feynman, 彼のオフィス, カリフォルニア工科大学, 1985 年 2 月 22 日（すべて直接引用）

24　F. J. Dyson, *PR* 75, no. 3（1949 年 2 月 1 日）: 486

25　インタビュー, Julian Schwinger, ロサンゼルスのレストラン, 1983 年 3 月 4 日。インタビュー, Victor Weisskopf, 彼のオフィス, ＣＥＲＮ, 1984 年 9 月 24 日。

26　S. Chandrasekhar, *Eddington, the Most Distinguished Astrophysicist of His Time*（New York : Cambridge University Press, 1985）: 3

27　V. F. Weisskopf, *BPP* p. 78。上記のインタビューで確認。

28　彼の父親の名は Stückelberg とウムラウトがついていた。合衆国では彼は便宜上, 名を Stueckelberg と変えた。

29　インタビュー, Valentine Telegdi, ＣＥＲＮのカフェテリア, 1984 年 9 月 24, 25 日。インタビュー, Charles Ruegg, 彼のオフィス, Geneva Institute of Physics, 1984 年 9 月 21 日。インタビュー, John Iliopoulos, 彼のオフィス, ロックフェラー大学, 1984 年 5 月 8 日。電話によるインタビュー, Jean Rivier, 1984 年 10 月 2 日。インタビュー, André Petermann, 彼の自宅, ジュネーブ, 1984 年 2 月 10 日。

30　E. C. G. Stueckelberg, *HPA* 11, no. 3（1938）: 221, とりわけ242-43 ; pts. II, III（1938）: 298。なお p. 317で, 彼はバリオン数保存の考えを導入している。この保存則の破れが最近では大きな理論的関心の的になっている。*AdP* 21（1934）: 367も参照。

31　E. C. G. Stueckelberg, J. F. C. Patry, *HPA* 13（1940）: 167およびE. C. G. Stueckelberg, *HPA* 14（1941）: 51に古典的アプローチが見られる。

32　E. C. G. Stueckelberg, *HPA* 28（1945）: 21 ; E. C. G. Stueckelberg, *HPA* 19（1946）: 241

33　D. Rivier, *HPA* 22, no. 3（1949）: 265

34　E. C. G. Stueckelberg, A. Petermann, *HPA* 24（1951）: 317 ; E. C. G. Stueckelberg, とA. Petermann, *HPA* 26（1953）: 499

35　インタビュー, E. C. G. Stueckelberg, 彼の自宅, ジュネーブ, 1984 年 2 月 10 日。

9章

1 T. Wulf, *PZ* 11, no. 18（1910 年 9 月 15 日）: 812。論文には観測の日時, 場所, 気温が記されている。

2 H. Becquerel, *CR* 122, 559, 1896 年 3 月 9 日号。

3 J. Elster, H. Geitel, *PZ* 2, no. 38（1901 年 6 月 22 日）: 560。エルスターとガイテルはふたりともドイツのブラウンシュヴァイクのすぐ南のヴォルフェンビュッテルの物理学者だが, 物理学のカストルとポルックス［ギリシャ神話の双子］と呼ばれる一体不可分の人物だった。ふたりの共同研究は, 非常に広範囲にわたり, ガイテルに似た男が〝エルスター先生！〟と挨拶されると, 男は〝わたしはエルスターじゃありません, ガイテルのほうです。そしてわたしはガイテルでもないんです〟と答えたという話がある。エルスターは, 典型的な〝うわのそらの教授〟だった。手紙に必要以上の切手をはっていますよと指摘されるや彼は切手に×印を書いて, 正しい額の切手をはったとか, 大きな犬と小さな犬を飼っていたので, アパートのドアに大きな穴と小さな穴をあけていたとか, エピソードが多い。

4 C. T. R. Wilson, *Proceedings of the Cambridge Philosophical Society* 11（1900 年 11 月 26 日に口頭で発表）: 32

5 J. C. McLenna, E. F. Burton, *PR* 16, no. 3（1903 年 3 月）: 184

6 E. Rutherford, H. L. Cooke, *PR* 16, no. 3（1903 年 3 月）: 183

7 C. Piel, *Der Mathematische und Naturwissenschaftliche Unterricht* 1, no. 3（1949 年 2 月）: 105

8 G. C. Simpson, C. S. Wright, *PRSA* 85, no. 577（1911 年 5 月 10 日）: 175。G. C. Simpson, *Meteorology. British Antarctic Expedition 1910-1913*, vol. 1（Calcutta : Thacker, Spink, 1919）

9 たとえば, T. Wulf, *PZ* 10, no. 5（1909 年 3 月 1 日）: 152。K. Kurz, *PZ* 10, no. 22（1909 年 11 月 10 日）: 834。しかし, 逆の見解については, O. Richardson, *Nature* 73, no. 1904（1906 年 4 月 26 日）: 607と, その中に挙げられている文献を参照。

10 T. Wulf, *PZ* 11, no. 18（1910 年 9 月 15 日）: 811

11 *DSB* の Hess の項。

12 V. Hess, *Thought* 15, no. 57（1940 年 6 月）: 229

13 A. Gockel, *PZ* 12, no. 14（1911 年 7 月 15 日）: 595

14 V. F. Hess, *PZ* 12, no. 22/23（1911 年 11 月 15 日）: 998

15 写真はJ. Kraus, *Our Cosmic Universe*（Powell, Ohio : Cygnus-Quasar Books, 1980）: 196-200にのっている。

16 V. Hess, *PZ* 13, nos. 21/22（1912 年 11 月 1 日）: 1090

17　L. V. King, *PM*, series 6, no. 134（1912 年 2 月）: 248

18　W・Kolhörster, *Verhandlungen der Deutschen Physikalischen Gesellschaft* 16, no. 14（1914 年 7 月 30 日）: 719

19　これらのグループの間の相互作用に関する話は，D. Cassidy, *HSPS* 12, no. 1（1981 年 冬号）: 1を見よ。

20　K. K. Darrow, *Bell System Technical Journal* 11, no. 1（1932 年 1 月）: 148

21　ミリカンについては多くの情報源がある。たとえば, R. A. Millikan, *The Autobiography of Robert A. Millikan*（New York : Prentice-Hall, 1950）; D. J. Kevles, *Scientific American* 240, no. 1（1979 年 1 月）: 142, *TP* ; p88-89, 231-42 など諸々。ミリカン自身の書いたものは, 内容は楽しめるが, 文字どおりには受け取らないように。

22　米国人の最初の受賞者は Albert Michelson。エーテルが存在しないことを実験的に証明したことに対して。

23　R. A. Millikan, *Science* 57, no. 1483（1923 年 6 月 1 日）: 630

24　*TP*, p. 180 に引用。

25　R. A. Millikan, I. S. Bowen, *PR* 22, no. 2（1923 年 8 月）: 198。その後, *PR* 27, no. 4（1926 年 4 月）: 360に書き直され, 改めて説明が行われた。

26　R. A. Millikan, R. M. Otis, *PR*, series 2, 23, no. 6 : 778。その後, *PR* 27, no. 6（1926 年 6 月）: 645に書き直され, 再解釈された。

27　V. F. Hess, *PZ* 27, no. 12（1926 年 6 月 15 日）: 405。W. Kolhörster, *Naturwissenschaften* 15, no. 5（1927 年 2 月 4 日）: 126

28　R. A. Millikan, *Science* 62, no. 1612（1925 年 11 月 20 日）: 445。この論文の改訂版はR. A. Millikan, *Proceedings of the National Academy of Sciences* 12, no. 1（1926 年 1 月）: 48。ミリカンの与えた完全な説明は R. A. Millikan, G. H. Cameron, *PR*, series 2, 28, no. 5（1926 年 11 月）: 851。ミリカンの最初の結論の最初の記述を一年後のものと比較してみるとおもしろい。

29　*TP*, p. 179に引用。

30　この論争で書かれた怒りの論文のなかには, V. F. Hess, *PZ* 27, no. 6（1926 年 3 月 15 日）: 126 ; K. Bergwitz, V. F. Hess, W. Kolhörster, E. Schweidler, *PZ* 29, no. 19（1928 年 10 月 1 日）: 705 ; R. A. Millikan, *Nature* 126, no. 3166（1930 年 7 月 5 日）: 14がある。また, *TP*, p. 179も参照。

31　H. B. Lemon, *Cosmic Rays Thus Far*（New York : Norton, 1936）: 56-57

32　*DSB* の Bothe の項。

33 W. Bothe, W. Kolhörster, *ZfP* 56, no. 11/12（1929 年 8 月 16 日）: 751
34 Kevles の前掲論文 *Scientific American*, p. 145
35 R. A. Millikan, *Annual Report of the Smithonian Institution*, 1931, p. 270と特に282-83
36 結果はF. Störmer, *Zeitschrift für Astrophysik* 1, no. 4（1930）: 237
37 J. Clay, *Verh. Koninklijke Akademie van Wetenschappen te Amsterdam*, 30, no. 9/10（1927 年）: 711
38 R. A. MillikanとG. H. Cameron, *Nature*, 121, no. 3036（補遺）（1928 年 1 月 7 日）: 20
39 W. Bothe, W. Kolhörster, *Sitzungsberichte der Preussischen Akademie der Wissenschaften zu Berlin* 24（1930 年）: 450。彼らが緯度効果を発見できなかった本当の理由は, 宇宙線が強力なため, 地球の磁場の影響は赤道近くでしか観測できないものだったからである。正しい計算を行ったのはB. Rossi, *NC* 8, no. 3（1931 年 3 月）: 85である。
40 Hess, 前掲書 *Thought*, p. 234
41 B. Jaffe, *Outposts of Science*（New York: Simon and Schuster, 1935）: 399
42 この手紙は, D. S. Suardo英訳, Auguste Piccard, *A 16000 Metri*（Milan: Mondadori, 1933）p. 300の対ページに再録されている。
43 Jaffeの前掲書 p. 400
44 R. A. Millikan, *Cosmic Rays*（New York: Macmillan, 1939）: 58
45 *New York Times*（1932 年 9 月 15 日）p. 23に引用。
46 H. V. Neher, *BPP*, p. 127
47 *New York Times* 1932 年 12 月 31 日 p. 1, 1933 年 1 月 1 日 p. 16, 1933 年 2 月 5 日 p. 81。また American Association for the Advancement of Science でのR. A. Millikanの講演に加筆した論文 *PR* 43, no. 8（1933 年 4 月 15 日）: 661も参照。
48 P. Auger, P. Skobeltzyn, *CR* 189, 1929 年 7 月 1 日号 p. 55。P. M. S. BlackettとG. P. S. Occihialini, *PRSA* 139, no. 839（1933 年 3 月 3 日）: 699
49 インタビュー, Pierre Auger, 彼のアパート, パリ, 1984 年 10 月 3 日。
50 B. Rossiの論文と, P. Auger, L. Leprince-Ringuet の論文。ともに *International Conference on Physics, London 1934*（Cambridge: University Press, 1935）: 233, 195
51 C. D. Anderson, *BPP* p. 146
52 H. Bethe, W. Heitler, *PRSA* 146, no. 856（1934 年 8 月 1 日）: 83
53 W. Heitler, *The Quantum Theory of Radiation*, 1st ed.（Oxford:

Oxford University Press, 1936［序文の 日付は 1935 年 11 月］)。ハイトラーの意見が典型的。またJ. R. Oppenheimer, *PR* 47, no. 1（1935 年 1 月 1 日）: 44, とりわけp. 47 を参照のこと。
54 C. D. Anderson, *BPP*, p. 147
55 C. D. Anderson, S. H. Neddermeyer, *PR* 50, no. 4（1936 年 8 月 15 日）: 263
56 H. Yukawa 著, L. Brown, R. Yoshida 訳 *Tabibito*（World Scientific, 1982）: 79-80［湯川秀樹『旅人』角川文庫］
57 同上, p. 119
58 J. Schwinger, *BPP*, p. 354-55
59 湯川の前掲英訳書 p. 174
60 W. Heisenberg, *ZfP* 77, no. 1/2（1932 年 7 月 19 日）: 1 ; 78, no. 3/4（1932 年 9 月 21 日）: 156, 80, no. 9/10（1933 年 2 月 16 日）: 587
61 湯川, 前掲英訳書 p. 195
62 湯川, 同上, p. 194-95
63 E. Fermi, *NC* 11, no. 1（1934 年 1 月）: 1
64 手紙, Wolfgang Pauli からLise Meitner, Hans Geiger 他へ。*LET*（1930 年 12 月 4 日), この仮説が最初に活字にされたのは, *Structure et Propriétés des Noyaux Atomiques*, Rapports et discussions du Septième Conseil de Physique, Institut International de Physique（Paris: Gauther-Villars, 1934）: 324のパウリによるコメントのなかだった。
65 F. Rasetti の言葉。E. Fermi, *Collected Papers*（Chicago: University of Chicago Press, 1962）: 538
66 I. Tamm, *Nature* 133, no. 3374（1934 年 6 月 30 日）: 981, Iwanenko, 同左, 981
67 湯川の前掲書英訳 p. 201。以下の議論は, 湯川のもともとの考えより単純なものである。
68 H. Yukawa, *Proceedings of the Physico-Mathematical Society of Japan*［欧文『日本数学物理学会紀要』］ 17, no. 2（1935 年 2 月）: 48
69 同上, p. 48
70 同上, p. 53
71 L. Brown, M. Konuma（小沼通二), およびZ. Maki（牧二郎), *Particle Physics in Japan, 1930-1950*, Reserch Institute for Fundamental Physics preprint 408, vol. 2（1980 年 9 月）: 31
72 H. Yukawa, *Scientific Works*（Tokyo: Iwanami Shoten, 1979）: xvi の Y. Tanikawa（谷川安孝)
73 Yukawa の前掲書 *Tabibito*, p. 203

74 S. Hayakawa（早川幸男）, *BPP*, p. 88。この研究は, H. Yukawa, S. Sakata, *Proceedings of the Physico-Mathematical Society of Japan* 19, no. 12（1937 年 12 月）: 1084 で絶頂に達し, その続篇である sections III-V が, 翌年にさまざまな共同研究者たちと連名で同じ雑誌に発表された。
75 Brown, Konuma, Makiの前掲書 p. 27
76 Brown, Konuma, Makiの前掲書 p. 14-15 の S. Tomonaga（朝永振一郎）
77 S. Neddermeyer, C. D. Anderson, *PR* 51, no. 10（1937 年 5 月 15 日）: 884-86。原稿は1937 年 3 月 30 日に受理された。
78 Street と Stevenson は彼らの結果を 1937 年 4 月 29 日に開かれた米国物理学会の会合で報告した（抄録は *PR* 51, no. 11［1937 年 6 月 1 日］: 1005に掲載されている）。それが1937 年 4 月 29 日に報告されたという情報は, Anderson と Neddermeyer の論文の最後の註による。彼らは 10 月 6 日に *Physical Review* 誌に 2 ページの〈編集者への手紙〉を送った（J. C. Street, E. C. Stevenson, *PR* 52, no. 9［1937 年 11 月 1 日］: 1003）後にわかったことだが, 実験者たちは何年ものあいだメソンの写真をその意味を知らずに撮っていた。たとえば, P. Kunze, *ZfP* 83, no. 1-2（1933 年 6 月 6 日）: 1
79 J. R. Oppenheimer, R. Serber, *PR* 51, no. 12（1937 年 6 月 15 日）: 1113
80 E. C. G. Stueckelberg, *PR* 52, no. 1（1937 年 7 月 1 日）: 41
81 E. C. G. Stueckelberg, *Nature* 137, no. 3477（1936 年 6 月 20 日）: 1032。電話によるインタビュー, Jean Rivier, 1984 年 10 月 2 日。インタビュー, Valentine Telegdi, CERN のカフェテリアで, 1984 年 9 月 24, 25 日。
82 C. D. Anderson, *BPP* p. 148。手紙そのものは, C. D. Anderson, S. Neddermeyer, *Nature* 142, no. 3602（1938 年 11 月 12 日）: 878。また, N. Kemmer, *PTP*（補遺35ext.）1965 年 11 月 , 605も参照。
83 たとえば, R. A. Millikan, *Electrons（+and−）, Protons, Photons, Neutrons, Mesotrons, and Cosmic Rays* 改訂版（Chicago : University of Chicago Press, 1947）: 508〜
84 A. Compton, *RMP* 11, no. 3（1939 年 7 月 - 10 月）: 122
85 H. Euler, W. Heisenberg, *Ergebnisse der Exakten Naturwissenschaften* 17（1938 年）: 1
86 J. R. Oppenheimer, *PT* 19, no. 11（1966 年 11 月）: 58
87 インタビュー, Bruno Rossi, MITの彼のオフィス, 1984 年 11 月 1 日。
88 E. Amaldi, *Scientia* 114, no. 1（1979 年）: 51

89 O. Piccioni, *BPP*, p. 225。本書は，この資料とM. Conversi, 同書 p. 242 に大きく依拠している。インタビューに応じてくださった Marcello Conversi（ローマ大学の彼のオフィスで，1984 年 2 月 16 日）と Oreste Piccioni（フェルミ研究所で，1985 年 5 月 3 日）に感謝する。
90 O. Piccioniによるコメント，*BPP* p. 272
91 O. Piccioni, *BPP*, p. 226
92 インタビュー，Oreste Piccioni, フェルミ研究所で，1985 年 5 月 3 日。
93 M. Conversi, O. Piccioni, *NC* 2, no. 1（1944 年 4 月 1 日）: 40。戦後，二人はロッシが異なった方法によりもっと以前に決断を下していたことを知った（B. Rossi, N. Nereson, *PR* 62, no. 9-10［1942 年 11 月 1, 15 日］: 417。B. Rossi, H. Hilberry, J. Hoag, *PR*, 56, 8［1939 年 10 月 15 日］837-38)。占領下のフランスのある一グループもメソンの寿命の研究に取り組んでいた。たとえばR. Chaminade, André Fréon, Roland Maze, *CR* 218, no. 10（1944 年 3 月 6 日）: 402
94 S. Tomonaga, G. Araki（荒木源太郎），*PR* 58, no. 1（1940 年 7 月 1 日）: 90。Piccioni が指摘しているように，〝当時は前もっての研究がよく確立されていてメソトロンの 55 %が正で 45 %が負ということになっていたため，わたしたちは動きの止まった粒子の 55 %だけが崩壊するのだということを示そうとしました〟（Piccioni, *BPP*, p. 229)
95 M. Conversi, E. Pancini, O. Piccioni, *PR* 71, no. 3（1947 年 2 月 1 日）: 314
96 E. Fermi, E. Teller, V. Weisskopf, *PR* 71, no. 5（1947 年 3 月 1 日）: 314で完全な説明がなされている。
97 G. D. Rochester, *CI*, p. 169
98 インタビュー，George Rochester, ダラム大学の彼のオフィスにて，1984 年 10 月 8 日。
99 日本の〝マンハッタン計画〟については相当数の文献があり，その多くが Phillip S. Hughes, *Social Studies of Science* 10, no. 3（1980 年 8 月）: 345とR. K. Wilcox, *Japan's Secret War*（New York : William Morrow, 1985）で論じられている。原料の不足は，2 トンのウラニウムをのせて 日本に向かった一隻のドイツ軍Uボートが連合軍艦隊に沈められたため，いっそう深刻になった。たとえば，D. Shapley, *Science*, 1978 年 1 月 13 日号, p. 152を参照。
100 インタビュー，Michiji Konuma（小沼通二），History of the Weak Interaction Conference, Wingspread, Racine, Wisconsinにて，1984 年 5 月 30 日。
101 Brown, Konuma, Makiの前掲書 p. 32
102 この話の多くは *BPP*，とりわけ p. 285に詳述されている。

103 Y. Nishina（仁科芳雄）, Y. Sekido（関戸弥太郎）, Y. Miyazaki（宮崎友喜雄）, T. Masuda, *PR* 59, no. 4（1941 年 2 月 15 日）: 401, Brown, Konuma, Makiの前掲書 vol. 1, p. 55

104 In Japanese, Mesio-kai, a pun（だじゃれ）on " illusion meeting "［MesioはMeisoの誤植。この会は正確にはかなり複雑。1941 年 6 月以来, 理研の仁科芳雄を中心に東京の理研またはその近所で 年 に 2 回ぐらい, 20〜50名ほどの研究者が集まり懇談した。会の名称は, 最初は「理論の会」, 翌年には「迷想会」, 次いで「メソン会」, 1943 年には「中間子懇談会」, 次いで「中間子討論会」, そして1944 年 11 月 に「学術研究会議素粒子班発表会」が開かれ, これが最後となった。原書本文には湯川が大阪で組織したと記してあるが, 東京の仁科と京都の湯川を中心に, 坂田, 武谷が組織活動に大きな役割を果たしたと見られる。『日本物理学会誌』37 巻 4 号（1982）など参照］。

105 S. Sakata（坂田昌一）, *Bulletin Physico-Mathematical Society of Japan* 23, no. 4（1941 年 4 月）: 283。同上, p. 291。［これは坂田が湯川理論による中間子の電子とニュートリノへの崩壊を計算した英語論文であり, この註は誤り。2 中間子説の最初の論文は 日本語で, 坂田昌一, 井上健,『日本数学物理学会誌』16 巻232（1942 年）である］

106 U. S. Strategic Bombing Survey, Records, Section II, Japanese Records, 13 b. (4), USSBS report from Yoshio Nishina, National Archives.

107 S. Sakata, T. Inoue（井上健）, *PTP* 1, no. 1（1946 年 11-12 月）: 143［これは註105の訳者註の坂田・井上論文の内容を英語にしたもの］

108 R. Marshak, *BPP*, p. 385

109 V. F. Weisskopf, *PR* 72, no. 6（1947 年 9 月 15 日）: 510

110 C. M. G. Lattes, H. Muirhead, G. P. S. Occhialini, C. F. Powell, *Nature* 159, no. 4047（1947 年 5 月 24 日）: 694

111 R. E. MarshakとH. A. Bethe, *PR* 72, no. 6（1947 年 9 月 15 日）: 506。興味深いのは, 同じような仮説がクリスチャン・メラーによって唱えられていたことである。これはメラー自身とエイブラハム・パイスの研究を英国の会議で要約したさいになされた（C. Møller, *Fundamental Particles and Low Temperature Physics*, vol. I, Cavendish Laboratory, Cambridge, 1946 年 7 月 22-27 日［London : Taylor & Franci, 1947］: 184）。この論文ではミュー電子の普遍性といえそうなものも仮定されている。

112 今では有名になったこのコメントがどこで初めてなされたのかラービもほかのだれも思い出せないが, ラービはニューヨーク市で開かれた米国物理学会の席上ではなかったかと考えている。

113 G. D. Rochester, C. C. Butler, *Nature* 160, no. 4077（1947 年 12 月 20 日）: 855
114 R. Marshak, *BPP*, p. 376
115 これと次の引用は History of the Weak Interaction Conference, Wingspread, Racine, Wisconsin（1984 年 5 月 31 日）で行われたG. D. Rochesterの講演より。
116 インタビュー, G. D. Rochester, 彼のオフィス, ダラム, 1984 年 10 月 8 日。
117 L. Leprince-Ringuet, *Les rayons cosmiques : les mesotrons*（Paris, Editions Albin Michel, 1945）: 137-38
118 ユングフラウヨッホの研究所の歴史は, H. Debrunner編 *50 Jahre Hochalpine Forschungsstation Jungfraujoch*（Bern : Wirtschaftsbulletin no. 23 of the Kantonalbank of Bern, 1981 年 10 月）の中で詳述されている。
119 ユングフラウヨッホについての記述は, 1984 年 2 月 に同地をわれわれが訪れた際のものから。
120 インタビュー, Antonino Zichichi, 彼のオフィス, CERN, 1984 年 2 月 3 日。
121 R. Marshak, *Meson Physics*（New York : McGraw-Hill, 1952）: 359
122 用語はE. Wigner, *PR* 51, no. 2（1937 年 1 月 15 日）: 106
123 もう少し専門的な説明をすれば, アイソトピック・スピンは, 通常のスピンがふつうの空間の磁場に対して方向をもつのと似た仕方で抽象的な荷電空間の中で方向をもつベクトルである。ハイゼンベルクはこの抽象的荷電空間の中での仮想的なアイソトピック・スピンのZ成分のちがいを考えることが, 同一の粒子家族のなかでの荷電状態のちがいを表現するための数学的に便利な方法だと提案した。通常のスピンのZ成分のちがいが, 磁場の中での粒子のエネルギー準位を分離させてスペクトルの微細構造を生じるのと同様に, 同一の粒子家族のなかでのアイソトピック・スピンのZ成分のちがいが, 電荷のちがいとして現われ, 電磁場の作用により陽子と中性子の質量のわずかな差を引き起こす。
124 論文はそれぞれ, M. A. Tuve, N. Heydenberg, L. R. Hafstad, *PR* 50, no. 9（1936 年 11 月 1 日）: 806。G. Breit, E. U. Condon, R. D. Present, 同上 *PR*, p. 825。B. Cassen, E. U. Condon, 同上 *PR*, p. 846。
125 N. Kemmer, *Proceedings of the Cambridge Philosophical Society* 34（1938 年）: 354
126 J. R. Oppenheimer, R. Serber, *PR* 53, no. 8（1938 年 4 月 15 日）: 636。彼らはグレゴリー・ブライトとの対話からこのアイディアを得て,

それをこの研究の主目的を越えた核変換理論の構築に使った。素粒子物理学の領域におけるアイソトピック・スピン保存の実験的証明が初めて行なわれたのは，エンリコ・フェルミと彼の共同研究者たちが，それがパイ粒子と核子の相互反応に対して成り立つことを示したときである（E. Fermi, " Pion Scattering in Hydrogen," Third Rochester Conference, 1952)。

127　A. Pais, *Physica* 19, no. 9（1953 年 7 月）: 869

128　電話によるインタビュー, Abraham Pais, 1985 年 2 月 5 日。

129　ここでは，話の筋を明瞭にするために重要なステップをひとつ省略した。この 日本人たち，そしてのちにパイスはさらに" associated production " と呼ばれるものを仮定した。これは，V粒子は対の形でしか創生できないというものだった。当時, associated production の証拠はあまり十分とはいえなかった。 日本人たちが彼らの研究を始めた 1951 年 の春までに，観察されたV粒子は 150 例足らずで，写真のいくつかは粗悪なものだった（C. C. Butler, *Progress in Cosmic Ray Physics* ［Boston : North-Holland, 1952］ p. 60)。associated production に関する 日本人による四篇の論文が，すでに良質のアイディアの宝庫として知られていた雑誌 *PTP* のかなり前の号に発表された。だが，これらは成り行き上，埋もれてしまった（Y. Nambu（南部陽一郎), K. Nishijima（西島和彦), Y. Yamaguchi（山口嘉夫）*PTP* 6, no. 4［1951 年 7 -8 月］: 615, 619, K. Aizu（会津晃), T. Kinoshita（木下東一郎）の同上 p. 630, H. Miyazawa（宮沢弘成), 同上 p. 631, S. Onedaの同上 p. 633, A. Pais, *PR*, 86, 5［1952 年 6 月 1 日］: 672)。

130　A. Pais, 同上 p. 869-70

131　電話によるインタビュー, M. Gell-Mann, 1985 年 2 月 5 日。M. Gell -Man, *CI*, p. 395 も参照。

132　名前の由来に関する注釈。ハドロンは L. Okun によるもの。レプトンは Møller, 前掲書 p. 184から。バリオンはA. Pais. *Proceedings of the International Conference of Theoretical Physics* (Kyoto and Tokyo, 1953 年 9 月）: 157

133　D. C. Peaslee, *PR* 86, no. 1（1952 年 4 月 1 日）: 127

134　M. Gell-Mann, " On the Classification of Particles " タイプ原稿, Gell-Mann所蔵。

135　K. Nishijima（西島和彦), *PTP* 9, no. 4（1953 年 4 月）: 414 は，似てはいるが公式化がそれほど明瞭でない研究である。ここに暗に含まれているが，説明されていないバリオンの保存という概念に関しては後で扱う。

136　電話によるインタビュー, Abraham Pais, 1985 年 2 月 5 日。

137　この規約が初めて発表されたのは, E. Amaldi他, *PT* 6, no. 12（1953年12月）: 24。同じテキストは1954年初頭に *NC, CR, Nature* および *Naturwissenschaft* に, そして *Congrès International sur le Rayonnement Cosmique*, Bagnères de Bigorre（1953年7月）にも発表された。
138　L. Leprince-Ringuet, " Discours de clôture ", Proceedings of the *Congrès International sur le Rayonnement Cosmique*, Bagnères de Bigorre, 1953年7月, タイプ原稿 p. 289-90

10章

1　インタビュー, Sheldon Glashow, 彼のオフィス, ハーバード, 1982年12月2日。
2　セレモニーの描写は以下に挙げる三名の受賞者へのインタビューとストックホルムへの個人的訪問に基づいている。
3　S. Weinberg, *RMP* 52, no. 3（1980年7月）: 515
4　S. Weinberg, *PR* 118, no. 3（1960年5月1日）: 838
5　たとえば, E. Wigner, " Invariance in Physical Theory " *Proceedings of the American Philosophical Society* 93, no. 7（1949年12月）: 521中, とりわけ 524-26 のゲージ不変性の論議を参照。この言明に対する顕著な例外が結晶構造だということは注目に値する。
6　*SIL*（p. 140）によれば, ガリレオ不変性とガリレオ変換という用語は, 1909年に作られたものらしい。
7　詳しくは, 同上 p. 121-26と140-44を参照。
8　S. Weinberg, *Gravitation and Cosmology*（New York: Wiley, 1972）
9　インタビュー, Steven Weinberg, 彼のオフィス, テキサス大学, 1984年11月28日。
10　エミー・ネーターに関する文献には, ネーターに対するヴァイルの追悼講演の記録であるH. Weyl, *Scripta Mathematica* 3, no. 3（1935年7月）: 201, J. W. Brewer と M. K. Smith編 *Emmy Noether, a Tribute to Her Life and Work*（New York : Marcel Dekker, 1981）; A. Dick, *Emmy Noether, 1882-1935*（Basel : Birkhäuser Verlag, 1970［Beihefte zur Zeitschrift Elemente der Mathematik no. 13］）; E. Kramer, *The Nature and Growth of Modern Mathematics*（Princeton : Princeton University Press, 1982）: 656-79, *DSB* の彼女の項などがある。
11　Brewer, Smithの前掲書 p. 10 - 12 の C. Kimberling
12　C. Reid, *Hilbert*（New York : Springer Verlag, 1970）: 127

13 たとえば, J. Mehra, *Einstein, Hilbert, and the Theory of Gravitation*（Boston : D. Reidel, 1974）を参照。
14 Weyl, 前掲 *Scripta Mathematica*, p. 207
15 Kimberling, 前掲論文 p. 18（著者による英訳）
16 追悼演説に続いてヴァイルはニューヨーク・タイムズに追悼記事を送ったが, それに対して編集者は〝ヴァイルというのは誰だ――アインシュタインも彼女を世界から認められた数学者だと書いているかね″（Kimberlingの前掲書 p. 52）といった。実はアインシュタインもそう書いた。彼のタイムズへの手紙は1935 年 5 月 4 日に発表された。彼は, 〝現在のもっとも有能な数学者たちの判断では, ネーター嬢は女子高等教育はじまって以来の, もっとも重要な創造的天才数学者だった″と書いている。
17 Weyl, 前掲 *Scripta Mathematica*, p. 219
18 この写真は, Brewer, Smith, 前掲書 p. 17-18の間に掲載されている。
19 E. Noether, " Invarianten beliebiger Differentialausdrücke " および " Invariante Variationsprobleme " *Nachrichten von der Gesellschaft der Wissenschaften zu Göttingen,* 1918, p. 37-44と235-57
20 厳密な話をすれば, ネーターの定理は, 物体とその鏡像の相似のような離散的対称性ではなく, 時空の対称性のような連続的対称性にのみ適用される。
21 この論議は, H. Weyl, *Raum, Zeit, und Materie*, 3rd ed.（Berlin : Springer Verlag, 1920）でもっとも十分に展開されている。
22 これにあたるドイツ語は, それぞれ, Masstab invarianz と Eich invarianz。
23 ヴァイルのゲージ不変性の完全な説明は, H. Weyl, *The Theory of Groups and Quantum Mechanics*（London : Methuen, 1931）にある。
24 H. Weyl, *Mathematische Zeitschrift* 2, no. 3-4（1918 年 10 月 30 日）: 384, H. Weyl, *AdP*, series 4, 59, no. 10（1919 年 6 月 20 日）: 101。*Sitzungsberichte der Koniglichen Preussen Akademie der Wissenschaften*（1918 年, p. 465）に収められている, その少し以前の論文は未見。
25 この出来事の歴史は, *SIL*, p. 341, C. N. Yang（楊）, *Annals of the New York Academy of Sciences* 294, no. 1（1977 年 11 月 8 日）: 86 にもっと詳しい。アインシュタインの指摘はまさに正鵠を射ていた。実際に, 時計をもって部屋をひとまわりすれば, その波動関数の位相は変化する（C. N. Yang, *Proceedings of the International Symposium on the Foundations of Quantum Mechanics*［Physical Society of Japan, 1984］: 5）。

26 F. London, *Naturwissenschaften* 15, no. 8（1927 年 2 月 15 日）: 187 ; F. London, *ZfP* 42, no. 5-6（1927 年 4 月 14 日）: 375。ゲージ不変性は, O. Klein, *ZfP* 37, no. 12（1926 年 7 月 10 日）: 895 ; V. Fock, *ZfP* 39, no. 2-3（1926 年 10 月 2 日）: 226で独立的に再発見された。W. Gordon, *ZfP* 40（1927）: 119も参照。

27 H. Weyl, *ZfP* 56, no. 5-6（1929 年 7 月 19 日）: 330

28 この一般論の例外としてはたとえば, R. Peierls, *PRSA* 146, no. 856（1934 年 8 月 1 日）: 420がある。

29 ヤンによるフェルミと自分の大学院時代との回想は, E. Segrè 編 *The Collected Papers of Enrico Fermi*, vol. 2（Chicago : University of Chicago Press, 1965）: 673に。これはC. N. Yang, *Selected Papers, 1945 - 1980*（San Francisco : W. H. Freeman, 1983）: 305 に再録されている。

30 電話によるインタビュー, Chen Ning Yang（楊振寧）, 1983 年 4 月 3 日。

31 電話によるインタビュー, Robert Mills, 1983 年 4 月 7 日。ミルズの控え目な評価によれば, 彼の主な貢献は, ゲージ場の量子の自己相互作用を処理する手段を示唆したことだった。

32 C. N. Yang, R. L. Mills, *PR* 96, no. 1（1954 年 10 月 1 日）: 191-92, 195。本書では場と荷電空間のベクトルに対する用語上の違いを無視し, 表記法をわずかに修正した。さらに, 読者の便宜を考え, “ ±e ” を “ ±1 ” で置き換えた。

33 この点を詳細に記述している *Inward Bound*（Oxford University Press, 1986）の原稿の一部をお見せくださったエイブラハム・パイス博士に感謝する。

34 C. N. Yang, *Selected Papers 1945-1980, With Commentary*（San Francisco : W. H. Freeman, 1983）: 20

35 電話によるインタビュー, Chen Ning Yang, 1983 年 4 月 3 日

11章

1 M. GoldhaberとG. Goldhaber, *PR* 73, no. 12（1948 年 6 月 15 日）: 1472

2 J. Chadwick, *Verhandlungen der Deutschen Physikalische Gesellschaft* 16（1914）: 383

3 たとえば, C. D. Ellis, *PRSA* 99, no. 698（1921 年 6 月 1 日）: 261 ; C. D. Ellis, *PRSA* 101, no. 708（1922 年 4 月 1 日）: 1

4 C. D. Ellis, W. A. Wooster, *PRSA* 117, no. 776（1927年12月1日）: 109
5 L. Meitner, W. Orthmann, *ZfP* 60, no. 3-4（1930年2月14日）: 143
6 ボーアのこのような主張は, たとえば, N. Bohr, *Journal of the Chemical Society*（1932）: 382-88 ; N. Bohr, *Convegno di Fisica Nucleare della Reale Accademia d'Italia*（Rome : Reale Accademia, 1932）に見られる。
7 手紙, Wolfgang Pauli からHans Geiger, Lise Meitner他へ, 1930年12月4日, *LET*
8 インタビュー, *V. F. Weisskopf, AHQP*, 1963年7月10日, p. 12
9 以下の引用を参照。
10 この隠喩はスティーヴン・ワインバーグから聞いたものだが, 彼によればもとはジョージ・ガモフのものである。
11 インタビュー, Maurice Goldhaber, 彼のオフィス, ブルックヘヴン国立研究所, 1983年12月21日。
12 この情景は, 立ち合っていた3人のうち2名が描写している。E. Amaldi, *CI*, p. 261〜 ; E. Segrè, *Enrico Fermi, Physicist*（Chicago : University of Chicago Press, 1970）: 72［久保亮五, 千鶴子訳『エンリコ・フェルミ伝』みすず書房］
13 E. Fermiの *Collected Papers*, vol. 1（Italy, 1921-38）（Chicago : University of Chicago Press, 1962）: 539のF. Rasetti
14 最初の短報は, E. Fermi, *Ricerca Scientifica*, no. 4（1933年12月）: 491に。続篇は, *NC* 11, no. 1（1934年1月）: 1および *ZfP* 88, no. 3/4（1934年3月19日）: 161
15 手紙, Ernest RutherfordからEnrico Fermiへ, 1934年4月23日, 引用はFermiの前掲 *Collected Papers*, vol. 1, p. 641に。
16 Fermiの前掲 *NC*, sec. 9
17 G. Gamow, E. Teller, *PR* 49, no. 12（1936年6月15日）: 895
18 Fermiの前掲 *NC*, sec. 10。しかし, のちに実験者たちが実際に使用した曲線は, もっと複雑なものだった。その最初の記述はN. D. Kurie, J. R. Richardson, H. C. Paxton, *PR* 49, no. 5（1936年3月1日）: 368
19 C. D. Ellis, W. J. Henderson, *PRSA* 146, no. 856（1934年8月1日）: 213〜 ; A. I. Alichanow, A. I. AlichanianとB. S. Dzelepow, *ZfP* 93, no. 5/6（1935年1月19日）: 350
20 E. J. Konopinski, G. E. Uhlenbeck, *PR* 48, no. 1（1935年7月1日）: 7 ; 第2部。同上 p. 60, no. 4（1941年8月15日）: 308
21 1943 年 までの発展に関する非常に率直な総説論文としては, E. J. Konopinski, *RMP* 15, no. 4（1943年10月）。厚い材料のために生じた

誤った結果を特に解明したものとして, A. W. Tyler, *PR* 56, no. 2（1939年7月15日）: 125
22 C. S. Wu（呉健雄）, R. D. Albert, *PR* 75, no. 2（1949年1月15日）: 315。呉, *RMP* 22, no. 4（1950年10月）: 386
23 この試みは, H. R. Crane, *RMP* 20, no. 1（1948年1月）: 278に概説されている。
24 H. Bethe, R. Peierls, *Nature* 133, no. 3366（1934年5月5日）: 689
25 たとえば, S. Dancoff, *Bulletin of the Atomic Scientists* 8, no. 5, 1952年6月5日, p. 139 参照。
26 F. Reines, *CI*, p. 238
27 手紙, Enrico FermiからFrederick Reinesへ, 1952年10月8日, 同上 p. 241 に引用。
28 F. Reines, C. L. Cowan Jr. , *PR* 92, no. 3（1953年11月1日）: 830
29 電報はReinesの前掲 *CI*, p. 249で再録されている。この発見は, Cowan, Reines他 *Science* 124, no. 3212（1956年7月20日）: 103で報告されている。
30 G. Danby他 *PRL* 9, no. 1（1961年7月1日）: 36
31 F. Reines, H. Sobel, H. Gurr, *PRL* 37, no. 6（1976年8月9日）: 315
32 B. Pontecorvo, *PR* 72, no. 3（1947年8月）: 246
33 T. D. Lee, M. Rosenbluth, C. N. Yang, *PR* 75, no. 5（1949年3月1日）: 905 ; O. Klein, *Nature* 161, no. 4101（1948年6月5日）: 897 ; G. Puppi, *NC* 5, no. 6（1948年12月1日）: 587 ; 同上 6, no. 3（1949年5月3日）: 194 ; J. Tiomno, J. A. Wheeler, *RMP* 21, no. 1（1949年1月）: 153
34 R. H. Dalitz, *PR* 94, no. 4（1954年5月15日）: 1046。パリティの歴史は C. N. Yang, *CI*, p. 439に。
35 議論のコメントは, Martin Block, Weak Interaction Conference, Wingspread, Wisconsin, 1984年5月30日。別に同日のインタビューで確認。
36 Ballam 他編 *High Energy Nuclear Physics*, Proceedings of the Sixth Annual Rochester Conference, 1956年4月3-7日（New York : Interscience, 1956）: VIII-1のC. N. Yang。
37 同上 VIII-22
38 同上 VIII-27。誤植は訂正してある。マーチン・ブロックがヤンの反応はもっと否定的だったと回想しているのは注目に値する（インタビュー, Martin Block, Weak Interaction Conference, Wingspread, Wisconsin, 1984年5月30日）
39 M. Gardner, *The Ambidextrous Universe*（New York : Basic

Books, 1964）：240に引用。

40 この記述は，主に次の諸文献による——A. Zichichi他編 *Elementary Processes at High Energy*, Proceedings of the 1970 Majorana School（New York : Academic Press, 1971）：830のT. D. Lee ; T. D. Lee, *Collected Works*,（近刊）中のT. D. Lee, " Broken Parity ", C. N. Yang, *Selected Papers, 1945-80 with comentary*（San Francisco : W. H. Freeman, 1983）：26－31のC. N. Yang ; C. S. Wu, *Adventures in Experimental Physics*, Vol. Gamma, p. 101 ; A. Franklin, *Studies in the History and Philosophy of Science* 10, no. 3（1979 年 秋）：201

41 K. Siegbahn編 *Beta- and Gamma-Ray Spectroscopy*（Amsterdam : North-Holland, 1955）

42 T. D. Lee, C. N. Yang, *PR* 104, no. 1（1956 年 10 月 1 日）：254-55。引用の順序は変えてある。

43 F. Dyson, *Scientific American* 199（1958 年 9 月）：74

44 インタビュー, Gerald Feinberg, 彼のオフィス, コロンビア大学, 1985 年 3 月 1 日。

45 C. S. Wu, E. Ambler, R. W. Hayward, D. D. Hoppes, R. P. Hudson, *PR* 105, no. 4（1957 年 2 月 15 日）：1413

46 R. L. Garwin, L. M. Lederman, M. Weinrich, *PR* 105, no. 4（1957 年 2 月 15 日）：1415。Nevis Report NEVIS-56（1958 年 2 月）として発表されたM. Weinrich, Ph. D. thesis, Columbia University, 1958 ; R. Garwin, *Adventures in Experimental Physics*, Vol. Gamma, p. 124 も参照。

47 J. I. Friedman, V. L. Telegdi, *PR* 106, no. 5（1957 年 3 月 1 日）：1290

48 手紙, Wolfgang PauliからVictor Weisskopfへ, 1957 年 1 月 17 日, 引用はYangの前掲 *Selected Papers*, p. 30に。

49 手紙, Wolfgang PauliからVictor Weisskopf へ, 1957 年 1 月 27 日, これはR. d. L. KronigとV. F. Weisskopf編 *Collected Scientific Papers of Wolfgang Pauli,* vol. 1（New York : Wiley-Interscience, 1964）：xvii-xviiiに再録。

50 C. N. Yang の前掲 *Selected Papers*, p. 35 ; J. Bernstein, *New Yorker*（1962 年 5 月 12 日）; p. 58-59

51 パリティの破れの発見を扱った *Adventures in Experimental Physics* の巻のなかで，ハウトスミットは批判に答え，オリジナル原稿（前掲 p. 137）の書き直しを要求した根拠を示した。しかし, この主題に関する総説論文はすべて，3 つの実験を平等に扱っている。

52 この経緯は Franklin の前掲論文（註40）; R. Cox, *Adventures in*

Experimental Physics, vol. Gamma, 1973, p. 145, L. Grodzins の同書 p. 154 で述べられている。ヤンとリー以前にパリティに関して総体的な疑問を投げかけた物理学者のなかには, E. M. Purcell と N. F. Ramsey, *PR* 78, no. 66（1950 年 6 月 15 日）: 807 ; G. C. Wick, A. D. Wightman, E. P. Wigner, *PR* 88, no. 1（1952 年 10 月 1 日）: 101が含まれる。

53 インタビュー, Martin Block, Weak Interaction Conference, Wingspread, Wisconsin, 1984 年 5 月 30 日。

54 たとえば, Oppenheimer Papers, Library of Congress, General Case File, Box 20, Weisskopf File 中の Victor Weisskopf から J. R. Oppenheimer への手紙（1964 年 2 月 3 日）や上記引用のリーとヤンによる歴史的記述。

55 T. D. Lee, " High Energy Nuclear Physics," *Proceedings of the Seventh Annual Rochester Conference*, 15-19, 1957 年 春, VII-1, VII-7。

56 中性子のベータ崩壊の実験はJ. M. Robson, *PR* 100, no. 3（1955 年 11 月 1 日）: 933。ネオンの実験はD. R. Maxson, J. S. Allen, W. K. Jentschke, *PR* 97, no. 1（1955 年 1 月 1 日）: 109。ヘリウムはB. M. Rustad, S. L. Ruby, *PR* 89, no. 4（1953 年 2 月 15 日）: 880 ; 同 97, no. 4（1955 年 2 月 15 日）: 991

57 C. S. Wu, *Proceedings of the Seventh Annual Rochester Conference*, 前掲, VII-20

58 E. C. G. Sudarshan, R. E. Marshak, " Origin of the Universal V-A Theory, " Virginia Tech preprint, VPI-HEP 84/8, p. 7-10

59 E. C. G. Sudarshan, R. E. Marshak, *Proceedings of the Padua Conference on Mesons and Recently Discovered Particles*（1957）: V-14

60 電話によるインタビュー, Robert Marshak, 1985 年 1 月 14 日。

61 M. Gell-Mann, Caltech preprint CALT-68-1214, p. 15-16

62 R. P. Feynman, " *Surely You're Joking, Mr. Feynman!* "（New York : W. W. Norton, 1985）: 250-51。論文は, R. P. Feynman, M. Gell-Mann, *PR* 109, no. 1（1958 年 1 月）: 193。後のJ. J. Sakurai, *NC* 7, no. 5（1958 年 3 月 1 日）や, E. C. G. Sudarshan, R. E. Marshak, *PR* 109, no. 5（1958 年 3 月 1 日）: 1860 も参照。

63 例としては, Sudarshan と Marshak の同上 p. 1860-62に言及されている実験を参照。

64 M. Goldhaber, L. Grodzins, A. Sunyar, *PR* 109, no. 3（1958 年 2 月 1 日）: 1015

65 電話によるインタビュー, Murray Gell-Mann, 1984 年 5 月 18 日。彼は孤軍奮闘していたわけではなかった。T. D. Lee, 前掲 Zichichi, *Ele-*

mentary Processes p. 837-38参照。

多く引用した文献の略号

AdP : *Annalen der Physik*

AHES : *Archives for the History of the Exact Sciences*

AHQP : Archives for the History of Quantum Physics, American Institute of Physics, New York City

AIP : American Institute of Physics

BPP : Brown, L. M. and Hoddeson, L. , eds., *The Birth of Particle Physics*. New York : Cambridge University Press, 1983［早川幸男監訳『素粒子物理学の誕生』講談社］

CI : Berthelot, A., et al., eds., *Colloque International sur l'Histoire de la Physique des Particules*. In *Journal de Physique* (coll. C-8), 43, no. 12 (supp.), December 1982.

CQ : Pickering, A., *Constructing Quarks : A Sociological History of Particle Physics*. Chicago : University of Chicago Press, 1984.

CR : *Comptes rendus des Séances de l'Académie des Sciences*

DSB : Gillispie, C. C., et al., eds., *Dictionary of Scientific Biography*. New York : Scribners, 1970.

HDQ : Mehra, J., and Rechenberg, H., *The Historical Development of Quantum Theory*. New York : Springer-Verlag, 1982.

HPA : *Helvetical Physica Acta*

HSPS : *Historical Studies of the Physical Sciences*

JETP : *Soviet Physics. Journal of Experimental and Theoretical Physics* (英訳)

LET : Hermann, A., Meyenn, K. V., and Weisskopf, V. F., *Wolfgang Pauli, Wissenschaftlicher Briefwechsel mit Bohr, Einstein, Heisenberg, u. a.* New York : Springer-Verlag, 1979 (vol. 1), 1985 (vol. 2)。引用文は，著者が必要に応じ英訳した。

NC : *Nuovo Cimento*

NP : *Nuclear Physics*

PL : *Physics Letters*

PM : *London, Dublin, and Glasgow Philosophical Magazine and Journal of Science*

PR : *Physical Review*

PRL : *Physical Review Letters*

PRpts : *Physics Reports*
PRSA : *Proceedings of the Royal Society* (London), section A
PT : *Physics Today*
PTP : *Progress in Theoretical Physics*
PZ : *Physikalische Zeitschrift*
RMP : *Reviews of Modern Physics*
SIL : Pais, A., '*Subtle Is the Lord…*' : *The Science and the Life of Albert Einstein*. New York : Oxford University Press, 1982［金子務他訳『神は老獪にして…』産業図書］
TP : Kelves, D. J., *The Physicists*. New York : Knopf, 1978.
ZfP : *Zeitschrift für Physik*